面向 21 世纪课程教材
Textbook Series for 21st Century
全国高等农林院校"十一五"规划教材

杂 草 学

第 二 版

强　胜　主编

中国农业出版社

内容简介

本教材从杂草的定义入手，系统地叙述了杂草的生物学、生态学，中国杂草的发生和危害，主要杂草种类；除草剂主要品种的特性、作用机理、适用作物和防除对象以及药效、药害、抗性和残留等；杂草防治的主要方法，主要作物田杂草的综合治理技术；杂草科学的主要研究方法等。在注重杂草基础知识的同时，着力反映当代杂草科学在外来杂草、生物除草剂、转基因抗除草剂作物、杂草抗药性以及杂草综合防治等最新发展动态。

第二版编写人员

主　编　强　胜（南京农业大学）
编　者　倪汉文（中国农业大学）
　　　　　　金银根（扬州大学）
　　　　　　强　胜（南京农业大学）
　　　　　　宋小玲（南京农业大学）

第 二 版 前 言

《杂草学》于2001年5月出版以来，已经过去了近8年时间。这期间杂草科学悄然发生的变化是非常惊人的，转基因抗除草剂作物大面积的推广种植，使得草甘膦除草剂产量与用量迅速增加，以草甘膦为主导的除草剂单一化格局已初显端倪，而且还将愈演愈烈，随之而来的杂草抗药性以及与此有关的转基因作物的环境安全问题也越显突出，并且直接影响到以除草剂为主体的化学防除技术体系的可持续发展，从而，威胁到农业生产安全。另一方面，随着人们对环境安全问题的关注，外来杂草入侵导致的危害性逐渐被人们所意识，以往杂草科学以田园杂草为主要防除对象的状况发生了显著的变化，越来越多的研究和防除的重点转移到外来杂草上。因此，此次修订增加了一章专门介绍外来杂草及其管理。同时，也进一步丰富了杂草抗药性、转基因抗除草剂作物及其环境安全评价的内容。在这期间，市场上陆续推广应用了一些除草剂新品种，也在此次修订过程中选择收录了其中的一些种类。此外，对以前的错漏之处也进行了认真的修订和补充。期间，我国杂草科学的主要奠基者、我的恩师李扬汉教授不幸于2004年仙逝，谨以此版纪念他。

具体分工如下：第一章：强胜；第二章：强胜、倪汉文、金银根；第三章和第四章：强胜；第五章：金银根、宋小玲；第六章：倪汉文；第七章：强胜、金银根、倪汉文；第八章：强胜、倪汉文、金银根。最后由强胜统稿。在此次修订过程中，成林和张睿女士帮助扫描和处理了图片。

由于作者的水平所限，错漏之处仍不可避免，继续欢迎读者批评指正。

强　胜

2008年8月10日

第一版编写人员

主　编　强　胜（南京农业大学）
编　者　倪汉文（中国农业大学）
　　　　　金银根（扬州大学）
　　　　　强　胜（南京农业大学）
主　审　李孙荣（中国农业大学）

第 一 版 前 言

在杂草科学中，杂草和除草剂是两个最核心和最基本的内容。杂草是基础，没有杂草也就不会有杂草科学，而杂草科学的形成和发展是与化学除草剂的研制和广泛使用密切相关的。化学除草剂在未来相当长的一段时间仍然是杂草防除的重要手段。故此，本教材将杂草和化学除草剂的介绍作为重点。

20世纪是杂草科学尤其是化学除草剂形成发展乃至达到鼎盛的时期。在这新旧世纪交替之时，由于生物科学研究的飞速发展，促进了杂草科学在如下几个方面得到了长足的发展，转基因抗除草剂作物和他感作用作物育种的研制、推广和种植，已经或将要改变除草剂的研制、生产、推广和销售的格局；除草剂作用靶标的深入研究已经改变了传统的除草剂研制方式；杂草生物防治和生物除草剂的研制和发展、通过生态调控途径的杂草可持续管理技术的发展和应用，将改变完全依赖化学除草剂的状态。这些都已经极大地拓展了杂草学的内涵和研究领域，也昭示着在新世纪到来时，杂草科学酝酿着巨大变化，即由杂草科学的化学时代向杂草科学的生物学时代的转变。因此，这些内容也是本教材要着重反映的。

早在20世纪80年代初，李扬汉教授就编写出版了《杂草识别与防除》，这是我国杂草科学方面最早的教科书；90年代，由李孙荣教授主编的《杂草及其防除》、苏少泉教授的《杂草学》，以及这期间，我国杂草生物、生态学及杂草防治研究、应用和推广方面所取得的巨大成就，为我们编写本书提供了重要的基础。本书是在南京农业大学、中国农业大学、扬州大学三校几位杂草科学工作者经过两年多时间通力合作完成的。具体分工如下：第一章（强胜）；第二章：第一节（金银根），第二节（倪汉文），第三节（强胜）；第三章（强胜）；第四章（金银根）；第五章（倪汉文）；第六章：第一、六至十节（金银根），第二和三节（强胜），第四和五节（倪汉文）；第七章：第一节（金银根），第二节（强胜：一、二和五，倪汉文：三和四），第三节（倪汉文）。王金堂绘制了大部分的插图。李孙荣教授负责全书的审阅和斧正。李扬汉教授在本教材的编写过程中自始至终给予了指导和关心，对书稿提出了修改意见，甚至对将来如何用好它都给予了谆谆教诲。承蒙南京农业大学教务处、农学院等单位领导的关心和支持。编写过程中还得到杂草研究室和植物科学系的老师们、研究生同学们的帮助。此外，得到中华农业科教基金在本教材编写和出版过程中的资助；并被列入面向21世纪教材出版计划。同时，也是中国农业出版社的叶岚副主任以及有关编辑的关心和付出辛勤劳动的结果。在此，致以最诚挚的感谢！

杂草科学所涉及的领域广泛，内容繁杂，有些知识甚至很零碎，如何在保持知识系统性的同时，能完整而全面地反映杂草科学的方方面面，是我们着力追求的。但是，由于受到作者水平的局限，不足和错漏之处仍不可免，热忱欢迎广大同行和使用者不吝赐教。

编 者
2001年1月16日

目 录

第二版前言
第一版前言

第一章 概论 ·· 1

  引言 ··· 1
  第一节 杂草的定义及杂草的演化历史 ··· 1
  第二节 杂草的重要性 ··· 2
    一、杂草的经济意义 ·· 2
    二、杂草的生态环境意义 ·· 4
    三、杂草的科学研究意义 ·· 4
  第三节 杂草科学的发展简史 ··· 5
  复习思考题 ·· 7
  参考文献 ·· 7

第二章 杂草的生物学和生态学 ·· 8

  第一节 杂草的生物学特性 ··· 8
    一、杂草形态结构的多型性 ·· 8
    二、杂草生活史的多型性 ·· 9
    三、杂草营养方式的多样性 ·· 9
    四、杂草适应环境能力强 ·· 10
    五、杂草繁衍滋生的复杂性与强势性 ·· 11
  第二节 杂草个体及种群生态学 ·· 14
    一、杂草个体生态 ·· 14
    二、杂草种群生态 ·· 17
  第三节 杂草群落生态学 ·· 25
    一、杂草群落与环境因子间的关系 ··· 25
    二、杂草群落的演替及顶极群落 ·· 28
    三、中国农田杂草发生分布规律 ·· 28
  复习思考题 ·· 34
  参考文献 ·· 34

第三章 杂草的分类及田园主要杂草种类 ··· 36

  第一节 杂草的分类 ·· 36

一、形态学分类	36
二、根据生物学特性的分类	36
三、根据植物系统学的分类	37
四、根据生境的生态学分类	37

第二节　水田杂草 …… 38
　　一、莎草科 …… 38
　　二、禾本科 …… 41
　　三、雨久花科 …… 43
　　四、千屈菜科 …… 44
　　五、眼子菜科 …… 46
　　六、苹科 …… 46
　　七、泽泻科 …… 47
　　八、柳叶菜科 …… 48
　　九、鸭跖草科 …… 49
　　十、茨藻科 …… 49

第三节　秋熟旱作物田杂草 …… 50
　　一、禾本科 …… 50
　　二、莎草科 …… 54
　　三、菊科 …… 55
　　四、苋科 …… 57
　　五、马齿苋科 …… 60
　　六、茄科 …… 61
　　七、大戟科 …… 62
　　八、旋花科 …… 63
　　九、鸭跖草科 …… 64

第四节　夏熟作物田杂草 …… 65
　　一、禾本科 …… 65
　　二、茜草科 …… 69
　　三、玄参科 …… 69
　　四、石竹科 …… 71
　　五、豆科 …… 74
　　六、十字花科 …… 75
　　七、蓼科 …… 77
　　八、藜科 …… 79
　　九、菊科 …… 80
　　十、紫草科 …… 83
　　十一、唇形科 …… 84

目 录

　　十二、旋花科 85
　　十三、大戟科 86
　　十四、木贼科 86
　第五节　果、桑、茶园杂草 87
　　一、禾本科 87
　　二、菊科 88
　　三、大麻科 91
　　四、葡萄科 92
　　五、伞形科 92
　　六、旋花科（菟丝子亚科） 93
　复习思考题 93
　参考文献 94

第四章　外来杂草及其管理 95

　第一节　外来杂草 95
　　一、中国外来杂草概述 95
　　二、重要外来杂草介绍 99
　　三、外来杂草的危害性 104
　　四、外来杂草的管理策略 106
　　五、外来杂草的防除 114
　第二节　杂草检疫 115
　　一、检疫杂草 115
　　二、检疫杂草种类介绍 118
　　三、杂草检疫检验方法 125
　复习思考题 128
　参考文献 128

第五章　杂草防治的方法 129

　第一节　物理性除草 129
　　一、人工除草 129
　　二、机械除草 130
　　三、物理防治 131
　第二节　农业及生态防治 132
　　一、农业防治 133
　　二、生态防治 138
　第三节　化学防治 140
　第四节　生物防治 141

一、杂草生物治理的历史 …………………………………………………… 142
　　二、经典生物防治 …………………………………………………………… 143
　　三、生物除草剂防治 ………………………………………………………… 146
　第五节　生物工程技术方法 ……………………………………………………… 153
　　一、转基因技术 ……………………………………………………………… 153
　　二、转基因作物的环境安全 ………………………………………………… 157
　第六节　杂草的综合防治 ………………………………………………………… 165
　　一、综合防治的原理与策略 ………………………………………………… 166
　　二、综合防治的基本原则与目标 …………………………………………… 166
　复习思考题 ………………………………………………………………………… 169
　参考文献 …………………………………………………………………………… 170

第六章　化学除草剂 ………………………………………………………………… 171

　第一节　化学除草剂的剂型及其使用方法 …………………………………… 171
　　一、除草剂的剂型 …………………………………………………………… 171
　　二、除草剂的使用 …………………………………………………………… 173
　第二节　除草剂分类 ……………………………………………………………… 175
　　一、根据施用时间 …………………………………………………………… 175
　　二、根据对杂草和作物的选择性 …………………………………………… 175
　　三、根据对不同类型杂草的活性 …………………………………………… 175
　　四、根据在植物体内的传导方式 …………………………………………… 176
　　五、根据作用方式 …………………………………………………………… 176
　　六、根据化学结构 …………………………………………………………… 176
　第三节　主要除草剂种类简介 …………………………………………………… 176
　　一、苯氧羧酸类 ……………………………………………………………… 176
　　二、苯甲酸类 ………………………………………………………………… 178
　　三、芳氧苯氧基丙酸类 ……………………………………………………… 178
　　四、环己烯酮类 ……………………………………………………………… 180
　　五、酰胺类 …………………………………………………………………… 181
　　六、取代脲类 ………………………………………………………………… 183
　　七、磺酰脲类 ………………………………………………………………… 184
　　八、咪唑啉酮类 ……………………………………………………………… 187
　　九、三氮苯类（三嗪类） …………………………………………………… 198
　　十、氨基甲酸酯类 …………………………………………………………… 190
　　十一、硫代氨基甲酸酯类 …………………………………………………… 191
　　十二、二苯醚类 ……………………………………………………………… 192
　　十三、N-苯基肽亚胺类 ……………………………………………………… 193

十四、二硝基苯胺类 ·· 194
　　十五、联吡啶类 ·· 195
　　十六、有机磷类 ·· 195
　　十七、嘧啶水杨酸类 ·· 197
　　十八、有机杂环类及其他 ·· 198
　第四节　化学除草剂的杀草原理 ·· 200
　　一、除草剂的吸收与传导 ·· 200
　　二、除草剂的作用机理 ·· 203
　　三、除草剂的选择性原理 ·· 206
　第五节　除草剂在环境中的归趋及残留 ·· 207
　　一、除草剂在环境中的归趋 ·· 207
　　二、除草剂在土壤中的残留 ·· 209
　第六节　化学防草剂使用的基本原则 ·· 209
　　一、影响除草剂药效发挥的因素 ·· 209
　　二、除草剂混用及其互作效应 ·· 212
　　三、除草剂药害的发生及其补救措施 ·· 214
　　四、杂草的抗药性 ·· 216
　复习思考题 ·· 219
　参考文献 ·· 220

第七章　主要农作物田间杂草防治技术 ·· 221
　第一节　稻田杂草的防治技术 ·· 221
　　一、稻田杂草的发生与分布 ·· 221
　　二、稻田杂草的化学防治技术 ·· 221
　　三、稻田杂草的人工防治技术 ·· 226
　　四、稻田杂草的农业防治技术 ·· 226
　　五、稻田杂草的其他防治技术 ·· 226
　第二节　麦田杂草的防治技术 ·· 227
　　一、麦田杂草的发生与分布 ·· 227
　　二、麦田杂草的化学防治技术 ·· 227
　　三、麦田杂草的农业防治技术 ·· 229
　　四、麦田杂草的其他防治技术 ·· 229
　第三节　油菜田杂草的防治技术 ·· 230
　　一、油菜田杂草的发生与分布特点 ·· 230
　　二、油菜田杂草的化学防治技术 ·· 230
　　三、油菜田杂草的其他防治技术 ·· 231
　第四节　棉田杂草的防治技术 ·· 231

一、棉田杂草的发生与分布 ………………………………………………………… 231
　　二、棉田杂草的化学防治技术 ……………………………………………………… 232
　　三、棉田杂草的其他防治技术 ……………………………………………………… 233
第五节　玉米田杂草的防治技术 …………………………………………………………… 233
　　一、玉米田杂草的发生与分布 ……………………………………………………… 233
　　二、玉米田杂草的化学防治技术 …………………………………………………… 234
　　三、玉米田杂草的其他防治技术 …………………………………………………… 235
第六节　大豆田杂草的防治技术 …………………………………………………………… 235
　　一、大豆田杂草的发生与分布 ……………………………………………………… 235
　　二、大豆田杂草的化学防治技术 …………………………………………………… 236
　　三、大豆田杂草的农业防治技术 …………………………………………………… 237
　　四、大豆田杂草的其他防治技术 …………………………………………………… 237
第七节　蔬菜地杂草的防治技术 …………………………………………………………… 237
　　一、蔬菜地杂草的发生与分布 ……………………………………………………… 237
　　二、蔬菜地杂草的化学防治技术 …………………………………………………… 238
　　三、蔬菜地杂草的其他防治技术 …………………………………………………… 240
第八节　果园杂草的防治技术 ……………………………………………………………… 240
　　一、果园杂草的发生与分布 ………………………………………………………… 241
　　二、果园杂草的化学防治技术 ……………………………………………………… 241
　　三、果园杂草的其他防治技术 ……………………………………………………… 242
第九节　草坪杂草防治技术 ………………………………………………………………… 242
　　一、草坪杂草的发生与分布 ………………………………………………………… 243
　　二、草坪杂草的化学防治技术 ……………………………………………………… 243
　　三、草坪杂草的其他防治方法 ……………………………………………………… 244
第十节　其他作物田间杂草的防治技术 …………………………………………………… 244
　　一、花生田杂草的防治技术 ………………………………………………………… 244
　　二、茶园杂草的防治技术 …………………………………………………………… 245
　　三、高粱田杂草的防治技术 ………………………………………………………… 246
　　四、烟田杂草的防治技术 …………………………………………………………… 247
复习思考题 …………………………………………………………………………………… 247
参考文献 ……………………………………………………………………………………… 248

第八章　杂草科学的研究方法 …………………………………………………………… 249
第一节　杂草生物学特性的研究方法 ……………………………………………………… 249
　　一、杂草物候学研究方法 …………………………………………………………… 249
　　二、杂草物种生物学研究方法 ……………………………………………………… 250
第二节　杂草生态学的研究方法 …………………………………………………………… 251

目 录

 一、杂草种子库的调查研究方法 …………………………………………………… 251
 二、杂草种子萌发的研究方法 ……………………………………………………… 253
 三、杂草与作物间竞争的研究方法 ………………………………………………… 254
 四、植物化感作用的研究方法 ……………………………………………………… 257
 五、杂草区系、群落分布和危害的调查研究方法 ………………………………… 258
第三节 杂草化学防除研究方法 …………………………………………………… 263
 一、除草剂生物测定方法 …………………………………………………………… 263
 二、除草剂田间药效试验方法 ……………………………………………………… 265
 三、抗药性杂草的检测鉴定方法 …………………………………………………… 267
 复习思考题 …………………………………………………………………………… 269
 参考文献 ……………………………………………………………………………… 270

第一章 概 论

引 言

　　杂草科学作为一个完整的学科体系，其包含杂草（weed）及其防治（control）两个主体。杂草是其中的核心，没有杂草，也就没有杂草的防治。而杂草防治极大地丰富了这一学科的内涵，并赋予了学科的生命力。前者是理论基础，后者是应用和实践。对杂草生物学、生态学的研究和深刻认识，将为杂草的有效防治提供坚实的理论基础，更好地指导杂草防治的实践。杂草防治技术越发展，对前者的要求就越高。杂草综合防治技术和草害的长效管理原理与实践是完全建立在杂草生物学和生态学的理论基础上的。

　　杂草学（weed science or herbology）是研究杂草的生物学特性、生长发育规律、生理与生态、发生、分布和危害、分类与鉴别、种群生态、群落结构与演替、防治方法及原理的综合学科。它涉及到无机及有机化学、植物生理与生态学、植物化学及生物化学、植物形态解剖及分类学、土壤学、微生物学、耕作与栽培学、农药化学、甚至植物遗传与育种学等多学科交叉的边缘科学。

第一节　杂草的定义及杂草的演化历史

　　"杂草"作为一个名词，其意思几乎是人人皆知，但要给这类植物下一个完全令人满意的定义，却还是悬而未决的问题。由于杂草是伴随着人类而产生，没有人类，没有人类的生产和生活活动，就不存在杂草。因此，提出过的许多杂草的定义都是以植物与人类活动或愿望之间的相互关系为根据的，这包括长错地方的植物；不想要的植物；除种植的目的植物以外的非目的植物；无应用与观赏价值的植物；干扰人类对土地利用的植物等等。这些定义都强调了人类的主观意志和杂草对人类的有害性。外延并不明确，主观随意性较强，"如果人们主观想这样的话，所有植物都有可能成为杂草"。在同一时间和地点，也会由于不同人的主观意愿的不同，就同一植物是否为杂草而产生分歧。

　　随着人们对杂草的深入观察和研究，对杂草生物学特性的认识和了解，一些注重杂草本身特性的概念，被许多学者以不同的方式提出来。其中有杂草既不是栽培植物，也不是野生植物的一类特殊的植物，它既有野生植物的特性，又有栽培作物的某些习性；杂草是能以种群侵入栽培的、人类频繁干扰或人类占据的环境，可能抑制或取代栽培的或生态的或审美的目的的原植物种群的植物；杂草是来源于自然环境中，对自然环境适应、不断进化，从而干扰作物与人类的生产活动的植物；杂草是并非人类为了自己的目的而栽培的，但它们在漫长的时间里适应了在耕地上生活并给耕地带来危害的植物；杂草是一类适应了人工生境，干扰人类活动的植物等等。从这些概念中可以看出，强调了杂草对人工环境的适应性方面或及其危害性两个方面。进而，有人总结归纳出杂草具有三性：即杂草的适应性（adaptation）、持续性（persistence）和危害性（harmfulness）。显然，这三性基本上概括出了杂草不同于一般意义上的植物的基本特征。

从逻辑上对杂草的上述三性进行推理不难发现，表现在杂草能够在人工生境（man-made habitat）中持续下去的，只是具有许多良好适应性特征的种类。另一方面，可以在人工生境中不断繁衍持续下去的杂草，就必然会有为争取生长空间及其他生长要素，甚至产生化学他感作用等影响和干扰人工生境的维持，因而有了危害性。显然，适应性是持续性的先决条件和前提，但应确切地说只有有利于在人工生境中延续的那些适应特征才是关键性的。而危害性则是持续性的必然结果，这其中，杂草在人工生境的持续性是杂草三个基本特性的主体，是杂草不同于一般意义上的野生植物和栽培作物的本质特征。野生植物是不能在人工生境中自然繁衍持续的，而栽培作物则需在人们农作活动（播种、耕作和收获）作用下才能在人工生境中持续下去的。

针对上述分析，作者认为可以对杂草下这样的定义：杂草是能够在人类试图维持某种植被状态的生境中不断自然延续其种族，并影响到这种人工植被状态维持的一类植物。简而言之：杂草是能够在人工生境中自然繁衍其种族的植物。

杂草是伴随着人工生境的产生而出现的。但作为杂草的许多植物，早在人类形成之前就已经产生了。人们已经在60万年前的中更新世地下沉积中发现了杂草植物繁缕、蒿蓄等的化石。人类的各种活动破坏了原始植被，创造出了人工生境，给这些已存在的杂草植物提供了广阔的生存空间。人类活动所产生的选择压力，又进一步影响着这些杂草性植物，使之杂草性更趋稳定或增强，其间可能发生的进化方式包括自然杂交、染色体加倍、基因突变、种群基因型和表现型的多样化选择等。杂草种中，广泛存在着多倍性也许正反映出这种变化。如生长于欧洲自然生境中的繁缕多为二倍体，而发生于农田中的种群则主要是四倍体。野生亚麻荠［*Camelina sativa* (L.) Crantz］演变为亚麻田中的杂草亚麻荠［*C. sativa* subsp. *linicola* (Schimp. et Spenn.) N. Zing.］是人类农作活动的选择作用产生杂草的例证。野生亚麻荠的种子要轻于亚麻的，而杂草亚麻荠的种子重量与亚麻相仿，是收获亚麻时风选过程选择了那些种子较重的个体，汰除了较轻的个体，从而使野生亚麻荠向种子较重方向演化，形成了一种杂草——杂草亚麻荠。种子重量的这种变化从植物的进化角度并没有增强亚麻荠的适应能力，而是增强了在亚麻田中的延续能力。杂草亚麻荠不同于野生亚麻荠的本质特征是其能保存于亚麻种子中，得以在亚麻田中延续。这充分说明了在人工生境中的持续性是杂草最本质的特性。

第二节 杂草的重要性

一、杂草的经济意义

1. 杂草使农产品的产量降低和品质下降 据统计，每年因杂草危害造成的农作物减产9.7%，全世界达2亿t。中国在2002年的统计显示，全国农田草害面积0.755亿hm^2，因草害损失粮食175亿kg，棉花2.5亿kg。杂草主要是通过与农作物争夺水、肥、光、生长空间以及克生作用等抑制农作物的生长发育导致减产的。杂草对作物的危害是渐进的和微妙的。每年仅由于杂草的危害，作物产量的损失近10%。事实上，如果是家畜的死亡、飓风、突发性的虫灾而引起同样多的损失的话，那农民一定称之为"灾难"，大受其惊，而杂草造成如此多的损失，却很少有人称之为"灾难"。相反，他们还会把产量的损失归咎为恶劣的气候、贫瘠的土壤或种子差、季节不宜等等。因此，杂草危害的这种隐蔽性也增添了杂草科学工作者工作的艰巨性。提高人们对杂草在农业生产中危害性的认识亦成了一个重要任务。

杂草侵染草原和草地，使草场产草量下降，草的品质降低，从而使载畜量降低。如狼毒（Stellera chamaejasme L.）侵害草地，其竞争力强，抑制牧草生长，可使草场退化，其植株的适口性差且有毒。

夹杂杂草子实的农产品品质将明显下降。混有较多量的毒麦子实的小麦将不能作为粮食食用或饲喂畜禽。染上龙葵浆果汁液的大豆其等级将降低。缠有苍耳和牛蒡（Arctium lappa L.）子实的羊毛，很难进行加工处理，因而其等级显著降低。野葱（Allium vineale L.）可致使肉和乳具难闻的味道。

2. 杂草防除的巨额成本 每年全世界要投入大量的人力、物力和财力用于防除杂草。目前，在世界许多发展中国家，人工除草仍然是杂草防除的主要方式，除草又是农业生产活动中用工最多（占田间劳动量的1/2～1/3）、最为艰苦的农作劳动之一。在中国，人工除草仍然占相当大的比例。如果全国的土地都用人工除草，平均作物生长期只除草1次，每天每个工作日可除草1/15hm^2，那么约需20亿个劳动工日。如将其折换成劳动工日的价值，将是一笔相当可观的数字。不过，现已经普遍使用化学除草剂防除杂草。据2000年统计，世界除草剂销售额达到141.1亿美元，占农药市场比例的50.8%。随着新的高效除草剂品种的开发，其总量近年略有下降。据Allan Woodburn Associates报道，2002年全球除草剂销售额为129.55亿美元，占农药总销售额的46.6%。除草剂是农药工业的主体。这仅仅是除草剂本身的价值，还不包括运输和施用费用以及投入的研究和开发的费用等等。2003年我国化学除草剂产量已达21.06万t，占农药总量的24.4%。2002年农田杂草化学防除面积已达0.676亿hm^2，除草剂的品种已达100余个，截止到2004年各种制剂已有2 500多个。2006年除草剂产量39.85万t，占农药总量的30.45%。在农药中的市场份额呈稳步增加的趋势。

3. 对人类生产活动带来不便 混生有大量杂草的农作物，在收获时，会给收获机械或人工带来极大的不方便，轻者影响收割的进度，浪费大量的动力燃料和人工，重者可损坏收割机械。

水渠及其两旁长满了杂草，会使渠水流速减缓，影响正常的灌溉，且淤积泥沙，使沟渠使用寿命减短。河道长满凤眼莲、空心莲子草等杂草，会严重阻塞水上船运。

4. 杂草的可利用价值 许多杂草是中草药的重要原植物，占药材种类的1/3～1/4。其例子举不胜举。如香附子是消食养胃之要药；刺儿菜是止血敏的主要来源等。

杂草具有抗逆性强、遗传变异类型丰富的特点，可以将其某些优良基因如抗病虫基因、抗除草剂基因用于改良作物。

野菜的主要来源，如荠菜、蒌蒿（Artemisia selengensis Turca.）、灰灰菜（藜）、马齿苋、马兰头（鸡儿肠）[Kalimeris indica (L.) Sch.—Bip.]等。

看麦娘、马唐、野燕麦、早熟禾、狗牙根、大巢菜、牛繁缕、空心莲子草等，均是猪、牛、羊、兔等上好的青饲料。

稗草子实可酿酒。反枝苋的种子含有相当高比例的赖氨酸。

狗牙根、结缕草（Zoysia japonica Steud.）和双穗雀稗均可用于建制草坪。

二、杂草的生态环境意义

杂草是许多作物病虫害的中间寄主，当作物收获后或间作物期，杂草群落给作物的病和虫提供栖息场所，一旦作物种植后，这些杂草上的病和虫，就成了病和虫源，使环境中的病和虫的种群数量保持在较高的水平。刺儿菜、苦苣菜、车前（Plantago asiatica L.）、小藜是棉蚜和地老虎的越冬寄主，牛筋草、看麦娘、假稻是稻飞虱的中间寄主，狗尾草和稗是水稻细菌性褐斑病的中间寄主，假稻还是水稻白叶枯病的中间寄主等。

人文景观和风景名胜，也多是人工环境，年长日久，许多杂草会侵入生长其间，使景观改变或加速景观的侵蚀风化。自然保护区的人工化或频繁的人类活动，也将使杂草大量侵入，改变自然保护区的原生植被，使保护区的原生植物种加剧消失。

豚草等风媒性杂草，会产生并散发大量致敏性花粉，悬浮于空中，污染空气，当有过敏体质的人呼吸这样的空气，会诱发"枯草热"病。

杂草常会"见缝插针"地定植于空隙地和生境，如道路旁、山坡、荒地等，在地球上分布覆盖面积相当广泛，对保护水土起到了极其重要作用。此外，在固定CO_2、释放氧气、利用和固定太阳能方面，也有相当重要的意义。杂草的这种充分利用"闲置"空间和利用太阳光能，显示其独特的对地球环境的贡献。还值得一提的是某些杂草能富集和清除环境中的重金属离子。如浮萍（Lemna sp.）有富集镉的能力等。

三、杂草的科学研究意义

随着世界人口的不断增长，人类活动的加剧，地球上的原始植被将越来越多地被人类加以破坏和利用，随之，人工生境的范围将愈来愈大，杂草植被的面积也越加广泛。杂草在整个地球生物圈中的重要性将显著增强。最早人们关注杂草还主要源于农业活动，但是，当今经营林业产生了森林杂草；人类活动能力的增强，使得地球"正变得越来越小"，外来植物入侵成为新的环境灾难，这引起人们对环境有害植物的重视。重视杂草生物生态学的研究、杂草植被的特点和形成演化规律以及开发利用和管理，将是人类面临的崭新的研究课题。

杂草种群的遗传变异丰富、新种形成较快，因而杂草是研究物种起源和进化、揭示物种本质的好材料。拟南芥［Arabidopsis thaliama (L.) Heynh］是遗传学研究的经典材料，它已经成为最早被破译全部遗传密码的第一个被子植物（目前，已经明确了大约近 18 000 个左右的基因）。

许多除草剂作为植物生理代谢过程的抑制剂，已经广泛应用于植物科学研究中。如敌草隆（DCMU）作为光合作用抑制剂在研究植物光合作用代谢过程中发挥重要作用。在生物基因工程研究中抗草丁膦基因被作为标记基因，利用草丁膦可以筛选转基因个体。

第三节 杂草科学的发展简史

杂草的演化发展史是与人类形成和发展史紧密相连的。而杂草科学的发展史就是人类与杂草危害作斗争的历史。

在距今1万年前的新石器时期,人类就用刀耕、火种的方式进行农作,即用火烧草。最早的除草文字记载是在甲骨文中见到的,"宛"(yuàn)字有双脚踩踩除草之意。《周礼·秋官司寇》记载"薙(tì)矢,掌杀草……则以水火变之",薙即除草,当时已有专司除草之人。水淹、火烧已被广泛用于除草。在汉代,这样的记载更是多见。如《史记·贷殖列传》记载有"楚越之地,地广,人稀,饭稻羹鱼,或火耕水耨"。"烧草下水种稻,草与稻并生,高七、八寸,因悉芟去,复下水灌之,草死,独稻生,所谓火耕水耨也"。薅、耘等除草动作名词广泛出现于文献中,如《说文解字》中云"薅,拔去田草也","耘,除苗间秽"。《毛诗诂训传》中有"耘,除草也;籽,雍本也",籽有中耕培土之意。《释名》有"锄者,助也,去秽助苗长也",并记载和描述了除草工具,镈和钱。"镈,亦锄类也"。均是借助向后的拉力进行松土、锄草的工具,基本上类似现代的锄类工具。

北魏的《齐民要术》更详细地描述了农作过程中所包含的除草活动。其中的《耕田第一》篇:"凡开荒山泽田,皆七月芟艾之。草干,即放火。至春而开"。芟艾之,即除去。这段文字大意描述了铲除、烧荒、春耕等三道工序,达到除草垦荒的目的。《水稻十一》还阐述了育秧移栽种稻的目的之一,就是为了防治杂草。这是农业防除杂草的思想。唐代的《岭表录异》云"新泷等州,山田拣荒,平处以锄锹,开为町疃,伺春雨,丘中贮水,即先买鲩鱼子散水田中,一、二年后,鱼儿长大,食草根并尽,既为熟田,又收鱼利。及种稻,且灭稗草,乃齐民之上术也"。大意叙述了稻田养鱼除草的方法。这可能是世界上最早的生物除草的文字报道,开生态农业的先河。

尽管如此,直至近代,中国农田杂草的防除仍然是以人工除草为主。不过,20世纪50年代以来,随着我国各地垦荒而建起的大型农场,开始利用除草机械除草,使除草技术有了较大的发展。

自20世纪50年代末始,化学除草剂也开始用于这些农场。60年代,推广应用于部分的农村。但所用的除草剂品种较少,大多依赖进口。70年代中、后期开始至今,化学除草技术得到迅速稳步的发展,化学除草面积以大约每年10%的速度增长,特别是进入90年代以来,除草剂的产量以平均约18%的速度增长。显著超过其他农药的增长。国产除草剂成为主导产品,并有大量原药出口。除草剂的品种增多,除草剂的生产量迅速增加。

与此同时,杂草科学研究和学术交流也得到了快速发展。20世纪80年代中国植物保护学会杂草研究会成立,江苏、上海、辽宁以及其他省市也陆续成立杂草学术组织。杂草科学队伍得到了壮大。大范围开展以化学除草剂试验推广为主要内容的研究活动方兴未艾。发表了大量的研究结果和文章。出版发行了一批杂草化除手册和有关专著,《田园杂草和草害识别、防除和检疫》、《作物草害及其防除》、《化学除草应用指南》、《化学除草技术手册》、《除草剂概论》、《中国农田杂草》和《农田杂草化除大全》等。杂草发生、分布、危害的调查研究在全国和许多省市广泛开展，揭示了全国杂草分布和发生危害规律，明确了主要危害性杂草和防除的对象。特别是将目测法调查取样和数量统计分析结合起来用于农田杂草群落和草害的发生和分布规律的研究，使全国范围的杂草草害发生的调查研究定量化。杂草生物学的研究也涉及到中国发生的许多重要杂草种类。大量研究论文发表，鉴定图鉴和专著陆续出版。《中国农田杂草图册》（第一、二集）、《中国农田杂草原色图谱》、《中国农田杂草》、《中国东北地区主要杂草图谱》等。特别要指出的是由李扬汉教授主编的巨著《中国杂草志》由中国农业出版社出版，该书收录了全国田园杂草 1 380 种、11 亚种、60 变种、3 变型，是目前收录杂草最多，涉及范围最广的杂草研究专著。

杂草科学教育也得到相应发展。各个农业院校相继开设了杂草科学课程，并培养出杂草科学专业的硕士和博士等高级专门人才。各种各样的杂草短训班对普及杂草科学知识，培养杂草科学人才也起到了重要作用。创办的《杂草科学》专门学术刊物已有自己显明的特色。

杂草科学在国外近现代的发展，是值得大书特书的。在欧洲，于 19 世纪下半叶就开始注意研究杂草生物学和生态学，这是人们寻求杂草防除有效方法的突破口，是人类在与杂草作斗争中由必然王国向自由王国迈进的开始。20 世纪初，机械除草便在许多工业发达国家普遍应用。杂草科学的最重要的里程碑事件是于 20 世纪中叶，2,4-滴对杂草抑制作用的发现，成为利用有机化合物防除杂草的起点，开创了杂草防除的新纪元。杂草的化学防除彻底改变了杂草防除耗工、耗时、耗能的劳动方式，极大地提高了除草的劳动生产力。20 世纪 80 年代以来，一批高效、超高效、低毒、安全、经济的除草剂品种研制开发，并投入生产和应用，使化学除草剂进入了超高效的发展阶段。化学除草剂的研制水平更步入了针对特定靶标的分子模拟和设计的智能化阶段。

随着化学防除成为当今杂草防除的主要手段，其给环境带来的污染，已构成了生态危机。因此，生物除草剂的研制与开发得到广泛的认可和关注，1997 年又有 2 个新的产品商业化；利用生物工程技术已培育出的抗除草剂作物品种投放市场，特别是抗草甘膦和草丁膦除草剂作物的大面积推广应用，使除草剂市场正在发生悄然的变化，广谱、低残毒、高效、低成本除草剂的需求数量及范围在明显扩大，草甘膦已经成为销量最大的除草剂品种；降低化学除草剂的使用量的杂草防治技术日益受到重视；强调农业及生态防治措施，配合其他的防治方法的杂草综合治理已成为杂草科学研究的主流思想。

杂草及其防除作为一门独立的学科，还在迅速的发展。转基因作物的应用带来了环境安全问题，转基因抗除草剂作物的杂草化、抗性基因向野生近缘种漂移等成为杂草科学的新问题。对外来生物入侵的关注，入侵性杂草问题远超出检疫杂草的范畴，探索外来杂草的入侵机制，依此建立外来杂草安全性评价体系，防止外来植物入侵事件的发生，已经成为杂草科学研究的新领域。

国际性的杂草专门学术组织相继成立。如国际杂草学会（IWSS）、亚太地区杂草学会（APWSS）和欧洲杂草研究会（EWRS）等，针对杂草科学的专门领域，还有许多专业委员会。如国际生物除草剂协作组（IBG）等。许多发达国家如美国、英国、加拿大和日本等都有专门的研究学会。办有国际影响较大的学术刊物。如《杂草科学》（Weed Science）、《杂草研究》（Weed Research）、《杂草技术》（Weed Technology）和《杂草生物学与管理》（Weed Biology and Management）等。还有专门的《杂草文摘》（Weed Abstract），是杂草科学工作者重要的专业索引工具书。

第一章 概 论

复 习 思 考 题

1. 什么是杂草？你的观点如何？
2. 试述杂草的重要性。
3. 概述现代国内外杂草科学发展史及其发展趋势。

参 考 文 献

苏少泉. 1993. 杂草学. 北京：农业出版社.

强胜，李扬汉. 1994. 安徽沿江圩丘农区水稻田杂草区系和生态的调查研究. 安徽农业科学，22（2）：135-138.

Duke S. O. ed. 1996. Herbicide-resistant crops：Agricultural, Environmental, Economic, Regulatory, and Technical Aspects. Lewis Publishers. Imprint from CRC Press.

Holzner W. and Numata M. 1982. Biology and Ecology of Weeds. Dr. W. Junk Publisher. The Hague Boston London.

Labrada R, Caseley J C, C Parker. 1994. Weed management for developing countries. FAO Plant Production and Protection Paper Vol. 120.

Klingman G C. 1961. Weed Control：As A Science. John Wiley & Sons, Inc. USA.

Rissler J，Mellon M. 1996. The Ecological Risks of Engineered Crops. The MIT Press.

第二章 杂草的生物学和生态学

第一节 杂草的生物学特性

杂草是伴随人类的出现而产生的,并随着农业的发展不断发展壮大起来,它具有同作物不断竞争的能力,比作物更能忍受复杂多变或较为不良的环境条件。杂草与作物的长期共同共生和适应,导致其自身生物学特性上的变异,加之漫长的自然选择,更造成了杂草具有多种多样的生物学特性。所谓杂草的生物学特性,是指杂草对人类生产和生活活动所致的环境条件(人工环境)长期适应,形成的具有不断延续能力的表现。因此,了解杂草的生物学特性及其规律,就可能了解到杂草延续过程中的薄弱环节,对制定科学的杂草治理策略和探索防除技术有重要的理论与实践意义。

一、杂草形态结构的多型性

在人为和自然的选择压力下,杂草的形态结构形成了多种多样的适应性方式。它们主要表现在下述诸方面。

1. 杂草个体大小变化大 不同种类的杂草个体大小差异明显,高的可达 2m 以上,如假高粱、芦苇[*Phragmites australis* (Cav.) Trin. ex Steud.] 等,中等的有约 1m 的梵天花(*Urena lobata* L.)等,矮的仅有几个厘米,如鸡眼草[*Kummerowia striata* (Thunb.) Schindlor]、地锦等。就主要农作物田间杂草而言,多数杂草的株高范围主要集中在几十厘米左右。同种杂草在不同的生境条件下,个体大小变化亦较大。例如荠菜生长在较空旷、土壤肥力充足、水湿光照条件较好的生境,株高度可在 50cm 以上,相反,生长在贫瘠、干燥的裸地上的荠菜,其高度仅在 10cm 以内;又如,漆姑草[*Sagina japonica* (Sw.) Ohwi]生长在具稀疏阳光和湿度较好的半裸地带,其枝叶舒展,个体较高,而分布在草坪植物丛中或砖石缝隙中,因常受到人们的践踏而植株矮小,节间短,叶片小,甚至开花习性也明显不同。

2. 根茎叶形态特征多变化 生长在阳光充足地带的杂草如马齿苋、反枝苋、土荆芥(*Chenopodium ambrosioides* L.)、繁缕等多数杂草茎秆粗壮、叶片厚实、根系发达,具较强的耐旱、耐热能力。相反,生长在阴湿地带杂草,即使是上述同种杂草,其茎秆细弱、叶片宽薄、根系不发达,当进行生境互换时,后者的适应性明显下降。

3. 组织结构随生态环境变化 生长在水湿环境中的杂草通气组织发达,而机械组织薄弱,生长在陆地湿度低的地段的杂草则通气组织不发达,而机械组织、薄壁组织都很发达。前者如水生杂草萤蔺、野荸荠(*Eleocharis* sp.)、空心莲子草等,后者如狗尾草、牛筋草等。同一杂草中如鳢肠等,生活在水环境中,其茎中通气组织发达、茎秆中空,而生长在干旱环境下则茎秆多数实心、薄壁组织发达、细胞含水量高。

二、杂草生活史的多型性

一般早发生的杂草生育期较长，晚发生的较短，但同类杂草成熟期则差不多。根据杂草当年开花，一次结实成熟，隔年开花一次结实成熟和多年多次开花结实成熟的习性，可将杂草的生活史（life cycle）过程分为一年生类型（annual）、二年生类型（biennial）和多年生类型（perennial）。

一年生杂草在一年中完成从种子萌发到产生种子直至死亡的生活史全过程，可分为春季一年生杂草和夏季一年生杂草。春季一年生杂草是指在春季萌发，经低温春化，初夏开花结实并形成种子，如繁缕、波斯婆婆纳等。夏季一年生杂草是指初夏杂草种子发芽，不必低温春化，生长发育时经过夏季高温，当年秋季产生种子并成熟越冬，如大豆田中的狗尾草、牛筋草等。一般说来，春播作物的栽培对上年秋季萌发的杂草有破坏性，而秋播作物对来年春季萌发的杂草有竞争上的优势。

二年生杂草的生活史在跨年度中完成。第一年秋季杂草萌发生长产生莲座叶丛，耐寒能力强，第二年抽茎、开花、结籽、死亡，如野胡萝卜等。这类杂草主要分布于温带，其莲座叶丛期对除草剂敏感，易防除。

多年生杂草可存活两年以上。这类杂草不但能结子传代，而且能通过地下变态器官生存繁衍。一般春夏发芽生长，夏秋开花结实，秋冬地上部枯死，但地下部不死，翌年春可重新抽芽生长。多年生杂草可分为两种类型：简单多年生杂草（simple perennial），如蒲公英（*Taraxacum mongolicum* Hand.-Mazz.）、酸模（*Rumex acetosa* L.）、车前等，可借种子繁殖，也可因切割由宿根繁殖；匍匐多年生杂草（creeping perennial），可以借球茎、匍匐茎或根状茎等进行繁殖。匍匐多年生杂草是一类很难控制的杂草，当其地上部枯死后，其土壤中的无性繁殖器官可再次占据该地域而繁衍滋生。这类杂草的幼苗在最初生长的6～8周内易受栽培措施或适当的除草剂控制，随生长期延长，抗性和生存能力增强。因此，防止这类多年生杂草入侵农田，是一项控制其繁衍和危害的重要措施。

但是，不同类型之间在一定条件下可以相互转变。多年生的蓖麻（*Ricinus communis* L.）发生于北方，则变为一年生杂草。当一年生或二年生的野塘蒿被不断刈割后，即变为多年生杂草。草坪上的红尾翎［*Digitaria radicosa* (Presl.) Miq.］是一年生杂草，不断的修剪亦可使其变为多年生。这也反映出杂草本身的不断繁衍持续的特性。

三、杂草营养方式的多样性

杂草的营养方式是多种多样的。绝大多数杂草是光合自养的，但亦有不少杂草属于寄生性的。寄生性杂草分全寄生和半寄生两类。寄生性杂草在其种子发芽后，历经一定时期的生长，其必须依赖于寄主的存在和寄主提供足够有效的养分才能完成生活史全过程。例如，全寄生性杂草如菟丝子类是大豆、苜蓿和洋葱等植物的茎寄生性杂草；列当是一类根寄生性杂草，主要寄生和危害瓜类、向日葵等作物。无根藤（Cassytha filiformis L.）是樟科木本植物等的茎寄生性或半寄生性杂草。半寄生性杂草如桑寄生[Taxillus chinensis（DC.）Danser]和槲寄生[Viscum coloratum（Kom.）Nakai]等，寄生于桑等木本植物的茎上，依赖寄主提供水和无机盐，自身营光合作用。有些寄生性杂草如生长一定阶段后仍不能寄生于寄主，则通过"自主寄生"和"反寄生"来维持一定时间的生长，直至自身营养耗尽而死亡，如日本菟丝子等。

四、杂草适应环境能力强

1. 抗逆性（stress resistance）**强** 杂草具有强的生态适应性和抗逆性，表现在对盐碱、人工干扰、旱涝、极端高低温等有很强的耐受能力。有些杂草个体小、生长快，生命周期短，群体不稳定，一年一更新，繁殖快，结实率高，如繁缕、反枝苋等一年生杂草。有些杂草个体大，竞争力强、生命周期长，在一个生命周期内可多次重复生殖，群体饱和稳定，如田旋花、芦苇等多年生杂草。有些杂草，例如藜、扁秆藨草和眼子菜等都有不同程度耐受盐碱的能力。马唐在干旱和湿润土壤生境中都能良好的生长。C_4植物杂草体内的淀粉主要储存在维管束周围，不易被草食动物利用，故也免除了食草动物的更多啃食。野胡萝卜作为二年生杂草，在营养体被啃食或被刈割的情况下，可以保持营养生长数年，直至开花结实为止。野唐蒿也具类似的特性。天名精（Carpesium abrotanoides L.）、黄花蒿等会散发特殊的气味，趋避禽畜和昆虫的啃食。还有些植物含有毒素或刺毛，如曼陀罗（Datura stramonium L.）、刺苋等，以保护自身，免受伤害。

2. 可塑性（plasticity）**大** 由于长期对自然条件的适应和进化，植物在不同生境下对其个体大小、数量和生长量的自我调节能力被称之为可塑性。可塑性使得杂草在多变的人工环境条件下，如在密度较低的情况下能通过其个体结实量的提高来产生足量的种子，或在极端不利的环境条件下，缩减个体并减少物质的消耗，保证种子的形成，延续其后代。藜和反枝苋的株高可矮小至5cm，高至300cm，结实数可少至5粒，多至百万粒。当土壤中杂草子实量很大时，其发芽率会大大降低，以避免由于群体过大而导致个体的死亡率的增加。

3. 生长势（growth vigor）**强** 杂草中的C_4植物比例明显较高，全世界18种恶性杂草中，C_4植物有14种，占78%。在全世界16种主要作物中，只有玉米、谷子、高粱等是C_4植物，不到20%（表2-1）。C_4植物由于光能利用率高、CO_2补偿点和光补偿点低，其饱和点高、蒸腾系数低，而净光合速率高，因而能够充分利用光能、CO_2和水进行有机物的生产。所以，杂草要比作物表现出较强的竞争能力，这就是为什么C_3作物田中C_4杂草疯长成灾的原因。如稻田中的稗草、碎米莎草，花生田中的马唐、狗尾草、反枝苋、马齿苋、香附子等。还有许多杂草能以其地下根、茎的变态器官避开逆境，繁衍扩散，当其地上部分受伤或地下部分被切断后，能迅速恢复生长、传播繁殖。例如，刺儿菜是一种多年生耐旱、耐盐碱的杂草，其地下根状茎入土较深，地下分枝很多，积储有大量养分，枝芽发达，每个芽都能发育成新的植株。在一个生长季节内，刺儿菜的地下根状茎能向外蔓延长达3m以上。狗牙根等杂草的地下根状茎则更加发达。据统计，在667m²的田地中，根茎总长可达60km，有近30万个地下芽。这样的杂草还有很多，如香附子、空心莲子草等能成片生长。

4. 杂合性（heterozygosity） 由于杂草群落的混杂性、种内异花授粉、基因重组、基因突变和染色体数目的变异性，一般杂草基因型都具有杂合性，这也是保证杂草具有较强适应性的重要因素。杂合性增加了杂草的变异性，从而大大增强了抗逆性能，特别是在遭遇恶劣环境条件如低温、旱、涝以及使用除草剂治理杂草时，可以避免整个种群的覆灭，使物种得以延续。

表 2-1 农田常见 C_4 杂草

科名	属名	种名
禾本科	狗尾草属	狗尾草、金狗尾草、大狗尾草等
	马唐属	升马唐、马唐、止血马唐等
	稗属	稗、光头稗等
	牛筋草属	牛筋草
	白茅属	白茅
	黍属	大黍（*Panicum maximum*）、铺地黍（*P. repens*）等
	画眉草属	画眉草（*Eragrostis pilosa*）、大画眉草（*E. cilianensis*）、小画眉草（*E. minor*）等
	狗牙根属	狗牙根
	虎尾草属	虎尾草（*Chloris virgata*）
苋科	苋属	白苋（*Amaranthus albus*）、反枝苋、刺苋、绿穗苋（*A. hybridus*）
藜科	滨藜属	密叶滨藜（*Atrplex sp.*）等
	地肤属	地肤（*Kochia scoparia*）等
莎草科	莎草属	碎米莎草、香附子等
大戟科	大戟属	毛果地锦（*Euphorbia sp.*）、飞扬草（*E. hirta*）等
马齿苋科	马齿苋属	马齿苋

（依 Elmore and Paul，1983）

5. 拟态性（mimicry） 稗草与水稻伴生、野燕麦或看麦娘与麦类作物伴生、亚麻荠与亚麻、狗尾草与谷子伴生等，这是因为它们在形态、生长发育规律以及对生态因子的需求等方面有许多相似之处，很难将这些杂草与其伴生的作物分开或从中清除。杂草的这种特性被称之为对作物的拟态性（crop mimicry），这些杂草也被称之为伴生杂草。它们给除草，特别是人工除草带来了极大的困难。例如狗尾草经常混杂在谷子中，被一起播种、管理和收获，在脱皮后的小米中仍可找到许多狗尾草的子实。此外，杂草的拟态性还可以经与作物的杂交或形成多倍体等使杂草更具多态性。

五、杂草繁衍滋生的复杂性与强势性

1. 惊人的多实性 农田杂草是一类适应性广、繁殖能力强的特殊类型的植物。许多杂草都具有尽可能多地繁殖种群的个体数量，来适应环境繁衍种族的特性。绝大多数杂草的结实力高于作物几倍或几百倍，千粒重则小于作物的种子。一株杂草往往能结出成千上万甚至数十万粒细小的种子。如野燕麦多达 1 000 粒，荠菜可结 20 000 粒，而蒿则高达 810 000 粒。杂草大量结实的能力,是一年生和二年生杂草在长期的竞争中处于优势的重要条件(表2-2)。

表2-2 农田主要杂草的多实性

杂草种类	平均结籽 (粒/株)	千粒重 (g)	杂草种类	平均结籽 (粒/株)	千粒重 (g)
稗	1 059~7 160	1.179 8	蓬(蒿)	810 000	0.046
马唐	13 307	0.547	皱叶酸模(*Rumex crispus*)	29 500	104
野燕麦	1 000	4~20	龙葵	170 000	—
藜	17 940	0.721	大蓟(*Cirsium japonicum*)	570	—
苋	50 000	0.307	车前	2 684	—
马齿苋	52 300	0.13	田蓟(*Cirsium arvensis*)	899	0.703
荠菜	22 300	0.112 5	苣荬菜	816	0.243
苍耳	313~1 162	15.03	列当	100 000	0.001
蒲公英	1 100	0.490 7	菟丝子	3 500	0.999
牛筋草	50 000~135 000	—	反枝苋	1 000~40 000	—
繁缕	200~20 000	—			

2. 种子的寿命长 相对于作物而言,所有杂草种子的寿命都较长。许多杂草的种子埋于土中,经历多年仍能存活。藜等植物的种子最长可在土壤中存活1 700年之久,繁缕种子可存活622年,野燕麦、早熟禾、马齿苋、荠菜和泽漆等都可存活数十年。即使在耕作层中,杂草的种子仍然保持较长的寿命,野燕麦7年、狗尾草9年、繁缕和车前等10年以上,亦能保持发芽力。在一般情况下,杂草子实皮越厚越硬,透水性越差,其寿命越长。此外,有些杂草种子,如稗草、马齿苋等,通过牲畜的消化道排出后,仍有一部分可以发芽。野苋和荨麻(*Urtica* sp.)的种子经过鸟的消化后发芽更好且整齐,在堆肥或厩肥中杂草种子仍能保持一定的发芽力。例如稗草种子在40℃高温的厩肥中,可保持生活力达1个月。一般杂草种子在没有腐熟的堆肥或厩肥里,不失其发芽力。此外,有些杂草如繁缕等的种子在低温3℃下仍然可以萌发。

3. 种子的成熟度与萌发时期参差不齐 荠菜、藜及打碗花,即使其种子没有成熟,也可萌发长成幼苗。很多杂草被连根拔出后,其植株上的未成熟种子仍能继续成熟。作物的种子一般都是同时成熟的,而杂草种子的成熟却参差不齐,呈梯递性、序列性。同一种杂草,有的植株已开花结实,而另一些植株则刚刚出苗。有的杂草在同一植株上,一面开花,一面继续生长,种子成熟期延绵达数月之久。杂草与作物常同时结实,但成熟期比作物早。种子继续成熟,分期分批散落田间,由于成熟期不一致,对第二年的萌发时间也有一定影响,这也为清除杂草带来了困难。

有些杂草种子在形态和生理上具有某些特殊的结构或物质,从而使其具有保持休眠的机制。如坚硬不透气的种皮或果皮,含有抑制萌发的物质,种子需经过后熟作用或需光等刺激才能萌发等。由于不同时期、植株不同部位产生的杂草种子的结构和生理抑制性物质含量的差异,使其成为杂草种子萌发不整齐的又一重要原因。此外,杂草种子基因型的多样性、对逆境的适应性差异、种子休眠程度以及田间水、湿、温、光条件的差异和对萌发条件要求和反应的不同等都是田间杂草出草不齐的重要因素。滨藜[*Atriplex patens* (Litv.) Iljin]是一种耐盐性的杂草,能结出3种类型的种子,上层的粒大呈褐色,当年即可萌发;中层的粒小,黑色或青灰色,翌年才可萌发;下层的种子最小,黑色,第三年才能萌发。藜和苍耳等也有类似的情形。

4. 繁殖方式多样 杂草的繁殖方式主要有两大类:营养繁殖和有性生殖。杂草营养繁殖是指杂草以其营养器官根、茎、叶或其一部分传播、繁衍滋生的方式。例如，马唐等的匍匐枝、蒲公英的根、香附子等的球茎、刺儿菜等的地下"生殖茎"、狗牙根等的根状茎都能产生大量的芽，并形成新的个体。空心莲子草可通过匍匐茎、根状茎和纺锤根等3种营养繁殖器官繁殖。杂草的营养繁殖特性使杂草保持了亲代或母体的遗传特性，生长势、抗逆性、适应性都很强。具这种特性的杂草给人类的有效治理造成极大的困难。至今，人们还未找到一种行之有效地控制或清除这类杂草的方法。

杂草的有性生殖是指杂草经一定时期的营养生长后，经花芽（序）分化，进入生殖生长，产生种子（或果实）传播繁殖后代的方式。有性生殖是杂草普遍进行的一种生殖方式，在有性生殖过程中，杂草一般既可异花受精，又能自花或闭花受精，且对传粉媒介要求不严格，其花粉一般均可通过风、水、昆虫、动物或人，从一朵花传到另一朵花上或从一株传到另一株上。多数杂草具有远缘亲和性和自交亲和性，如旱雀麦（*Bromus tectorum* L.）和紫羊茅（*Festuca rubra* L.）等自交和异交均为可育，而栽培泽兰则自交败育。异花传粉受精有利于为杂草种群创造新的变异和生命力更强的种子，自花授粉受精可保证其杂草在独处时仍能正常受精结实、繁衍滋生蔓延。具有这种生殖特性的杂草其后代的变异性、遗传背景复杂，杂草的多型性、多样性、多态性丰富，是化学药剂控制杂草难以长期稳定有效的根本原因所在。

火柴头（*Commelina bengalensis* L.）常分布于较湿润的山坡、农庄、田埂附近，大豆、玉米、瓜类、茄果类等作物田间常有分布。其繁殖方式可分为营养繁殖、地表单性结实、地下单性结实和有性生殖等，现简述如下：

（1）营养繁殖　种子发芽后进入营养生长期，植株不断形成匍匐茎，其节上产生若干不定根及数条分枝或直立茎。如此，一粒种子萌发可形成较大的群丛，若植株遭受人为或自然因素影响而损伤，则各相对独立的分枝均可存活生长，并迅速扩散繁殖、成片生长。

（2）地表单性结实　营养生长一定阶段后，主茎基部1~5节上的侧芽活动，突破叶鞘向地性生长，形成生殖枝，节间较短，节上叶仅含有叶鞘，没有不定根而与一般植物的根状茎或匍匐茎不同。地下生殖枝不含色素，若土层干结，向地性生长的生殖枝则难以入土，顶芽和侧芽则在近地面发育成可育的花序，其雄蕊退化，正常开花结实，产生成熟的种子。

（3）地下单性结实　火柴头近地面芽形成的生殖枝入土后，在地表下3~5cm土层中穿行，长度可达6~15cm，节上没有不定根生成，地下生殖枝上的顶芽和侧芽花芽分化，其雄蕊退化，在地下开花结实，形成可育种子。比较地下和地上生殖枝形成的种子，在形态、大小、色泽上没有显著差异。沙培、水培、湿润培养条件下，地上、地下生殖形成的两类种子，均能正常萌发生长，开花结实，且遗传表现相同。

（4）有性生殖　植株经一定时期的营养生长后，进入生殖生长，花序或花芽分化形成，开花后可进行异化传粉受精结实，亦可闭花（自花）传粉受精结实，种子具有较高的发芽力。

5. 子实具有适应广泛传播的结构和途径　杂草的种子或果实有容易脱落的特性，有些杂草具有适应于散布的结构或附属物，借外力可以传播很远，分布很广。例如酢浆草（*Oxalis corniculata* L.）、野老鹳草（*Geranium carolinianum* L.）的蒴果在开裂时，会将其中的种子弹射出去，散布；野燕麦的膝曲芒，在麦堆中感应空气中的湿度变化曲张，驱动子实运动，而在麦堆中均匀散布；十字花科、石竹科和玄参科的杂草如荠菜、麦瓶草、婆婆纳等，其种子可借果皮开裂而脱落散布。菊科如蒲公英、刺儿菜等杂草的种子往往有冠毛，可借助风力传播。有的杂草如苍耳、鬼针草（*Bidens* sp.）等果实表面有刺毛，可附着他物而传播；有些杂草如独行菜（*Lepidium apetalum* Willd.）、莴草等果实上有翅或囊状结构，可随水漂流。还有的杂草如稗草、反枝苋、繁缕等子实被动物吞食后，随粪便排出而传播等。此外，杂草种子还可混杂在作物的种子内，或饲料、肥料中而传播，也可借交通工具或动物携带而传播。有些杂草种子和作物的种子相似，很不容易和作物种子分开，作物种子中掺杂有杂草种子，可使农田杂草传播危害更为广泛。然而，杂草种子的人为传播和扩散则是上述所有杂草种子的传播扩散（尤其是远距离的传播和扩散）途径中，影响最大、造成的危害最重的一种方式，理应引起人们的高度重视。

归纳起来，杂草的基本特征大致应包括如下几个方面。
①种子可在许多不同生境中萌发；
②种子的序列性萌发和长寿的种子；
③可以迅速完成营养生长并开花结实；
④只要生长条件许可，可以不断产生种子边熟边落；
⑤自体受精亲和，但绝不是完全自花传粉和无融合生殖；
⑥异花传粉的媒介不专化；
⑦在适宜环境条件下，种子产生量很大；
⑧在不利环境条件下仍能产生出种子，对环境条件的忍耐性高，可塑性强；
⑨适应短和长距离传播种子；
⑩有旺盛的营养繁殖能力和通过营养体片断形成植株的能力；
⑪多年生杂草的植物体易断裂，很难将整个植株从土壤中拔出；
⑫具强的生长势，常在种间竞争中占优势；
⑬一些杂草总与某些作物密切伴生，形态上、生理生态需求上有很多相似之处。
这些方面归纳起来，均与杂草在复杂多变的人工环境中不断可以延续其种群相关。

第二节　杂草个体及种群生态学

杂草生态学（weed ecology）是研究杂草与其环境之间关系的一门学科。主要揭示杂草的群体消长、杂草与杂草、杂草与作物及其他环境因子等的内在规律。

一、杂草个体生态

（一）种子休眠的生理生态

在杂草中，已知只有少数种类的子实（seed）是成熟脱落后不久即萌发出苗的。大多数种类的种子甚至营养繁殖器官都具有休眠（dormancy）的特点。休眠是有活力的子实及地下营养繁殖器官暂时处于停止萌动和生长状态。休眠可以保证种子在一年中固有的时期萌发出苗，如遇不利生态因素，还可以使子实萌发推迟数年，从而确保种族的繁衍。杂草子实的休眠有内外两方面

第二章 杂草的生物学和生态学

因素的作用。

休眠的内因主要有：①种子或腋芽或不定芽中含有生长抑制剂。如野燕麦子实的休眠就是由于野燕麦稃片中存在一种休眠素，有些杂草种子中含有脱落酸等。②果皮或种皮不透水和不透气或机械强度很高。牵牛（*Pharbitis* sp.）、菟丝子和野豌豆属杂草的种子种皮透性差。荠、独行菜的种子是由坚韧的种皮紧紧地包住胚，阻碍种子萌发。③胚未发育成熟。有些杂草的种子虽然成熟了，但其胚仍需在种子中经过一段时间的生长和发育，才能长成成熟的胚，如蓼、茴草属和石竹科的许多杂草即有这种现象。上述因素导致的休眠都是杂草本身所固有的生理学特性决定的，故也被称之原生休眠（innate dormancy）。

与之相对的还有外界环境因素诱导产生的休眠，这是外因，也被称作诱导休眠（induced dormancy）或强迫休眠（enforced dormancy）。大多是由于不良环境条件如高和低温、干旱涝渍、除草剂、黑暗和高 CO_2 的比例等所引起，使已经解除原生休眠可以萌发的子实重新进入休眠状态。如豆科杂草在高温条件，以及夏秋性杂草在低温条件下都将进入休眠状态。豆科杂草的种子在干旱条件下，大量失水，致使种皮干缩，增加了不透性，诱发了休眠。鳢肠的子实埋于土壤中处于黑暗条件下，保持休眠状态。在自然状况下，内因和外因以及各个内外因素之间常有相互作用，决定了杂草繁殖体的休眠。图 2-1 显示了这些因素的相互关系。

杂草子实休眠受环境因素的制约，这也是保证杂草种群延续的重要条件。这可使种子处于休眠状态，安全度过不良环境，遇适宜环境条件时萌发生长。

不过，无论是由内因造成的原生性休眠或由外因导致的诱导休眠，都可以通过适当的方法或通过改变其环境条件而打破。野燕麦的子实上所带的含有萌发抑制物质的稃片被除去后，种子就会萌发。自然界中，通过雨水的淋洗，也会缓慢地清除子实中存在的萌发抑制物质。果皮或种皮坚硬不透性的种子，可以用机械或其他物理因素解除。如用

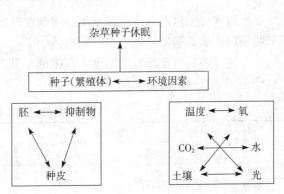

图 2-1 种子和环境因素以及它们之间的相互作用
　　　决定了杂草种子的休眠
（按 Simpson, 1978, 加以修改）

针、刀或砂纸划破外皮。苍耳的果实被切去其顶端后，很快就发芽。硫酸也被用来消除菟丝子等杂草种子的种皮机械障碍，促使其萌发。另外，某些化学刺激剂也被用来打破杂草子实的休眠，如硝酸钾可以刺激藜、大狗尾草、苘麻（*Abutilon theophrasti* Medic.）以及苋属杂草子实的萌发；赤霉素和脱落酸对金狗尾子实的萌发有刺激作用。砂藏和低温可以加速那些胚未成熟的杂草子实的胚胎成熟过程。

（二）种子萌发的生理生态

萌发是杂草种子的胚由休眠转变为生理生化代谢活跃、胚胎体积增大并突出子实皮长成幼苗的过程。萌发需要适宜的环境条件，不同的杂草所需环境条件有某些差异，但均要求较为充足的氧和水，对氧的要求似乎更决定于 O_2/CO_2 两者的比例。如看麦娘的子实在低氧分压或过高氧分

压下，发芽率都不高，只在氧含量达20%时发芽率最高。猪殃殃最适宜的氧含量是11.6%（表2-3）。氧含量随土壤的深度呈反比，这种对不同氧分压的要求，可以保证不同种杂草子实在不同土壤深度萌发出苗。

表2-3 氧气含量对杂草种子萌发率的影响

氧气含量（%）	种子萌发率（%）	
	看麦娘	猪殃殃
1.3	50.3	16.0
11.6	75.0	92.6
20.0	91.6	53.2
50.0	56.0	50.0

（上海农业科学院植物保护研究所除草组，1979）

杂草种子的萌发在自然界具有周期性的节律，其发芽盛期通常均在生长最适时机来临时出现。可避免在不良生长季节来临前的适宜条件下萌发，以免造成灭顶之灾，这为杂草提供了萌发、幼苗定植、生长发育、产生种子的最大机会。如看麦娘、野燕麦秋冬和春季两个萌发盛期，荠菜、繁缕、早熟禾等一年均可萌发，但春秋有2个高峰，龙葵仅在夏季萌发，萹蓄仅在春秋萌发等等。

萌发过程受促进萌芽的赤霉素类、抑制萌发的脱落酸和抗内生抑制剂的细胞分裂素3类生长调节物质的影响。萌发依赖于这些物质间的平衡。

杂草种子萌发需要适宜的温度，范围低于其下限温度或高于其上限温度，种子都不会萌发。在这个范围中有一个最适温度（表2-4）。

表2-4 主要农田杂草萌发所需的温度（℃）

杂草名	温度		杂草名	温度	
	范围	最适		范围	最适
稗草	13~45	20~35	荠菜	2~35	15~25
野燕麦	2~30	15~20	繁缕	2~30	13~20
牛筋草	20~40	25~35	藜	5~40	15~25
狗尾草	7~40	20~25	马齿苋	17~43	30~40
早熟禾	2~40	5~30	酸模叶蓼	2~40	30~40
猪殃殃	2~20	7~13	反枝苋	7~35	20~25
遏蓝菜	1~32	28~30	泽漆	2~35	20

（依 Koch and Harle，1978，作修改）

只有吸水膨胀后的杂草子实，使种子中细胞的细胞质呈溶胶状态，活跃的生理生化代谢活动才能开始，当种子的水分大于14%时，才能确保这一过程。通常当土壤湿度达到田间持水量的40%~100%时，杂草子实发芽。杂草子实越大，需求的湿度一般也越高。旱地杂草萌发所要求的土壤湿度要显著低于水生或湿生杂草。过高的水分条件会导致某些杂草子实缺氧、腐烂、死亡。

有些杂草子实只有在光照条件下才能较好萌发，如马齿苋、藜、繁缕、麦瓶草、反枝苋、鳢肠、豚草、狗尾草、大狗尾草、假高粱等；而曼陀罗等的子实只有在黑暗条件下萌发才好；灯心草（*Juncus effuses* L.）等无论在照光或黑暗条件下都能很好发芽。光照长短和光质对萌发也有影响，这是因为光对杂草种子萌发的影响主要是通过调节种子内部的活跃型（Pfr）和非活跃型（Pr）光敏色素比例而起作用的。前者促进种子萌发，后者则抑制萌发。而光质则影响这种转换。其原理如下：

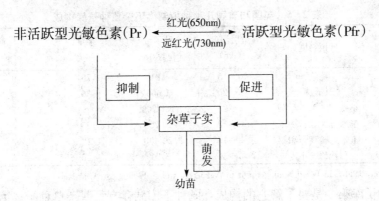

郁闭的作物田，杂草子实不再萌发出苗，就是由于叶冠层透过的光含更多的远红光，而将杂草种子中的光敏素促变为非活跃型。

某些杂草子实对光的需求，会受到环境条件的影响，像变温、储藏等因素。如刚成熟的反枝苋种子发芽有需光性，在土壤中埋藏1年，需光性消失，而稗草种子与其恰恰相反。此外，土壤各种条件也通过直接或间接的方式影响杂草子实的萌发。杂草子实在土壤中的埋藏深度间接影响到萌发。小粒种子杂草在土表或接近土表处萌发较好，土壤中的硝酸盐含量对萌发有刺激作用，如狗尾草和藜的子实。土壤类型、pH及物理性质也影响杂草子实的萌发。

上述诸因子对杂草子实萌发的影响常是综合的。有时，1个因素会影响到几个因子的变化，从而复合作用于杂草子实的萌发。

杂草的营养繁殖器官的萌发与杂草子实的萌发一样，受上述诸多因素的影响和制约，也有其周期节律性。此外，繁殖器官的大小及构造的不一致性，其在发芽率上与器官的大小成反比，顶端优势和苗优势的现象抑制萌芽率。

二、杂草种群生态

（一）杂草种子库

杂草种子成熟后散落在地上，经翻耕等农事操作被埋在土中，年复一年的输入，在土壤中积存大量的各种杂草种子。在任何时候，田间土壤中都有产生于过去生长季节的杂草种子，也包括营养繁殖器官。这些存留于土壤中的杂草种子或营养繁殖体总体上称之为杂草种子库（或称繁殖体库）（weed seed bank）。

土壤是杂草种子保存的良好场所，它可以提供储存场所，可以防止动物的觅食、提供适宜的休眠或萌发条件等。

杂草种子库的构成和密度因地而异，主要取决于种植制度和杂草防治水平。种植制度影响杂草种子库构成和大小。表2-5列举了英国和美国不同耕作制度下杂草种子库构成情况。在某种种植制度下，每种作物都有它特定的伴生的杂草种类。如在中国长江中、下游，稻茬麦田的主要杂草是看麦娘、牛繁缕等，而旱茬麦田的主要杂草是猪殃殃、波斯婆婆纳、野燕麦等。

表2-5 英国和美国几种种植制度下杂草种子库构成

地 点	种植制度	土层深度(cm)	种子量（粒数/m²）	杂草种类	常见杂草种类	
					数量	百分比
英格兰	蔬菜	0～15	4 100	76	9	89
苏格兰	马铃薯	0～20	1 600	80	6	78
内布拉斯加州	小麦—玉米—甜菜	0～25	137 700	8	7	86
科罗拉多州	玉米—大豆—玉米	0～18	10 200	25	4	85
伊利诺伊州	玉米—豌豆—甜菜	0～15	20 400	19	3	85
华盛顿州	马铃薯—小麦	0～30	5 100	23	3	90

(Robert G. Wilson, 1988, in Weed Management in Agroecosystem: Ecological Approaches)

研究杂草种子库第一是要了解它的构成，既种子库储存有哪些杂草种子；第二是要了解种子库的密度，即各种杂草种子量的多少；第三是要了解种子库在土壤中的分布，包括水平和垂直分布；第四是研究种子库的消长动态，既每年种子库的输入和输出量。

在作物生长季节，采取有效的防治措施能大大减少杂草种子繁殖量，从而减少杂草种子库的输入量。用数学模拟的方法推算，如果种子库每年有75%的种子萌发出苗，而防治水平在99.5%以上，则需30年耗尽种子库中所有的杂草种子。但如果防治杂草的水平在100%，则仅需14年就耗尽种子库中所有的种子。如果每年有95%的种子库种子萌发而且不产生新的种子，则耗尽种子库仅需6年时间。

杂草种子在土层中的垂直分布则主要受耕作方式和使用的耕作机械的影响。在常规耕种的农田，绝大部分杂草种子分布在0～30cm深的耕作层，而在免耕或少耕的农田，杂草种子则分布浅表土层（图2-2）。

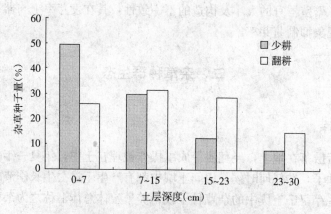

图2-2 耕作方式对杂草种子在土层中分布的影响
(Wicks and Somerhalderd. 1971. Weed Sci. 19: 666)

土壤中杂草种子库是一个动态系统，时刻都在输入和输出（图2-3）。当输入量大于输出量时，种子库就逐年增大，杂草危害就增加。反之，种子库就缩小，杂草危害降低。

第二章 杂草的生物学和生态学

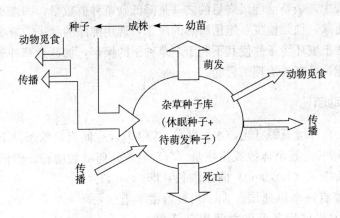

图 2-3 杂草种子库动态示意图

杂草种子库的输入主要靠成熟杂草结实，少部分是由外地传播的。很多杂草繁殖量大，如藜单株可结 72 450 粒种子，反枝苋单株可结 117 400 粒种子。杂草种子产量和它的生物量成正相关，个体越大，结籽量越高。

杂草种子库输出有萌发、传播、动物觅食、死亡等输出，其中萌发和死亡输出是主要的输出方式。杂草种子库中有的种子是处于休眠状态不能萌发，有的由于被埋在较深的土层中，氧含量不够，而被迫"休眠"，只有那些待萌发的，又在浅表土层中的杂草种子才萌发出苗。对大多数杂草种子来说，被埋在 10cm 以下深时，很难出苗。

杂草种子在土壤中的寿命（longevity）是影响杂草种子库输出的一个重要因素。杂草种子在土壤中的寿命因种类不同而差异较大。除了受杂草本身的遗传特性影响外，还受到土壤类型、土壤含水量、所处的深度及耕作措施等外界因素的影响。唐洪元的研究结果表明，在水、旱条件下，杂草种子的寿命差异极大（表 2-6）。

表 2-6 常见杂草种子在不同土壤条件下的寿命（死亡率）
（唐洪元，1991）

杂草种类	生态条件	第一年	第二年	第三年	第七年
稗	水田	18	41	52	100
	旱田	37	68	97	100
硬草	水田	15	36	85	100
	旱田	19	100	100	100
猪殃殃	水田	8	99	100	100
	旱田	42	42	60	90
荩草	水田	10	13	66	100
	旱田	16	86	99	100
千金子	水田	20	21	52	98
	旱田	39	65	83	100
马唐	水田	28	32	95	100
	旱田	43	96	100	100

一般来说，土壤中杂草种子的寿命随着所在深度的增加而延长，耕翻和水旱轮作可缩短杂草种子的寿命。

在农业生产实践中，杂草治理最终目的之一是降低杂草种群数量，即缩小杂草种子库。搞好农田中生长的杂草防除，加强检疫，施用腐熟的厩肥，选用纯净的种子，减少向杂草种子库的输入；诱导萌发，改变土壤环境条件使其不利于杂草种子的保存，加速杂草种子死亡速度，促进输出。截源竭库，才能达到有效治理的目的。

（二）杂草种群动态

从理论上来讲，在环境资源（光、水、养分、CO_2）及空间充足的条件下，一个种群如按它固有的增长率（r）增长，其个体数或生物量（N）可按几何级数增长。然而，环境资源总是有限的，种群是按逻辑斯蒂（Logistic）曲线增长，即起初增长缓慢，接着有一个迅速增长期。当种群的个体数量达到一定的程度后，个体之间出现竞争，种群的增长速度放慢。最终当种群个体数达到环境载有量（k）时，增长率变为零（图2-4）。

上述种群的逻辑斯蒂增长曲线可用如下方程来描述：

$$dN/dt = rN(1 - N/k)$$

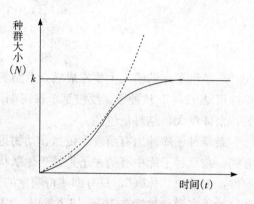

图2-4 杂草种群的增长模式
k 代表环境的最大负载量

从这个公式很好理解种群的这种增长模式。当种群个体（N）少时，即在种群增长的初期，N/k很小，$(1-N/k)$接近1，种群的增长为rN，即按几何级数增长；随着N的增大，增长率逐渐下降；当$N=k$时，$(1-N/k)=0$，种群增长率变为0。

杂草作为农业生态系统的组成之一，其种群动态除了受本身的一些特性（如生长、传播、繁殖特性，种子寿命，最大种群密度等）影响外，从萌发、出苗、成熟结实，到土壤杂草种子库的整个生活史中每一环节都受到气候、人类的农事活动（包括除草措施）及其他生物和非生物因素的影响。由于人类的农事活动，使得农田生境处于一种不稳定的状态，导致杂草种群也随时变化。然而，在某种耕作制度下，一种杂草的种群大小还是相对稳定的。

（三）杂草和作物间的竞争

1. 竞争的定义 植物间的竞争（competition）是指植物间竞争有限资源（光、CO_2、水、养分）的情形下，为争夺较多资源的生存斗争，竞争的结果对竞争者均不利。严格地说，在资源充足的条件下植物间不存在竞争，竞争只发生在资源有限的条件下。资源越有限，竞争就越严重。另外，植物间发生竞争的另一个前提是两者应占有相似的生态位（niche），即它们利用同一生境中的资源，如两种植物的根系不在同一土层，它们间就不存在水和养分竞争。实际研究中，如杂草危害的作物产量损失试验，很难把竞争作用和其他负干扰作用（negative interference）（如化感作用）区分开来。在这种试验中，作物除了受杂草资源竞争的影响外，还可能受到杂草释放出的有毒物质的影响。

同种植物的不同个体间的竞争，称种内竞争（intraspecific competition），如稻田稻株间竞争,不同稗草个体间竞争;不同种类植物间的竞争叫种间竞争(interspecific competition),如稗草与水稻(杂草与作物)间竞争,稗草与鸭舌草(杂草与杂草)间竞争。

2. 杂草与作物间的资源竞争

(1) 地上竞争　杂草与作物间的地上竞争主要指对光的竞争。杂草与作物竞争光是非常普遍的现象。杂草和作物叶片相互遮盖,导致对方的光合作用下降,干物质积累减少,最终降低产量。

杂草与作物对光的竞争能力主要取决于它们对地上空间的优先占有的能力、株高、叶面积及叶片的着生方式。作物早发、早封行,就可能优先占有空间,抑制杂草的生长。反之,作物苗生长慢,被快速生长的杂草所遮盖,吸收阳光就少,生长就受到抑制,出现草欺苗现象。一般来说,植株高大,竞争光的能力强。杂草和作物的叶面积指数(leaf area index)是反映它们光竞争能力的一个很重要的指标,叶片多、叶面积指数大,接收光多,竞争力就强。

在一般情形下,空气中的 CO_2 是充足的,杂草与作物间不存在对 CO_2 的竞争。但在无风条件下,植物冠层特别茂密时,冠层内空气不流通,被植物光合作用消耗的 CO_2 不能及时补充,而造成植物冠层内 CO_2 浓度下降,此时,杂草与作物间可能发生 CO_2 的竞争。一般来说,在杂草与作物竞争 CO_2 时,作物处于劣势。因为,很多杂草是 C_4 植物,而大多数作物是 C_3 植物。C_4 植物的 CO_2 的补偿点比 C_3 植物低,在 CO_2 浓度较低时,C_4 植物仍能进行正常的光合作用,而 C_3 植物的光合作用则受到抑制。

(2) 地下竞争　地下竞争包括营养竞争和水分竞争。杂草和作物的地下竞争常常严重于地上竞争。作物生产中的一个很重要的限制因子是土壤中的养分不足,特别是 3 种大量元素氮、磷和钾。很多杂草吸收养分的速度比作物快,而且吸收量大,降低土壤中作物可利用的营养元素的含量,这样加剧了作物营养缺乏。

在旱地,作物生长常遭到水分胁迫的影响,由于杂草吸收大量水分,降低水分的供应,从而加重水分胁迫程度。很多研究表明,在土壤水分含量较低时,杂草比作物更能较好地利用水分,叶片保持较高的水势。C_4 植物的杂草水分利用率高于 C_3 植物的作物而处于竞争优势。

杂草和作物对地下资源的竞争能力受它们的根长度、密度、分布、吸收水肥能力的影响。竞争能力强的植物具有发达的根系,如稗草与水稻相比,前者的根系比后者发达,竞争力比后者强。一种植物根长度比它的根量更能反映它对地下资源的竞争能力。

(3) 不同资源竞争的互作　杂草和作物间竞争不同的资源是同时发生的。由于不同的资源间相互联系,因此,它们竞争不同的资源是一个很复杂的过程。竞争地上资源必然影响到地下资源的竞争。一般来说,竞争一种资源将加剧对另一种资源的竞争;对一种资源竞争占优势,将导致对另一种资源的竞争也占优势;对于弱竞争者来说,同时与强竞争者竞争两种资源的产量损失远大于分开竞争这两种资源产量损失之和。

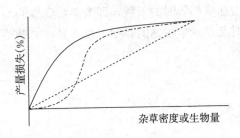

图 2-5　杂草密度或生物量与作物产量损失的关系

3. 杂草竞争造成的作物产量损失模型　杂草密度和作物产量损失之间不是直线关系,而是呈 S 形曲线或双曲线关系。至于是呈 S 形曲线,还是呈双曲线,因杂草和作物的种类而定。当作物的竞争力比杂草强时,杂草密度和作物产量损失的关系为

S形曲线，反之则为双曲线（图2-5）。杂草密度和作物产量损失之间的直线关系是一种特例，即在杂草密度很低时才呈直线关系。然而，杂草生物量和作物产量损失则呈直线关系（图2-5）。

4. 影响杂草与作物间竞争的因素

（1）杂草种类和密度　不同种类杂草植株高度及生长的习性差异较大，竞争能力则各不相同。如玉米田反枝苋植株高大，而马齿苋较矮小，前者的竞争力比后者则大得多。

（2）作物种类、品种和密度　不同作物间的竞争性差异较大，同一作物不同的品种之间也存在很大的差异。如传统的植株高大、叶片披散的水稻品种的竞争力比现代的矮秆、叶片挺立的品种强，杂交稻又比常规稻竞争力强。合理密植是一种经济、有效的杂草防除措施之一。提高作物播种量或种植密度可提高对杂草的抑制作用。

（3）相对出苗时间　杂草和作物的相对出苗时间影响杂草和作物的竞争力。早出苗的竞争者可提前占据空间，竞争力提高，晚出苗者则在竞争中处于弱势。所以，出苗时间越晚，竞争力就越差。在农业生产中，保证作物早苗、壮苗则可使作物在与杂草竞争时处于优势地位。

（4）水肥管理　一般来说，在有杂草的农田施用肥料，特别是施用底肥，会加重杂草的危害。因为杂草的吸收肥料的能力比作物强。施肥后，促进杂草迅速生长而加重危害。但当杂草在竞争中处于劣势时，增施肥料可抑制杂草的生长。

在稻田合理管水可有效地抑制杂草的发生和生长，如在移栽后保持水层可有效地降低稗草出苗率，抑制水层下的稗苗生长。

（5）环境条件　环境条件如温度、光照、土壤水分含量等，影响杂草和作物生长和发育，必然会影响它们的竞争力。通过选择适合的播期、种植制度、栽培措施，创造有利于作物生长而不利于杂草生长的环境条件，可降低杂草的竞争力，减少其危害。

（四）杂草竞争临界期和经济阈值

1. 竞争临界期　初期的杂草幼苗还不足以对作物构成竞争，造成危害。随着杂草幼苗的生长，竞争就逐渐产生。起初这种竞争是微弱的，是不造成作物产量明显损失的草、苗共存期。这期间，作物可以耐受杂草由于竞争对作物造成的影响。但随着时间的推移，这种竞争作用逐渐增强，对作物产量的影响就越来越明显。当杂草生长存留对作物产量的损失和无草状态下作物产量增加量相等时的天数，即为杂草竞争的临界期（critical period of competition）。临界期是指作物对杂草竞争敏感的时期。在临界期，杂草对作物产量的损失将非常显著。一般情况下，杂草竞争

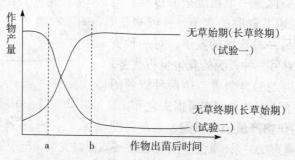

图2-6　作物产量与杂草生长期限之间的关系

临界期在作物出苗后1~2周到作物封行期间，这一期限约占作物全生育期的1/4，40d左右，但不同的作物其期限长短有所差异。竞争的临界期是进行杂草防除的关键时期，只有在此期限除草，才是最经济有效的。过早除草可能会做无用功，而过迟则对作物的产量影响已无法挽回。

杂草竞争临界期可通过图2-6中的两种试验来确定。图2-6中，a与b之间的生长期为杂草竞争临界期。在作物出苗到a期时，杂草生长对作物产量影响不大。因为，在此期间，杂草和作物均较小，环境资源充足，杂草和作物之间未发生竞争作用。在b期以后，由于作物较大，已占据空间，在竞争中处于优势地位，杂草再发生，生长受到了抑制，对作物产量也影响不大。

杂草竞争临界期除了受杂草和作物的种类、密度的影响外，同时也受到环境条件和栽培管理措施的影响。

2. 经济阈值 随杂草密度或重量的增加，作物产量损失增加，除草是必要的。但实际上，不是在任何杂草发生密度条件下都需除草，一方面杂草密度较低时，作物可以忍耐其存在。另一方面，当杂草危害造成的损失较低时，这时除草效益将不抵用于除草的费用。那么在何种杂草状态下需要防除，就有了杂草的危害经济阈值（economic threshold level）和杂草防除阈值的概念。前者是除草后作物增收效益与防除费用相等时的草害水平。后者是指杂草造成的损失，等于

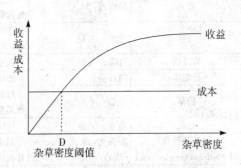

图2-7 杂草危害经济阈值模式图

其产生的价值时所处的草害水平。为了使草害防治有良好的经济效益，防治费用应小于或等于杂草防除获得的效益。杂草防除措施的经济效益决定于作物增产的幅度和防除的成本（图2-7）。图中所示，当田间杂草密度超过杂草密度阈限时，这时之后进行防除，收益就会高于防除的成本。因此，在生产中，见草就打药或除草务尽都是不科学的。

经济阈值因作物种类、密度和种植方式不同而异。即使是同种作物，在不同地方也不一样。因此，某地确定的经济阈值不能在其他地方应用。

（五）化感作用

1. 化感作用定义 化感作用（allelopathy）是指一种植株向环境中释放某些化学物质，影响周围其他植株生理生化代谢及生长过程的现象。具有化感作用的物质称作化感化合物（allelochemical）。如该物质直接来源于植物的分泌或分解出来的，其产生的化感作用称为真化感；如化感化合物是通过微生物降解来的，间接来源于植物则称为次生化感化合物，其作用称为功能性化感。

化感作用是自然界存在的一种普遍现象。它既存在于不同杂草种群之间，如小飞蓬产生C_{10}-聚乙炔甲酯抑制豚草种子发芽，也存在于杂草与作物之间，如野燕麦的根系分泌出莨菪亭及香草酸等抑制小麦的生长发育，小麦的根系分泌物抑制白茅生长。还存在于杂草同中不同个体或作物与作物之间，如小飞蓬腐烂产生的化感作用抑制其幼苗的生长，腐烂的小麦残体抑制玉米生长。老桃园残留桃树皮中扁桃苷（amygdalin）的降解产生氰化物对新种植的桃树有毒害作用。同种植物不同个体间的化感作用，常称作"自毒作用（autotoxicity）"。此外，化感作用还指促进植

物生长的一面，如麦仙翁产生的麦仙翁素可促进小麦的生长，也是化感作用的表现。

化感作用亦称为异株克生作用，不过后者不能涵盖促进作用的一面。

2. 化感作用及其来源 化感作用物是植物的次生代谢产物，如水溶性有机酸、酚类、单宁、生物碱、类萜类、醌类、苷类等。表 2-7 列出我国一些常见杂草的化感作用。

表 2-7 我国具植物异株克生潜势的农田主要杂草的受体植物及异株克生感表现

杂草名称	受体植物	他感表现	释放的他感化合物
反枝苋	玉米、大豆、烟草	降低玉米干物重（6%～20%）。大豆干物重（2%～20%），抑制烟草生长	
野燕麦	春小麦	根分泌物抑制春小麦生长	7-羟-6-甲氧香豆素香子兰酸
青葙	根瘤菌	其生长在 50～75d 之间时根浸提物抑制根瘤菌的增殖	
藜	玉米、大豆	降低玉米干物重（6%～20%）。大豆干物重（2%～20%）	
狗牙根	苜蓿、菟丝子	其水提取物抑制受体植物生长	7-羟-6-甲氧香豆素阿魏酸
曼陀罗	向日葵	影响向日葵细胞的淀粉积累和早期生长	莨菪胺
稗草	番茄	影响番茄地上部分生殖生长期生长，降低产果量及单果重	天仙子酸
地肤	高粱、大豆	地肤残体水浸液抑制高粱、大豆的幼苗生长	
北美独行菜（Lepidium virginicum）	多变小冠花（Coronilla）	其水提取物在浓度为 1∶150（m/V）时及其残体埋入土壤抑制多变小冠花种子萌发	
蒿蓍	棉花、高粱、灰条菜	其水提取物抑制受体植物生长	
红蓼（P. orientale）	芥子、萝卜、大豆、豌豆	叶和茎水提取物抑制测试植物的种子发芽，叶片水提取物还引起生长抑制	木樨草素、芹菜配基糖苷
马齿苋	米达小麦	水提取物影响米达小麦种子发芽	
皱叶酸模（Rumex crispus）	大豆、高粱	其残体埋在土中抑制大豆、高粱的生长	
金狗尾草	玉米、大豆	其水浸提物增加玉米对钾的吸收，降低玉米干物重（6%～20%）。大豆干物重（2%～20%）	
狗尾草	大豆	其低浓度的植株水浸提物刺激大豆节的生长和伸长	
小飞蓬	水稻、豚草	其甲醇提取液浓度高于 5μl/L 抑制豚草种子萌发和水稻幼苗生长	顺式与反式母菊酯
一年蓬		证明他感活性物质主要在其根部发生	
白茅		影响被测试植物生长	7-羟-6-甲氧香豆素
假稻	水稻	影响水稻分蘖数、种子萌发和幼苗生长	

《农田杂草识别与化学防除》中科院植物所化学除草组，1981

化感作用物进入环境的途径主要有：

（1）挥发 多在干燥条件下发生，如蒿属、桉属、鼠尾草属植物会释放挥发性类萜类物质，被周围的植物吸收或经露水浓缩后被吸收或进入土壤中被根吸收。

（2）淋溶 降雨、灌溉、雾及露水能够淋溶化感作用物，使之进入土壤。

（3）根分泌 根系主动分泌化感化合物于土壤中，如牛鞭草的根分泌物中鉴定有苯甲酸、肉桂酸和酚酸类化合物等 16 种化感作用物。

（4）残体分解 植物残体在分解过程中，促使各种化合物释放到环境中，而微生物分解植物残体过程，形成许多化感物质。

3. 化感作用的机理 化感作用化合物主要影响植物的生长发育和生理生化代谢过程。这种影响通常情况下是一种抑制的过程，但有时也有促进作用。

抑制种子萌发和幼苗生长，如酚类化合物及水解单宁等能阻碍赤霉素的生理作用，阿魏酸和3,4-二羟基苯甲酸则抑制吲哚乙酸氧化酶的活性，另还抑制萌发过程中的关键酶，阻碍萌发过程；抑制蛋白质合成及细胞分裂，如香豆素和阿魏酸抑制苯丙氨酸合成蛋白质分子的过程，肉桂酸抑制蛋白质合成，从而影响细胞分裂；抑制光合和呼吸作用，莨菪亭引起气孔关闭，使光合速率下降，酚酸降低大豆叶绿素含量和光合速率，胡桃醌、醛、酚、类黄酮、香豆素以及芳族酚能使氧化磷酸化解偶联；抑制酶活性，如绿原酸、咖啡酸、儿茶酚抑制马铃薯中磷酸化酶的活性，单宁抑制过氧化物酶、过氧化氢酶和淀粉酶的活性等；影响水分代谢和营养的吸收，香豆素、酚衍生物、绿原酸、咖啡酸、阿魏酸等使叶片水势下降，水分失衡，其中的酚酸使植物对养分吸收降低。

4. 化感作用在杂草治理中的应用 利用植物间存在的化感作用，进行合理的作物轮作和套作，达到有效抑制杂草的发生和危害。如黑麦、高粱、小麦、大麦、燕麦的残体能有效抑制一些杂草的生长，在作物田套种向日葵，对曼陀罗、马齿苋等许多农田杂草有控制作用。

化感作用化合物对植物的生物活性，可以被用作研制和开发新除草剂品种。现正在使用的激素类除草剂就是模拟植物的天然产物而人工合成的。最近发现的激光除草剂（或称作光敏除草剂）便是人类利用植物天然产物的例子，其活性成分为5-氨基酮戊酸，是叶绿素合成过程中卟啉合成的中间产物，它在暗期与二乙烯基四吡咯结合，造成其后在光下单态氧与游离基过剩，对杂草造成毒害。利用化感化合物发展除草剂，可以节省时间和开发成本，这样的除草剂不易在环境中造成累积和污染。在杂草治理中，利用化感作用可概括如下几个方面：①利用具有化感作用的植物作为覆盖物；②在作物行间种植其他化感植物；③直接种植对杂草有化感作用的作物；④利用化感化合物作为模板，合成新的除草剂。

第三节 杂草群落生态学

农田杂草群落是在一定环境因素的综合影响下，构成一定杂草种群的有机组合。这种在特定环境条件下重复出现的杂草种群组合，就是杂草群落（weed community）。

一、杂草群落与环境因子间的关系

杂草群落的形成、结构、组成、分布，直接受农田生态环境因子的制约和影响。研究其内在关系，是杂草群落生态的主要内容，也为杂草的生态防除提供理论依据。

1. 土壤类型 亚热带地区的水稻土，常是看麦娘发生的主要土壤。如图2-8，显示了土壤类型与看麦娘、海滨酸模（*Rumex maritimus* L.）、雀舌草、牛繁缕、茵草等杂草形成不同种群组合的内在关系。

与水稻土相对应的，旱地土壤如黄泥土、马肝土则以猪殃殃和野燕麦为优势种，灰潮土以卷

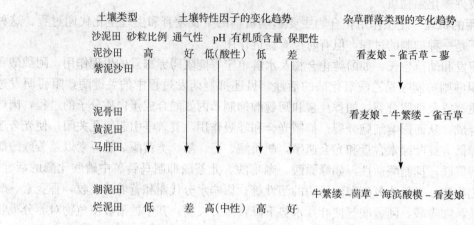

图 2-8 夏熟作物田水稻土田组杂草群落结构与土壤类型及其性质的关系模式图
(安徽省南部)

耳和波斯婆婆纳为优势种。

2. 地形、地貌 在安徽省大塘圩农场麦田调查发现，由于田块不平整，在同一块田低洼处看麦娘多，少或无猪殃殃，高处则多猪殃殃、大巢菜，而看麦娘数量少。

在安徽南部岩寺调查的农田中杂草与山地和谷田地形的关系，山顶和半山坡为野燕麦、猪殃殃为优势的杂草群落，山脚缓地为看麦娘、雀舌草、稻槎菜等组成的杂草群落，山谷洼地为看麦娘、菵草、牛繁缕、海滨酸模组成的杂草群落。

湖滩地地势低洼，积水，多菵草、牛繁缕、海滨酸模。

3. 土壤肥力 土壤氮含量高时，马齿苋、刺苋、藜等喜氮杂草生长茂盛；土壤缺磷时，反枝苋、牛繁缕则从群落中消失。野老鹳草、鼠麴草（*Gnaphalium affine* D. Don）对肥力的耐受性显著高于其他杂草。球穗扁莎［*Pycreus globosus*（All.）Reichb.］和萤蔺等在长期不施肥土壤中可以良好生长。

4. 轮作和种植制度 稻麦连作时，麦田多以看麦娘为优势种，野燕麦等不能存在或生存能力有限。棉、麦连作麦田，则多以波斯婆婆纳为主。在江南地区，旱茬麦田多猪殃殃、野燕麦为优势种的杂草群落等。在江苏稻棉水旱轮作棉田，发生以稗、马唐、鳢肠和千金子等构成的杂草群落，而旱连作棉田则以马唐、狗尾草等为优势种的杂草群落。

大豆菟丝子的发生与大豆重茬密切相关。重茬 2 年菟丝子感染率达 7%，间隔 4 年种大豆则感染率为零。不同作物要求不同的播种期、群体密度、施肥、耕作方式、植物保护措施、收获期等，由于不同的轮作，这些因素通过改变农田生境而影响杂草群落的结构，轮作方式的改变，对土壤里的子实库中的杂草繁殖体保存十分不利，从而导致杂草群落的改变。

5. 土壤水分 土壤水分是影响杂草群落结构的最基本要素之一。上述很多因素也是直接或间接通过影响土壤水分含量而作用杂草种群的。猪殃殃、野燕麦要求较低的土壤水分含量，这是因为水分含量过高，会使它们的子实萌发能力降低或丧失。而看麦娘、日本看麦娘、雀舌草等需要较高水分含量的土壤条件，图 2-9 定量显示了杂草与土壤水分含量的对应相关。眼子菜、扁秆藨草、野慈姑则需要长期土壤淹水的条件。土壤水分饱和，马唐、牛筋草等则生长不良。蚵子草要求较干燥的土壤，而同属的千金子则要求土壤含水量高或饱和的条件。

6. 季节 季节不同，气候条件如气温、降雨、光照都不同，因而显著影响着杂草群落的发生。同是水稻，双季晚稻田则稗草苗较少，而早稻、中、单晚稻田则稗草为发生量最大的杂草，这是因为早、中稻等的生长季节与稗草的萌发生长正好相一致。而双季晚稻栽插时，在早稻田中成熟的稗草子实正处于休眠中。

7. 土壤酸碱度 在pH高的盐碱土，多会有藜、小藜、眼子菜、扁秆藨草、硬草发生和危害（图2-8和图2-9）。蓼等需要pH较低的土壤。

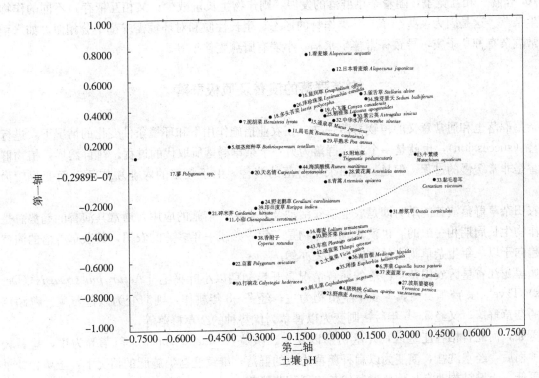

图2-9 安徽省霍邱县夏熟收作物田45种杂草的PCA排序二维散点图
(强胜等，1994)

8. 土壤耕作 不同杂草对土壤耕作的反应和忍耐力不同。深耕可使问荆、刺儿菜和苣荬菜等多年生杂草成倍减少。频繁的耕作，在降低多年生杂草的同时，一年生或越年生杂草会增加。深耕可以从底部切断多年生杂草地下根茎，截断营养来源，把根茎深埋入耕层底部，强制消耗根茎营业，降低拱土能力，使其延缓出土或减弱生长势，甚至达到窒息的效果。此外，深耕还会使地下根茎翻露土表，经暴晒或霜冻而死。

9. 气候和海拔 气候和海拔通过温度、日照和降水量影响农田杂草群落的结构。温性杂草野燕麦、播娘蒿、麦瓶草、麦仁珠、麦蓝菜等，多出现在淮河流域以北的温带地区，以南地区则少，甚至无。高海拔地区有适应高寒气候条件的薄蒴草 [*Lepyrodiclis holosteoides* (C. A. Mey.) Fenzl et Mey.] 等，而热带则多有C_4植物喜温性杂草如飞扬草、铺地黍等。例如云南省元谋的海拔950～1 000m，年均温22℃，夏季发生的主要杂草有马唐、龙爪茅 [*Dac*-

tyloctenium aegyptiacum (L.) Willd]、飞扬草和辣子草（*Galinsoga parviflora* Cav.）等热带和亚热带杂草，冬季发生的杂草中，看麦娘、牛繁缕、大巢菜和棒头草等只占少数；撒营盘的海拔 2 100～2 400m，年均温 10℃左右，主要杂草是野燕麦、尼泊尔蓼（*P. nepalense*）、辣子草、香薷 [*Elsholtzia ciliate* (Thunb.) Hyland.]、苦荞麦 [*Fagopyrum tataricum* (L.) Gaertn]、繁缕、遏蓝菜、猪殃殃和欧洲千里光（*Senecio vulgaris* L.）等；马鹿的海拔 2 700～3 000m，年均温 7～8℃，主要杂草有尼泊尔蓼、欧洲千里光、香薷、苦荞麦、繁缕等。这 3 地水平距离不到 100km，但随海拔增高，杂草种类则从南亚热带逐渐过渡到温带杂草类型。

10. 作物 相互竞争，随着杂草群落的发展，则作物生长量减少；又相互依存，不同的作物有伴生杂草。这是因为某些杂草与某类作物的形态、生长性质和对环境需求都十分相似。如水稻种中常混杂有稗草子实，导致稗常伴生水稻，小麦有野燕麦伴生等。

二、杂草群落的演替及顶极群落

杂草群落也和通常意义的植物群落一样，在农业措施作用下和环境条件变化的情况下，进行着演替（succession），也就是一个杂草群落为另一个杂草群落所取代的过程。在自然界，植物群落演替是非常缓慢的过程。但是，农田杂草群落的演替，由于频繁的农业耕作活动而变得较为迅速。

农田杂草群落演替的动力即是农业耕作活动及农业生产措施的应用，通常其演替的趋势总是与农作物生长周期相一致的。也就是说，作物是一年一熟或一年多熟的农田，其杂草群落的演替总是趋向于以一年生杂草为主的方向，反之亦然。

如黑龙江省垦区农田杂草群落的演替情况是开垦初期以小叶獐毛 [*Aeluropus sinensis* (Debeaux) Tzvel.]、芦苇及蒿属等多年生植物为主；经 7～8 年耕作，则演变为以苣荬菜、鸭跖草为主的杂草群落；又经 5～6 年后，则变为以稗草为优势种的杂草群落等。

再如，河北省柏各庄垦区，开垦初期以藻类、碱蓬（*Suaeda* spp.）、芦苇等为主，盐碱较重；种稻后，经水洗盐，演变为以扁秆藨草为主的群落；继续洗盐、施肥的情况下，土壤含盐量降至更低，土壤结构改良，稗草群落代替扁秆藨草群落。

杂草群落演替的结果，总是达到一种可以适应某种农业措施作用总和的动态稳定状态，即顶极杂草群落（climax of weed community）。水稻田中顶极杂草群落均以稗草为优势种的杂草群落，尽管人类的汰除，由于稗草与水稻的伴生性，使之处于相对稳定状态。稻茬麦田的顶极杂草群落是以看麦娘属为优势种的杂草群落。北方旱茬麦田多以野燕麦为优势种的顶极杂草群落。秋熟旱作物田的顶极杂草群落，大多是以马唐为优势种的杂草群落。

三、中国农田杂草发生分布规律

中国地域辽阔，各地由于农业自然生态条件各异，决定着农业种植的作物种类、复种指数和轮作和栽培方式的差异。上述关于农田杂草与环境因子间相互关系的讨论，已经表明自然生态条件和农业措施在杂草发生和分布上的决定意义。揭示杂草发生和分布的这种规律性，对指导杂草

第二章 杂草的生物学和生态学

防治实践,具有相当深远的意义。

(一) 中国农田杂草区系 (weed flora)

据不完全统计,截止 1992 年,研究发现和文献报道的农田杂草约 1 400 种,隶属 105 科。其中,双子叶植物杂草 72 科,约 930 种,单子叶植物杂草 440 种,蕨类、苔藓和藻类植物杂草 30 种,有近 100 种为外来杂草。

将那些分布发生范围广泛、群体数量巨大、相对防除较困难、对作物生产造成严重损失的杂草定为恶性杂草 (worst weed)。在全国范围,定为恶性杂草的有 37 种 (表 2-8)。

虽然群体数量巨大,但仅在局限地区发生或仅在一类或少数几种作物上发生,不易防治,对该地区或该类作物造成严重危害的杂草,定为区域性恶性杂草 (region worst weed)。这样的杂草共有 96 种。其中,禾本科 22 种,菊科 13 种,石竹科 6 种,蓼科 5 种,十字花科和莎草科 4 种,苋科、藜科、唇形科、紫草科各 3 种,其他还有 1~2 种的科 20 个。如硬草主要发生危害于华东的土壤 pH 较高的稻茬麦或油菜田。鸭跖草虽分布较广,但大量发生于农田,并造成较重危害报道的主要是在东北和华北的部分地区。菟丝子虽是一种有害寄生性杂草,在大豆田发生严重时会导致绝产,而且分布发生地理范围较广,但是,其危害的作物主要只是大豆,因而被划作区域性恶性杂草。

那些发生频率较高,分布范围较为广泛,可对作物构成一定危害,但群体数量不大,一般不会形成优势的杂草定为常见杂草,共有 396 种。

余下被划作一般性杂草,这些杂草不对作物生长构成危害或危害比较小,分布和发生范围较窄。

表 2-8 中国农田恶性杂草一览表

中名	学名	科名	习性	生境	分布
空心莲子草	*Alternanthera philoxeroides* Griseb.	苋科 (Amaranthaceae)	Pe	A; Sb, Sn; R; F; M	华北、华东、中南、西南
牛繁缕	*Malachium aquaticum* (L.) Fries	石竹科 (Caryophyllaceae)	Pe/An	S; W, Ra, V; F; M	华北、华东、中南、西南
藜	*Chenopodium album* L.	藜科 (Chenopodiaceae)	An	A; Cn, V; F; Ru	全国
刺儿菜	*Cephalanoplos segetum* (Bunge) Kitam.	菊科 (Compositae)	Pe	S; W, Ra; F; M	全国
鳢肠	*Eclipta prostrata* L.	菊科 (Compositae)	An	A; Cn, Sb, Sp; R; Ru	全国
泥胡菜	*Hemistepta lyrata* Bunge	菊科 (Compositae)	An/Bi	S; W, Ra	全国
打碗花	*Calystegia hederacea* Wall. ex Roxb.	旋花科 (Convolvulaceae)	Pe	S; W; A; Cn; F; T; Ru	全国
荠	*Capsella bursa-pastoris* (L.) Medic.	十字花科 (Cruciferae)	Bi	S; W, Ra, V; B; Po	全国
播娘蒿	*Descurainia sophia* (L.) Webb. ex Prantl	十字花科 (Cruciferae)	An/Bi	S; W, Ra; V; Ru	东北、华北、西北、西南
铁苋菜	*Acalypha australis* L.	大戟科 (Euphorbiaceae)	An	A; Cn, Co, Sb, Sp, St, Sn; V; F; M	几遍及全国

(续)

中名	学名	科名	习性	生境	分布
大巢菜	*Vicia sativa* L.	豆科（Leguminosae）	Bi	S：W，Ra；F；T	华北、西北、长江流域
节节菜	*Rotala indica* （Willd） Koehne.	千屈菜科（Lythraceae）	An	R	长江流域及其以南地区
萹蓄	*Polygonum aviculare* L.	蓼科（Polygonaceae）	An	S：W；A：Cn，Co，Sb；Ru	全国
酸模叶蓼	*Polygonum lapathifolium* L.	蓼科（Polygonaceae）	An/Bi	S：W，Ra，V，A；Sb；Wa；Ru	几遍及全国
马齿苋	*Portulaca oleracea* L.	马齿苋科（Portulacaceae）	An	A：Cn，Co，Sb，V	全国
猪殃殃	*Galium aparine* var. *tenerum* （Gren. et Godr） Rchb.	茜草科（Rubiaceae）	An/Bi	S：W，Ra，V；F；M；Ru	华北、西北、长江流域、西南、华南
矮慈姑	*Sagittaria pygmaea* Miq.	泽泻科（Alismataceae）	An	R	华北、长江流域、华南、西南
异型莎草	*Cyperus difformis* L.	莎草科（Cyperaceae）	An	R	几遍及全国
碎米莎草	*Cyperus iria* L.	莎草科（Cyperaceae）	An	A：Cn，Co，Sb，Sp，Sn；V	全国
香附子	*Cyperus rotundus* L.	莎草科（Cyperaceae）	Pe	S：W；F；M；A：Cn，Co	全国
牛毛毡	*Eleocharis yokoscensis* （Franch. et Sav.） Tang et Wang	莎草科（Cyperaceae）	Pe	R	全国
水莎草	*Juncellus serotius* （Rottb.） C. B. Clarke	莎草科（Cyperaceae）	Pe	R	几遍及全国
扁秆藨草	*Scirpus planiculmis* Fr. Schmidt	莎草科（Cyperaceae）	Pe	R	几遍及全国、中南地区除外
看麦娘	*Alopecurus aequalis* Sobol.	禾本科（Gramineae）	An/Bi	S：W，Ra；V；F；M	秦岭淮河一线及以南地区危害
野燕麦	*Avena fatua* L.	禾本科（Gramineae）	Bi	S：W，Ra	除华南几遍及全国
茵草	*Beckmannia syzigachne* （Steud） Fernald	禾本科（Gramineae）	Bi	S：W，Ra	全国
毛马唐	*Digitaria ciliaris* （Retz） Koeler	禾本科（Gramineae）	An	A：Cn，Co，Sb，Sp，St，Sn；F；M；T；Ru	华北、华东、西南、华南
马唐	*Digitaria sanguinalis* （L.） Scop.	禾本科（Gramineae）	An	A：Cn，Co，Sb，Sp，St，Sn；F；M；T	全国
稗	*Echinochloa crusgalli* （L.） Beauv.	禾本科（Gramineae）	An	A：Cn，Co，Sb；R	全国
无芒稗	*Echinochloa crusgalli* var. *mitis* （Pursh） Peterm.	禾本科（Gramineae）	An	R	全国
旱稗	*Echinochloa hispidula* （Retz.） Nees	禾本科（Gramineae）	An	R	东北、华北、华东、西南
牛筋草	*Eleusine indica* （L.） Gaertn.	禾本科（Gramineae）	An	A：Cn，Co，Sb，Sp，St，Sn；V	全国

(续)

中名	学名	科名	习性	生境	分布
白茅	*Imperata cylindrica*. var. *major* (Nees) C. E. Hubb.	禾本科 (Gramineae)	Pe	A; Sn, F; M; T; Rb; Ru	全国
千金子	*Leptochloa chinensis* (L.) Nees	禾本科 (Gramineae)	An	A; Cn, Co, Sb; V; R	华北、长江流域
狗尾草	*Setaria viridis* (L.) Beauv.	禾本科 (Gramineae)	An	A; Cn, Co, Sb, Sp, St, Sn; V; F; M; T	全国
鸭舌草	*Monochoria vaginalis* (Burm. f.) Presl ex Kunth	雨久花科 (Pontederiaceae)	An	R	除新疆外遍及全国
眼子菜	*Potamogeton distinctus* A. Bennett.	眼子菜科 (Potamogetonaceae)	An	R	除华南外, 全国

注: Pe: 多年生, An: 一年生, Bi: 二年生, A: 秋熟旱作物, Sb: 大豆, Sn: 甘蔗, Cn: 玉米, Co: 棉, Sp: 甘薯, St: 谷子, S: 夏熟作物, W: 麦类, Ra: 油菜, V: 水稻, R: 蔬菜, F: 果树, M: 桑, T: 茶, Ru: 路旁, Wa: 水生。

(二) 中国农田杂草群落的发生分布规律

1. 农业措施导致的杂草发生规律　作物的生长季节不同, 造成了只要求与之相似生态条件的杂草生长。夏熟作物如麦类、油菜、蚕豆等田中, 主要发生春夏发生型杂草如看麦娘、野燕麦、播娘蒿、猪殃殃、牛繁缕、荠、打碗花等。秋熟旱作物如玉米、棉花、大豆、甘薯等田中, 主要发生夏秋发生型杂草如马唐、狗尾草、鳢肠、铁苋菜、牛筋草、马齿苋等。尽管这一类包括的作物种类远不止上述这些, 但由于生长条件、管理方式和生长季节的生态条件趋于相似, 故杂草种类发生较为相似或相同。夏和秋熟两类作物田杂草仅有少数例子是共同发生的, 如香附子、刺儿菜和苣荬菜。不过, 在北方一季作物区, 这种交替和混合发生可能是有的。

由于水分管理不同, 水稻田杂草有其独特性。大多数种类为湿生或水生杂草, 不同于前两类作物田。如稗、鸭舌草、节节菜、矮慈姑、扁秆藨草、水莎草、异型莎草、牛毛毡、眼子菜等。一般没有和夏熟作物田共同发生的杂草, 只有少数种类和秋熟旱作物田共同的, 如空心莲子草、千金子、稗、双穗雀稗等。

轮作制度会对土壤的性质、水分含量等生态因子产生较大影响, 间接影响杂草群落结构。同时, 也会直接作用于土壤杂草种子, 决定不同的杂草群落类型。

稻茬夏熟作物田杂草是以看麦娘属的看麦娘或日本看麦娘为优势种的杂草群落。其亚优势种或伴生杂草主要有牛繁缕、菵草、雀舌草、猪殃殃、大巢菜、稻槎菜等。此外, 还有部分以硬草或棒头草为优势种的杂草群落。

在旱茬夏熟作物田, 北方地区和南方山坡地以野燕麦为优势种的杂草群落, 其亚优势种或伴生杂草多为阔叶杂草。沿江和沿海地区棉花田, 以波斯婆婆纳为优势种的杂草群落。

2. 地理区域、海拔和地貌导致的杂草发生规律　播娘蒿、麦瓶草、麦蓝菜、麦仁珠喜温凉性气候条件, 在秦岭和淮河一线以北地区的夏熟作物田发生和危害; 西南高海拔地区, 气候条件类似于北方, 也有相似的发生规律。

扁秆藨草只发生危害偏盐碱性的水稻田, 北方地区稻田较为普遍。圆叶节节菜喜暖性气候, 主要发生分布于华南及长江以南山区的水稻田。胜红蓟、龙爪茅等适应热带、亚热带气候条件的杂草,主要分布发生于华南地区的旱地。薄蒴草主要分布发生于西北高海拔地区的麦类和油菜田。

(三)中国农田杂草区系和杂草植被分区

将组成杂草群落的优势种(dominant)以及杂草群落在时间和空间上的组合规律作为分区的基础,再结合各区杂草区系的主要特征成分、主要杂草的生物学特性和生活型、农业自然条件和耕作制度的特点,中国农业杂草区系和杂草植被(weed vegetation)被划分成5个杂草区,下属8个杂草亚区(图2-10)。

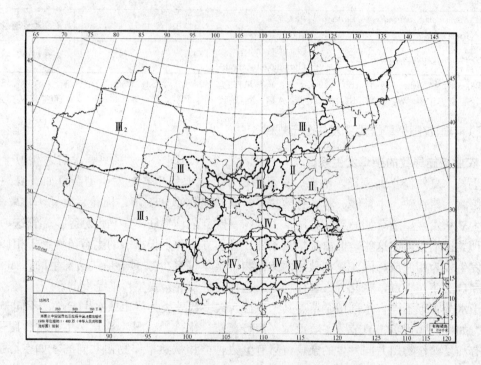

图2-10 中国农田杂草区系和杂草植被区划分区

Ⅰ.东北湿润气候带 稗、野燕麦、狗尾草、春麦、大豆、玉米、水稻一年一熟作物杂草区。

主要杂草群落有稗+狗尾草杂草群落、马唐+稗+狗尾草群落、野燕麦+卷茎蓼群落和野燕麦+稗杂草群落。稗、狗尾草、野燕麦、马唐为主要群落的优势种。野燕麦为优势种的群落越向西北发生越普遍,而马唐为优势种越向东南越多。春夏型杂草野燕麦和夏秋型杂草稗等同在一块田中出现。其他重要杂草有卷茎蓼、刺蓼($P.\ bungeanum$ Turcz.)、香薷、鼬瓣花($Galeopsis\ bifida$ Boenn.)、苣荬菜、鸭跖草、反枝苋、苍耳、藜、问荆、扁秆藨草、眼子菜等。

Ⅱ.华北暖温带 马唐—播娘蒿、猪殃殃,冬小麦—玉米、棉、油料一年两熟作物杂草区。

在麦类等夏熟作物田,杂草群落优势种多为阔叶杂草。且有时2个种以上共优。播娘蒿、猪殃殃和麦仁珠、麦蓝菜等为优势种。其他重要杂草有野燕麦、大婆婆纳、荠菜、麦家公、麦瓶草、藜、小藜、遏蓝菜、离蕊芥[$Malcolmia\ africana$(L.)R.Br.]、小花糖芥($Erysimum\ cheiran$-

thoides L.)、离子草［*Chorispora tenella* (Pall.) DC.］、打碗花等。野燕麦有越来越多的趋势。

在秋熟旱作物田，以单子叶杂草为优势种，有马唐、稗、牛筋草、狗尾草、香附子等。其他主要杂草有马齿苋、刺儿菜、龙葵、反枝苋、铁苋菜等。该区根据特征性主要杂草的不同，分成2个亚区：

Ⅱ₁. 黄、淮、海平原冬麦—玉米、棉一年两熟作物杂草亚区 主要特征杂草有麦仁珠、离子草、离蕊芥、大巢菜、马齿苋、刺儿菜、牛筋草和反枝苋。

Ⅱ₂. 黄土高原冬麦—小杂粮二年三熟或一年一熟作物杂草亚区 主要杂草有问荆、篱天剑、藜、大刺儿菜［*Cephalanoplos setosum* (Willd.) Kitam.］等。

Ⅲ. 西北高原盆地干旱半干旱气候带 野燕麦春麦或油菜、棉、小杂粮一年一熟作物杂草区。

野燕麦是杂草群落的优势种，有藜属的藜、小藜、灰绿藜等与之共优。其他主要杂草有萹蓄、苣荬菜、大刺儿菜、卷茎蓼、薄蒴草、密花香薷［*Elsholtzia densa* (Benth.) Benth.］等。该区根据特征性主要杂草以及地理和气候特征等的不同，分成3个亚区：

Ⅲ₁. 蒙古高原小杂粮、甜菜一年一熟作物杂草亚区。

蒙山莴苣、紫花莴苣、苣荬菜、问荆、西伯利亚蓼、鸭跖草、鼬瓣花为主要特征杂草。

Ⅲ₂. 西北盆地绿洲春麦、棉、甜菜一年一熟作物杂草亚区。

藜、芦苇、扁秆藨草、稗、灰绿碱蓬［*S. glauca* (Bge.) Bge.］、西伯利亚滨藜（*A. sibirica* L.）等为特征种。

Ⅲ₃. 青藏高原青稞、春麦、油菜一年一熟作物杂草亚区。

薄蒴草、萹蓄、微孔草［*Microula sikkimensis* (Clarke) Hemsl.］、平卧藜（*C. prostratum* Bunge）、密花香薷、田旋花、苣荬菜、二裂叶委陵菜（*Potentilla bifurca* L.）等为特征杂草。

在上述三个杂草区中，有少部的水稻，其稻田的主要杂草群落是稗＋扁秆藨草＋眼子菜＋野慈姑。

Ⅳ. 中南亚热带 稗—看麦娘—马唐冬季作物—双季稻一年三熟作物杂草区。

在冬季作物田，看麦娘为稻茬水稻土田的杂草群落优势种，而在旱茬冬季作物田，猪殃殃为优势种。水稻作物最为重要，稻田以稗草为优势种，占据群落的上层空间，在下层有鸭舌草、节节菜、牛毛毡、矮慈姑等。在秋熟旱作物田，马唐为优势种，其他重要杂草是牛筋草、鳢肠、铁苋菜、千金子、狗尾草、旱型稗如光头稗、小旱稗等。该区根据夏熟作物田亚优势杂草的不同，分成3个亚区。

Ⅳ₁. 长江流域牛繁缕冬季作物—单季稻一年两熟作物杂草亚区。

在冬季作物田中，除看麦娘为优势种外，牛繁缕为亚优势种或主要杂草。该亚区向北，则逐渐过渡到看麦娘和猪殃殃及大巢菜组合的群落。沿江和沿海棉茬冬季作物田，有波斯婆婆纳和黏毛卷耳为优势种的杂草群落。该亚区其他特征杂草有稻槎菜、硬草、肉根毛茛（*Ranunculus polii*）、鳢肠和节节菜。

Ⅳ₂. 南方丘陵雀舌草绿肥—双季稻一年三熟作物杂草亚区。

雀舌草为冬季作物田仅次于看麦娘的重要杂草。其他特征杂草有裸柱菊［*Soliva anthemifolia* (Juss.) R. Br. ex Less.］、芫荽菊（*Cotula anthemoides* L.）、圆叶节节菜、水竹叶、水蓼和酸模叶蓼等。

Ⅳ₃. 云贵高原棒头草冬季作物—稻、玉米、烟草二年三熟作物杂草亚区。

棒头草和长芒棒头草为仅次于看麦娘的重要冬季作物田杂草。其他重要特征杂草有早熟禾、尼泊尔蓼、遏蓝菜、千里光（*Senecio scandens* Buch.-Ham.）和辣子草等。

Ⅴ. 华南热带南亚热带　稗—马唐双季稻—热带作物一年三熟作物杂草区。

稗和马唐分别为稻田和热带旱作物田杂草群落优势种。在稻田，其他重要杂草有鸭舌草、圆叶节节菜、节节菜、异型莎草、萤蔺、草龙、尖瓣花（*Sphenoclea zeylanica* Gaertn.）和虻眼 [*Dopatrium junceum*（Roxb.）Buch.-Ham. ex Benth.] 等。在旱田，胜红蓟、两耳草（*Paspalum conjugatum* Berg.）、水蓼、酸模叶蓼、香附子、含羞草（*Mimusa pudica* L.）、飞扬草、千金子、光头稗、龙爪茅、铺地黍、牛筋草等为主要或特征杂草。

复习思考题

1. 杂草的基本生物学特征是什么？举例说明。
2. 为什么说杂草诸多生物特性集中反映出了杂草的延续性？
3. 试述杂草种子休眠的类型，分析引起休眠的原因及打破休眠的方法。
4. 什么是杂草种子库？对种子库的研究在杂草可持续治理理论中有何意义？
5. 什么是竞争？杂草与作物间竞争表现在哪些方面？
6. "有草必防，除草务尽"的观点是否正确？为什么？
7. 什么是植物化感作用？其作用的方式有哪两种？其研究在杂草治理中有何意义？
8. 中国农田杂草发生分布的规律如何？
9. 中国杂草植被可分为哪五大区？简述各区的特征。

参 考 文 献

李孙荣等.1990.杂草及其防治.北京：北京农业大学出版社.
李扬汉.1998.中国杂草志.北京：中国农业出版社.
苏少泉.1993.杂草学.北京：农业出版社.
唐洪元.1991.中国农田杂草.上海：上海科学技术教育出版社.
强胜，李扬汉.1989.安徽沿江圩丘农区水稻田杂草群落的研究.杂草学报，3（3）：18-25.
强胜，李扬汉.1990.安徽沿江圩丘农区夏收作物田杂草群落分布规律的研究.植物生态学与地植物学报，14（3）：212-219.
强胜，王启雨等.1994.安徽霍邱县夏收作物田杂草群落的数量分析研究.植物资源与环境，3（2）：39-44.
强胜，刘家旺.1997.皖南皖北夏熟作物田杂草植被特点及生态的分析.南京农业大学学报，19（2）：17-21.
强胜，胡金良.1999.江苏省棉区棉田杂草群落分布和发生规律的数量分析.生态学报，19（6）：810-816.
Aldrich R J. 1984. Weed Crop Ecology, Principles in Weed Management. Breton Publishers, A Division of Wadsworth, Inc.
Holzner W, M Numata. 1982. Biology and Ecology of Weeds. Dr. W. Junk Publisher. The Hague Boston London.

Ni Hanwen, K Moody, R P Robles, et al. 2000. *Oryza sativa* plant traits confering competitive ability against weeds. Weed Science, 48: 200-204.

Qiang Sheng. 1994. An Outline of Division of Weed Flora and Vegetation of Arable Land in China. The Proceedings of the 35th International Symposium on Vegetation Science, Shanghai: The East China Normal University Press.

第三章 杂草的分类及田园主要杂草种类

第一节 杂草的分类

对杂草进行分类（classification）是识别（identification）的基础，而杂草的识别又是杂草的生物、生态学研究，特别是防除和控制的重要基础。

一、形态学分类

根据杂草的形态特征（morphological characteristics）对杂草进行分类，大致可分为三大类。该分类方法虽然粗糙，但在杂草的化学防治中有其实际意义。许多除草剂的选择性就是由于杂草的形态特征差异所致。

1. 禾草类（grassy weed） 主要包括禾本科杂草。其主要形态特征：茎圆或略扁，节和节间区别，节间中空。叶鞘开张，常有叶舌。胚具 1 子叶，叶片狭窄而长，平行叶脉，叶无柄。

2. 莎草类（sedge weed） 主要包括莎草科杂草。茎三棱形或扁三棱形，节与节间的区别不显，茎常实心。叶鞘不开张，无叶舌。胚具 1 子叶，叶片狭窄而长，平行叶脉，叶无柄。

3. 阔叶草类（broad leaf weed） 包括所有的双子叶植物杂草及部分单子叶植物杂草。茎圆心或四棱形。叶片宽阔，具网状叶脉，叶有柄。胚常具 2 子叶。

二、根据生物学特性的分类

这主要根据杂草所具有的不同生活型和生长习性所进行的分类。由于少数杂草的生活型随地区及气候条件有变化，故按生活型的分类方法不能十分详尽。但其在杂草生物、生态学研究及农业生态、化学及检疫防治中仍有其重要意义。

1. 一年生杂草 在一个生长季节完成从出苗、生长及开花结实的生活史。如马齿苋、铁苋菜、鳢肠、马唐、稗、异型莎草和碎米莎草等相当多的种类。它们多发生危害于秋熟旱作物及水稻等作物田。

2. 二年生杂草 在两个生长季节内或跨两个日历年度完成从出苗、生长及开花结实的生活史。通常是冬季出苗，翌年春季或夏初开花结实。如野燕麦、看麦娘、波斯婆婆纳、猪殃殃和播娘蒿等。它们多发生危害于夏熟作物田。

3. 多年生杂草 一次出苗，可在多个生长季节内生长并开花结实。可以种子以及营养繁殖器官繁殖，并度过不良气候条件。根据芽位和营养繁殖器官的不同又可分为：

（1）地下芽杂草 越冬或越夏芽在土壤中。其中还可分为地下根茎类如刺儿菜、苣荬菜、双穗雀稗等；块茎类如香附子、水莎草、扁秆藨草等；球茎类如野慈姑等；鳞茎类如小根蒜（*Allium macrostemon* Bunge）等；直根类如车前。

（2）半地下芽杂草　越冬或越夏芽接近地表。如蒲公英。

（3）地表芽杂草　越冬或越夏芽在地表。如蛇莓 [*Duchesnea indica*（Andr.）Focke]、艾蒿等。

（4）水生杂草　越冬芽在水中。

按其生长习性可将杂草分为：

①草本类杂草。茎多不木质化或少木质化，茎直立或匍匐，大多数杂草均属此类。

②藤本类杂草。茎多缠绕或攀缘等。如打碗花、葎草和乌蔹莓等。

③木本类杂草。茎多木质化，直立。多为森林、路旁和环境杂草。

④寄生杂草。多营寄生性生活，从寄主植物上吸收部分或全部所需的营养物质。根据寄生特点可分为全寄生杂草和半寄生杂草。全寄生杂草多无叶绿素，不能行光合作用。根据寄生部位又可分为茎寄生类如菟丝子、根寄生类如列当等。半寄生杂草含有叶绿素，能进行光合作用，但仍需从寄主吸收水分、无机盐等必需营养的一部分，如独脚金和桑寄生。

三、根据植物系统学的分类

即依植物系统演化和亲缘关系的理论，将杂草按门、纲、目、科、属、种进行的分类。这种分类对所有杂草可以确定其位置，比较准确和完整。但实用性稍差。不过，其分类系统中的低级分类单位如科、属、种都被应用于其他杂草分类系统中，使其他系统更为完善。

四、根据生境的生态学分类

根据杂草所生长的环境以及杂草所构成的危害类型对杂草进行的分类。此种分类的实用性强，对杂草的防治有直接的指导意义。

1. 耕地杂草（或称田园杂草）（agrestal）　耕地杂草是指能够在人们为了获取农业产品进行耕作的土壤上不断自然繁衍其种族的植物。

（1）农田杂草　能够在农田中不断自然繁衍其种族的植物。

①水田杂草。水田中不断自然繁衍其种族的植物。包括水稻及水生蔬菜作物田杂草。

②秋熟旱作物田杂草。秋熟旱作物田中不断自然繁衍其种族的植物。包括棉花、玉米、大豆、甘薯、高粱、花生、小杂粮、甘蔗和夏秋季蔬菜等田地的杂草，一般是春、夏季出苗，秋季开花结实的杂草。

③夏熟作物田杂草。能够在夏熟作物田中不断自然繁衍其种族的植物。包括麦类（小麦、大麦、燕麦、黑麦、青稞等）、油菜、蚕豆、绿肥以及春季蔬菜等作物田杂草。一般是冬、春出苗，春末、夏初开花结实的杂草。

（2）果、茶、桑园杂草　能够在果、茶、桑园中不断自然繁衍其种族的植物。由于果树、茶、桑均为多年生木本，故其间的杂草包括了秋熟旱作物田和夏熟作物田杂草的许多种类。当然，也有其本身的显著特点，多年生杂草比例高，其中部分种在农田中并不常见。

2. 非耕地杂草（ruderal） 能够在路埂、宅旁、沟渠边、荒地、荒坡等生境中不断自然繁衍其种族的植物。这类杂草许多都是先锋植物或部分为原生植物。

3. 水生杂草（water weed） 能够在沟、渠、塘等生境中不断自然繁衍其种族的植物。它们影响水的流动和灌溉、淡水养殖、水上运输等。

4. 草地杂草（grassland-weed or weed of pasture） 能够在草原和草地中不断自然繁衍其种族的植物。其影响畜牧业生产。

5. 林地杂草（forestry weed） 能够在速生丰产人工管理的林地中不断自然繁衍其种族的植物。

6. 环境杂草（environmental weed） 能够在人文景观、自然保护区和宅旁、路边等生境中不断自然繁衍其种族的植物。能影响人们要维持的某种景观，对环境产生影响。如豚草产生可致敏的花粉飘落于大气中，使大气受污染。由于杂草侵入被保护的植被或物种，影响后者的生存和延续等。

这其中最重要的是耕地杂草。下节我们就按此系统分别介绍有关主要的杂草种类。

第二节 水田杂草

水田杂草（paddy weed，rice weed）是指在水稻及水生蔬菜作物田不断繁衍其种族的植物。中国是水稻的主产国，水田杂草是最重要的。水田杂草通常以禾本科、莎草科等单子叶植物杂草为主，为了便于讲述有系统性，下面按科分列。

一、莎草科

莎草科（Cyperaceae）杂草属草本。茎常三棱形，实心。叶通常3列，互生，有封闭的叶鞘。花小，螺旋状或二列状排列在穗状花序或小穗轴上。每花基部仅具1苞片，称颖片，花被退化为鳞片或刚毛，或无花被，雄蕊3枚。小坚果。

1. 异型莎草（球花碱草、三方草）（*Cyperus difformis* L.）（图3-1） 一年生草本。秆丛生，扁三棱形。叶短于秆。叶状总苞2~3片，长于花序；聚伞花序，简单，每歧顶端的穗状花序呈头状；小穗多数，密聚，披针形，有花8~12，排列疏松的鳞片呈折扇状圆形，长不及1mm，有3条不明显的脉，边缘白色透明；雄蕊2枚，柱头3。小坚果三棱状倒卵形，浅棕色，微小。

幼苗第一片真叶线状披针形，3条平行叶脉，叶片横剖面呈三角形，能见2个气腔。叶片与叶鞘间无明显过渡，叶鞘呈半透明状，有脉11条，3条较显。

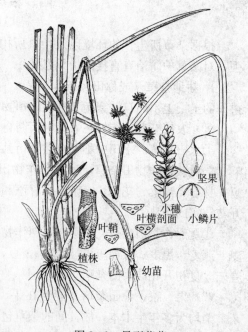

图3-1 异型莎草

种子萌发的适宜温度30~40℃，水深超过3cm不宜萌发。种子成熟后有2~3个月的原生休眠期。

分布遍及全国。喜生于带盐碱性的土壤，有时发生较重，根浅而脆，易拔除；有时也发生于湿润秋熟旱作物田地。苄嘧磺隆、吡嘧磺隆、氟吡磺隆、噁草酮、乙氧氟草醚（果尔）、2甲4氯有较好防效。

2. 扁秆藨草（*Scirpus planiculmis* Fr. Schmidt）（图3-2） 匍匐根茎，其顶端生球状块茎，多以根茎或块茎繁殖。秆较细瘦，扁三棱形。叶条形，基生和秆生。聚伞花序短缩成头状，花序下苞片呈叶状，1~3片，长于花序。鳞片矩圆形，棕褐色，螺旋状排列，顶部有撕裂状缺刻，有芒。小穗卵形或矩圆状卵形，下位刚毛4~6，长约为小坚果的1/2，有倒刺。雄蕊3枚，柱头2。小坚果宽倒卵形，扁而两面微凹，长3~3.5mm，平滑而具小点。

幼苗第一片真叶针状，横剖面呈圆形，无脉，无气腔，早枯。叶鞘边缘有膜质的翅。第二片真叶有3条脉和2个大气腔。第三片叶横剖面呈三角形，也有2个大气腔。

块茎和种子繁殖。块茎发芽的最低温度为10℃，最适20~25℃；种子萌发的最低温度16℃，最适约25℃。两者的原生休眠期不明显。

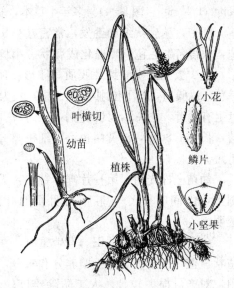

图3-2 扁秆藨草

大多数发生在淮河沿线以北地区，尤以微盐碱性土壤常见，西南地区亦有。和水莎草相似，是北方地区水稻田较难防除的一种恶性杂草。莎扑隆、苄嘧磺隆（农得时）和吡嘧磺隆（草克星）对萌发期，苯达松、氟吡磺隆（韩乐盛）、2甲4氯、氯氟吡氧乙酸（使它隆）等对幼苗及萌生苗有效。

3. 水莎草［*Juncellus serotinus* (Rottb.) Clarke］（图3-3） 具横走地下根茎，顶端数节膨大。秆扁三棱形。植株粗壮，花时略高出水稻。叶基部对折，上部平展。叶状苞3片，长于花序。聚伞花序，复出，1~3个穗状辐射枝，花序轴被稀疏短硬毛。小穗含多数小花，宽卵形，呈2列，小穗轴宿存，有白色透明的翅。雄蕊3；柱头2。小坚果背腹压扁，面向小穗轴，双凸镜状，棕色，有细点。

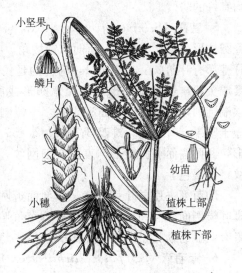

图3-3 水莎草

幼苗全株光滑。第一片真叶线状披针形，具5条脉，叶片横剖面呈三角形，叶鞘膜质透明，有5条呈淡褐色的脉。第二和第三片真叶近V字形，第二片真叶7条脉，第三片真叶9条脉。

根茎和种子繁殖。最低萌发温度5℃，最适20~30℃；最高温度45℃。

几遍及全国水稻产区。地下根茎较难清除，可节节萌芽成株，手拔费工、费力，根茎仍留存土中，多数除草剂对之无效或效果差，是目前较难防除的一种杂草。新垦稻田发生较重，有时成片危害，不过做熟的田块，发生较少。防除方法同扁秆蔗草。

4. 牛毛毡［*Eleocharis yokoscensis* (Franch. et. Sav.) Tang et Wang］（图 3-4）多年生草本，具极细的匍匐根茎。秆密，丛生，细如毛发，常密被稻田表面，状如毛毡，故得名牛毛毡。叶退化成鞘状。小穗单一顶生，卵形，含少数几朵花。鳞片膜质，卵形，顶端钝尖，两侧棕色，缘膜质，具下位刚毛 1～4 根，长为小坚果的 2 倍，其上有倒齿。柱头 3，具褐色小点。小坚果狭长圆形，无棱，长约 1.8mm，淡黄白色，有细密整齐的网纹。花柱基短尖状。

幼苗全株光滑。第一片真叶针状，无脉，横剖面呈圆形，中间有 2 个气腔，无明显的叶脉，叶鞘薄而透明。

分布遍及全国水稻田。发生重时，在土表形成一层毡状覆盖，夺走大量的土壤养分和水分，使水稻分蘖受阻，对产量损失较大。人工防除难度较大，但 2 甲 4 氯、杀草丹、苄嘧磺隆、吡嘧磺隆和丁草胺等除草剂均有好的防效。

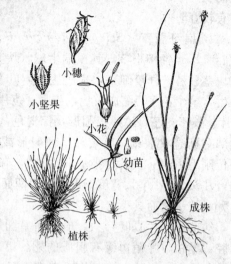

图 3-4 牛毛毡

5. 萤蔺（*Scirpus juncoides* Roxb.）（图 3-5）秆圆柱形，粗壮，丛生，有时有钝棱角。叶退化成鞘，秆基部有叶鞘 2～3，苞片 1，为秆的延长。小穗 2～5 聚成头状，长圆状卵形，鳞片宽卵形或卵形，棕色，顶端钝圆，有短尖，背面有 1 脉。下位刚毛 5～6 根，短于坚果，有倒刺。雄蕊 3；花柱 2～3。小坚果倒卵形，两侧扁而一面微凸，表面有细网纹，或稍有横波纹，黑褐色。

幼苗第一片真叶呈针状，横剖面近圆形，第二片真叶横剖面呈椭圆形，它们均有 2 个气腔，而且，后者有明显的纵脉和横脉，构成方格状。

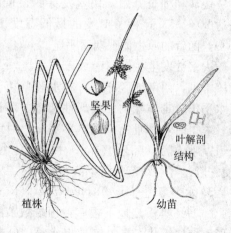

图 3-5 萤蔺

6. 猪毛草（*Scirpus wallichii* Nees.）（图 3-6）和萤蔺相似，易将两者混淆。但猪毛草秆较细弱，小穗单生或 2～3 个簇生，下位刚毛 4 根，长为小坚果倍半或稍长。

这两者多为一年生，产生大量种子，在水稻收割前成熟脱落，多占居中层空间，与水稻争空间和阳光。发生和危害较普遍，但萤蔺分布更为广泛。2 甲 4 氯和苄嘧磺隆有效。

7. 飘拂草属（*Fimbristylis* Vahl）秆常丛生。聚伞花序，顶生。小穗有少数至多数花，鳞片螺旋状排列或下部近于 2 裂。花柱基部膨大，上部有时有缘，有 2～3 柱头，常易脱落。小坚果倒卵形、三棱形或双凸状，表面常有网纹或疣状凸起。
1. 秆基部有 1～3 无叶片的叶鞘，花序下的苞片刚毛状
　　2. 小穗球形，生田边 ································· 水虱草（日照飘拂草）[*F. miliacea* (L.) Vahl]（图 3-7）
　　2. 小穗卵形或长椭圆形，生田边、偶侵入稻田··
　　　······································· 面条草（拟二叶飘拂草）(*F. diphylloides* Makino)（图 3-8）
1. 秆基部不具无叶片的叶鞘，花序下的苞片叶状
　　3. 小穗由于鳞片具龙骨状突起而具棱角，鳞片顶端有外弯的长芒，生田边及湿地··············
　　　·· 畦畔飘拂草（*F. squarrosa* Vahl）
　　3. 小穗不具棱角，鳞片顶端的芒较短且不外弯 ······················· 飘拂草 [*F. dichotoma* (L) Vahl]
　　该属 4 种均为水稻田埂边主要杂草，在直播、不太平整的以及灌水少的稻田常成为田中的主要杂草。

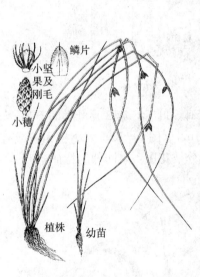

图 3-6 猪毛草

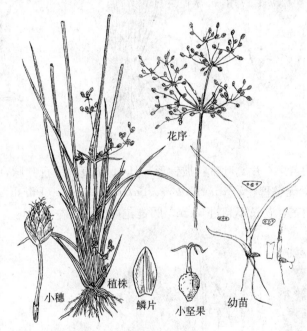

图 3-7 水虱草

二、禾 本 科

禾本科（Gramineae）草本，秆有节和节间之分，节间中空。叶鞘包于秆，叶二列，互生。花组成小穗，小穗再构成各种花序。小穗最下面两枚苞片为颖片，其上着 1 至数朵小花。每小花下由两枚稃片，为内、外稃片，两稃片基部常有 2～3 枚浆片。雄蕊 3 枚，少有 6 枚。柱头羽毛状或帚状。果为颖果。

1. 稗 [*Echinochloa crusgalli* (L.) Beauv.]（图 3-9）　叶无叶舌，光滑无毛。圆锥花序，直立而粗壮。小穗由两小花构成，长约 3mm，第一小花雄性或中性，第二小花两性。第一外稃草质，脉上有硬刺疣毛，顶端延伸成一粗糙的芒，芒长 5～10mm，第二外稃成熟呈革质，顶端具小尖头。

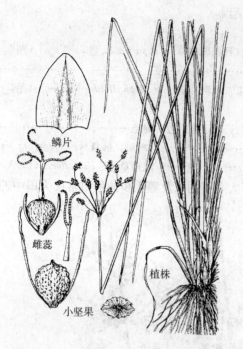

图 3-8 面条草

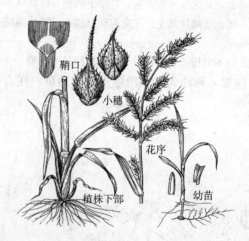

图 3-9 稗

幼苗第一片真叶带状披针形，具15条直出平行叶脉，无叶耳、叶舌，第2片叶类同。

2. 无芒稗 [*Echinochloa crusgalli* var. *mitis* (Pursh) Peterm]（图3-10）　小穗无芒或有极短的芒，芒长不超过3mm。圆锥花序的分枝花序常再具小的分枝花序，余同稗的特征。

图 3-10 无芒稗、西来稗

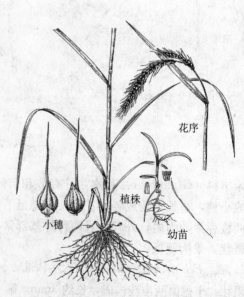

图 3-11 旱稗

幼苗第一片真叶具21条直出平行脉（3条较粗）。

3. 西来稗［*E. crusgalli* var. *zelayensis*（H. B. K.）Hitchc.］（图3-10） 与稗的区别是小穗无疣毛，无芒，花序分枝不再分出小枝而不同于无芒稗。

4. 旱稗［*Echinochloa hispidula*（Retz.）Nees］（图3-11） 与稗的主要区别是圆锥花序下垂，小穗绿色，熟时褐色，小穗较大，长4~5mm或更长。

5. 长芒稗（*Echinochloa caudata* Roshev.）（图3-12） 圆锥花序稍下垂，常带紫色。小穗卵圆形，长3~4mm。脉上具硬刺毛，或疣基柔毛。发生于淹水稻田及沟、湖、塘边水中。

稗草（*Echinochloa* L. spp.）种子萌发的温度范围13~45℃，最适20~35℃。适宜的土壤深度1~2cm。子实在湿润土壤深层可存活10年之久。

为稻田危害最严重的一类杂草。全国各水稻产区均有分布。稻稗、硬稃稗在早稻田发生较重，无芒稗、稗等在晚稻田多见。无论是土壤中还是收获的水稻中都掺有大量的稗种。加之其形态、生长习性等与水稻相似，成了稻田中极难汰除的杂草之一。

加强秧田除稗［人工拔除或用除草剂吡嘧磺隆、禾大壮、二氯喹啉酸（快杀稗）、杀草丹或敌稗等］，并结合用乙氧氟草醚、噁草酮、丁草胺、杀草丹等本田"封闭"，可有效防除稗草。

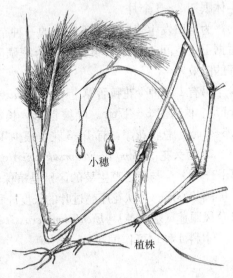

图3-12 长芒稗

三、雨久花科

雨久花科（Pontederiaceae），水生或沼生草本。叶具平行脉，基部有鞘。花两性，不整齐。花序穗状、总状或圆锥状，从佛焰苞状鞘内抽出。花被片6，花瓣状，分离或基部联合。雄蕊6或3，其中1较大。子房3室。蒴果。

1. 鸭舌草［*Monochoria vaginalis*（Burm. f.）Presl ex Kunth.］（图3-13） 叶卵形、卵状披针形至披针形，基部圆形或浅心形，叶柄基部有鞘。总状花序不高出叶，从叶鞘中抽出，有花3~6朵。花蓝色，略带红。雄蕊6，其中1个较大。蒴果卵形，长不及1cm。种子卵圆形至长圆形，表面有纵纹。

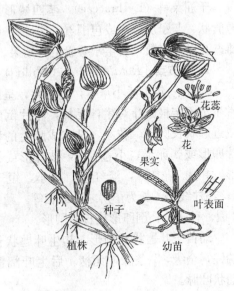

图3-13 鸭舌草

幼苗子叶伸长将胚推出种壳外，先端仍留在壳中，膨大成吸器。下胚轴与初生根之间有节，甚至膨大成颈环。上胚轴缺。初生叶披针形，3条纵脉及其间横脉构成方格状。露出水面叶渐变成披针形至卵形。

种子萌发的温度范围20~40℃，最适约30℃，适宜的土壤深度0~1cm。光暗交替适于萌发。种子具原生休眠期2~3个月。

为稻田发生普遍、危害较重的一种杂草，多耐阴，占据下层空间，争夺土壤养分。苄嘧磺隆、噁草酮有好的防效。

另有1变种少花鸭舌草[var. *plantaginea* (Roxb.) Solms]株高仅8~17cm。叶披针形，长2.5~4cm，宽0.5~1cm。总状花序，有1~3花，很少4。

2. 雨久花（*Monochoria korsakowii* Regel et Maack.）（图3-14）　与鸭舌草主要的区别是植株较高大。叶片广卵圆状心形。总状花序超过叶的长度。稻田常见杂草，东北地区更多见。本科尚有1种外来水生杂草凤眼莲（水葫芦）[*Eichhornia crassipes* (Mart.) Solms]为南方重要杂草之一。

本科4种均可作饲料。

图3-14　雨久花

四、千屈菜科

千屈菜科（Lythraceae），茎四棱形。叶对生、轮生或少有互生，全缘。花两性，整齐。花萼管状，与子房分离或包围着子房，3~6裂，裂片间常有附属物。花瓣着生于萼管边缘，同数。雄蕊少数至多数，着生于萼管上。蒴果。

1. 节节菜[*Rotala indica* (Willd.) Koehne]（图3-15）　一年生矮小草本，茎丛生，呈四棱形，基部常生出不定根。叶对生，无柄，叶片倒卵形，椭圆形或近匙状长圆形。花小，排列成腋生的穗状花序，苞片卵形或阔卵形。小苞片2，披针形或钻形。花萼钟形，4裂。花瓣4，淡红色，极小，短于萼齿。雄蕊4；花柱线形，长为子房之半或相等。蒴果椭圆形，常2裂。种子小，倒卵形或长椭圆形。

幼苗子叶匙状椭圆形。初生叶匙状长椭圆形，先端钝，全缘，1条脉，无柄。后生叶阔椭圆形，始现羽状叶脉。

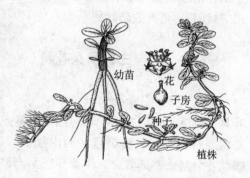

图3-15　节节菜

春季萌发，以秋季危害最甚，多发生于中晚稻田，是主要杂草。分布发生于秦岭、淮河一线及其以南地区。

2. 圆叶节节菜[*Rotala rotundifolia* (Buch.-Ham.) Koehne]（图3-16）　与节节菜不同的是茎圆形，不具四棱。叶近圆形。花数朵组成顶生的穗状花序；萼膜质，半透明；花瓣淡紫色，明显长于萼齿；花柱长为子房的1/3。

长江以南地区稻田常见,为南岭一线及其以南地区稻田主要杂草。也发生于湿润秋熟旱作物田。

3. 水苋菜属(*Ammannia* L.)　花小,单生或组成腋生的聚伞花序或稠密的花束;苞片2;花萼裂片间有细小的附属物。蒴果球形,不规则开裂,果皮无横条纹。而不同于节节菜属的杂草。本属3种杂草常见于水稻田,但危害都不甚严重。多分布于秦岭、淮河一线以南地区。列检索表如下。

图 3-16　圆叶节节菜

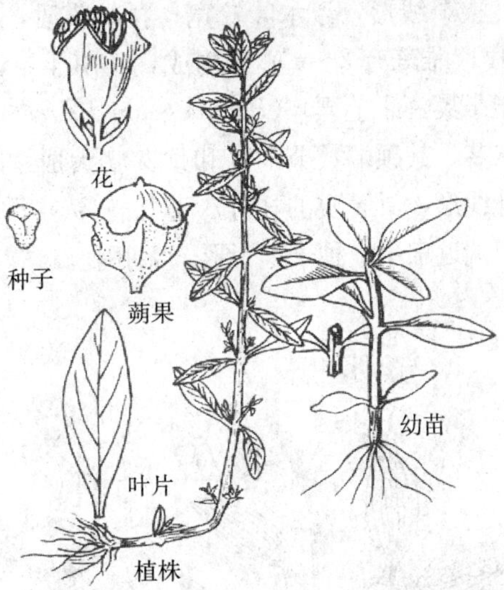

图 3-17　水苋菜

1. 叶基部渐狭,不呈耳状;无花瓣,花柱极短或无花柱 …………………… 水苋菜(*A. bacifera* L.)(图3-17)
1. 叶基部心状耳形;有花瓣,花柱长为子房的1/3或等长
2. 叶全部耳形;总花梗长3～5mm,花柱长于子房或等长 ……… 耳基水苋(*A. arenaria* H. B. K)(图3-18)
2. 基部叶常楔形,总花梗长1～2mm;花柱短于子房 ……… 多花水苋(*A. multiflora* Roxb.)(图3-19)

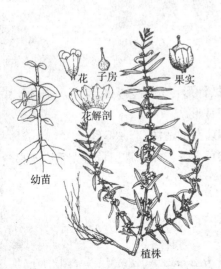

图 3-18　耳基水苋

图 3-19　多花水苋

五、眼子菜科

眼子菜科（Potamogetonaceae），水生草本。根状茎细长。叶分沉水叶和浮水叶两种。一般沉水叶狭窄线形，浮水叶较宽；托叶膜质，与叶分离或与叶柄相连成鞘。穗状或总状花序。雄蕊1～4枚；雌蕊有2～9心皮构成，子房1室，1胚珠。果为小核果，草质或骨质。

眼子菜（水上漂）（*Potamogeton distinctus* A. Bennett.）（图3-20），浮水多年生草本，具细长的根状茎，其顶端数节的芽和顶芽膨大成"鸡爪芽"。浮水叶卵状披针形，近长椭圆形，近革质，沉水叶线形，具膜质的托叶。穗状花序。果实斜倒卵形，背部有3脊，中脊明显突起，侧脊不明显，顶端近扁平。种子近肾形，无胚乳。

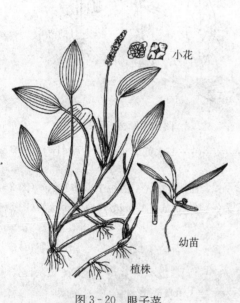

图3-20 眼子菜

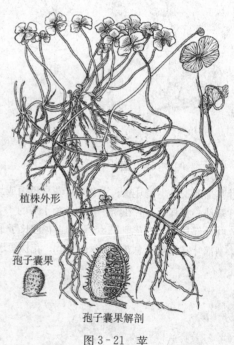

图3-21 苹

幼苗子叶针状。上胚轴缺如。初生叶带状或带状披针形，先端急尖或锐尖，全缘，托叶成鞘，顶端不伸长，叶3条脉。露出水面叶渐变成卵状披针形。

根茎和种子均可繁殖，以根茎无性繁殖为主。根茎萌芽的适温20～35℃。

土壤黏重的稻田发生较重，亦是稻田较难防除的杂草之一，北方稻田危害尤重。水旱轮作有较好的防效，亦可用扑草净、2甲4氯和敌草隆防除。

六、苹科

苹科（Marsileaceae），苹（田字苹，四叶苹）（*Marsilea quadrifolia* L.）（图3-21），浅水生或湿生草本。根状茎细长，匍匐，有毛，茎节向下生须根。不育叶顶端着生倒三角形叶4片，田字形排列，全缘，光滑；叶脉由小叶基部放射分叉成网状；能育叶变成卵圆形孢子囊果，内有孢子囊约 15 个，孢子囊果 1~3 枚簇生于短柄上，幼时有毛，后光滑。

水稻田较难防除的杂草之一。广布于全国各水稻产区。

七、泽 泻 科

泽泻科（Alismataceae），具根状茎的水生或沼生草本。叶多基生，有鞘。花被 6，2 轮，外轮 3，花萼状，宿存，内轮 3，较大，花瓣状，脱落。雌蕊由多数或 6 个分离心皮组成，螺旋状排列于凸起的花托上或轮状排列于扁平的花托上。瘦果。

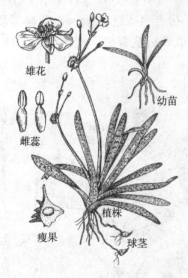

图 3-22 矮慈姑

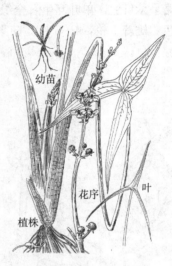

图 3-23 野慈姑

1. 矮慈姑（*Sagittaria pygmaea* Miq.）（图 3-22） 沼生多年生草本，具球茎。叶基生，线状披针形，基部渐狭，无柄。花茎直立，花轮生，单性。雌花常 1 朵，无梗，生于下轮；雄花 2~5 朵，有 1~3cm 的梗；萼片 3，倒卵形；花瓣 3，白色；雄蕊约 12 枚，花丝扁而阔。心皮多数，扁平。瘦果阔卵形，长约 3mm，两侧有狭翅，顶端圆形，有不整齐锯齿。

幼苗子叶针状。下胚轴与初生根连接处膨大成球状颈环。初生叶带状披针形，3 条纵脉与其间横脉构成方格状。后生叶纵脉更多。露出水面叶呈带状。

长江流域及其以南地区分布。耐阴，多发生于中、晚季稻田。有时较为严重。

2. 野慈姑（长瓣慈姑）[*S. trifolia* L. var. *sinensis* (Sims) Makino f. *longiloba* (Tarcy.) Makino]（图 3-23） 多年生沼生草本。根状茎顶端膨大成球形或长圆形。叶形不一，通常三角状箭形，两侧裂片较顶裂片长，尾端长渐尖，形似飞燕状，顶裂片长 3.5~9cm，宽 8~15mm；两侧裂片长 4~18cm，宽 6~11mm。花瓣白色，基部常带紫色。心皮多数，密集成球形。瘦果斜倒卵形，扁平，边缘有薄翅。

幼苗子叶针状，先端微弯。下胚轴发达，其下端与初生根相接处有一膨大球形的颈环，其上密生细长根毛。初生叶 1 片，带状披针形，格状网脉，无柄。露出水面的后生叶逐渐变为箭形叶。

水稻田常见杂草,地势低洼稻田发生,有时较严重。北方地区更为多见。

八、柳叶菜科

柳叶菜科（Onagraceae），单叶对生或互生，不分裂。花两性，整齐或近整齐。萼筒状，与子房合生且延伸于外。裂片4；花瓣4，与萼片互生。雄蕊与花瓣同数或成倍数，生于花瓣上。子房下位，花柱1；中轴胎座。蒴果开裂或不。

1. 丁香蓼（*Ludwigia prostrata* Roxb.）（图3-24） 一年生草本。茎有棱角,多分枝,带四方形,略呈紫红色。单叶互生,全缘。花腋生,萼与子房合生,裂片4~5。花瓣与裂片同数互生,黄色。雄蕊1轮,4~6枚。蒴果圆柱状四方形,成熟后室背成不规则破裂。种子多数,倒卵形,棕黄色。

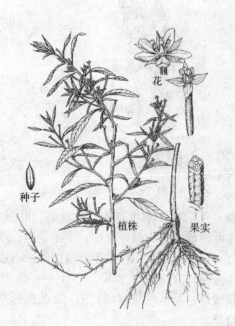

图3-24 丁香蓼

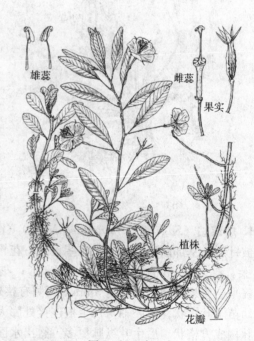

图3-25 水龙

幼苗子叶近菱形或阔卵形,具柄。上下胚轴发达,绿色。初生叶2片,对生,有1条明显的中脉。第1对后生叶与初生叶相似,但有明显的羽状脉。主根末端带紫色。

稻田常见杂草。有时亦发生于湿润秋熟旱作物田地。

2. 水龙（*Jussiaea repens* L.）（图3-25） 多年生草本,根状茎长,浮水或横生泥中。叶互生,倒卵形至矩圆状倒卵形,顶端钝或圆,基部渐狭成柄。花腋生,有长柄,萼筒长线形,裂片5,花瓣5,白色或淡黄色。雄蕊2轮,8~12枚。蒴果圆柱形。

为长江以南地区稻田常见杂草。亦普遍发生于水塘、沟和湖中。

九、鸭跖草科

鸭跖草科（Commelinaceae），草本。茎具节和节间，叶互生，有鞘。花两性，常呈蓝色，萼片3，花瓣3，有时下部合生成一管。雄蕊6枚。蒴果。

水竹叶 [Murdannia triquetra (Wall.) Bruckn.]（图3-26），多年生湿生或沼生草本。茎基部匍匐，节处生根。叶线状披针形，基部鞘状，叶鞘边缘有白色柔毛。花单生于分枝顶端的叶腋内。苞片线状；花蓝紫色；萼片长4~6mm；发育雄蕊3枚，1退化雄蕊顶端戟状。蒴果矩圆状，三棱形，两端较钝，3瓣裂，每室有2粒种子。种子长圆形，一端平截，表面有沟纹。

幼苗子叶联结胚和胚乳，短。初生叶1片，披针形，具平行脉。后生叶略呈卵状披针形，叶鞘抱茎。全株光滑无毛。

为长江以南地区稻田常见杂草，发生时常从田埂向田中呈扩张状，有时密度很大，呈纯群。

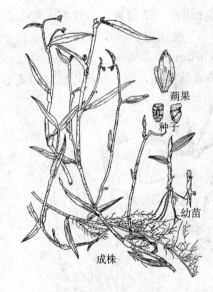

图3-26 水竹叶

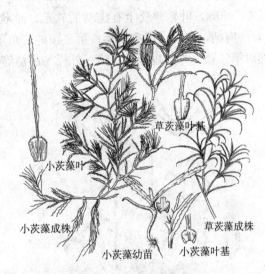

图3-27 小茨藻和草茨藻

十、茨藻科

茨藻科（Najadaceae），一年生沉水草本。茎细而柔软，多分枝。叶对生、互生或轮生，边缘有齿或刺，无柄，有托叶状鞘。花单性，细小，腋生，雌雄同株或异株。雄花无花被或有管状花被，花被全缘或顶端有齿；雄蕊1，花药1~4室。雌花无花被或有透明管状体贴着心皮；心皮1，无柄，含1倒生胚珠；柱头2~4。小坚果，椭圆形。

1. 小茨藻（Najas minor All.）（图3-27） 叶片线形，上部狭而弯曲，长1~2.5cm，宽约0.5mm，缘具6~10细齿；叶鞘上部倒心形，有齿。果实线状，长椭圆形，长2~3mm。种子直立，种皮细胞长四方形，宽大于长。

2. 草茨藻（*Najas graminea* Del.）（图 3-27）　与小茨藻不同的是叶缘具 30～40 细齿；叶鞘上部裂成耳状。种皮的表皮细胞四方形。

有水层的稻田普遍发生，有时数量较大。不过，排水后，多逐渐死亡。

第三节　秋熟旱作物田杂草

秋熟旱作物杂草（autumn crop weed）是指在夏季播种在秋季收获的旱地作物，包括玉米、棉花、甘薯、高粱、大豆、花生、烟草、麻类、小杂粮、甘蔗等作物，田中不断自然繁衍其种族的植物。其间的杂草多是夏、秋季发生型。除东北和华南有少数例外。

一、禾 本 科

1. 马唐［*Digitaria sanguinalis* (L.) Scop.］（图 3-28）　茎匍匐，节处着土常生根。叶舌长 1～2mm，叶鞘常疏生有疣基的软毛。总状花序 3～10 枚，指状着生秆顶；小穗双生（孪生），一有柄，一无柄或有短柄；第一颖钝三角形，长约 0.2mm；第 2 颖长为小穗的 1/2～3/4，成熟时第二颖边缘具短纤毛。第一外稃与小穗等长，中央 3 脉明显，第二外稃边缘具短柔毛。

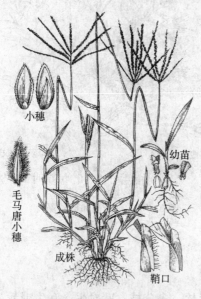

图 3-28　马唐与毛马唐

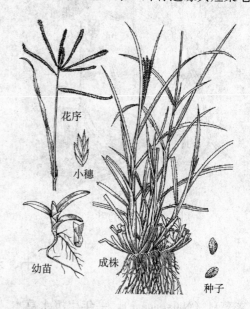

图 3-29　牛筋草

幼苗第一片真叶卵状披针形，有 19 条直出平行脉，叶缘具睫毛。叶片与叶鞘之间有一不甚明显的环状叶舌，顶端齿裂。叶鞘表面密被长柔毛。第二片叶舌三角状，顶端齿裂。

2. 毛马唐［*Digitaria ciliaris* (Retz.) Koel.］（图 3-28）　第二外稃边缘具长纤毛，余同马唐。

幼苗第一片真叶长椭圆形，有25条直出平行脉，叶舌三角状膜质，顶端齿裂。余同马唐。

种子萌发的适宜温度范围20～35℃；适宜的土壤深度1～6cm，以1～2cm发芽率最高。子实具原生休眠。

是秋熟旱地危害最重的2种主要杂草。危害几遍全国。常在作物田混生危害。亦是草坪的主要杂草之一。

3. 牛筋草（蟋蟀草）[*Eleusine indica* (L.) Gaertn.]（图3-29） 根发达，深扎。茎丛生，扁平，茎叶均较坚韧。叶中脉白色，叶舌柔毛状，叶鞘压扁，鞘口有柔毛，有脊。穗状花序2至数枚，指状，着生秆顶。小穗含有3～6小花，两侧压扁、无柄，呈紧密地双行覆瓦状排列于穗轴的一侧。两颖不等长，有2脉成脊，脊上粗糙。外稃顶端尖，主脉与其邻近的2脉密接，形成背脊；内稃有2脉成脊，内稃短于外稃。种子黑褐色，成熟时有波状花纹，卵形。

幼苗第一片真叶线状披针形，直出平行脉9条，叶舌环状，齿裂，叶鞘对折。全株两侧扁平，光滑无毛。

种子萌发的适宜温度范围20～40℃，最适土壤深度0～1cm，土层3cm及以下的种子不能萌发。要求的最适土壤含水量为10%～40%。

为旱地主要杂草之一，棉田尤为发生多。全国分布危害。

4. 狗尾草（莠）[*Setaria viridis* (L.) Beauv.]（图3-30） 植株直立，基部斜上。叶鞘圆筒状，有柔毛状叶舌、叶耳，叶鞘与叶片交界处有一圈紫色带。穗状花序，狭窄，圆柱状，形似"狗尾"；常直立或微弯曲。数枚小穗簇生，全部或部分小穗下托以1至数枚刚毛。刚毛绿色或略带紫色。颖果长圆形，扁平，外紧包以颖片和稃片，其第二颖片与小穗等长。

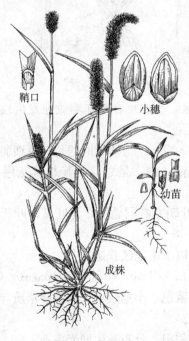

图3-30 狗尾草

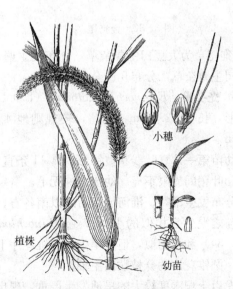

图3-31 大狗尾草

幼苗胚芽鞘紫红色，第一片真叶长椭圆形，具21条直出平行脉。叶舌呈纤毛状，叶鞘边缘疏生柔毛。叶耳两侧各有1紫红色斑。

种子萌发的温度范围10～38℃，最适15～30℃。最适土壤深度2～5cm，子实在深层土壤中可存活10～15年。

广布全国各地。为旱地主要杂草之一。亦发生于果、桑、茶园及蔬菜地。

本属尚有大狗尾草（Setaria faberii Herrm.）（图3-31），植株高大，圆锥花序粗大下垂，数枚小穗簇生，第二颖长为小穗的3/4；金狗尾［Setaria glauca（L.）Beauv.］（图3-32）圆锥花序直立，小穗单生，下托数枚金黄色刚毛，第二颖长只及小穗的一半。

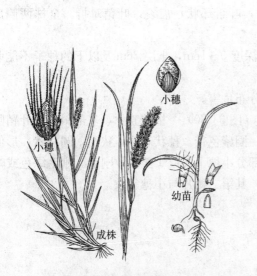

图3-32 金狗尾

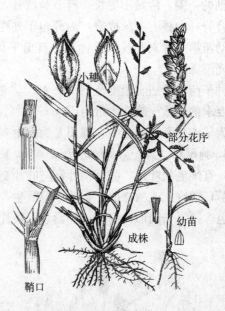

图3-33 光头稗

大狗尾草为大豆田主要杂草，分布发生遍及各大豆产区。金狗尾在耕作粗放地发生较重，亦是果园主要杂草，分布几遍全国。

5. 光头稗［Echinochloa colonum（L.）Link.］（图3-33） 与稗不同的是秆较细弱，小穗卵圆形，长2～2.5mm，无芒，较规则地4行排列于穗轴一侧，呈总状。其总状花序长不过1～2cm。

幼苗第一片真叶线状披针形，具11条直出平行脉，叶鞘亦有同数脉，无叶耳、叶舌，甚至叶片和叶鞘间界限不显。幼苗全株无毛。

分布发生秦岭、淮河流域沿线以南各省、自治区，尤以华南地区普遍。

与之混生且相似的小旱稗［Echinochloa crusgalli（L.）Beauv. austro-japonensis Ohwi.］（图3-34）和稗相似，但多旱生，圆锥花序下垂，常略带紫色，小穗较小，第二稃草质，小穗具短芒，圆锥花序的分枝贴向主轴。

尤以土壤湿度较大的旱地发生严重，现也发生于直播稻田。分布发生同光头稗。

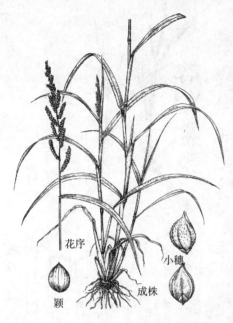

图 3-34 小旱稗

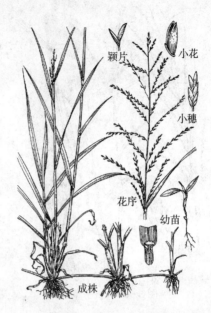

图 3-35 千金子

6. 千金子［*Leptochloa chinensis* (L.) Nees.］（图 3-35）　一年生直立草本或下部匍匐，茎下部几节常弯曲，生不定根。叶鞘无毛，叶柔软，叶舌膜质。圆锥花序，小穗紫色，含 3~7 朵小花，使整个花序呈紫色，覆瓦状成双行排列在穗轴一侧，颖有 1 脉，无芒。外稃有 3 脉，无芒，顶端钝，无毛或下部有微毛。颖果长圆球形，长约 1mm。

幼苗第一片真叶长椭圆形，具 7 条直出平行脉；叶舌白色，膜质，环状，顶端齿裂。叶鞘短，缘薄膜质，脉 7 条；叶片、叶鞘均被极细短毛。

种子萌发的适宜温度在 20℃ 以上。干旱和淹水都不宜种子萌发。湿润旱地、直播稻、旱稻直至不平整水稻田以及棉田多有发生危害。分布于秦岭、淮河流域一线以南各省、自治区。

土壤湿度低的旱地发生严重，且易和千金子混淆的一种是虮子草［*Leptochloa panicea* (Retz.) Ohwi.］（图 3-36），该种叶鞘有疣基的柔毛，小穗较短，淡紫色，有 2~4 朵小花。

分布同千金子。

以上禾草可用精喹禾灵（禾草克）、高效吡氟氯草灵（高效盖草能）、精吡氟禾草灵（精稳杀得）等茎叶处理防除。另甲草胺、乙草胺、乙氧氟草醚、异丙甲草胺（杜耳、都尔）、萘丙酰草胺（大惠利）在播后苗前处理有效。在玉米、高粱地可用阿特拉津和草净津等防除。

7. 双穗雀稗（*Paspalum distichum* L.）（图 3-37）　多年生，有根茎。秆匍匐地面，节上易生根，茎节处有茸毛。鞘边缘有纤毛，叶舌长 1~1.5mm。总状花序 2 枚，叉状，位于秆顶得名；小穗两行排列，椭圆形，第一颖缺或微，第二颖被微毛；第二小花灰色，顶端有少数细毛。

幼苗胚芽鞘棕色。第一片真叶线状披针形，有 12 条直出平行脉；叶舌三角状，顶端齿裂，叶耳处有绒毛；叶鞘边缘一侧有长柔毛。

图3-36 蚊子草

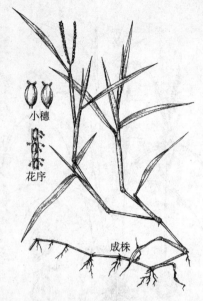

图3-37 双穗雀稗

分布于秦岭、淮河一线以南地区，多发生于湿润旱地，有时也侵入稻田。是较难防除的杂草之一。草甘膦有效，在非作物生长期施用或定向喷雾。

二、莎草科

莎草科（Cyperaceae）杂草主要有：

1. 香附子（*Cyperus rotundus* L.）（图3-38） 多年生草本，具匍匐根状茎，顶端具褐色椭圆形块茎。秆锐三棱形。鞘棕色，常裂成纤维状。叶状苞片2～3。聚伞花序简单或复出。穗状花序有小穗3～10。小穗线形，有花10～30朵。花药3，花药线形，花柱长，柱头3。小穗呈棕红色。小坚果三棱状倒卵形，长约1mm。

幼苗第一片真叶线状披针形，具明显的平行脉5条，常从中脉处对折，横剖面三角形。第三片真叶具10条明显的平行脉。

分布遍及全国。沙质地发生尤重。

多以块茎繁殖。块茎发芽的温度范围13～40℃，最适温30～35℃。种子亦能繁殖。香附子喜光，遮阳能明显影响块茎的形成。

是较难防除的杂草。草甘膦、莎扑隆、杀草隆、2甲4氯等除草剂有效。水旱轮作是有效的防除措施。

2. 碎米莎草（*Cyperus iria* L.）（图3-39） 一年生草本。秆扁三棱形。叶状苞3～5。聚伞花序常复出；穗状花序卵形或圆形，有5至多数小穗。小穗排列松散，鳞片淡黄色，顶端微凹或钝圆，有不明显的短尖。尖头不突出于鳞片的顶端，鳞片背面呈龙骨状突出。雄蕊3枚，花药小；花柱短，柱头3。小坚果卵状三棱形，褐色，长约1mm。

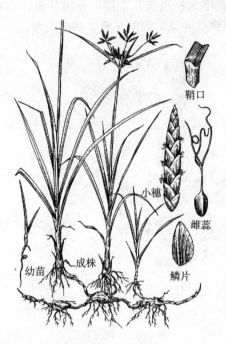
图3-38 香附子

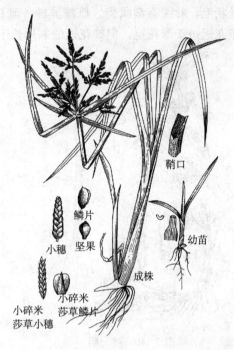
图3-39 碎米莎草和小碎米莎草

幼苗第一片叶线状披针形，叶片横剖面呈U字形，具平行脉5条，其中3条较粗，其间有横脉，而构成网格状；叶鞘膜质呈半透明状；具脉10条。

3. 小碎米莎草（具芒碎米莎草）（*Cyperus microiria* Steud.）（图3-39） 与碎米莎草特征相近，只是小碎米莎草鳞片黄褐色，顶端有明显的尖头突出，略呈芒状。

分布遍及全国。为旱地常见杂草，有时发生数量较大。

三、菊　科

菊科（Compositae）主要杂草有：

1. 鳢肠（墨旱莲）（*Eclipta prostrata* L.）（图3-40） 茎下部平卧，节着土易生根，全株被糙毛。茎、叶折断后有深色的汁液，植株干后呈黑褐色。叶对生，叶片披针形或椭圆状披针形或线状披针形。头状花序的直径6～11mm，总苞片5～6，绿色，长椭圆形；缘花舌状白色。瘦果扁四棱形，黑褐色，长约3mm，有明显的小瘤状突起。

幼苗子叶卵形，具主脉1条和边脉2条，光滑无毛。下、上胚轴均发达，密被向上伏生毛。初生叶对生，全缘或具稀细齿，三出脉。

种子萌发的适宜温度20～35℃，需光，近土表层的子实萌发。子实具原生休眠。

发生遍及全国。为秋熟旱作物地主要杂草之一，湿润土壤发生更甚。

2. 刺儿菜［*Cephalanoplos segetum* (Bunge) Kitam.］（图3-41） 多年生，有长的地下根茎，且深扎。幼茎被白色蛛丝状毛，有棱。叶互生，基生叶花时凋落，叶片两面有疏密不等的白色蛛丝状毛，叶缘有刺状齿。雌雄异株，雌花序较雄花序大；总苞片6层，外层甚短，苞片有刺。雄花冠短于雌花冠，但雄花冠的裂片长于后者。有纵纹4条，顶端平截，基部收缩。

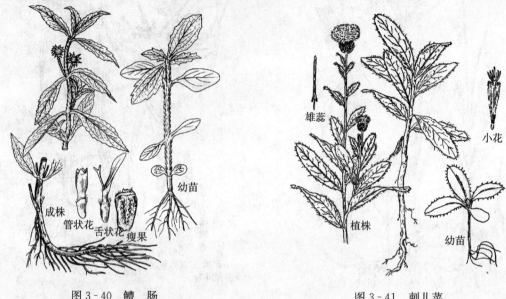

图3-40　鳢肠　　　　　　　　　　图3-41　刺儿菜

幼苗子叶矩圆形，叶基楔形。下胚轴极发达，上胚轴不育。初生叶1片，缘齿裂，具齿状刺毛。随之出现的后生叶几和初生叶对生。

根茎繁殖为主，种子繁殖为辅。春季萌发。根茎发芽的温度范围13～40℃，最适温30～35℃。种子亦能繁殖。

分布遍及全国。北方及南方地下水位低的旱地（山坡地、砂性地）发生较多，是较难防除的杂草之一。但其不耐湿，水旱轮作能很有效地防治。在作物田，用草甘膦定向喷雾或播前用药防效好。

3. 苍耳（*Xanthium sibiricum* Patrin.）（图3-42）　　一年生草本，高可达1m。叶卵状三角形，长6～10cm，宽5～10cm，基部浅心形至阔楔形，边缘有不规则的锯齿或常成不明显的3浅裂，两面有贴生糙伏毛。雌雄异花。雄头状花序球形，密生柔毛；雌头状花序椭圆形，内层总苞片结成囊状。成熟的具瘦果的总苞变坚硬，无柄，卵形至长椭圆形，表面具钩刺，顶端喙长1.5～2.5mm。瘦果2，倒卵形，埋藏于总苞中。

幼苗子叶卵状披针形，三出脉，具长柄。上、下胚轴均发达，常带紫红色。初生叶卵形，叶缘粗锯齿状，具睫状毛。

种子萌发的最适温度15～20℃；出土最适深度3～7cm。

分布遍及全国。多发生于北方秋熟旱作物地及南方高垧旱地。

4. 胜红蓟（*Ageratum conyzoides* L.）（图3-43）　　一年生草本，全株有毛。叶对生，卵形或菱状卵形，边缘有钝齿。头状花序再排成伞房状或圆锥状。头状花序直径约6mm。总苞片长圆形，顶端锐尖，具疏毛。花冠蓝紫色或白色。瘦果黑色，具5纵棱，顶端有5膜片状冠毛，上部渐狭或芒状。

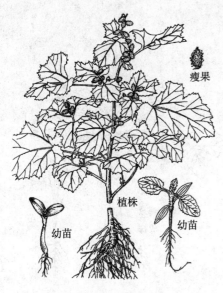
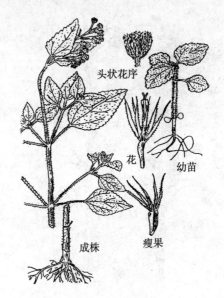

图 3-42 苍耳　　　　　　图 3-43 胜红蓟

幼苗子叶肾形，具短柄。上、下胚轴均较发达。初生叶 2 片，对生，阔卵形，叶缘有 1~2 个粗齿和睫毛，具长柄。第一对后生叶叶缘粗锯齿状，具叶柄。除子叶和下胚轴外，均密被柔毛，并含有香气。

南亚热带地区旱田主要杂草之一。近来有向北扩散蔓延的趋势。为外来杂草，原产美洲。

四、苋　科

苋科（Amaranthaceae），草本。叶互生或对生，无托叶。花小，两性，各种颜色，花被片 3~5，干膜质，雄蕊 1~5，与花被片对生。常为盖裂胞果。

苋属（*Amaranthus* L.）一年生草本，叶互生。花单性或杂性。子房 1 室，1 胚珠。花丝离生，无退化雄蕊。胞果盖裂或不裂。

1. 反枝苋（*A. retroflexus* L.）（图 3-44）　茎直立，幼茎近四棱形，老茎有明显的棱状突起。叶菱状卵形或椭圆状卵形，顶端尖或微凹，有小芒尖，两面及边缘有柔毛，脉上毛密。花小，组成顶生或腋生的圆锥花序。苞片干膜质，透明，顶端针刺状，长 3~5cm。花被片 5，白色，顶端有小尖头。雄花有雄蕊 5；雌花的花柱 3。胞果扁圆形而小，盖裂，包于宿存花被内。种子细小，倒圆卵形，黑色，有光泽。

幼苗子叶卵状披针形，具长柄。上、下胚轴均较发达，紫红色，密生短柔毛。初生叶 1 片，先端钝圆，具微凹，叶缘微波状，背面紫红色。后生叶顶端具凹缺。第二后生叶叶缘有睫毛。

种子萌发的适宜温度 15~30℃，在土层 5cm 深度内萌发。

秋熟旱作物地主要杂草之一，有时亦见于蔬菜地和果园。长江流域及其以北地区更为普遍。

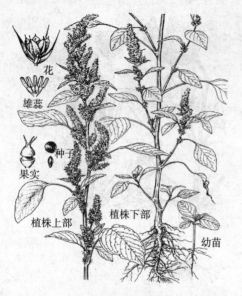

图 3-44 反枝苋

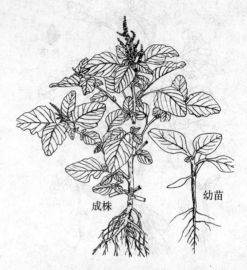

图 3-45 野苋

2. 野苋（皱果苋、绿苋）（*A. viridis* L.）（图 3-45）　全株无毛。茎直立，稍分枝。花小，成腋生穗状花序或再集成大的顶生圆锥花序。苞片和小苞片长不足 1mm，干膜质。花被片 3，膜质；雄蕊 3。胞果扁圆形，不开裂，皱缩，超出宿存花被片。种子近球形，黑色，有光泽。

幼苗子叶披针形，无脉，具短柄。下胚轴发达，上胚轴稍弱，均淡红色。初生叶 1 片，阔卵形，先端钝尖，具凹缺，有长柄。幼苗光滑无毛。

秋熟旱作物地常见杂草。蔬菜地也多发生。全国各地都有。

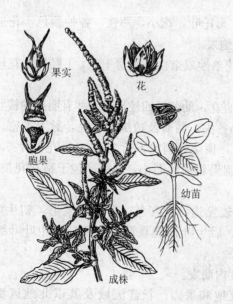

图 3-46 刺苋

图 3-47 凹头苋

3. 刺苋（*A. spinosus* L.）（图3-46）　茎常带红色。叶柄两侧各有1刺。花单性，胞果盖裂。棉田、菜地及宅旁的杂草。

4. 凹头苋（*A. ascendens* Loisel.）（图3-47）　茎通常伏卧上升。叶卵形至菱状卵形，顶端2裂或微缺。花被片和雄蕊各3。

菜地常见杂草，全国都有。

莲子草属（*Alternanthera* Forsk.）匍匐草本。单叶，对生，花小，白色，集成腋生的头状花序。具退化雄蕊，花丝基部联合，胚珠1，胞果不裂。

5. 空心莲子草（水花生，革命草）[*A. philoxeroides*（Mart.）Griseb.]（图3-48）　多年生宿根性草本。茎基部匍匐，上部伸展，中空，节腋处疏生细柔毛。叶对生，长圆状倒卵形或倒卵状披针形，表面有贴生毛，边缘有睫毛。头状花序单生叶腋，有长1~6cm的总花梗；苞片和小苞片干膜质，宿存；雄蕊5，基部合生成柄状。

为湿润旱地重要的杂草，有时危害严重。且较难防除。也见于水稻田及桑园。发生分布于华北、华东、中南和西南地区。

本属另有一种杂草——莲子草（虾钳菜）[*A. sessilis*（L.）DC.]（图3-49）与空心莲子草不同的是一年生，叶倒披针形或长椭圆形，节腋处密生长柔毛，头状花序1~4个，腋生，无总梗。多发生于田埂及湿润旱地的边缘。

图3-48　空心莲子草

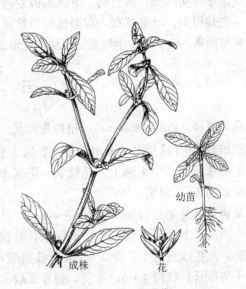

图3-49　莲子草

青葙属 *Celosia* L.

6. 青葙（*Celosia argentea* L.）（图3-50）　一年生直立草本，全株光滑无毛。叶互生，披针形或椭圆状披针形，基部渐狭成柄。穗状花序顶生。花初开时淡红色，后变白色。每花具膜质苞片3；花被片5，披针形，干膜质，透明，白色或粉红色，有光泽。雄蕊5，花丝细锥形，下部联合成杯状；子房长圆形，花柱红色，柱头2裂。胞果球形。种子扁圆形，黑色，有光泽。

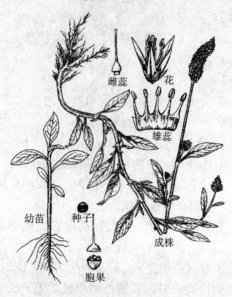

图 3-50 青葙

幼苗子叶椭圆形，具短柄。下胚轴极发达，紫红色，上胚轴亦发达，绿色。初生叶 1 片，近菱形，先端锐尖，叶基渐窄，有明显的羽状脉。

常见杂草，盛花期发生严重的田块，能形成景观，棉、豆等作物地最为多见。分布遍及全国。

五、马齿苋科

马齿苋科（Portulacaceae），植株带肉质。花萼常 2 枚；花瓣 4～5，分离或下部联合，顶端微凹；雄蕊 4～8 或更多，子房 1 室，胚珠 2 至多数，着生在基生的珠柄上或中央轴上；花柱长。果实多为蒴果，环状盖裂或为 2～3 瓣裂。

马齿苋（马菜）（*Portulaca oleracea* L.）（图 3-51），一年生肉质草本。茎带紫红色，匍匐状。叶楔状长圆形或倒卵形，互生或近对生。花 3～5 朵生枝顶端，花萼 2，下部与子房联合；花瓣 4～5，黄色，裂片顶端凹；雄蕊 10～12；花柱顶端 4～5 裂。蒴果盖裂。种子细小，扁圆，黑色，表面有细点。

幼苗子叶椭圆形或卵形，先端钝圆，无明显叶脉，稍肥厚，带红色，具短柄。上胚轴较发达，带红色。初生叶 2 片，对生，边缘有波状红色狭边，仅见 1 条中脉。

种子萌发的温度范围为 17～43℃，最宜温度 30～40℃；土层深度 3cm 以内。

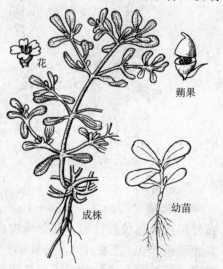

图 3-51 马齿苋

秋熟旱作物地主要杂草之一。也发生于蔬菜地。全国各地几均出现。

六、茄　科

茄科（Solanaceae），叶互生，无托叶。花两性，辐射对称，成顶生、腋生或腋外生的聚伞花序或丛生花序；花萼合生，常5裂；雄蕊5，生于花冠管上，花药常靠合或分离；子房上位。果为浆果或蒴果。

1. 龙葵（*Solanum nigrum* L.）（图3-52）　一年生草本。叶卵形，顶端尖锐，全缘或有不规则波状粗齿。花序为短蝎尾状或近伞状，侧生或腋外生，有花4～10，白色，细小；萼杯状，绿色，5浅裂；花冠辐状，裂片卵状三角形；子房卵形，花柱中部以下有白色绒毛。浆果球形，熟时黑色。种子近卵形，扁平。

幼苗子叶阔卵形，缘生混杂毛。下胚轴发达，密被混杂毛，且胚轴极短。初生叶1片，有明显羽状脉和密生短柔毛，缘也具毛。

种子萌发的适温14～22℃，土层深度0～10cm。

常见杂草。华北及东北地区尤为普遍。

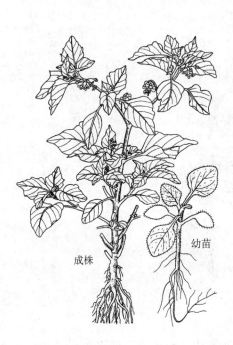

图3-52　龙葵

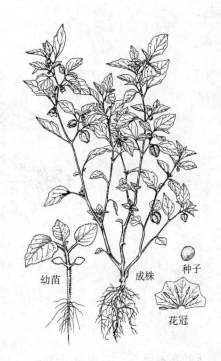

图3-53　苦蘵

2. 苦蘵（*Physalis angulata* L.）（图3-53）　茎节稍膨大，无毛或有细软毛。下部叶互生，上部叶假对生，叶片卵形或宽卵形，全缘或具不等大的牙齿。花单生叶腋，花梗长5～12mm，被短柔毛；花萼筒形，5裂，裂片披针形，具缘毛；花冠针状，黄色或淡黄色，喉部常有紫色斑纹；雄蕊5，花药紫色；柱头2浅裂。浆果球形，包藏于宿萼内。宿萼卵球形，薄纸质，具棱，被短柔毛，网脉明显。种子扁平，圆盘状，无毛，具网状凹穴。

幼苗子叶阔卵形，具睫毛，具长柄。上、下胚轴均较发达，均被横出直生柔毛及少数乳头状腺毛。初生叶1片，具睫毛，有明显网脉。后生叶叶缘出现波状和不规则的粗锯齿。

秋熟旱作物地常见杂草。南北均有，长江流域及其以北地区更为普遍发生。有时也成为主要杂草。

七、大 戟 科

大戟科（Euphorbiaceae）植物体常具乳汁。单叶，互生，具托叶，早落。花单性，常成聚伞花序或杯状聚伞花序。雌蕊3心皮构成，子房上位，3室，花柱3或分裂为6。蒴果。

1. 铁苋菜（海蚌含珠）（*Acalypha australis* L.）（图3-54）　一年生草本，全株被柔毛。叶互生，椭圆状披针形，叶脉三出。雄花成顶生或腋生的穗状花序，紫红色，雄花萼4裂，雄蕊8，下有叶状肾形苞片1～3，合时如蚌，而得名；雌花生于雄花的基部；雌蕊3心皮构成，3室、3个花柱。每柱上成二裂的柱头。蒴果，钝三棱形，基部衬有一大苞片。种子近球形，褐色。

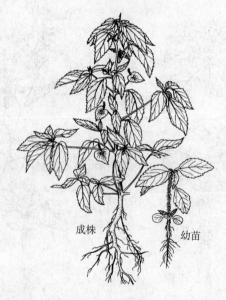

图3-54　铁苋菜

幼苗子叶宽矩圆形，三出脉，无毛。上、下胚轴均发达，密被毛，前者斜垂直生，后者弯生。初生叶2，对生，缘钝锯齿状，叶面密生短柔毛。

种子萌发的适宜温度10～20℃。

几遍及全国发生危害，为秋熟旱作物地最主要的杂草之一。

虎威等防除效果好。播后苗前可用敌草隆处理。

2. 地锦草（*Euphorbia humifusa* Willd.）（图3-55） 匍匐草本。茎纤细，多分枝，带紫红色，无毛。叶对生，叶两面绿色或淡红。种子卵形，被白色蜡粉。

为旱地、菜地常见杂草。分布遍及全国。

3. 斑地锦（*E. supina* Raf.）（图3-56） 与地锦草的主要区别是叶片中央有一紫斑，背面有柔毛。蒴果表面密生白色细柔毛，种子卵形，有角棱。

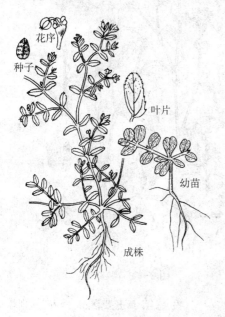

图3-55 地锦草

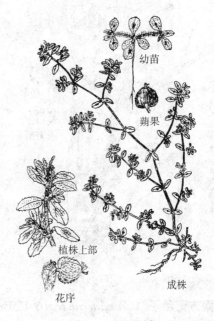

图3-56 斑地锦

也是旱地常见杂草。分布几遍及全国。

八、旋 花 科

旋花科（Convolvulaceae）菟丝子亚科（Cuscutoideae），寄生草本。茎缠绕，黄色或红色，借助吸器固着于寄主。无叶或退化成小鳞片，花排成穗状，总状或聚伞状密花序，花5～4基数；花冠内面有5个流苏状的鳞片。雄蕊生花冠筒上。

1. 菟丝子（中国菟丝子）（*Cuscuta chinensis* Lam.）（图3-57） 一年生寄生草本。茎纤细缠绕，黄色。无叶。花簇生成小伞形或小团伞形花序；苞片和小苞片存在；花萼杯状，5裂，裂片三角形，中部以下联合；花冠壶形或钟形，白色，长为花萼的2倍，5裂，裂片三角状卵形，向外反折，宿存。雄蕊5枚，花丝短，鳞片5，长圆形，边缘流苏状；子房近球形，花柱2，柱头头状，宿存。蒴果近球形，稍扁，成熟时被宿存花冠全部包住，盖裂。种子2～4粒，淡褐色，卵形，表面粗糙。具明显的喙。

幼苗丝状，呈淡绿色，顶端缠绕状，但一旦缠上寄主即转变为黄色。

种子萌发的温度范围15～35℃，最适温度24～28℃；土层深度0～3cm。

分布于东北、华北、华东、西南等省区。危害大豆，发生严重时可导致大豆品质和产量严重降低，甚至颗粒无收。也对花生、芝麻、苘麻、马铃薯有危害。种子可入药。

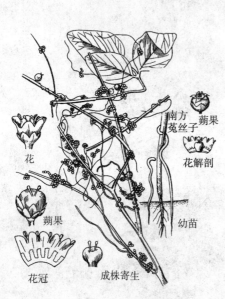

图 3-57 菟丝子和南方菟丝子

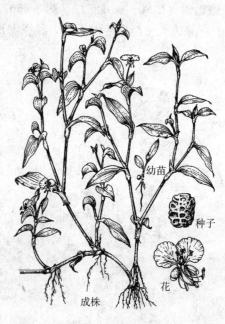

图 3-58 鸭跖草

2. 南方菟丝子（*Cuscuta australis* R. Br.）（图 3-57） 与菟丝子主要区别是花序侧生，球状或头状；花萼裂片 3～4（少有 5）枚，长圆形或近圆形，不等长；花冠淡黄色，裂片长圆形，直立；鳞片小，边缘短流苏状。蒴果下半部为宿存花冠所包，不规则开裂。种子的喙不显著。

分布于吉林、河北、新疆、山东、湖南、湖北、浙江、江苏、安徽、台湾、广东等省、自治区。危害同菟丝子。

九、鸭跖草科

鸭跖草科（Commelinaceae）。鸭跖草（*Commelina communis* L.）（图 3-58），一年生草本，茎多分枝，基部匍匐而节处生根，上部上升。单叶互生，披针形或卵状披针形，叶无柄或几无柄。佛焰苞片有柄，心状卵形，长 1.2～2cm，边缘对合折叠，基部不相连，有毛；萼片 3，膜质；花瓣蓝色，其中有 1 瓣较大，常呈爪状；发育雄蕊 3，不育雄蕊 2～3；花药长圆形，其中 1 个较大。蒴果椭圆形，2 室，每室有种子 2，室背开裂。种子椭圆形至棱形，种皮表面有皱纹。

幼苗子叶顶端膨大，留在种子内成为吸器。子叶鞘膜质，包着一部分上胚轴，下胚轴发达，紫红色。初生叶 1 片，互生，卵形，叶鞘闭合，叶基及鞘口均有柔毛。后生叶 1 片，呈卵状披针形，叶基阔楔形。

种子萌发的适温为 15～20℃；土层深度 2～6cm。种子在土壤中可存活 5 年。

秋熟旱作物地常见杂草，也常生于蔬菜地。分布几遍及全国。在东北和华北地区有时发生严重。

第四节 夏熟作物田杂草

夏熟作物田杂草（summer crop weed）是在夏熟作物包括麦类（小麦、大麦、燕麦、黑麦、青稞等）、油菜、蚕豆、绿肥以及春季蔬菜等作物田中不断自然繁衍其种族的植物。多为冬春发生型。冬、春出苗，春末、夏初开花结实的杂草。在亚热带、温带地区十分重要，但在华南地区没有或不重要。

一、禾 本 科

1. 看麦娘（*Alopecurus aequalis* Sobol.）（图 3-59） 一或二年生草本，秆多数丛生。叶鞘疏松抱茎；叶舌长约 2mm。穗形圆锥花序呈细棒状。小穗长 2~3mm，颖膜质，近基部联合，沿脊有纤毛，侧脉下部具短毛；外稃膜质等长或稍长于颖，下部边缘联合，外稃中部以下伸出长 2~3mm 芒，中部稍膝屈，常无内稃；花药橙黄色。果时颖和稃包被颖果。

图 3-59 看麦娘

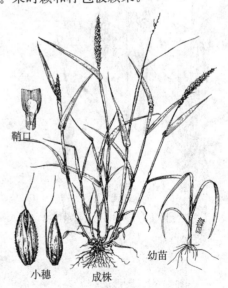

图 3-60 日本看麦娘

幼苗第一片真叶呈带状披针形，长 1.5cm，具直出平行脉 3 条，叶鞘亦具 3 条脉。叶及叶鞘均光滑无毛，叶舌膜质，2~3 深裂，叶耳缺。

种子萌发的温度范围 5~23℃，最适温 15~20℃；适宜土层深度 0~2cm。子实具 2~3 个月的原生休眠。在湿润的环境中子实可存活 2~3 年，而在干旱条件下寿命仅短至 1 年。

分布几遍全国，但尤以秦岭淮河流域一线以南地区稻茬麦类和油菜田发生严重。

2. 日本看麦娘（*Alopecurus japonicus* Steud.）（图 3-60） 与看麦娘不同的是穗形圆锥花

序较粗壮，小穗长 5~6mm，外稃在中部以上伸出长 8~12mm 的芒，花药白色或淡黄色。

幼苗第一片真叶长 7~11cm，叶缘两侧有倒向刺状毛，叶舌膜质，三角状，顶端呈齿裂。

分布于长江流域。

上述两者是稻麦（油菜）轮作区危害最为严重的杂草，为杂草群落优势种，尤以麦田防除困难。绿磺隆、绿麦隆、异丙隆、氟乐灵防除有效。精噁唑禾草灵（骠马）对此有特效，可于小麦田作茎叶处理。油菜田可用精喹禾灵（禾草克）、高效吡氟氯草灵（高效盖草能）、精吡氟禾草灵（精稳杀得）和拿捕净等防除，效果好。

3. 野燕麦（*Avena fatua* L.）（图 3-61） 叶舌透明膜质，叶表面及边缘疏生柔毛。小穗下垂，形似飞燕，通常小穗轴的节间易断落，密生硬毛；小穗有 2~3 小花，颖有脉，外稃的中部以下常有较硬的毛，基盘密生短纤毛（髭毛），芒自外稃中部稍下处伸出，膝屈，扭转。颖果矩圆形，长 6~9mm，宽 2~3mm，腹面具沟，胚椭圆形，色深。

幼苗第一片真叶带状，具 11 条直出平行叶脉。叶舌先端齿裂，无叶耳，光滑无毛。第 2 片叶带状披针形，叶缘具睫毛。

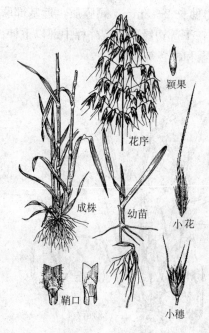

图 3-61 野燕麦

图 3-62 䕡草

种子萌发的温度范围 2~30℃，最适温 10~20℃；适宜土层深度 3~7cm。子实具 3 个月左右的原生休眠期。

为旱性麦地主要杂草，多为杂草群落优势种，危害性较大。南岭一线以北地区发生，但尤以秦岭、淮河一线以北地区严重。是东北和西北地区危害发生最重的杂草。燕麦畏、燕麦敌 2 号、青燕灵、燕麦灵防除有效，多以播前深混土。双苯唑快（野燕枯）和骠马为幼苗期茎叶处理。

危害较重的尚有一变种无毛野燕麦（*Avena fatua* var. *globrata* Peterm.），其外稃背部光滑无毛。

4. 菵草 [*Beckmannia syzigachne* (Steud.) Fernald]（图 3-62） 二年生草本。叶鞘具较宽白色膜质边缘。圆锥花序由贴生或斜升的穗状花序组成。小穗近圆形，两侧压扁，或双行覆瓦状排列于穗轴的一侧。颖半圆形，两颖对合，等长，背部灰绿色，草质或近革质，边缘质薄，白色，有3脉，顶端钝或锐尖，有淡绿色横纹。外稃披针形，有5脉，其短尖头伸出颖外。成熟时颖包裹颖果。

幼苗第一片真叶带状披针形，具3条直出平行脉。叶鞘略呈紫红色，亦有3脉。叶舌白色膜质，顶端2裂。第2片真叶具5条平行脉。叶舌三角形。

分布几遍及全国。

为稻茬麦（油菜）田主要杂草。但以低洼涝渍地发生量大。精噁唑禾草灵（骠马）、精喹禾灵（禾草克）、高效吡氟氯草灵（高效盖草能）、精吡氟禾草灵（精稳杀得）和异丙隆茎叶处理以及丁草胺和乙草胺土壤处理有效。

5. 早熟禾（*Poa annua* L.）（图 3-63） 秆柔软。叶鞘光滑无毛，自中部以下闭合，长于节间或在上部可短于节间。叶舌圆头形。叶片柔软，顶端船形。圆锥花序开展，每节有1～3分枝。小穗有3～5小花。颖有宽膜质边缘；外稃卵圆形，有宽膜质边缘至顶端，脊及边脉中部以下有长柔毛，间脉的基部也常有柔毛。内稃与外稃等长或稍短于外稃，2脊有长柔毛。颖果纺锤形。

幼苗第一片真叶带状披针形，先端锐尖，有3条直出平行脉。叶片与叶鞘间有1片三角形膜质叶舌。叶鞘亦有3条脉。

夏熟作物田重要杂草之一。也发生于草坪。湿润土壤更普遍。分布几遍及全国。

6. 硬草（耿氏碱茅）[*Sclerochloa kengiana* (Ohwi) Tzvel.]（图 3-64） 二年生草本。叶鞘长于节间，下部闭合。叶舌干膜质，长2～3.5mm，顶端截平或有裂齿。叶片扁平或略对折。圆锥花序紧缩，坚硬直立，每节有2分枝，分枝粗壮而平滑。小穗轴的节间粗壮；颖长卵形；

图 3-63 早熟禾

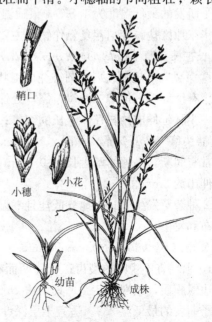

图 3-64 硬 草

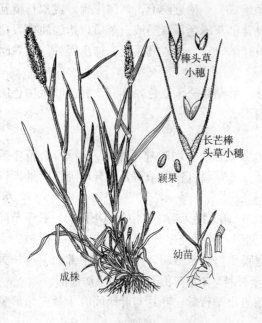

图 3-65 长芒棒头草和棒头草

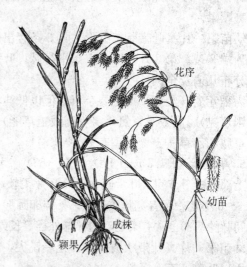

图 3-66 雀麦

外稃宽卵形，顶端尖或钝，主脉较粗壮而隆起成脊，边缘干膜质；内稃顶端有缺口。

幼苗第一片真叶带状披针形，有 3 条直出平行脉。叶舌干膜质 2~3 齿裂。叶鞘亦有 3 脉。第二片真叶与前叶不同在于叶缘有极细的刺状齿，有 9 条脉，叶鞘下部闭合。

种子萌发的最低温度为 1.8℃，最适温 16~18℃。适宜土层深度 0.12~2.4cm。

为华东地区盐碱性稻茬夏熟作物田主要杂草之一，有时会成为优势种。

7. 长芒棒头草［*Polypogon monspeliensis*（L.）Desf.］（图 3-65）　越年生。叶舌长 4~8mm，两深裂或不规则破裂。圆锥花序穗状；小穗的基盘长约 0.3mm；颖片倒卵状长圆形，粗，脊与边缘有细纤毛，顶端二浅裂，裂口处伸出细长芒；芒长为小穗的 2~4 倍；外稃光滑，顶端有微齿，主脉延伸成约与稃体等长的细芒；雄蕊 3 枚。

8. 棒头草（*Polypogon fugax* Nees ex Steud.）（图 3-65）　与长芒棒头草的主要区别是圆锥花序常有间断，小穗的基盘长约 0.5mm；颖裂口处伸出几等长于小穗的芒；外稃长约 1mm，主脉延伸出约 2mm 的芒。

该 2 种杂草发生分布于地势低洼且潮湿的夏熟作物田地，有时以优势种群发生和危害。各地均有分布和发生。

9. 雀麦（*Bromus japonicus* Thunb.）（图 3-66）　叶鞘紧贴生于秆，外被长柔毛；叶舌长约 2mm，顶端有不规则的裂齿；叶片两面有毛或背面无毛。圆锥花序开展，下垂，小穗幼时圆筒形，边缘膜质，顶端微 2 裂，其下约 2mm 处生芒。

种子萌发的最低温 3℃。适宜土层深度 3cm 左右。

发生于旱性麦地，果、桑、茶园也常见。广布于黄河和长江流域各省、自治区。

二、茜草科

茜草科（Rubiaceae），单叶，全缘，对生或轮生，具托叶。托叶成叶状或鳞片状或刺状，生于对生两叶片之间，称为叶柄间托叶。花辐射对称，4~5数，合瓣，子房下位，心皮2，子房2室。核果。

猪殃殃 [*Galium aparine* L. var. *tenerum* (Gren. et Godr.) Rehb.]（图3-67），蔓生或攀缘状草本，茎四棱形，棱和叶背中脉及叶缘具倒生的细刺。叶6~8片轮生。花3~10朵组成或顶生或腋生的聚伞花序，黄绿色。果实球形，密生钩毛，果柄直立。

幼苗子叶阔卵形，先端微凹。上胚轴四棱形，并有刺状毛。初生叶亦阔卵形，4片轮生，后生叶与前叶相似。幼根橘黄色。

全国大部分地区有分布。

种子萌发的温度范围2~25℃，最适温11~20℃；适宜土层深度0~6cm。子实具约3个月的原生休眠期。

为旱性麦地危害最重的杂草之一。有时与单季稻轮作的田块亦有发生。本种对多数除草剂敏感性差，苯达松（油菜田）有效，在2~5叶期用药较佳。2甲4氯合剂也有较好防效。

与之特征近似的另一种为麦仁珠（*Galium tricorne* Stokes.）（图3-67），其与前者的区别是花常3朵成腋生聚伞花序，花冠白色，花柄花后下垂。果实具短毛，下垂。多分布于淮河沿岸及以北的旱性麦田，稻麦轮作田无此种。该种多不耐渍。2甲4氯有好的防效。

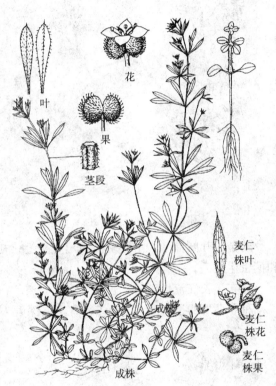

图3-67 猪殃殃和麦仁珠

三、玄参科

玄参科（Scrophulariaceae），草本。叶对生、轮生或互生，无托叶。唇形花冠，雄蕊4，二强雄蕊，中轴胎座，每室有数胚珠。蒴果。

1. 波斯婆婆纳（阿拉伯婆婆纳）(*Veronica persica* Poir)（图3-68） 有柔毛，下部伏生地面，斜上。基部叶对生，上部叶互生。花单生于苞腋。苞片叶状。花萼4裂，花冠淡蓝色，4裂，不对称，花柄长于苞片。蒴果2深裂，两裂片叉开90°以上，花柱显著长于凹口。种子长圆形或舟形，腹面凹入，表面有皱纹。

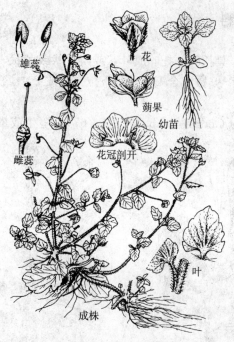

图 3-68 波斯婆婆纳

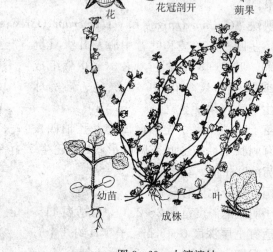

图 3-69 大婆婆纳

幼苗子叶阔卵形。上胚轴被横出直生毛。初生叶卵状三角形，叶缘有粗锯齿和短睫毛，叶片和柄密生柔毛。

分布于长江流域各省、自治区。

种子萌发的适温 8~15℃；适宜土层深度 1~3cm。子实具 3 个月左右的原生休眠期。

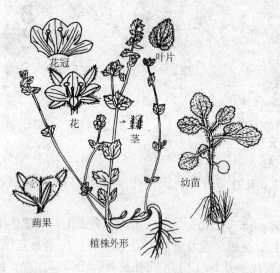

图 3-70 直立婆婆纳

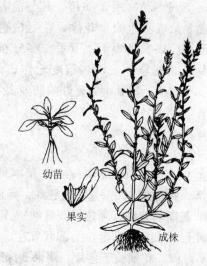

图 3-71 蚊母草

为冲积土地区旱地的恶性杂草。节处常生根，人工防除较困难。苯达松和2甲4氯在杂草苗期茎叶处理有效，绿麦隆在子叶期有效。

2. 大婆婆纳（*V. didyma* Tenore.）（图3-69）　茎下部伏生地面，斜上。花柄与苞片等长或稍短。花淡红紫色。蒴果近肾形，稍扁，宽大于长，凹口成直角。种子舟状深凹，背面有波状纵皱纹。

幼苗与波斯婆婆纳不同之处在于上胚轴被斜垂弯生毛。

分布几遍全国。但以秦岭、淮河一线以北地区旱地危害为主。

同属近似种还有**直立婆婆纳**（*V. arvensis* L.）（图3-70）。其茎直立，花蓝色，花柄很短，种子细小，圆形或长圆形；**蚊母草**（*V. peregrina* L.）（图3-71），茎直立，花白色，略带淡红，蒴果扁圆形，种子长圆形，扁平。子房往往被虫寄生成虫瘿而肿大，成桃形等可相互区别。

四、石 竹 科

石竹科（Caryophyllaceae），叶对生，全缘。萼片4～5，分离或联合成管，宿存；花瓣4～5，常有爪；雄蕊8～10；特立中央胎座；蒴果，顶端瓣裂或齿裂。

1. 黏毛卷耳（*Cerastium viscosum* L.）（图3-72）　植株密被长柔毛和腺毛，触其有黏感。花萼5，萼片披针形，边缘膜质，有腺毛；花瓣白色，5片，顶端深凹或2裂。花柱5，与萼片对生。蒴果10齿裂。种子近三角形，褐色，密生小瘤状突起。

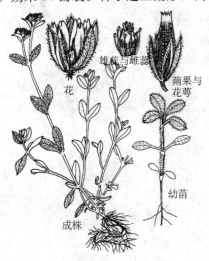

图3-72　黏毛卷耳

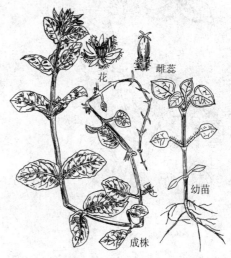

图3-73　牛繁缕

幼苗子叶阔卵形，光滑，具柄。上、下胚轴均发达。上胚轴密被柔毛。初生叶2片，对生，中脉明显，两叶柄基部联合抱轴，密被长柔毛。后生叶被长柔毛，边缘具睫毛。

分布几遍及全国。

为沿江、沿海地区旱地危害严重的杂草之一。苯达松、绿麦隆、2甲4氯、甲磺隆在麦田有效，油菜田可用氟乐灵、草除灵等。

2. 牛繁缕 [*Malachium aquaticum* (L.) Fries]（图 3-73） 植株常带紫红，茎光滑或仅在幼茎的叶柄处及花序上有白色短软毛。叶卵形或宽卵形，基部叶有柄，上部叶无柄，基部略包茎。花 5 数，花瓣 5，再深裂几达基部，白色；花柱 5。蒴果 5 瓣裂，每瓣顶端再 2 裂。种子肾形，褐色，表面有小瘤状突起。

幼苗子叶卵形。初生叶阔卵形，对生，叶柄有疏生长柔毛。后生叶与初生叶相似。全株绿色，幼茎带紫色。

种子萌发的温度范围 5~25℃，最适温 15~20℃；适宜土层深度 0~3cm。种子具 2~3 个月的原生休眠期。

除东北、西北地区外的大部分省、自治区有分布。主要发生危害于稻茬麦、油菜田，但尤以地下水位高且土质黏重的湖泊滩地、洼地为甚。常与看麦娘、茵草混生危害。油菜田危害尤重。可作饲料。氟乐灵芽前使用有效。草除灵有效，可作茎叶喷雾。苯磺隆、绿磺隆、甲磺隆和绿麦隆在麦田有效。用麦—肥轮作也可有效控制。

3. 繁缕 [*Stellaria media* (L.) Cyr.]（图 3-74） 植株呈黄绿色，茎蔓生呈叉状分枝，上部茎上有一纵行短柔毛。叶基圆形。花 5 数，雄蕊 10 枚，花柱 3，果 6 瓣裂，不同于牛繁缕。种子圆形，黑褐色，密生疣状突起。

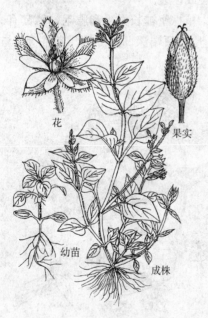

图 3-74 繁缕

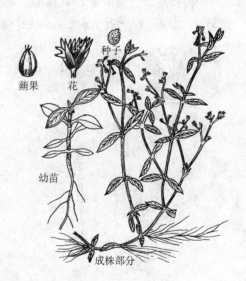

图 3-75 雀舌草

幼苗子叶卵形。下胚轴与上胚轴均发达。初生叶卵圆形，对生，叶柄疏生长柔毛。后生叶与前叶相似。全株黄绿色。

种子萌发的温度范围 2~30℃，最适温 13~20℃；适宜土层深度 1~2cm。种子具 2~3 个月的原生休眠期。土壤中的种子可存活 10 年以上。

全国分布。

常为旱地的一种主要杂草，尤以疏松肥沃土壤多见。可作青饲料。

4. 雀舌草（*Stellaria alsine* Grimm.）（图 3-75） 茎纤细，丛生，光滑无毛。叶长卵形至卵状披针形，长 5~20mm，宽 2~5mm，形似鸟雀的舌而得名，无柄或近无柄。花白色，雄蕊 5 枚。蒴果 6 瓣裂。种子肾形，有皱纹突起。

幼苗子叶卵状披针形，先端急尖，上、下胚轴均发达。初生叶 2 片，对生，主脉明显，具长柄，两柄基部相抱轴。后生叶与初生叶相似，全株光滑无毛。

除西北地区外的大部分省、自治区。

稻茬油菜或麦田的一种主要杂草，尤以砂壤土发生严重。常和看麦娘混生危害。在油菜田以稳杀得、盖草能等防除看麦娘后，雀舌草危害明显加重，可以草除灵混用或先后用。

5. 麦瓶草（米瓦罐）（*Silene conoidea* L.）（图 3-76） 直立草本，全株被腺毛。基生叶匙形，茎生叶长卵形或披针形，叶基抱茎。花成圆锥花序。萼筒于果时基部膨大，卵形，上部狭缩，形似花瓶状。萼顶端 5 深裂，萼脉多于 20 条，显著突出，密生腺毛。花瓣 5，倒卵形，紫红色。种子多数，肾形，有成行的疣状突起。

幼苗子叶卵状披针形，先端锐尖，无毛。下胚轴明显，绿色，上胚轴不发育。初生叶 2 片，对生，边缘具长睫毛，叶基下延至柄。

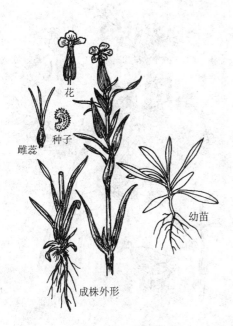

图 3-76 麦瓶草

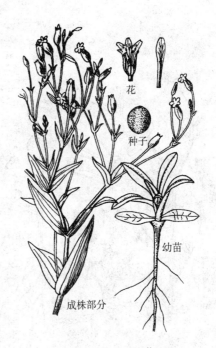

图 3-77 麦蓝菜

6. 麦蓝菜（王不留行）[*Vaccaria segetalis* (Neck.) Garcke]（图 3-77） 直立草本，全株光滑无毛。茎基部叶长椭圆形，基部狭窄成短柄。茎上部叶长椭圆状披针形，基部圆形或心形，无柄。疏聚伞花序顶生；萼筒上有 5 棱角，顶端 5 裂。花后基部膨大，顶端明显狭窄；花瓣粉红色。蒴果包于宿萼内。种子多数，暗黑色，球形，有细密的疣状突起。

幼苗子叶卵状披针形，先端急尖。叶基楔形，具柄。下胚轴发达，淡红色，上胚轴不发达。

初生叶狭披针形，无柄，边缘无毛。全株光滑无毛。

种子于冬前萌发。子实具3～4个月的原生休眠期。

以上两种杂草多发生于秦岭、淮河以北地区旱地，也见于西南高海拔地区，是这些地区麦田最常见的杂草。2甲4氯等可防除。

五、豆 科

豆科（Leguminosae），通常复叶，互生，具托叶；萼片5，花瓣5，成蝶形花冠（即旗瓣在外，两侧2片翼瓣，最内2片龙骨瓣）或假蝶形花冠（旗瓣1片在内，龙骨瓣在外），雄蕊10枚，结合成9和1二组，称二体雄蕊；心皮1个，具多数胚珠。果为荚果。

1. 大巢菜（救荒野豌豆）（*Vicia sativa* L.）（图3-78） 一年或二年生攀缘草本。双数羽状复叶，顶端小叶常变成卷须。小叶4～8对，长椭圆形或倒卵形，较宽，顶端截形，微凹，有小尖头。花1～2朵，腋生，紫红色。荚果线形，具种子数粒。种子圆球形，成熟时黑褐色。

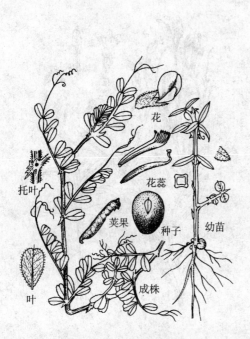

图3-78 大巢菜

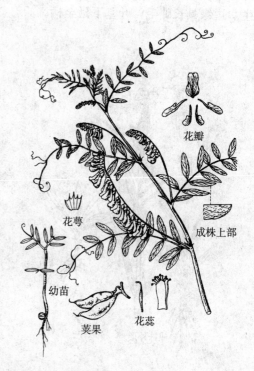

图3-79 广布野豌豆

幼苗下胚轴不发育，上胚轴发达，带紫红色。初生叶鳞片状。幼苗主茎上的叶子均为由1对小叶所组成的复叶，顶端具小尖头或卷须。侧枝上的叶子为倒卵形小叶所组成的羽状复叶。小叶顶端钝圆或平截，缘有睫毛。托叶呈戟形。

种子萌发的温度范围5～30℃，最适温20℃；土层深度0.5～15cm，最适土层2～4cm。子实具3～4个月的原生休眠期。

分布于华北、西北、华东、华中、西南各省、自治区。在旱地或部分稻麦连作田发生危害重。2,4-滴、2甲4氯、苯磺隆、绿磺隆等有效。

2. 广布野豌豆（V. cracca L.）（图3-79）　羽状复叶，有小叶4~12对。总状花序腋生，有花7~15朵，花冠紫色或蓝色。荚果长椭圆形，宽扁，具种子3~5粒。种子黑色。

幼苗上胚轴发达，带紫红色。托叶披针形。全株光滑无毛。

广泛分布于南北各省、自治区。北方地区发生更为普遍。对2甲4氯有一定抗性。苯磺隆、绿磺隆有效。

同属相似种还有四籽野豌豆［V. tetrasperma (L.) Moench］（图3-80），总状花序腋生，仅有1~2朵紫蓝色小花，总梗细柔，荚果常含4粒种子；小巢菜［V. hirsuta (L.) S. F. Gray］（图3-81），腋生总状花序，有数朵小花。花序被短柔毛，荚果短小，含种子1~2，可以相互区别。

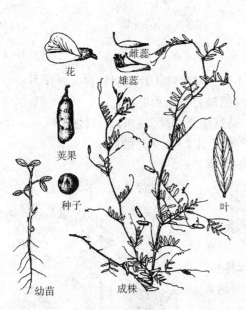

图3-80　四籽野豌豆

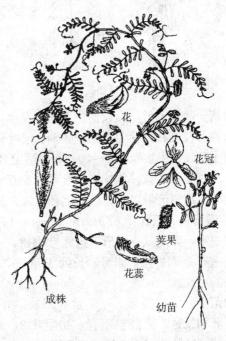

图3-81　小巢菜

六、十字花科

十字花科（Cruciferae），植株常具辛辣味（芥菜味）。单叶互生，常具莲座状基生叶。总状花序。花4数，花瓣成十字形；雄蕊6枚，4强；侧膜胎座，中央被假隔膜分成2室。角果。

1. 播娘蒿［Descurainia sophia (L.) Webb. ex Prantl.］（图3-82）　全株被灰白色分枝毛。叶2~3回羽状分裂，裂片纤细。总状花序有多数小花，细小，黄色。长角果线形，每室具1行种子。种子多数，细小，椭圆形或长圆形，长约1mm，暗褐色，有细网纹。

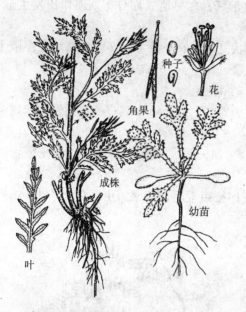

图 3-82 播娘蒿

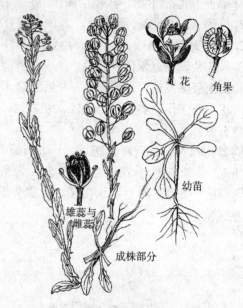

图 3-83 遏蓝菜

幼苗子叶椭圆形，具长柄。下胚轴发达，上胚轴不育。初生叶 1 片，羽状裂，叶片两面及叶柄均密被分枝毛和星状毛。除下胚轴和子叶外，全株均密被分枝毛和星状毛。

种子萌发的温度范围 3～20℃，最适温 8～15℃；适宜土层深度 1～3cm，过深至 5cm，不能出苗。该草能耐盐碱。单株结实量可至 5 万～9 万粒。种子具 3～4 个月的原生休眠期。

秦岭、淮河流域以北地区发生和危害，是最主要的杂草之一。

2. 遏蓝菜（菥蓂）（*Thlaspi arvense* L.）（图 3-83） 短角果扁平，卵形或近圆形，边缘有宽翅，顶端具深凹口。种子每室有 4～12 粒，卵形，长约 1.5mm，黑褐色，表面有向心的环纹。

幼苗子叶阔椭圆形，一侧常有凹缺，叶脉不显，具长柄。下胚轴发达，上胚轴不育。初生叶 2，对生，近圆形，先端微凹，叶脉明显。全株光滑无毛。

种子萌发的温度范围 1～32℃，冬前出苗。种子具 3～4 个月的原生休眠期。

分布几遍及全国，但主要以长江流域以北地区发生危害普遍。嫩株可作饲料和野菜。

3. 荠菜 [*Capsella bursa-pastoris* (L.) Medic.]（图 3-84） 全株被叉状分枝毛和星状毛。基生叶莲座状，茎生叶互生，披针形，边缘齿状分裂至不裂，基部箭形，抱茎。花白色。短角果，三角状心形。种子细小，长椭圆形，淡褐色。

植株光滑无毛，深绿色。花白色。

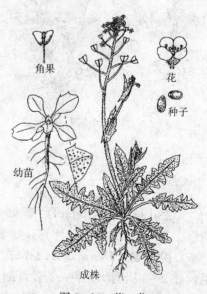

图 3-84 荠菜

幼苗子叶阔椭圆形或阔卵形，全缘，具短柄。下胚轴不甚发达，上胚轴不育。初生叶2，对生。后生叶互生，叶形变化较大，叶缘始齿状分裂。幼苗全株除子叶和下胚轴外，密被星状毛和分枝毛。

种子萌发的适温15～25℃。种子具短的原生休眠期。

全国分布，为夏熟作物田主要杂草之一。可作蔬菜。

麦草畏、2甲4氯、2,4-滴、苯磺隆等茎叶处理对上述十字花科杂草有效。

七、蓼　科

蓼科（Polygonaceae），草本，茎节常膨大。单叶，互生，托叶呈膜质鞘状抱茎，称托叶鞘。穗状、头状、总状或圆锥花序。花无花萼和花瓣的区别，统称花被。心皮1，子房上位，1室，具1直生胚株。瘦果，三棱形或两面凸形，部分或全体包于宿存花被内。

1. 萹蓄（*Polygonum aviculare* L.）（图3-85）　植株被白粉。茎丛生，匍匐或斜升。叶片线形至披针形，近无柄；托叶鞘膜质，下部褐色，上部白色透明，有明显脉纹。花1～5朵簇生叶腋，露出托叶鞘之外；花梗短，基部有关节；花被5裂，裂片椭圆形，略绿色，边缘白色或淡红色；雄蕊8；花柱3裂。瘦果卵形、三棱形，褐色或黑色，有不明显小点。

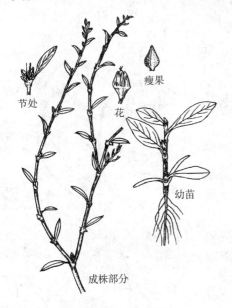

图3-85　萹蓄

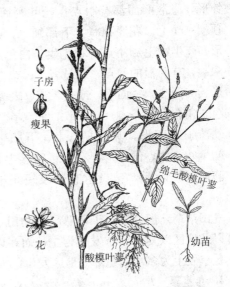

图3-86　酸模叶蓼、绵毛酸模叶蓼

幼苗子叶线形，无柄。下胚轴发达，红色；上胚轴不育。初生叶1片，倒披针形，具短柄，基部有膜质托叶鞘，鞘口齿裂。幼苗全株光滑无毛。

种子萌发的适温10～20℃，土层深度1～4cm。

夏熟作物田主要杂草之一，分布几遍及全国，但以北方地区发生危害较重。

2. 酸模叶蓼（旱苗蓼，大马蓼）（*Polygonum lapathifolium* L.）（图3-86）　茎直立，粉

红色，节部膨大，常散生暗红色斑点。叶形及大小多变，披针形至椭圆形，两面沿主脉及叶缘有伏生的粗硬毛；近中部常有大形暗斑，托叶鞘膜质，淡褐色，筒状，纵脉纹明显，顶端截形，无缘毛。穗形圆锥花序，苞片斜漏斗状，膜质，边缘疏生短睫毛；花瓣白色至粉红色，4 深裂；雄蕊 6；花柱 2 裂，向外弯曲。瘦果卵圆形，扁平，两面微凹，黑褐色，光亮。

幼苗子叶卵形，具短柄。上、下胚轴发达，淡红色。初生叶 1 片，背面密生白色绵毛，具柄，基部具膜质托叶鞘，鞘口平截而无缘毛。

另有一变种，绵毛酸模叶蓼（*P. lapathifolium* var. *salicifolium* Sibth.）（图 3-86）叶片长披针形，下面密生白色绵毛。

种子萌发的适温 15～20℃；土层深度在 5cm 以内。具原生休眠期。

常生于田间和沟边。为夏熟作物田主要杂草之一，亦发生于秋熟旱作物田。几乎遍及全国。但以福建、广东和东北的一些省份发生和危害较为严重。

3. 水蓼（辣蓼）（*Polygonum hydropiper* L.）（图 3-87） 茎直立，绿色或紫红色，节明显膨大。叶披针形，通常两面都有腺点；托叶鞘筒形，紫褐色，顶端有睫毛。花序穗状，下部细长，花簇间断；苞片钟形，疏生缘毛和小点；花疏生，白色至淡红色，花被 5 深裂，有明显的腺点；雄蕊常 6；花柱 2～5 裂。瘦果卵形，一面凸，一面平，或具 3 棱，表面密布细网纹，暗褐色，稍有光泽。

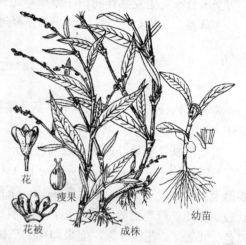

图 3-87 水蓼

幼苗子叶卵形，具短柄。上、下胚轴均发达，红色。初生叶 1 片，倒卵形，有 1 条明显中脉，具柄，基部有膜质的托叶鞘，鞘口上有数条短缘毛。后生叶披针形。

麦田杂草。但亦发生于秋熟旱作物田。在长江流域及其以北地区以夏、秋季发生为主，而在以南地区则以春、夏季发生为多。福建部分地区发生危害较重。

4. 卷茎蓼（*Polygonum convolvulus* L.）（图 3-88）一年生缠绕草本。茎纤细，干后紫红色。叶长圆状卵形，基部心形或戟形，沿叶脉有小刺。穗状花序腋生；苞片绿色，三角状卵形，苞腋内有花 1～4 朵；花被 5 深裂，淡绿色，边缘白色，裂片果时稍增大，有突起的肋或狭翅；果实呈绿褐色；雄蕊 8；花柱 3 裂，柱头头状。瘦果黑色，有 3 棱，长约 3mm，椭圆形，表面密布细点，无光泽，全包于宿存花被内。

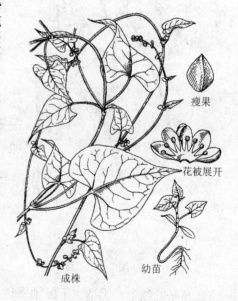

图 3-88 卷茎蓼

幼苗子叶椭圆形，具短柄。下胚轴甚发达，表面密生极细的刺状毛，上胚轴亦发达，下段被子叶柄相连而成的"子叶鞘"所包裹，轴呈六棱形，棱角上密生极细的刺状毛。初生叶1片，叶缘微波状，叶基略呈戟形，具白色膜质的托叶鞘。

种子萌发的适温15~20℃；土层深度在6cm以内。种子具原生休眠，可在深层土壤中存活5~6年。

北方地区重要的麦类作物田杂草。亦危害大豆、玉米等秋熟旱作物，尤以东北、华北北部和西北地区危害较为严重。淮河流域及其以南地区只偶见于秋熟旱作物田中。

八、藜 科

藜科（Chenopodiaceae），草本。单叶互生，肉质，无托叶。花小，绿色；花被片5，单轮；雄蕊5，与花被片对生。胞果，包藏于扩大的花萼或花苞内，不开裂。

1. 藜（灰条菜）（*Chenopodium album* L.）（图3-89）　茎直立，粗壮，有沟纹和绿色条纹，带红紫色。茎下部的叶片菱状三角形，有不规则牙齿或浅齿，基部楔形；上部的叶片披针形，尖锐，全缘或稍有牙齿；叶片两面均有银灰色粉粒，以背面和幼叶更多。花簇生并构成圆锥花序。花黄绿色。胞果光滑，包于花被内；果皮有小泡状皱纹或近平滑。种子卵圆形，扁平，黑色。

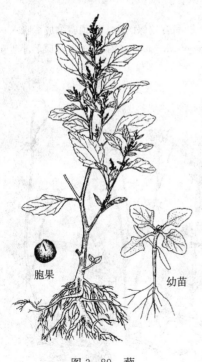

图3-89 藜

图3-90 小藜

幼苗子叶长椭圆形，背面有银白色粉粒，具长柄。上、下胚轴均很发达，前者红色，后者密被粉粒。初生叶2片，对生，三角状卵形，叶缘微波状，两面均布满粉粒。后生叶卵形，叶缘波齿状。幼苗全体灰绿色。

种子萌发的适温 5~40℃，最适温 15~25℃；土层深度在 5cm 以内。

全国都有分布。但以秦岭、淮河一线以北地区麦田发生较为普遍和严重，为最主要的杂草之一。南方地区多发生于路旁、宅边和果园。侵入农田危害也不严重。多以危害中、后期小麦生长为主。在南方为夏、秋季杂草。

2. 小藜（*Chenopodium serotinum* L.）（图 3-90）　似藜，但茎下部叶明显 3 裂，近基部的 2 裂片短。叶椭圆形或三角形；茎中部叶片椭圆形，边有波状齿。果皮有蜂窝状皱纹，种子边缘有棱。

幼苗初生叶叶基两侧各有 1 小裂齿。后生叶亦如此，叶背密布灰白色粉粒。

麦田常见杂草，偶见发生量较大，而成景观的。在小麦生长后期危害。

此外，还有灰绿藜（*Chenopodium glaucum* L.），茎下部平卧或斜上。叶厚，肉质，下有较厚的白粉。发生与分布同小藜。

九、菊　科

菊科（Compositae），舌状花亚科。植物体有乳汁。头状花序全为同形的舌状花。

1. 苦荬菜属（*Ixeris* Cass.）　植株常带粉白色，茎生叶常无柄，头状花序由少数花构成。瘦果长椭圆形，稍扁，有 10 纵肋，果顶渐次变细成喙状。

1. 一或二年生草本，茎生叶基部明显成耳廓状抱茎
　　2. 茎生叶抱茎的耳廓尖锐成箭形，无齿；瘦果黄棕色，纺锤形，肋间有较深的沟，果顶骤缩成短喙……………………………………………………多头苦荬 *I. polycephala* Cass.（图 3-91）油菜、小麦田杂草。

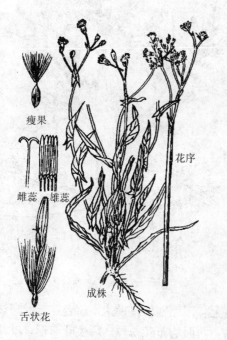

图 3-91　多头苦荬

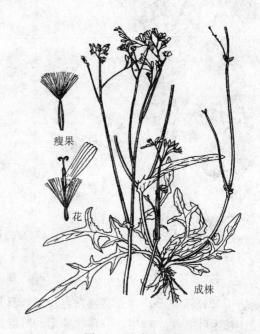

图 3-92　齿缘苦荬

2. 茎生叶抱茎的耳廓圆，常有小尖齿；瘦果黑褐色，狭披针形，肋间有浅沟，果顶渐尖成较长的喙……
………………………………………………… 抱茎苦荬菜 [I. sonchifolia (Bunge) Hance.] 生路旁。
1. 多年生草本，茎生叶基部微抱茎，但都不成明显耳廓状
  3. 茎生叶基部微呈耳状抱茎，耳廓圆，耳缘常有稀疏微尖齿，头状花序直径约1.5cm，黄色………
………………………………………………… 齿缘苦荬 [I. dentata (Thunb) Nakai] （图3-92）生于田埂
  3. 茎生叶不抱茎；头状花序直径2～2.5cm，白色或紫色 ……………………………………………
………………………………………………… 山苦荬 [I. chinensis (Thunb) Nakai] （图3-93）旱地性麦、油菜地。

图3-93 山苦荬

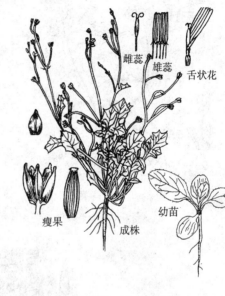

图3-94 稻槎菜

2. 稻槎菜属（*Lapsana* L.） 稻槎菜（*L. apogonoides* Maxim）（图3-94）一或二年生细弱草本，叶多基生，羽状分裂，顶端裂片最大，两侧裂片向下逐渐变小，茎生叶较小。头状花序小，通常再排成稀疏的伞房状；总苞椭圆形，外层总苞片长约1mm，内层总苞长4～5mm。瘦果倒披针形或长椭圆形，稍扁，有棱多条，无冠毛，顶端两侧各有1钩刺，等长或长于总苞片。

幼苗子叶卵形，先端微凹。上胚轴不发育。初生叶阔卵形，先端急尖，叶缘有疏细齿。

为稻茬麦和油菜田主要杂草。淮河流域及其以南地区发生普遍，作物生长的前、中期危害为主。

3. 苦苣菜属（*Sonchus* L.） 叶有齿或分裂，基部常抱茎。头状花序黄色，较大，有多数小花。瘦果卵形或椭圆形，无喙，有丰富白色冠毛。

苦苣菜（*S. oleraceus* L.）（图3-95），二年生草本，有腺毛，具纺锤状根。叶片深羽裂或提琴状羽裂，裂口朝下，裂片边缘有稀疏而短软的尖齿。瘦果肋间有粗糙细横纹。

生于路旁，也常侵入麦田。

续断菊 [*S. asper* (L.) Hill.]（图3-96），二年生草本，有腺毛。茎生叶片卵状狭长椭圆形，不分裂，或缺刻状半裂或羽状分裂。裂片边缘生密长刺状硬尖齿。瘦果肋间无横纹。

生于路旁，也常侵入麦田。

苣荬菜（匍茎苦菜）（*S. brachyotus* DC.）（图3-97），多年生草本，有匍匐根状茎。茎下部

光滑，上部有脱落性白色绵毛。叶椭圆状披针形，叶缘有稀疏缺刻或浅羽裂，裂片三角形，边缘具尖齿。花梗与总苞多少有脱落性白色绵毛。瘦果长椭圆形，具数纵肋。

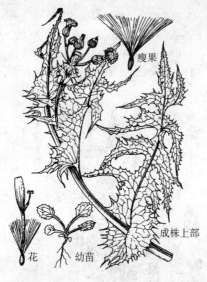

图3-95 苦苣菜

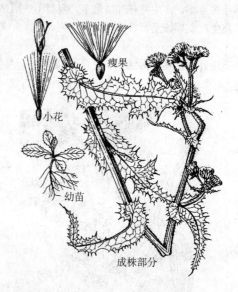

图3-96 续断菊

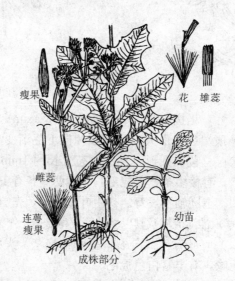

图3-97 苣荬菜

幼苗子叶阔卵形，先端微凹，上、下胚轴均较发达，光滑无毛，并带紫红色。初生叶1片，阔卵形，先端钝圆，叶缘有疏细齿，无毛。第二、第三后生叶为倒卵形，缘具刺状齿，叶两面密布串珠毛，具长柄。

根茎和种子繁殖。晚春出苗。

为沿海及北方地区旱性麦、油菜地危害性杂草。由于其发达的地下根茎，防除较为困难。

苦苣菜属3种杂草均可做饲料，亦可做野菜食用。

管状花亚科：

植物体无乳汁，花序不全由舌状花组成。

泥胡菜（*Hemistepta lyrata* Bunge）（图3-98） 茎直立，茎及叶背常被白色蛛丝状毛，因而叶正面绿色，叶背灰白色，叶大头羽状分裂。头状花序总苞5～8层，背面顶端有小鸡冠状突起，绿色或紫褐色；花冠管状，紫红色；冠毛2层，羽状，白色。瘦果圆柱形，有15条纵棱。

幼苗子叶阔卵形，先端钝圆，全缘，具短柄。下胚轴明显，上胚轴不发育。初生叶1片，阔卵形，先端急尖，叶缘具尖齿，叶背密被白色蛛丝状毛，具长柄。

夏熟作物田最常见杂草。南北均有分布和危害。

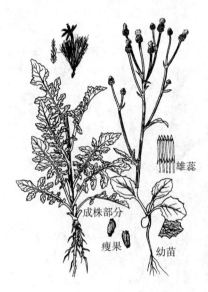

图3-98 泥胡菜

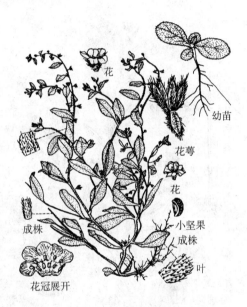

图3-99 细茎斑种草

十、紫草科

紫草科（Boraginaceae），植株被糙毛。单叶互生，无托叶。花两性，单歧或二歧聚伞花序；花冠合瓣，裂片5，喉部常有附属体；雄蕊与花冠裂片同数而互生，子房上位，2室，常自中间隔裂成4室，每室1胚珠。常为小坚果。

1. 细茎斑种草 [*Bothriospermum tenellum* (Hornem) Eisch. et Mey.]（图3-99） 一年生草本。苞片少数。花蓝色。花冠喉部有小的半圆形鳞片。小坚果长约1.2mm，腹面凹陷呈纵椭圆形凹穴，表面有瘤状突起。

油菜田常见杂草。华东地区发生。

2. 麦家公（*Lithospermum arvense* L.）（图3-100） 茎的基部或根的上部略带淡紫色。叶狭披针形或倒卵状椭圆形，顶端圆钝，基部狭楔形。花冠白色，淡红色。喉部无鳞片。小坚果灰白色，顶端狭，凹穴位于小坚果基部，表面有瘤状突起。

幼苗子叶阔卵形，先端微凹。下胚轴极发达，密被硬毛，上胚轴极短。初生叶2片，对生，椭圆形，先端钝尖或微凹，具长柄。幼苗根系发达，先端带紫色。全株密被硬毛。

种子萌发的温度范围5～25℃，最适温10～15℃；土层深度2～6cm。子实具2～3个月的原生休眠期。

淮河流域以北部分夏熟作物田有相当程度的危害。另见于路、埂、菜、果园。

3. 附地菜 [*Trigonotis peduncularis* (Trev.) Benth.]（图3-101）　茎基略呈淡紫色。花冠喉部有5鳞片。小坚果4，三角状四面体形，着生面位于基部之上，有短柄。多见宅旁，阴湿处，油菜、麦田也见。东北、华北、华东、华南等地发生。

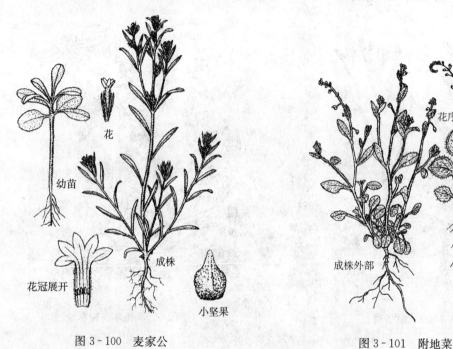

图3-100　麦家公　　　　　　　图3-101　附地菜

十一、唇形科

唇形科（Labiatae），草本，常具芳香气味。茎四棱形。叶对生，无托叶。花多排成轮状（称轮伞花序），花冠二唇形，上唇二裂，下唇三裂；雄蕊4，2长2短（二强雄蕊）；子房深裂，4室，每室1胚珠。4个小坚果。

宝盖草（佛座草）（*Lamium amplexicaule* L.）（图3-102），矮小草本。茎四棱形，常带紫色。叶圆形或肾形，边缘有钝齿或浅裂，两面有细毛，茎下部有柄，上部叶无柄。轮伞花序，有花2至数朵；花冠粉红或紫红色。花冠管筒状，喉部扩张，上唇直立，盔状，下层平展。小坚果长倒卵形，具3棱。

幼苗子叶长圆形，先端微凹，其中间有一小突尖，全缘。下胚轴发达，上胚轴短，四棱形。

紫红色。初生叶2片，对生，略呈肾形，叶缘有不规则的圆锯齿，并有细睫毛，叶基心形，后生叶阔卵形，和初生叶均具柄。

旱性夏熟作物和蔬菜地常见杂草。华北、华东、华中、西南及西北地区分布。

十二、旋 花 科

旋花科（Convolvulaceae），缠绕草本，具乳汁。单叶互生，无托叶。花两性，辐射对称，萼片5，常分离；花瓣5，合生成漏斗状，在芽中旋转状或镊合状排列；雄蕊5，着生在花冠基部，和花瓣互生，常具环状或杯状花盘；雌蕊常由2心皮合生而成；子房2室，每室具2胚珠。蒴果。

1. 打碗花属（*Calystegia* R. Br.） 匍匐或缠绕草本。花单生叶腋，苞片2枚，较大，包裹花萼，宿存；花冠漏斗状，粉红色。蒴果卵圆形。

打碗花（*C. hederacea* Wall.）（图3-103）叶三角形或戟形，基部两侧有分裂。苞片2枚，卵圆形，紧贴萼外；萼片长圆形，无毛，宿存；花冠漏斗形，长2~3.5cm；雄蕊5，不伸出花冠外，花丝基部扩大，有细鳞毛。蒴果卵圆形，光滑。种子卵圆形，黑褐色，表面有小疣。

根芽和种子繁殖，春季出苗。

夏熟作物田常见杂草，中、后期危害为主，有时较为严重。亦危害秋熟旱作物如玉米、棉花和大豆等。也生路旁、荒地。东北、华北、西北、华东各地分布。

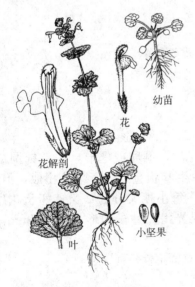

图3-102 宝盖草

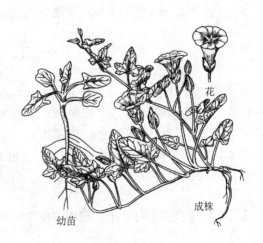

图3-103 打碗花

篱天箭［*C. sepium*（L.）R. Br.］（图3-104）叶片正三角状卵形。苞片2枚，较大，花冠长4~7cm。见于荒地、路旁及油菜、麦地。东北、华北、长江流域地区分布。

2. 旋花属（*Convolvulus* L.） 田旋花（*C. arvensis* L.）（图3-105） 多年生缠绕草本，根状茎横走。叶互生，戟形。花序腋生，有1~3花，花柄细弱；苞片2，线形，与萼远离，而与打碗花不同。

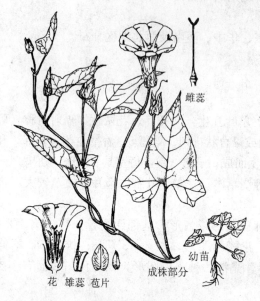
图3-104 篱天剑

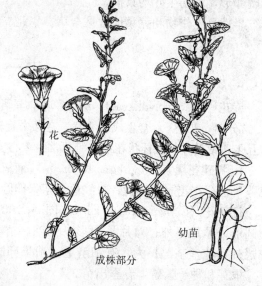
图3-105 田旋花

幼苗子叶与打碗花相似。上胚轴发达，下胚轴亦很发达，六棱形。初生叶1片，长椭圆形，先端钝状，叶基戟形或耳状。

根芽和种子繁殖，春季出苗。

秦岭、淮河流域一线以北地区发生危害为主，是一种重要杂草。

十三、大 戟 科

大戟科（Euphorbiaceae）。泽漆（*Euphorbia helioscopia* L.）（图3-106），二年生草本的具白色乳汁。茎基紫红色，上部淡绿，分枝斜上。叶互生，倒卵或匙形，先端钝圆或微凹缺，基部楔形，叶缘中部以上有细锯齿，茎顶具5片轮生叶状苞，与下部叶相似，但较大。多歧聚伞花序顶生，有5伞梗。每梗又生出3小伞梗，每小梗又分为2叉；杯状花序，钟形，总苞顶端浅裂；裂间腺体4肾形；子房3室。蒴果光滑。种子卵形，长约2mm，表面有凸起的网纹。

几分布发生全国。对2甲4氯、苯磺隆、麦草畏等除草剂抗性较强。

十四、木 贼 科

木贼科（Equisetaceae）。问荆（*Equisetum arvense* L.）（图3-107），多年生草本，根状茎发达。地上茎直立，二型。生孢子茎，肉质，不分枝，黄白色或淡黄色，具长而大的棕鞘齿。孢子囊集成穗状，顶生。营养茎绿色，具轮生分枝，棱脊6～15条，表面粗糙。为北方地区夏熟作物及部分秋熟作物田主要杂草。

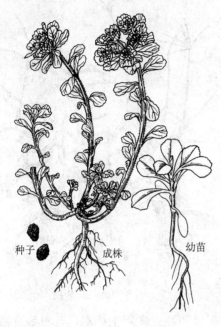

图 3-106 泽漆

图 3-107 问荆

第五节 果、桑、茶园杂草

上述夏熟作物和秋熟旱作物田杂草均会发生和危害于果、桑、茶园。此外，由于果、桑、茶园农作频率较低，尚有一些杂草则更适应于这样的生境，发生数量较大，危害较为严重，且人工防除措施难以奏效。现列述如下。

一、禾 本 科

1. 白茅 ［*Imperata cylindrica* (L.) Beauv. var. *major* (Nees) C. E. Hubbard］（图 3-108） 多年生草本，有长根状茎，白色。秆高 28～80cm，节上有长 4～10mm 柔毛。叶鞘老时在基部常破碎成纤维状；叶舌长约 1mm；叶片主脉明显突出于背面。圆锥花序圆柱状，长 5～20cm，直径 1.5～3cm，分枝短缩密集；小穗披针形或长圆形，基部围以细长的丝状柔毛，孪生；小穗柄长短不等，两颖几相等，下部及边缘被细长柔毛；雄蕊 2；柱头紫黑色。

幼苗第一片真叶长椭圆形，具 13 条平行叶脉，叶舌呈半圆形，第二片真叶线状披针形。

种子萌发以 18℃为最适宜。根茎发芽 15～24℃为最适，低于 6～9℃时生长缓慢。

果园危害严重的杂草之一。耗损肥力，板结土壤，对果树和茶树生长危害较大。春、夏、秋发生危害。全国都有发生和分布。

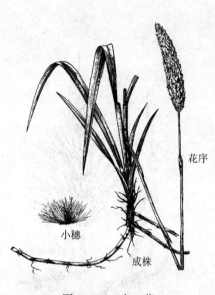
图3-108 白茅

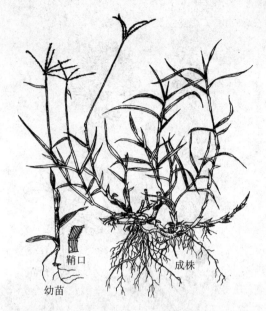
图3-109 狗牙根

2. 狗牙根 [*Cynodon dactylon* (L.) Pers.] （图3-109） 多年生草本，有根茎及匍匐茎。叶鞘有脊，叶互生，在下部者因节间短缩似对生。穗状花序指状着生秆顶；小穗两侧压扁，常1小花，无柄，双行覆瓦状排列于穗轴的一侧，灰绿色或带紫色；颖有膜质边缘，几等长或第2颖稍长；外稃草质，有3脉，内稃几等长于外稃，花药黄色或紫色。

幼苗第一片真叶带状，叶缘有极细的刺状齿，叶片具5条平行脉，具很窄的环状膜质叶舌，顶端细齿裂，叶鞘亦有5脉，紫红色。第二片真叶线状披针形，有9条平行脉。

果园和桑园主要杂草。根茎蔓延力强，切断均会萌生新植株，危害性较大。夏、秋季发生。可做草坪草。分布于黄河流域以南各省、自治区。

二、菊 科

1. 一年蓬 [*Erigeron annus* (L.) Pers.] （图3-110） 二年生草本。茎直立，茎叶都生有刚伏毛。基生叶卵形或卵状披针形，基部窄狭成翼柄；茎生叶披针形或线状披针形，顶端尖，边缘齿裂；上部叶多为线形，全缘；叶缘有缘毛。头状花序排成伞房状或圆锥状；总苞半球形，总苞片3层；缘花舌状，雌性，2至数层，舌片线形，白色或略带紫蓝色；盘花管状，两性，黄色。瘦果披针形，扁平，有肋。冠毛异型。雌花有1层极短而成环状的膜质小冠；两性花外层冠毛为极短的鳞片状，内层糙毛状。

幼苗子叶阔卵形，无毛，具短柄。下胚轴明显，上胚轴不育。初生叶1片，倒卵形，全缘，有睫毛，腹面密被短柔毛。后生叶叶缘疏微波状。

果、桑、茶园主要杂草。亦普遍发生于路旁、荒野。春、夏季发生。东北、华北、华东、华中、西南等地区分布。

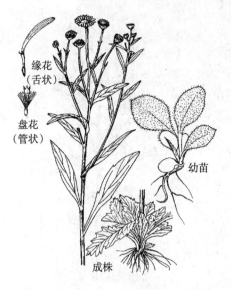
图 3-110 一年蓬

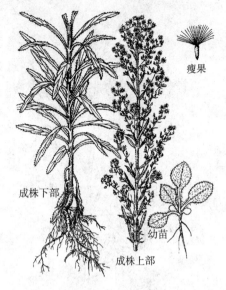
图 3-111 小飞蓬

2. 小飞蓬（小白酒草）[*Conyza canadensis* (L.) Cronq. *Erigeron canadensis* L.]（图 3-111） 一或二年生草本，全株绿色。株高 60～100cm。茎直立，有细条纹及脱落性粗糙毛。基部叶近匙形，上部叶线形或线状披针形，无明显的叶柄，全缘或有 1～2 齿裂，边缘有睫毛。头状花序直径 2～4mm，再密集成圆锥状或伞房圆锥状花序；总苞片 2～3 层，线状披针形；缘花雌性，细管状，无舌片，白色或微带紫色；盘花两性，微黄色。瘦果长圆形，略有毛，冠毛 1 层，污白色，刚毛状。

幼苗子叶阔卵形，光滑，具柄。下胚轴不发达，上胚轴不育。初生叶 1 片，近圆形，先端突尖，全缘，具睫毛，密被短柔毛。第二后生叶矩圆形，叶缘出现 2 个小尖齿。

果、桑、茶园主要杂草。亦发生于路边、宅旁及废弃地。夏、秋季发生危害。分布于东北、华北、华东和华中。

3. 野塘蒿 [*C. bonariensis* (L.) Cronq.]（图 3-112） 株高 30～50cm。全体被细软毛，灰绿色，基部叶有柄。头状花序，直径 1～1.5cm。冠毛红褐色。

幼苗的初生叶卵圆形。发生和危害情况亦和小飞蓬相似，危害稍轻。分布于东部、中南部、西南部。

4. 苏门白酒草 [*C. sumatrensis* (Retz.) E. Walker]（图 3-113） 株高 80～150cm。全体被糙毛，灰绿色，基部叶有柄，叶缘有 4～8 粗齿。头状花序，直径 5～8mm。冠毛黄褐色。

发生和危害情况亦和小飞蓬相似。分布于东部、中南部、西南部。

上述 4 种均为重要的外来入侵杂草，来源于美洲。

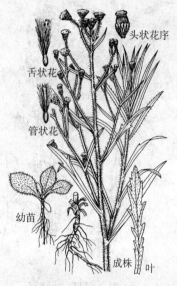

图 3-112 野塘蒿

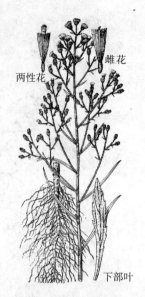

图 3-113 苏门白酒草

5. 蒿属（Artemisia L.） 有蒿香味，叶互生，头状花序小，多数，常再排成圆锥状。瘦果小，有微棱，无冠毛。介绍 4 种常见杂草，列检索表如下。

1. 一或二年生草本。叶 2～3 回羽状分裂，裂片线形，叶背无白色蛛丝状毛
 2. 叶片 3 回羽状分裂，中轴不为栉齿状。头状花序球形，直径约 2mm ··· 黄花蒿（A. annua L.）（图 3-114）生果园，秋作旱地及路埂、荒野

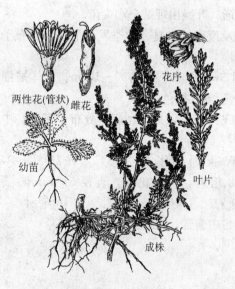

图 3-114 黄花蒿

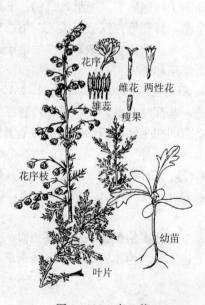

图 3-115 青蒿

2. 叶片 2 回羽状分裂，中轴为栉齿状。头状花序半球形，直径 4～6mm ·············
·············· 青蒿（*A. apiacea* Hance）（图 3 - 115）生果园，秋熟旱地、荒地、路旁
1. 多年生草本，具根状茎，叶 1～2 回羽状分裂，裂片披针形，叶背具白色蛛丝状毛
3. 叶片表面有短微毛及白色腺点，总苞片 4 层 ·······························
··············· 艾蒿（*A. argyi* Levl. et Van.）（图 3 - 116）生果园、茶园、田埂及路旁
3. 叶片表面无白色腺点，总苞片 3 层 ···
·············· 红足蒿（*A. rubripes* Nakai）（图 3 - 117）生果园、桑园、田埂、路旁

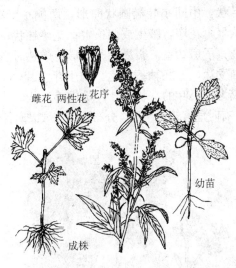

图 3 - 116 艾 蒿

图 3 - 117 红足蒿

三、大 麻 科

大麻科（Cannabinaceae）。葎草（拉拉藤）[*Humulus scandens* (Laur.) Marr.]（图 3 - 118），一或多年生缠绕草本。茎、枝和叶柄有倒生皮刺。叶对生，叶片掌状深裂，裂片 5～7，缘有粗锯齿，两面均有粗糙刺毛，背面有黄色小腺点。花雌雄异株。圆锥花序，雄花小，淡黄绿色，花被和雄蕊各 5；雌花排列成近圆形的穗状花序，每 2 朵花有 1 卵形苞片，有白刺毛和黄色小腺点，花被退化为 1 膜质薄片。瘦果扁圆形，淡黄色。种子有肉质胚乳，胚曲生或螺旋状向内卷曲。幼苗子叶狭披针形至线形，无柄。下胚轴发达，紫红色；上胚轴短，并密被斜垂直生的短柔毛。初生叶 2 片，对生，卵形，3 深裂，裂片边缘有粗锯齿或重锯

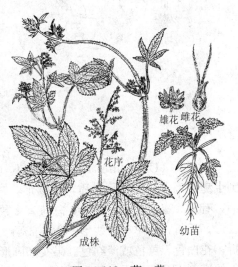

图 3 - 118 葎 草

齿，具长柄；后生叶掌状分裂。全株除子叶和下胚轴外，均密被短柔毛。

种子萌发的适宜温度 10～20℃；土层深度 2～4cm。子实在土层中的寿命仅 1 年。果、桑、茶园常见杂草，亦危害夏熟和秋熟旱作物。另外，普遍发生于路旁、废弃地和灌木丛。全国各地都有。

四、葡萄科

葡萄科（Vitaceae）。乌蔹莓［*Cayratia japonica*（Thunb.）Gagn.］（图 3-119）　多年生草质藤本，茎有卷须。掌状复叶，小叶 5，排成鸟足状，中间小叶椭圆状卵形，两侧小叶渐小，成对着生于同一叶柄上，各小叶均有小叶柄。伞房状聚伞花序，腋生或假顶生；花萼杯状；花瓣 4，黄绿色，顶端无小角；雄蕊 4；花盘橘红色，4 裂；子房 2 室。浆果倒卵圆形，成熟时黑色。

幼苗子叶阔卵形，有 5 条主脉，具叶柄。下胚轴发达，上胚轴不发达。初生叶 1 片，3 小叶掌状复叶，叶缘具不等的锯齿。第二后生叶始，变成为 5 小叶的掌状复叶，排成鸡爪状。

果、桑、茶园常见杂草。亦发生于秋熟旱作物地，有时危害较为严重。分布淮河流域以南各地。

图 3-119　乌蔹莓

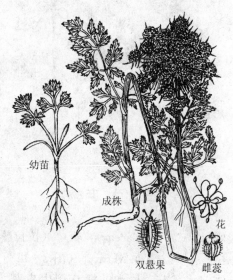

图 3-120　野胡萝卜

五、伞形科

伞形科（Umbelliferae）。野胡萝卜（*Daucus carota* L.）（图 3-120）　二年生草本。茎有倒生糙硬毛。基生叶薄膜质，长圆形，二至三回羽状分裂，叶柄基部扁化为鞘状；茎生叶近无柄，有鞘。疏松复伞形花序，总苞有多数叶状苞片，羽状分裂，边缘膜质，有绒毛，裂片细长，线形，反折；小总苞由线形、不裂或羽状分裂的小总苞片构成；伞幅多数，果时外缘伞幅向内弯折；花白色、黄色或淡红色。果实卵圆形，背部扁平，5 主棱线状，有刚毛，4 次棱有翅，分生果的横剖面背部扁平，每次棱的下方有油管 1 条，合生面 2 条，胚乳的腹面略凹陷或近平直。

幼苗：子叶披针形，具柄。下胚轴发育，紫红色，上胚轴不发育。初生叶1片，为二回掌状分裂，第一回3全裂，第二回3深裂或浅裂，裂片边缘及叶柄均有刺状毛。后生叶为三回掌状分裂。果、桑、茶园主要杂草之一。亦广泛发生于路旁和荒野，密度很大。分布几遍及全国。

六、旋花科（菟丝子亚科）

日本菟丝子（*Cuscuta japonica* Choisy）（图3-121），一年生寄生草本。茎缠绕，较粗壮，黄色，常带淡红色，有紫红色瘤状斑点，分枝多。无叶。穗状花序，侧生；苞片和小苞片鳞片状，卵圆形；花萼碗状，肉质，5裂，裂片卵圆形，背面常有紫红色瘤状斑点；花冠钟状，淡红色或绿色，5浅裂，裂片卵状三角形；雄蕊5枚，花药卵圆形，黄色，几无花丝，鳞片5枚，长圆形，边缘流苏状，子房球状，花柱细长，柱头2裂。蒴果卵圆形，近基部周裂。种子1～2粒，黄棕色。

分布遍及南北各省、自治区。常寄生林缘、山坡及路旁的草本植物或灌木上。对果园、森林植被和绿化有较大的危害。

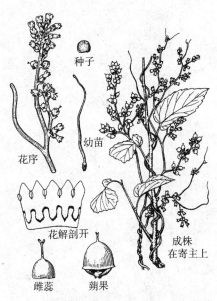

图3-121 日本菟丝子

复 习 思 考 题

1. 根据杂草的形态特征，可将杂草分为哪3大类？其在杂草防除中的意义是什么？
2. 根据杂草的生物学特性，可将杂草分为3类，试将讲述过的杂草进行归类。
3. 农田杂草可按生境的生态学分为3类，试归纳讲述过的主要农田杂草种类。
4. 稗草包括哪些主要种类？各发生于何类农田中？试比较它们的主要特征和特性。
5. 试总结归纳水田的恶性杂草、区域性恶性杂草的种类，以及其发生特点和生物学特性。
6. 试比较狗尾草属的3种杂草的主要特征和特性。

7. 试总结归纳秋熟旱作物田的恶性杂草、区域性恶性杂草的种类，以及其发生特点和生物学特性。

8. 试比较婆婆纳属的 4 种杂草的主要特征和特性。

9. 试比较野豌豆属的 4 种杂草的主要特征和特性。

10. 试总结归纳夏熟作物田的恶性杂草、区域性恶性杂草的种类，以及其发生特点和生物学特性。

参 考 文 献

李扬汉. 1981. 田园杂草和草害——识别、防除与检疫. 第二版. 南京：江苏科学技术出版社.
李扬汉等. 1998. 中国杂草志. 北京：中国农业出版社.
颜玉树. 1989. 杂草幼苗识别图谱. 南京：江苏科学技术出版社.
颜玉树. 1990. 水田杂草幼苗原色图谱. 北京：科学技术文献出版社.

第四章 外来杂草及其管理

外来生物入侵是指外来物种从其原生地，经人为的途径，传播蔓延扩散到另一个环境定居、繁殖和扩散，最终明显影响改变迁居地的生态环境的现象。外来生物入侵已经或正在给生态系统、生物多样性、经济和社会带来越来越严重的影响，被列为全球性环境变化的一个重要问题，受到社会的普遍关注。该现象也成为当今在生物学领域人类认知的新进展。随着全球经济一体化进程的加快，生物入侵现象越来越普遍，其带来的影响也愈来愈严重。由于我国地域广阔，生物多样性丰富，面临的外来生物入侵问题十分严峻。由于植物是生产者，外来植物入侵导致的环境改变，带来的生态灾难和生物多样性减少则是根本性的。外来入侵植物（invasive alien plants）是指非在原生态系统进化出来的，而是由于人为的因素被引入新生态环境，能在其中自然延续其种群（建立自然种群），对新生态环境或其中的物种构成一定的威胁的植物。由于外来入侵植物的潜在危害性，也可以称之为外来杂草（invasive alien weeds）。本章集中介绍我国外来杂草概况、种类、检疫杂草、检疫措施以及它们的综合治理的方法等。

第一节 外来杂草

一、中国外来杂草概述

（一）外来杂草的含义

外来杂草是指由于人为的因素被引入的、能在我国的人工环境中自然延续其种群的植物。外来杂草的传入多少都与人类的生产和生活活动有关。多数是经人类直接有意或无意识引入的，而少数则是借助自身能力传播，也间接在人类各种活动情形下实现的。外来杂草的形成总体上来说主要是有两方面来源：一是在原产地就是杂草，经过各种传播方式或人类的活动传入；另一种是在原产地被视为有用植物而有意识引入的，后归化逸生为杂草。

能否在我国的人工环境中自然延续其种群，是外来杂草与外来作物的区别所在。引进的作物在长期的栽培过程中，其大多数种类的显著特点都是种子或营养繁殖器官不能在自然条件下度过不适应生长期。许多长期栽培的重要的农作物如小麦、玉米、芝麻、甘薯，形成的子实和营养繁殖器官被遗留在土壤中，都比较明显地在越冬、越夏时会当即萌发或腐烂掉，不会有机会留到下一适宜生长季节。据观察，花卉植物如金盏菊、虞美人、雏菊等子实落地，即很快全部萌发，而随后正是它们不宜的生长季节，幼苗全部死亡。

外来杂草的子实或营养繁殖器官能较好地保存到下个适宜的生长季节。据研究，豚草的子实不仅能具有原生休眠的特性，需经低温处理才能解除休眠，这正是其子实对越冬的适应，而且在不适宜的情况下可以二次进入休眠，从而能够在土壤种子库中保存尽可能多的子实数量和"潜种群"的规模。

另外，一些种类则虽能在自然环境条件下得以繁衍，但这种能力较弱，似乎介于上述两者之间，如紫茉莉。有少量的种子可以成株，不过连续 2～3 代，也就终止了。这样的外来植物仍然被视为外来杂草，只不过是弱性杂草而已。

每个国家和地区均有各自的外来杂草。原产我国的许多植物也可能在其他国家或地区成为外来杂草，如原产中国的大狗尾草、白茅、芦竹（*Arundo donax* L.）、柔枝莠竹 [*Microstegium vimineum* (Trin.) A. Camus]、菱（*Trapa* sp.）、野葛 [*Pueraria lobata* (Willd.) Ohwi] 和海金沙 [*Lygodium japonicum* (Thunb.) Sw.] 已经在北美成为重要的外来杂草。控制我国植物的传出也是控制外来杂草入侵的重要内容。

（二）外来杂草的种类

根据上述外来杂草的含义，经过调查研究和对大量文献资料的整理分析，目前中国共有外来入侵杂草 188 种。其中水生杂草 18 种，陆生杂草 170 种，隶属 41 科。其中，种数最多的科是菊科（49 种）和禾本科（34 种），其他种数较多的科：豆科 14 种、苋科 11 种、茄科 7 种、玄参科 5 种、大戟科、伞形科各 4 种，十字花科、石竹科、葫芦科、旋花科、锦葵科、仙人掌科均为 3 种。这些外来杂草中，属于恶性杂草的有 1 种即空心莲子草，属于区域性恶性杂草 17 种：反枝苋、皱果苋、胜红蓟、豚草、三裂叶豚草、小飞蓬、一年蓬、苏门白酒草、紫茎泽兰、飞机草、含羞草（*Mimosa pudica* L.）、波斯婆婆纳、长芒毒麦、凤眼莲、加拿大一枝黄花、微甘菊和互花米草。属于常见杂草的 8 种。其余为一般性杂草，分布局限或发生数量较少。

（三）外来杂草来源地分析

外来植物的来源地大致有三个主中心：小亚细亚和欧洲中心、非洲中心和美洲中心。在 188 种外来杂草中，来自美洲的外来入侵杂草 125 种，占中国外来入侵杂草总种数的 66.5%。其中，属于热带和亚热带美洲的杂草 64 种，北美亚热带至温带来源的 36 种。来源于欧洲的杂草 45 种，多为适宜于温凉气候条件的杂草种类，其中有 5 种波斯婆婆纳、田野毛茛（*Ranunculus arvensis* L.）和梯牧草（*Phleum pretense* L.）等为欧洲与亚洲西部共同发源的；地中海起源的有 5 种；水飞蓟 [*Silybum marianum* (L.) Gaertn.] 是欧洲、中亚和北非起源的；芒颖大麦草（*Hordeum jubatum* L.）为欧洲和北美温带来源的。来源于亚洲的有大麻（*Cannabis sativa* L.）、白香草木樨（*Melilotus albus* Desr.）和节节麦（*Aegilops squarrosa* L.）等 27 种。其中，印度的有苋和洋金花（*Datura metel* L.）2 种。非洲起源的皱果苋、野西瓜苗（*Hibiscus trionum* L.）和反枝苋等 13 种。另有臂形草 [*Brachiaria eruciformis* (J. E. Smith) Griseb.] 和尾穗苋（*Amaranthus caudatus* L.）等 2 种来源于热带地区，但具体地点不详。

从上面分析不难看出，美洲起源的外来杂草所占比例最大，占一半以上。在 15 种外来恶性杂草和区域性恶性杂草中，来源于美洲的就有 10 种，而且，许多种类生态适应范围相当广泛。这说明美洲的杂草较能适应中国的生境，美洲来源的植物成为中国外来杂草的可能性最大。

非洲和印度曾经相连，印度带着特有的区系成分移到亚洲，后来，由于地理障碍的减小，与中国植物区系在地质史上的交流就逐渐开始并增强，因而，一些广布性植物已在漫长的地质年代中完成了扩展分布区的过程，如牛筋草已很难确知其原产地。所以，人类活动导致源自非洲的外来杂草数量就不会太多。

欧洲也是由于和中国地理隔离较弱，在人类出现前就开始了植物种质的交流，具杂草潜势的植物，可能已经在这种漫长交流中相互同化，扩散蔓延开来了。

与此相反，美洲大陆的地理阻隔，积累了许多可能扩散分布的植物种类，一旦这些植物获得了在另外的大陆生境生存的机会，就能良好生长，蔓延扩散。

在以后的植物引种中，要特别注意来自美洲新大陆的植物，严格审查其在中国重要气候带的延续能力，一旦发现能够年际自然延续的植物种类就必须慎重其引种和利用。

（四）外来杂草传入中国的途径和时间

1. 传入途径

（1）作为有用植物而引进　在 188 种外来杂草中，有 113 种是作为有用植物而引进的，占 60.11%。根据其用途的不同又可细分为：

作为牧草或饲料引进的，如空心莲子草、三叶草（*Trifolium* spp.）、白香草木樨、赛葵 [*Malvastrum coromandelianum* (L.) Garcke]、梯牧草、地毯草 [*Axonopus compressus* (Sw.) Beauv.]、节节麦、臂形草、毛花雀稗（*Paspalum dilatatum* Poir.）、裂颖雀稗（*Paspalum fimbriatum* H.B.K.）、牧地狼尾草 [*Pennisetum setosum* (Swastz) Rich.]、棕叶狗尾草 [*Setaria palmifolia* (Koen.) Stapf]、苏丹草 [*Sorghum sudanenses* (Piper) Stapf]、波斯黑麦草（*Lolium persicum* Boiss. et Hohen.）、田毒麦、芒颖大麦草和凤眼莲。紫花苜蓿（*Medicago sativa* L.）是于公元前 119 年，张骞出使西域时，从乌孙带回，先在长安种植，现已广布于北方大部分地区。

作为观赏植物引进的，如银花苋（*Gomphrena celosioides* Mart.）、胜红蓟、熊耳草（*Ageratum houstonianum* Mill.）、线叶金鸡菊（*Coreopsis lanceolata* L.）、蛇目菊（*Coreopsis tinctoria* Nutt.）、大花金鸡菊（*Coreopsis grandiflora* Hogg.）、秋英（*Cosmos bipinnata* Cav.）、硫黄菊（*Cosmos sulphureus* Cav.）、堆心菊（*Helenium autumnale* L.）、滨菊（*Leucanthemum vulgare* Lam.）、银胶菊（*Parthenium hysterophorus* L.）、伞房匹菊（*Pyrethrum parthenifolium* Willd.）、万寿菊（*Tagetes erecta* L.）、孔雀菊（*Tagetes patula* L.）、加拿大一枝黄花、水飞蓟、多花百日菊 [*Zinnia peruviana* (L.) L.]、裂叶牵牛 [*Pharbitis nil* (L.) Choisy]、圆叶牵牛 [*Pharbitis purpurea* (L.) Voight]、马缨丹（*Lantana camara* L.）、紫茉莉、含羞草和铜锤草（*Oxalis corymbosa* DC.）等。

作为纤维植物引进的有大麻、菽麻（*Crotalaria juncea* L.）、田菁（*Sesbania cannabina* Pers.）。

作为药用植物引进的有含羞草决明（*Cassia mimosoides* L.）、决明（*Cassia tora* L.）、望江南（*Cassia occidentalis* L.）、土人参 [*Talinum paniculatum* (Jacq.) Gaertn.]、美洲商陆（*Phytolacca Americana* L.）和洋金花。

作为蔬菜植物引进的有尾穗苋、反枝苋、苋、茼蒿（*Chrysanthemum coronarium* L.）、芫荽（*Coriandrum sativum* L.）和菊苣（*Cichorium intybus* L.）等。

作为草坪植物引进的有毛花雀稗、地毯草、巴拉草［*Brachiaria mutica* (Forssk.) Stapf］和多花黑麦草（*Lolium multiflorum* Lam.）等。

作为环境植物引进的有互花米草、大米草和巴拉草。

（2）从邻国自然或随人类的交通工具传播进入　紫茎泽兰大约于20世纪40年代由泰国经缅甸和越南传入中国的云南；飞机草于40～50年代首先传入海南，后在广东、广西和云南扩散开来；豚草和三裂叶豚草可能是在30～40年代由北美经苏联传入东北，交通工具可能是其传播的主要方式。交通发达地区特别是交通沿线是其发生分布的主要区域；小飞蓬、一年蓬也许是经类似的途径传入的。密花独行菜（*Lepidium densiflorum* Schrad.）由北美经朝鲜传入中国。

（3）由国际农产品和货物的输入裹挟带入　假高粱肯定是从美洲国家的进口粮食中夹杂传入的，时间在20世纪70～80年代。因为，从这些地区的进口粮食中常能检出假高粱籽实，而且，假高粱植株首先在港口码头、公路和铁路沿线以及粮食加工厂附近被发现。皱果苋、刺苋、土荆芥（*Chenopodium ambrosioides* L.）也可能是经过这种方式，在作物引种或进口粮食中夹带而入的。北美车前（*Plantago virginica* L.）等可能是由旅游者的行李黏附带入的。细叶芹［*Apium leptophyllum* (Pers.) F. Muell.］、直立婆婆纳、北美独行菜（*Lepidium virginicum* L.）等可能也是以类似的途径传入的。刺苍耳（*Xanthium spinosum* L.）可能是随畜产品进口带入。

（4）随植物引种带入　田野毛茛、波斯婆婆纳、毒麦、长芒毒麦等可能在麦类引种过程中带入的。毛酸浆（*Physalis pubescens* L.）亦可能在引种其他植物时带入。

当然，这种输入有可能是相互交叉的。同一种杂草可能是经过一种以上的途径传入的，而在时间上也可能是多次输入的，最终定植并得到迅猛发展。

2. 传入时间　外来杂草传入时间大致可划分为三个阶段，现代起自20世纪初，近代从19世纪中叶至20世纪，19世纪前为古代。

现代传入的杂草有94种，占外来杂草总数的56.29%。近代传入的42种，占25.15%。古代传入的为31种，占18.56%。从上面的统计数字可以看出，现代传入的占了绝大多数，而且，从古代、近代至现代，三个不同年代外来杂草传入的数量呈显著上升的趋势，这与人类国际交往的频繁程度的增加完全相吻合。

3. 影响外来杂草在中国分布的因素

（1）固有环境生态适应性的反应　每种外来杂草都是在原产地的固有生态条件下形成的，所以，导致这些杂草对其原产地特定生态条件的适应和要求。如光照、温度、雨水和土壤等。其固有环境生态适应性特性是决定其分布范围的最重要的因素。中国现有原产美洲、非洲和亚洲热带气候地区的外来杂草73种，其中52种也分布发生在中国的热带或亚热带地区，如粤、琼、台、云、桂等地，并向北延扩到闽、赣、浙、贵、湘、川、贵、鄂和苏、皖南部等地。只有16种，原来源于热带地区的生态适应幅度宽的种类其分布区可扩展至温带地区的华北甚至东北，如水花生、皱果苋、反枝苋、尾穗苋、裂叶牵牛和圆叶牵牛。温带起源的外来杂草有56种，多数种类为冬春型春化性杂草，冬春需低温通过春化作用，如波斯婆婆纳和毒麦等。35种只局限于温带地区发生，15种的发生分布区可扩大到亚热带，仅有3种会发生于南亚热带和热带地区。亚热带起源的种类共有38种，其中也发生于亚热带的就有22种，其余16种的分布区可扩至温带。

外来杂草在中国的分布范围显然是与其原产地生态气候条件密切对应的。

(2) 杂草的传播能力

①自身的传播能力。杂草自身有适应于传播的某些特征。如凤眼莲漂浮于水面，可随水流传播，空心莲子草的分离段也有类似传播情形。豚草果实顶端的尖角会刺入轮胎或其他物品上，随交通工具散布。北美车前则依种子外面的胶质物黏附于交通工具传播。小飞蓬、一年蓬、紫茎泽兰、飞机草的籽实带有冠毛，会借助风力远距离传播，因而成为成功的杂草。苋属几种杂草和土荆芥等可通过鸟类摄食随排泄物传播。

杂草的拟态性强，得以混杂在栽培植物中，在引种过程中传播。如毒麦与小麦的形态和生长特性极为相似，混杂于小麦子粒中传播；细叶芹和北美独行菜混杂于草坪草中传播。

这些传播适应能力强的外来杂草，其分布范围更为广泛。另有一些杂草本身的传播能力不强，其传入归化后，分布范围仍相当狭窄。

②借助人类的生产和生活活动传播。许多杂草当初被当作栽培或有用植物在各地引种，并逸为野生的杂草。空心莲子草、白香草木樨、三叶草、凤眼莲、梯牧草、紫花苜蓿、节节麦、芒颖大麦草、波斯黑麦草、大漂等被引种为牧草或青饲料。熊耳草、蛇目菊、线叶金鸡菊、加拿大一枝黄花、水飞蓟、裂叶牵牛、圆叶牵牛、铜锤草、含羞草、土人参、秋英和硫黄菊等各地引种为观赏植物时得到传播。决明、洋金花和含羞草决明引为药材而在各地传播。大米草和地毯草等作为环境植物被引种传播。细叶芹、直立婆婆纳和北美独行菜等喜生于草坪，在草皮移植过程中得以传播。

显然，借助人类的生产和生活活动传播要比其以杂草自身所具有的传播能力拓展生存空间更为有效。如果这些植物的生态适应性较强，其扩散范围和速度都是相当惊人的。

二、重要外来杂草介绍

在第三章中介绍的许多田园杂草就是外来入侵杂草，如胜红蓟、苋属杂草、斑地锦、婆婆纳属杂草、麦蓝菜、大巢菜、续断菊、苦苣菜、泽漆、一年蓬、小飞蓬、野塘蒿、苏门白酒草、胜红蓟和野胡萝卜等。2003年国家环保总局公布了首批16种中国外来入侵性生物物种，其中，外来入侵性杂草有9种。除上述已在田园杂草中介绍的空心莲子草和后面的检疫杂草中介绍的毒麦和假高粱外，还有紫茎泽兰、豚草、飞机草、微甘菊、互花米草等。此外，加拿大一枝黄花也是近年在华东地区发展特别迅速的外来入侵杂草等。现列举介绍如下。

菊科（Compositae）

1. 豚草（艾叶破布草）（*Ambrosia artemisiifolia* L.）（图4-1）　一年生直立草本。叶二至三回羽状分裂，两面被细毛，下部叶对生，上部叶互生，有长柄。头状花序，单性。雌雄同株。雄性头状花序，黄绿色，排列在总状或穗状花序的上部；雌性头状花序在同一花序下部的叶腋内。雄花序的总苞漏斗状或浅碟状，基部连合，上部5~12裂，有雄花5~20朵，花冠管状，5浅裂，花药近分离；雌性头状花序的总苞倒卵形，顶端4~7齿裂，内生1雌花，无花被。瘦果外紧包总苞，于果实中部以上留下1轮4~7尖齿，表面有网状纹，顶端为锥形喙，在每1尖齿的下方有纵肋，果时总苞长2~4mm，宽1.6~2.4mm；瘦果倒卵形，褐色至棕褐色，表面光滑，内藏1粒种子。种子灰白色，倒卵形，表面有纵纹，种子无胚乳，胚直生。

幼苗子叶阔椭圆形，具短柄。上、下胚轴均较发达，紫红色，被斜升的刺状毛。初生叶2片，对生，羽状分裂，有明显的叶脉，具长柄，两面及柄被短柔毛；后生叶为二回羽状分裂。

种子萌发的最适温20～30℃；土层深度2～5cm。子实在土壤中可存活4～5年。

豚草原产北美洲。现已在美国、加拿大、前苏联、日本等约20个国家有分布和危害。20世纪40～50年代传入我国，现已在以辽宁、黑龙江、吉林、山东、湖南、湖北、浙江、安徽、江西、上海等省、直辖市的大中城市为中心，沿交通线向四周扩散、蔓延。豚草的繁殖力较强。子实存活力高，植株竞争力强，生长中排斥其他植物及杂草，很快形成优势。对作物、牧草、景观植物危害性较大。更为甚者，其开花期，会散发大量的花粉，飘浮于空气中，能引起过敏者产生哮喘，眼、耳、鼻奇痒，打喷嚏，流泪和涕等"枯草热病"病症，严重者导致死亡。因此，前苏联、澳大利亚和罗马尼亚等国将其列为检疫对象；美国和加拿大列为有害杂草名单。

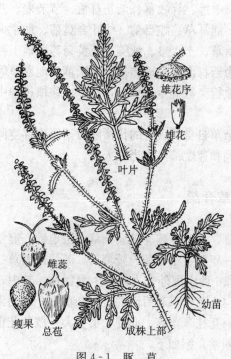

图4-1 豚草

图4-2 三裂叶豚草

2. 三裂叶豚草（大破布草）（*Ambrosia trifida* L.）（图4-2） 其与豚草特征不同的是植株高大、粗壮，密生疣基直立硬毛。茎下部叶3～5裂，上部叶3裂或不裂，边缘有锐锯齿。雄花序的总苞大，有雄花20～30朵，雌花总苞果时长6～12mm，宽3～7mm，中部以上周围有4～10尖齿，总苞表面光滑。

原产北美，20世纪50年代传入我国辽宁省，以沈阳、铁岭为中心，沿交通线四处蔓延，也已在黑龙江、北京发现。均在北美的进口粮食中截获过。

3. 飞机草（*Eupatorium odoratum* L.）（图4-3） 多年生粗壮草本，具横走的根状茎。高

1~1.5m。茎分枝与主茎成直角射出，节间长6~14cm，被灰白色柔毛，中、上部的毛较密。叶对生，三角形或三角状卵形，长4~10cm，宽3~3.5cm，两面被绒毛，下面的毛较密而呈灰白色；基出三出脉，边缘有粗大钝锯齿；有长叶柄，柄长2cm，亦被灰白色绒毛。头状花序生于分枝顶端和茎顶端，再排成伞房花序；总苞圆柱状，长不及1cm，紧抱小花，总苞片有褐色纵条纹；花白色或粉红色，花冠长5mm。瘦果黑褐色，长4mm，5棱，无腺点，沿棱有稀疏的白色贴紧的顺向短柔毛。

由于繁殖力很强，种子和地下根茎均可繁殖，竞争力亦强，形成成片的群落，危害性较大。原产美洲。现在海南、广东和云南省有分布和危害。

4. 紫茎泽兰（*Eupatorium adenophorum* Spreng.）（图4-4） 多年生草本。茎直立，分枝对生、斜上，茎上部的花序分枝伞房状；全部茎枝被白色或锈色短柔毛，上部及花梗上的毛较密；茎多呈紫色。叶对生，卵形、三角状卵形或菱状卵形，有长叶柄，叶片两面被稀疏的短柔毛，顶端急尖，基出三脉，边缘有粗大圆锯齿。头状花序，多数在茎枝顶端排成伞房花序或复伞房花序；总苞宽钟状，含40~50个小花，总苞片1~2层，线状披针形或线形，长约3mm；花托高起，圆锥状；管状花两性，淡紫色，花冠长3.5mm。瘦果黑褐色，长1.5mm，长椭圆形，5棱；冠毛白色，纤细。

幼苗子叶宽卵圆形，长约2.2mm，宽1.7mm，先端钝圆或突出。下胚轴发达，被稀疏柔伏毛；上胚轴亦发育，密被短柔伏毛，均呈紫红色。第1对真叶对生，卵圆形，呈倒卵形，长约3.5mm，宽2.5mm，表面光滑或生疏柔毛，全缘，基生三出脉，中脉突显。第2对真叶始，叶缘具微缺刻，余同第1对真叶。

原产美洲墨西哥。后于20世纪中期由泰、缅传入中国云南。现广布于西南的云南及贵州、西藏、广西、重庆、湖北、四川的局部。该草具强的侵染力和竞争力，入侵农田、果园、稀疏森林、草地、路边和间隙空地等。它一旦定植，由于其发达的地下根茎和大量的子实形成，很难将其清除。对农作物和经济植物的产量、森林的更新、草地的维护有极大的影响，其对马的毒性和牛的拒食性已经被肯定。

5. 薇甘菊（小花假泽兰）（*Mikania micrantha* H. B. K.）（图4-5） 多年生草质藤本，匍匐或攀缘，多分枝。幼茎绿色，近圆柱形，老茎淡褐色，具多条肋纹。叶对生，茎中部叶三角状卵形至卵形，长4~13cm，宽2~9cm，基部心形，偶近截形，先端渐尖，边缘具数个粗齿或

图4-3 飞机草

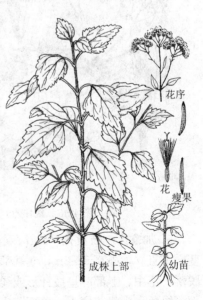

图4-4 紫茎泽兰

浅波状圆锯齿，无毛，基部3~7出脉，叶柄长2~8cm。茎上部的叶渐小，柄亦短，芽腋生，但一般只有一侧的腋芽长成新枝。头状花序在枝顶排成聚伞状花序，花序梗纤细。头状花序长4.5~6mm；总苞片4枚，狭长椭圆形，顶端渐尖，部分急尖，绿色，长2~4.5cm；总苞基部有一线状椭圆形的小苞片，长1~2cm，内包4朵两性小花。花有香气，花冠白色，辐射对称，碟状，管长3~4cm；聚药雄蕊5枚，生于花冠筒基部，每朵小花花粉数平均1 848粒。瘦果长椭圆形，长1~2cm，黑色，先端有一圈冠毛。冠毛由30多条刺毛组成，白色，具有5条纵棱。

薇甘菊原产中美洲。20世纪被人为引到印尼作为橡胶园地被植物，并很快在印尼、马来西亚、菲律宾、泰国等地蔓延开来，也入侵巴布亚新几内亚、所罗门、印度洋圣诞岛和太平洋上的一些岛屿包括斐济、西萨摩亚、澳大利亚北昆士兰地区，成为当今世界热带、亚热带地区危害最严重的杂草之一。给种植香蕉、茶叶、可可等经济作物的农民造成了重大损失。1919年首先在我国发现，1984年在深圳发现，对广东福田内伶仃岛国家级自然保护区森林构成了巨大威胁，并正在珠江三角洲一带大肆扩散蔓延。同时，该草在广西、海南和云南也有发生和危害，并正逐年扩大其分布范围。该种已列入世界上最有害的100种外来入侵物种之一。

化学防治和研究利用菟丝子、引进昆虫及致病菌的生物防除手段等加以综合治理。

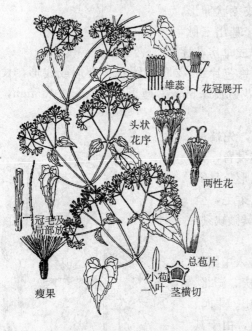

图4-5 薇甘菊

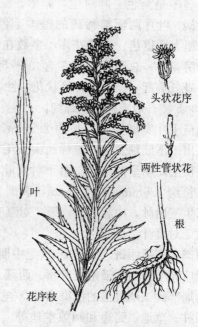

图4-6 加拿大一枝黄花

6. 加拿大一枝黄花（*Solidago canadensis* L.）（图4-6） 多年生直立草本，有发达的根状茎。茎直立，高0.3~3m，茎基部光滑或近光滑，上部被短柔毛及糙毛。基生叶及茎下部叶很早脱落。茎中、上部叶呈披针形或线状披针形，长5~12cm，离基三出脉，无柄或下部叶有柄，上面深绿色。头状花序小，单面着生，排成蝎尾状圆锥花序。总苞狭钟形，长3~5mm；总苞片线状披针形，长3~4mm，微黄色。边缘舌状花长3~4mm，10~17朵，中央管状花长2.5~3mm。

瘦果有细毛，基部锲形，长2~3mm，具7条纵棱，棱脊及棱间被糙毛。冠毛1层，浅黄色,长 2~3mm,上被短糙毛。

原产北美洲东北部(加拿大和美国)。人工引种浙江、上海、安徽、湖北、湖南、江苏、江西、台湾、四川、辽宁大连。生境类型有城镇庭园、郊野、荒地、果园、茶园、桑园、田间、菜地的田边、地头、疏林下、河岸、高速公路和铁路沿线、山坡林地、沼泽湿地。对生态环境的危害主要表现在竞争、占据本地物种生态位,使本地种失去生存空间;通过形成大面积单优群落,降低物种多样性,破坏景观的自然性和完整性;影响遗传多样性;随着生境片段化,残存的次生植被常被入侵种分割、包围和渗透,使本土生物种群进一步破碎化,造成一些植被的近亲繁殖和遗传漂变;释放化感物质抑制其他植物的生长。

加拿大一枝黄花是观赏花卉,能散发出清香气味,花店已作为插花材料使用。它还是秋季良好的蜜源,花粉量大,花粉中含黄酮类化合物山柰酚很高。黄酮类化合物具有抗动脉硬化、降低胆固醇、解痉和防辐射作用。利用其茎秆种植蘑菇。

预防、控制和管理措施:控制引种,加强检疫;加强宣传力度;综合防除:化学除草剂如 20% 使它隆乳油、10% 草甘膦水剂或 48% H-351 水剂与 13% 2 甲 4 氯钠盐水剂(63:37)复配剂作茎叶处理,防效可达 90% 以上。发生多在无人管理的地方,加强空闲地、荒地的管理才能将它彻底消灭。

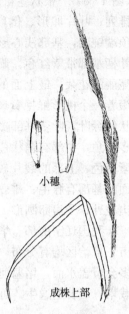

图 4-7 互花米草

7. 互花米草(*Spartina alterniflora* Loisel)(图 4-7) 多年生,具发达的地下根茎。繁殖力强。茎秆挺拔,秆高 1~2.5m,不分枝,秆粗 0.5~1.5cm。叶长剑形,长达 60cm,基部宽 0.5~1.5cm,至少干时内卷,先端渐狭成丝状;叶舌毛环状,长 1~1.8cm。圆锥花序由 3~13 个长 5~15cm、多少直立的穗状花序组成;小穗长 10~18mm,覆瓦状排列,颖先端多少急尖,具 1 脉,第一颖短于第二颖,无毛或沿脊疏生短柔毛;花药长 5~7mm。

互花米草耐盐、耐淹能力强,适宜在海滩高潮带下部至中潮带上部的潮间带生长,现已经广泛入侵我国上海、浙江、福建、广东、香港沿海地区滩涂,对当地的经济和生态带来了巨大灾难。破坏近海生物栖息环境,使沿海养殖贝类、蟹类、藻类、鱼类等多种生物窒息死亡;与海带、紫菜等争夺营养,使其产量逐年下降;堵塞航道,影响各类船只出港,给海上渔业、运输业甚至国防(潜在危害极大)等带来不便;影响海水交换能力,导致水质下降,并诱发赤潮;与沿海滩涂本地植物竞争生长空间,致使海滩上大片红树林消失,威胁本地生物多样性。

除草剂能清除地表以上部分,但对于滩涂中的种子和根系效果较差。"刈割+水位控制"与种植海桑 [*Sonneratia caseolaris* (L.) Engl.] 和无瓣海桑(*S. apetala* Buch-Ham),可以克制互花米草的生长。

原产美国东南部海岸。1979 年被引入我国进行研究和开发作为固堤护滩植物,在沿海地区种植。

与该种在分布入侵生境、形态上类似的大米草(*Spartina anglica* C.E. Hubbard)植株在 50cm 以下,叶舌长 2~3mm。

8. 凤眼莲（水葫芦）[*Eichhornia crassipes* (Mart.) Solms]
（图 4-8）　根状茎粗短，密生多数细长须根。叶基生，莲座式排列；叶片卵形、倒卵形至肾圆形，大小不一，宽 4～12cm，顶端钝圆，基部浅心形或宽楔形，全缘无毛，光滑，具弧状脉。叶柄基部带紫红色，膨大呈葫芦状的气囊，海绵质。有着紫色亮丽的花朵，最上面的花瓣上有一块蓝色的扇形斑块，中央点缀着一个桃形鲜艳黄斑，实在惹人怜爱。不过最吸引人的是杯状的绿叶，叶茎基部膨大，使植株能够漂浮在水面。花葶单生，多棱角，中部有鞘状苞片。穗状花序有花 6～12 朵；花被 6 裂，紫蓝色，上部的裂片较大，在蓝色的中央有鲜黄色的斑点，外面的基部有腺毛；雄蕊 3 长 3 短，短的藏于花被管内，长的伸出花外；子房卵圆形，长 4cm。蒴果卵形。

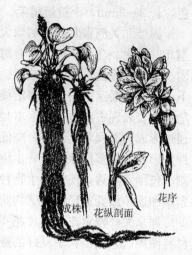

图 4-8　凤眼莲

我国辽宁南部、华北、华东、华中和华南的 19 个省、直辖市、自治区均有分布，特别是在长江流域及其以南地区已经逸生为杂草。可作饲料，但水葫芦过多会覆盖水面，堵塞河道，影响航运。原产美洲热带的巴西。20 世纪 50 年代作为饲料广泛引种栽培，后普遍逸生。可利用于治理水质污染。

三、外来杂草的危害性

外来杂草已经在中国造成的危害包括如下几个方面：

1. 对农田作物生产的危害　空心莲子草已经成为中国的一种恶性杂草，危害水稻以及秋熟旱作物，如大豆、玉米、棉花和烟草等作物，现有的化学除草剂品种中仅有很少的几种对其有效，而且使用适期受到严格限制，特别是作物生长期间多不宜使用。地下的根状茎较难清除，除草剂的作用甚微。发生严重的田块可致作物颗粒无收，而彻底清除需耗费很大的人力和物力，有时不得不弃耕。空心莲子草在我国的分布发生和危害范围广泛，南从整个华南到北至华北平原地区，东从华东直至西南的广大区域都有。

反枝苋、皱果苋、胜红蓟、野塘蒿、小飞蓬对秋熟旱作物亦有较大的影响，发生分布和危害范围亦相当广泛。刺苋则对夏、秋季蔬菜危害严重。

毒麦、裸柱菊、波斯婆婆纳发生危害冬季作物小麦和油菜。波斯婆婆纳为一种长江流域和华北地区的区域性恶性杂草，繁殖力强，防除较为困难，因而危害性较大。

由外来杂草导致农作物的损失和为防除这些杂草的直接投入共计每年已达 9 亿元。

2. 对果园的危害　一年蓬、小飞蓬、野塘蒿是果园发生危害严重的杂草。一年蓬于春夏之交常形成单优杂草群落，并构成明显的景观；小飞蓬和野塘蒿于夏、秋季形成优势群落。它们对果园的土壤结构和肥力影响很大，若不及时防除，果树产量大减，甚至会使整个果园荒废。这些杂草的分布范围遍及全国的大部分地区。

胜红蓟、紫茎泽兰、飞机草甚至近年来薇甘菊已经成为热带和南亚热带果园的主要杂草。由外来杂草导致的经济损失和为防除这些杂草的直接投入共计每年已达 3 亿元以上。

3. 对草坪的危害 近年来，国内草坪的面积不断扩大，但杂草入侵引起草坪的退化问题不能很好解决，在危害草坪的杂草中，外来杂草占了极大的比重。

据对南京地区的草坪杂草调查发现，引起草坪严重退化的杂草中白三叶草造成危害的主要原因是该草在冬季常绿，仍然保持一定的生长，春季生长迅速，而这时正是南京地区大多数暖性草坪草枯黄休眠季节，乘虚而入，并很快蔓延开来，待春、夏之季草坪草萌生时正是三叶草生长的最盛时节，草坪草的生长受到严重阻碍。北美车前侵入草坪，也会使侵入处草种生长抑制和草坪退化，并单独成为纯群。此外，直立婆婆纳、细叶芹、北美独行菜、空心莲子草、小飞蓬、野塘蒿也是草坪上的常见杂草，有时危害也相当严重。由此导致草坪退化的经济损失也在0.5亿元左右。

4. 对环境的影响 全国除了西北地区外，由北至南，从东到西，外来杂草几乎已经改变了道路、宅旁、撂荒地、裸地的景观。春夏之交，一年蓬白色的头状花序构成了白色的景观。夏、秋季由小飞蓬、野塘蒿形成灰绿色，秋、冬季变成枯黄色的景观。近十年来，加拿大一枝黄花在城市周围以及广大乡村的荒地、河埂、铁路和公路沿线、江湖滩地，种群密度巨大，在秋季构成了黄色的新景观。紫茎泽兰和飞机草则在西南地区形成景观。胜红蓟和飞机草也在华南地区有类似的影响和效应。

空心莲子草在我国东部的水面也构成了绿色水面及景观，而凤眼莲在华南也在水面覆盖。

5. 改变了原有区系成分和群落结构 随着人类活动频繁程度的提高，国际间的交往加强，交通的便利，原有的地理阻隔因素在逐渐消除，世界各地间植物成分的交流和渗透在日益加剧，各地间植物区系成分的趋同性和均匀性的发展趋势不可逆转。外来植物的引入，丰富了中国植物区系成分和植物群落类型，同时，也在削减中国原有植物区系成分和群落类型。道路旁、闲置地和暂时性裸地几乎都成了以外来杂草为优势种的植物群落类型的主要发生地。豚草、小飞蓬、野塘蒿、一年蓬、飞机草、紫茎泽兰、胜红蓟等都能以单优或共优的形式构成群落。

刺槐（*Robinia pseudoacacia* L.）被引进后，在我国长江以北地区作为绿化树种广为栽培，由于其旺盛的无性和有性繁殖能力，在相当广泛的生境中得以非常成功地延续。特别是在某些地区自然和半自然状态的植被中，已经成为优势种。例如，在安徽省的皇藏峪自然保护区和琅琊山国家森林公园中，群落优势种群应主要是栓皮栎、麻栎、黄檀等。但是在这两个地点的周缘林区，刺槐已成为森林植物群落的优势种。

据余柳青对浙江水稻田埂植物生物多样性调查研究表明，如以本土高秆植物白茅、狼尾草[*Pennisetum alopecuroides*（L.）Spreng.]为优势种的水稻田埂植物群落中，共有植物15科26属26种，生物多样性指数为0.7095。以本土矮秆植物马唐、稗为优势种的水稻田埂植物群落中，共有植物21科36属39种，生物多样性指数为0.9383。而以外来杂草空心莲子草为优势种的水稻田埂植物群落中，共有植物8科13属13种，生物多样性指数只有0.6393。空心莲子草已构成了对水稻田埂植物生物多样性严重威胁，空心莲子草侵入处植物种趋于单一，其他植物种数显著减少，植被景观单调。伴之大量病虫天敌减少，作物病虫害加重。

6. 影响生产与生活 "水中霸王"凤眼莲在水体系统中大量滋生，堵塞河道，影响航运和水产养殖。紫茎泽兰严重危害当地畜牧业的发展。它所含有的毒素易引起马匹的气喘病,仅1979年在云南省的52个县179个乡,发病马5 015匹,死亡3 486匹。豚草和一年蓬发生地空气中会飘浮大量花粉,花粉会导致过敏者产生过敏性哮喘、皮炎、鼻炎、打喷嚏、流清鼻涕等症状,即所谓的"枯草热"病,体弱者严重并发肺气肿、心脏病乃至死亡。因枯草热病就医的医疗费每年至少也在5亿元左右。美国每年有1 460万人患病,每年治疗费高达6亿美元。给人类健康带来严重危害。

四、外来杂草的管理策略

随着经济全球化进程的提高,世界各地植物的互相引种和贸易将会越来越频繁。中国现存的外来杂草已经给我们带来了极大的麻烦,并且其潜在的危害性更大。如何正确地利用全球有益的植物资源而避免"引狼变莠"的悲剧继续发生,迫切需要建立一套完整的预防体系。尽管植物检疫法的实施对防止检疫性有害杂草的输入,起到了相当的效果。但是,就对整个外来杂草的防止来说,仍远远不够。1980年农业部植物检疫实验所根据口岸截获的杂草名录,曾提出一份《国内未有或分布未广的危害性杂草名单》,列出50种检疫性杂草,规定禁止输入的20种,限制输入的30种。不过,这一名单并没有付诸实施。而且,这些杂草种类都是国际公认的害草,或已有国家和地区列为植物检疫对象,所以从输入输出双重检疫角度来说,这些杂草输入的可能性仍然很小。此外,从我国现有危害性较大的外来杂草来看,并不一定是人们已经公认的害草,经常是那些被认为可以利用的外来植物,一大半外来杂草均是作为有用植物引进后逸生为杂草的。最典型的例子是空心莲子草和互花米草。相反,被确定为检疫对象的菟丝子属,由于轮作制度的广泛实施,其现实和潜在的危害性都在降低。列当属杂草由于其适宜分布范围较为狭窄,其危害性也高估了。由此可以看出,植物对人的利害关系是相对的,会随人类对该植物深入认识的程度,而发生改变的。如外来杂草入侵降低生物多样性的危害就是人类近年来才认识的一种危害性。现行检疫杂草的确立,杂草的危害性是最主要的标准,而杂草危害的这种不确定性,又不能不使我们重新审视检疫杂草标准的合理性和现有检疫杂草种类的合理性。所以,要使植物检疫在控制外来杂草的侵入及危害中发挥更大的作用,需要改变检疫过程中的这种被动局面。

(一)外来植物入侵的预警及防御体系

1. 加强立法完善现有的外来入侵生物控制相关法律体系 1992年175个国家签署了《生物多样性公约》,采取一致行动保护全世界的环境生物。2000年《生物多样性公约》缔约国又通过了《卡塔赫生物安全议定书》,共同防范转基因生物对生物安全的威胁。2000年2月在瑞士柯兰德召开的世界自然保护同盟(IUCN)第七次会议通过了由物种生存委员会(SSC)入侵物种专家组起草的《防止因生物入侵而造成的生物多样性损失指南》,进一步防止外来生物入侵导致的生物多样性的丧失。世界贸易组织(WTO)也颁布了许多与生物安全有关的规定,如《实施卫生与植物卫生措施协定(Agreement on Sanitary and Phytosanitary Measures,SPS)》。该协定为保护人类、动植物生命及健康而限制进口的成员规定了权利与责任。《控制危险废物越境转移及其处置巴塞尔公约》,1989年3月22日在瑞士巴塞尔联合国环境规划署召开的关于控制危险废物越境转移全球公约全权代表会议上通过。该公约规定了应加以控制的45个类别的危险废物。《国际植物保护公约（International Plant Protection Convention，IPPC）》1951年FAO通过了IPPC，1979年和1997年对该公约进行了修订，IPPC建立的目的是为了促进控制植物及植物产品的有害的国际合作，防止其在国际上扩散，特别是防止其侵入濒危地区。《亚洲和太平洋区域植物保护协定（Asia and Pacific Plant Protection Committee，APPPC）》1956年订于罗马，公约规定"植物和植物产品的贸易协定必要时受证书、禁止、检查、消毒、检疫、销毁等办法的管制"。

目前我国涉及外来植物入侵控制的相关法律主要有《中华人民共和国进出境动植物检疫法》、《中华人民共和国植物检疫条例》和《农业转基因生物安全管理条例》等，并配以检疫生物名录及审批制度。此外，在《中华人民共和国海洋环境保护法》中也有相关的法律条款。现有组织管理体系，主要有进出境动植物检验检疫局，农业部分布在全国各地的农技推广中心或植保植检站，以及林业局的森林保护（检疫）站等。上述法律、法规已经形成了较为完整的杂草检疫法规体系，在杂草检疫方面发挥了重要作用。但是，这些法规还主要针对严重危害作物、人类健康等的有毒、有害植物种类，对严重威胁生态环境和生物多样性保护的有害种类考虑的较少，更未包括专门针对非检疫对象的外来植物入侵的管理，所以进一步丰富与完善外来生物入侵预防与控制的法律体系是十分紧迫而必要的。

建立外来生物引入许可证制度是防止非检疫性有害植物入侵的一项重要措施。"生物引入许可证体系制度"应要求任何引入外来生物单位或个人，在从国外引入，或者从国内跨不同的生态系统引种时，都需要事先到生物引种的专门管理机构申请，经过评估后，证明该引入计划不会对我国或地区的生态、环境、人类健康和经济发展造成威胁后或风险在可控范围之内的才能确定同意该引入计划，并颁发引入许可证。凡未经过风险性评估的生物或评估后负效应大、不适合引进的生物不得颁发引入许可证，禁止引进。

2. 重视对外来杂草生物生态学和危害性规律的研究 积极开展对外来杂草生物生态学研究，及时对外来杂草的发生、发展以及危害作出明确的预测，同时，为寻求农业和生态的防除方法提供理论依据，是防治外来生物入侵的基础。建立以国家投入为主导的专门科研基金，持续支持对该领域的研究；培养与构建外来生物入侵研究的技术人才队伍；相关的研究基础条件。我国对外来杂草危害性的调查研究早在20世纪60年代就已开始。50～60年代初，黑龙江瑷珲县、方正县和湖北江陵县、江苏几处等相继发生因人畜禽进食带有毒麦的小麦，而引起的多次中毒事件，直至70年代的广西桂林和80年代初黑龙江仍有因毒麦的中毒事件。这引起了当时各级政府的高度重视，组织人力进行了较大规模的调查研究工作，先后在黑龙江、吉林、辽宁、河北、山西、河南、陕西、甘肃、新疆、江苏、安徽、湖南、湖北、江西、福建、四川、广西、云南等省、自治区发现毒麦的分布，弄清了小麦的引种和粮食的调运是毒麦传播的主要途径。毒麦的生育期略长于小麦，当小麦成熟发黄时，毒麦植株仍持绿色。在此基础上，发明了在小麦收割前人工间除的方法，结合对被毒麦侵染小麦的谨慎处理，以及杜绝受毒麦污染麦种的引种，已有效遏制了毒麦的危害和蔓延。近年来外来生物入侵已经成为科学研究的热点领域，国家已经投入相当大的经费开展相关研究，重点主要集中在紫茎泽兰、豚草、飞机草、微甘菊、互花米草和加拿大一枝黄花等，研究内容涉及到生物学特性、生态适应性、遗传多样性、多方面的入侵机制，如化感作用机制、生物相互作用机制、营养作用机制以及分子生态适应机制等和防治方法研究等。

3. 提高公众的意识　在世界范围内，有许许多多的生物入侵都是生产者首先发现的，并赢得了有利的控制时间，从而避免了大范围扩散蔓延。如果公众能够意识到自己有意引种加拿大一枝黄花作为观赏花卉而会成为生态灾难，就可以避免自己的这种有意行为，这样生物入侵发生的概率会人为减少。因此，加强科普宣传、提高全民对外来生物入侵后果的意识非常重要。可从以下几方面着手：①建立新的生物安全防护道德规范，将个人行为与全社会的公众生态利益结合起来。②将外来生物入侵问题纳入国家的教育体系，即把相关内容列入大、中、小学的课程中。③充分利用大众传媒。如利用广播、电视、电影、报纸、杂志、电子出版物、国际互联网、知识竞赛、青少年夏令营等多种手段，宣传生态安全。④举办多种形式的培训班，特别需要专门为决策者和开发者提供培训。⑤畅通公众了解信息的渠道。大众有了解相关情况的权利，为此应建立起相关信息平台，畅通公众了解信息的多种渠道。

积极发掘和宣传本土植物的利用价值，增强人们更多地关注本土植物的利用意识。鼓励在可能的情况下，利用本土植物物种作花卉、草坪、牧草、自然保护及其他经济用途，以便减少外来种的引入。

4. 加强国际合作　防止外来生物入侵涉及的范围十分广泛。它必然涉及到国际贸易、海关检疫等。入侵生物在一个国家出现的信息可为周边国家提供外来生物入侵的早期预警和预报，而且，有关原产地生物、生态学研究的信息和资料，第三国控制技术措施例如天敌引入以及相关治理的经验等也具有广泛交流和借鉴意义。因此，加强国际合作和信息交流十分必要。

5. 建立外来生物信息库和信息系统　建立有关外来种的数据库和信息系统，内容包括外来种的种类、在本国存在与否、分布范围和种群的大小；具有的危害性；生物学特性和管理控制办法；消灭外来种的有关项目的进展和取得的成果；对各项目的评估；新的入侵的情况和预测等。构建全国性的、有关部门（动植物检疫部门、农业管理部门、土地的使用者、土地管理部门、各旅游机构、植物保护组织、植物学家、园艺专家和杂草管理部门）参与的联络网，实时报道有关外来种的入侵情况，促进外来种的检测和管理。同时，除了本国的合作外，还要加强同外来种原引进的国家的合作，交流信息，建立有关外来种的全球信息系统，建立和更新有害生物特别是危险的生物名录。

（二）外来植物的风险性评价

预防比入侵后的防治要更容易实现，这已经成为控制外来生物入侵的主导思想，而被越来越多的学者和管理者所认识。而且，预防实施的越早越有效，最有效的阶段是阻挡在国门之外，其次是入关前。显然，早期的预警是其中的关键，其核心内容就是要建立外来植物的风险性评价与管理机制，包括风险性评价体系、管理机构和相关措施。

许多外来杂草是作为有用植物引进，而后归化的。科学发展到现在，人类已明白了盲目引进植物所具有的潜在危险性。风险评价的主要内容是进行引种植物的潜在危害性识别、物种繁育及其演变为杂草能力的识别和生态风险识别，特别是与气候和生境（土壤、天敌生物等）相关性限制因子相互作用的分析识别等。这其中物种繁育能力与气候、生境等相关限制因子的分析，对判断引种植物的风险性至关重要。同属于人工生境条件下的栽培植物与杂草植物的一个本质区别，就是前者在人工生境条件下的延续需要人的干预，而后者，则能在人工生境条件下自行繁育，并不断延续。显然，如果一种植物在栽培的过程中脱离了人们的栽培过程和环节（人工干预），仍然能自然繁衍，这就成了杂草，即所谓的逸为野生，就具有了现实的或潜在的危险性，而且，这种危险性的大小是直接与该植物在人工生境中的自然延续能力成正比的。延续能力越强的植物，在人工生境中的数量就会越多，对资源和空间的侵占就越多，对人类带来的危害性就越大。如果该植物又直接或间接影响到人、畜的生命安全或对作物能构成巨大的影响，如豚草、紫茎泽兰和假高粱等，则其危害性就更大。因此，观察一种引进植物最关键的和最重要的标准，就是该物种的繁育能力和与气候生境限制因子共同作用下构成的该植物的自然延续能力。自然延续能力越强的植物其杂草性就越强。同理，其潜在的危害性就越大。对这样的植物种的引进就越应慎重。相反，对无自然延续能力或自然延续能力弱的植物种的引种可以在有控制的条件下进行。

不过，最终就是否引进该种植物还需要经过风险控制程序。该程序是对引进植物可能带来的负效应和正效应（经济受益）进行分析比较以及引进过程中是否有有效的控制措施及风险监控的方法，进行综合评价，给出一个公正、客观的评价，做出最终批准或否决引进的决策。

许多学者提出过多种外来植物入侵风险评价的方法和标准。如 1996 年外来物种入侵风险评价与管理委员会（Risk Assessment and Management Committee）提出的外来物种风险评估基本模型、澳大利亚杂草风险评价系统、1997 年欧洲和地中海植物保护组织（EPPO）提出的风险评估方案、1998 年李鸣和秦吉强提出的三层次十个指标的递阶综合评价模型、1997 年范京安和赵学谦提出的农作物外来有害生物风险评估指标体系和指标的权重值、农业部"八五"重点课题 PRA 课题组于 1997 年初步确立的一个有害生物危险性评价指标体系等。现将其中的四个系统列出，以作为评价时的参考。

表 4-1 李鸣和秦吉强递阶综合评价模型

目标层（A）	准则层（B）	指标层（C）
有害生物危险性 A	可检疫性 B_1	国内分布状况 C_{11}
		传入可能性 C_{12}
		检疫鉴定的难度 C_{13}
	危险性 B_2	潜在的经济损失 C_{21}
		寄主作物的经济价值 C_{22}
		受害寄主的种植面积 C_{23}
		除害处理难度 C_{24}
	适生性 B_3	国内适生范围 C_{31}
		传播过程中有害生物存活率 C_{32}
		传播蔓延速度 C_{33}

表 4-2 农业部 PRA 课题组有害生物危险性评价指标体系

综合评价值（R）	一级评价值（R）	二级评价值（R）
有害生物危险性 R	我国的分布情况（P_1）	国内分布状况（P_{21}）
	潜在的危险性（P_2）	潜在的经济危险性（P_{22}）
		是否为其他检疫有害生物传播媒介（P_{23}）
	受害栽培寄主的经济重要性（P_3）	国外重视程度（P_{31}）
		受害栽培寄主的种类（P_{32}）
		受害栽培寄主的种植面积（P_{33}）
		受害栽培寄主的特殊经济价值（P_{34}）
	移植的可能性（P_4）	截获难易（P_{41}）
		运输过程中有害生物存活率（P_{42}）
		国外分布广否（P_{43}）
		国内适生范围（P_{44}）
		传播力（P_{45}）
	危险性管理的难度（P_5）	检疫鉴定的难度（P_{51}）
		除害处理的难度（P_{52}）
		根除难度（P_{53}）

表 4-3 范京安和赵学谦农作物有害生物风险评估指标体系

总指标	一级评价值（R）	二级评价值（R）
农作物外来有害生物风险性	潜在的危险性（0.236）	潜在的经济危险性（0.73）
		是否为传播媒介（0.19）
		各国重视程度（0.08）
	移植与建立种群的可能性（0.455）	截获频次（0.049）
		运输中存活率（0.276）
		国内潜在的适生范围（0.458）
		传播方式（0.145）
		国外分布状况（0.070）
	寄主的经济重要性（0.084）	受害农作物种类（0.33）
		受害寄主的种植面积（0.67）
	国内现有分布的广泛性（0.169）	
	检疫管理的难易性（0.056）	检疫鉴定的难易（0.105）
		除害的难易（0.637）
		根除的难易（0.258）

强胜和林金成等综合其他指标系统，提出了操作性更强的外来入侵植物杂草化风险"五阶评估法"体系。分五个指标（分布情况 D、传入的可能性 I、建立种群及扩散的可能性 E、危害程度 H、危险性管理的难度 M）五个层次（一级指标 T1、二级指标 T2、三级指标 T3、赋值及判断标准），具体如下：

表 4-4 强胜和林金成外来入侵植物杂草化风险"五阶评估法"指标体系

一级指标 T1	二级指标 T2	三级指标 T3	判断标准	赋值
1. 分布情况 D10	1.1 国内分布情况 4	1.1.1 分布广度 2	极广	2
			广	1
			局部	0.5
			稀少	0
		1.1.2 地位 2	有经济价值植物	0
			一般性植物	1
			杂草	2

第四章 外来杂草及其管理

(续)

一级指标 T1	二级指标 T2	三级指标 T3	判断标准	赋值
1. 分布情况 D10	1.2 国外分布情况 4	1.2.1 分布广度 2	极广	2
			广	1.5
			局部	1
			稀少	0
		1.2.2 地位 2	有经济价值植物	1
			一般性植物	1.5
			杂草	2
	1.3 分布生境特点 2	1.3.1 生境类型多样性 2	很多	2
			多	1
			少	0.5
2. 传入的可能性 I15	2.1 自然传播 6	2.1.1 风力传播 1.5	不能	0
			传播距离近	1
			传播距离远	1.5
		2.1.2 水流传播 1.5	不能	0
			传播距离近	1
			传播距离远	1.5
		2.1.3 动物携带 1.5	不能	0
			传播距离近	1
			传播距离远	1.5
		2.1.4 边境扩散进入 1.5	否	0
			证实	1.5
	2.2 人为传播 9	2.2.1 有意引入 5	没有	0
			证实	5
		2.2.2 无意引入 4	没有	0
			证实	4
3. 建立种群及扩散的可能性 E35	3.1 繁殖方式 4	3.1.1 繁殖类型 2	有性繁殖	1
			无性繁殖	1
		3.1.2 生活史 2	一年生	0.5
			二年生	1
			多年生	2
	3.2 繁殖能力 11	3.2.1 传粉受精方式 3	自花授粉结实	1
			异花授粉结实	1
			单性结实	1
		3.2.2 繁殖体数量多少 3	少	1
			中	2
			多	3
		3.2.3 繁殖体休眠特性强弱 2.5	无	0
			弱	1.5
			强	2.5
		3.2.4 成苗率大小 2.5	小	0.5
			中	1.5
			大	2.5
	3.3 遗传特性 5	3.3.1 遗传稳定性 2	经过10代以上,不稳定	2
			经过10代以上,稳定	0.5
		3.3.2 多倍性 1	否	0
			是	1

（续）

一级指标 T1	二级指标 T2	三级指标 T3	判断标准	赋值
3. 建立种群及扩散的可能性 E35	3.3 遗传特性 5	3.3.3 与亲缘杂草杂交可能性 2	可能	2
			不可能	0
	3.4 生态适应性 10	3.4.1 中国的气候适宜度 2.5	无适合地区	0
			仅局部地区适合	0.5
			10%以上地区适合	1
			20%以上地区适合	2
			50%以上地区适合	2.5
		3.4.2 环境条件 2.5	要求不严格	2.5
			要求一般	2
			要求严格	1
		3.4.3 耐逆性 2.5	弱	0
			一般	0.5
			强	1.5
			很强	2.5
		3.4.4 国内天敌分布情况 2.5	无	2.5
			有，但较少	2
			有	1
4. 危害程度 H25	4.1 直接经济危害 8	4.1.1 危害作物的类别及重要性 2	种类多，非常重要	2
			种类有限，重要	1
			不多，一般	0.5
		4.1.2 危害作物的面积 3	很大	3
			大	2
			少	1
			无	0
		4.1.3 对产量品质的影响 3	产量损失<1%，无质量损失	0
			产量损失 1%~5%，有较小的质量损失	1
			产量损失 5%~20%，有较大质量损失	2
			产量损失>20%，严重降低品质	3
	4.2 间接经济危害 4	4.2.1 增加生产成本 2	严重增加成本	3
			明显增加成本	2
			成本增加较少	1
			无影响	0
		4.2.2 对国际、国内市场的影响程度 2	严重影响	2
			影响中等	1.5
			影响较小	1
			无影响	0
	4.3 直接生态环境危害 5	4.3.1 传带其他检疫性有害生物 2	无	0
			未证实	1
			证实	2
		4.3.2 对生物多样性的影响 2	无	0
			未证实	1
			证实	2
		4.3.3 对生态平衡的影响 1	无	0
			未证实	0.5
			证实	1

第四章 外来杂草及其管理

(续)

一级指标 T1	二级指标 T2	三级指标 T3	判断标准	赋值
4. 危害程度 H25	4.4 间接生态环境危害 3	4.4.1 水土流失 1	无	0
			未证实	0.5
			证实	1
		4.4.2 土壤沙化 1	无	0
			未证实	0.5
			证实	1
		4.4.3 其他间接的不良影响 1	无	0
			未证实	0.5
			证实	1
	4.5 对人类健康危害 3	4.5.1 植物体各部分是否具毒性 1.5	否	0
			是	1.5
		4.5.2 是否分泌有害、有毒物质 1.5	否	0
			是	1.5
	4.6 对社会的危害性 2	4.6.1 危害程度 2	严重危害	2
			危害中等	1
			危害较小	0.5
			无危害	0
5. 危险性管理的难度 M15	5.1 检验鉴定的难度 4	5.1.1 专业知识要求程度 2	高	2
			普通	1
			不需要	0
		5.1.2 我国是否有相似的植物 2	有	2
			未知	1
			无	0
	5.2 除害处理的难度 7	5.2.1 人工防除 2	无须除草	0
			有效，容易实施，成本低	0.5
			有效，实施较难或成本较高	1
			有效，实施极难或成本极高	1.5
			无效	2
		5.2.2 化学防除 3	无须除草	0
			有效，容易实施，成本低	1
			有效，实施较难或成本较高	2
			有效，实施极难或成本极高	2.5
			无效	3
		5.2.3 生物防除 2	无须除草	0
			有效，容易实施，成本低	0.5
			有效，实施较难或成本较高	1
			有效，实施极难或成本极高	1.5
			无效	2
	5.3 根除难度 4	5.3.1 困难程度 4	极难	4
			较难	3
			难	2
			一般	1
			容易	0

每个单项赋值的高低，反映了该单项的不同风险程度以及引起入侵可能性的权重的大小。设定外来入侵植物杂草风险性 R 为 100，分布情况 D 为 10、传入的可能性 I 为 15、建立种群及扩

散的可能性 E 为 35、危害程度 H 为 25、危险性管理的难度 M 为 15。按 R=D+I+E+H+M 计算出某植物的风险值，若 R>61，该植物就应禁止引入；若 29.5<R<61，必须严格限制引入的目的、区域、数量和次数，而且引入后必须有足够措施限制其逃逸和扩散，并加强监测工作；若 11<R<29.5，应适当限制引入的目的、区域、数量和次数；R<11 的植物可以引入，但也应该记录在案。

五、外来杂草的防除

预防是实现对外来杂草危害控制的最佳方法，此已于上述。对已经在我国分布和发生危害的种类，需要采取比较现实有效的防除措施。

1. 人工及机械防除 零星分布的外来杂草，利用人工防除十分有效。而成片发生的杂草种群，可以采取机械防除的方法。利用机械打捞密集于水面的凤眼莲植株被普遍应用。

2. 生境管理及生态控制 许多外来杂草具有先锋植物的特征，首先多入侵裸地、间隙裸地、撂荒地、耕作和农作间隔时间长的农田、果园、人工干扰频繁的路边和宅旁，所以，应切实加强植被保护，防止滥毁原生植被。在裸地和间隙裸地、路边和宅旁等应及时复植草坪、林木和花卉等有用植被，阻止外来杂草的乘虚而入。将濒于退化的农田、草场和其他生态系统恢复到一个健康和高产的状态。

在外来杂草侵染地区，利用经济植物的生境替代控制，也是减轻危害的重要途径。在云南，通过种植三叶豆 [*Cajanus cajan* (L.) Millspaugh]，利用其快速生长、形成密丛的特点，阻止了阳生性的紫茎泽兰发生和生长，而生长的三叶豆可放养紫胶虫 (*Lacci fer lacca* Kerr)，还可收获三叶豆种子。黑麦草 (*Lolium perenne* L.) 亦是可以选择作为替代的种类。许多造林树种如云南松 (*Pinus yunnanensis* Franch)、蓝桉 (*Eucalyptus globules* Labill.) 等恢复造林，也是有效的替代选择。对豚草的控制，亦可采取类似的措施。

3. 化学防除 化学防除始终是一种可选择的手段，而且在局部的防除过程中，可以发挥快速、高效的特点，实现有限的控制目标。在外来杂草的防除中常被应用。利用草甘膦和使它隆控制空心莲子草，广泛的被应用，且具有传导性而杀除地下根状茎和根。草甘膦和甲嘧磺隆被应用于控制苗期的加拿大一枝黄花，效果十分显著。相关内容也见各种外来杂草介绍部分。

4. 生物防除 开展外来杂草的生物防除方法的研究。外来杂草之所以会在新的领域猖獗，其主要因素之一就是缺少自然天敌的相互制约。从原产地引进该草的自然天敌，在进行安全性、专一性、生态适应性等一系列研究的基础上释放，以达到生物控制外来杂草危害的目的。目前，比较成功的例子是广聚萤叶甲 (*Ophraella communa* Lesage) 在南京已经基本控制了豚草扩散蔓延的势头。相关内容请见杂草的生物防除一节。

5. 综合治理 在控制外来入侵杂草过程中，单一的措施往往不能奏效。必须综合上述各种防治手段，发挥各自的优势，又弥补其不足。人工、机械和化学防治具有速效的特点，在解决突发入侵事件，快速清除入侵地点的杂草中，发挥作用。而生态和生物控制具有持效和缓效的特点，但是较之前三种方法更安全和经济。此外，加强对已发生的外来杂草的利用研究也是一种化害为利的主要防治方法。比如，利用外来杂草具有较强的入侵裸地，并迅速形成植被覆盖的特点，对保持水土有重要意义；胜红蓟所具有的异株克生的特性正被研究用于控制其他杂草，甚至模拟其结构合成新的除草剂品种；豚草可作为鹌鹑的饲料，豚草子实榨油可做油漆等；紫茎泽兰也正被利用来制作纤维板和沼气；加拿大一枝黄花茎秆种植蘑菇；凤眼莲植株打捞后制作有机肥料等。

第二节　杂草检疫

杂草检疫（weed quarantine）是指人们依据国家制定的植物检疫法，运用一定的仪器设备和技术，科学地对输入或输出本地区、本国的动、植物或其产品中夹带的立法规定的有潜在性危害的有毒、有害杂草或杂草的繁殖体（主要是种子）进行检疫监督处理的过程。杂草检疫是植物检疫的重要组成部分。通过检疫，一方面能预防那些本地区或本国尚未发生或虽有发生，但分布未广的杂草或正在大力治理以扑灭的危险性、有毒、有害杂草的个体或繁殖体从境外或地区外输入或再次输入，保证本国或本地区的生产、经济活动安全和顺利进行。另一方面也能防止本地区或本国的危险性、有毒、有害杂草个体或繁殖体传出境外或其他地区，维护本地、本国的贸易信誉，促进国家间、地区间的合作与交流。因此，杂草检疫是杂草防除中不可缺少的重要一环，是人类同自然灾害长期斗争的结果。

在人类生产和经济活动中，如不控制危险性有毒、有害杂草的传播，将会给农业生产、交通运输等造成难以估量的损失。例如，假高粱原产地中海地区，现已经传入美洲、澳洲、欧洲和亚洲。在美国，假高粱是大豆田间危害最重的杂草。1988年我国徐州地区首次发现有假高粱，近年来在陇海铁路沿线，迅速蔓延、成片生长。若不加以限制和禁止，必然造成农牧业生产的巨大损失。

据统计，我国沿海动植物检疫局（所）在1953—1980年间，在对以粮食为主的进口检疫中，共截获杂草种子或果实600余种，平均含量0.2%，最高达1.5%。近20年内，截获进入我国的杂草种子50~60t，其中相当一部分是检疫杂草的种子。因此，加强杂草检疫，不仅是杂草综合治理的首要环节之一，也是防止草害发生、保护农牧业生产的一项重要措施。

一、检疫杂草

杂草检疫是根据检疫杂草名录开展的。检疫杂草（quarantine weed）是指那些以立法形式确立的在国家或地区间限制或禁止输入或输出的危险性有毒、有害杂草，例如毒麦、列当、独脚金等。确立检疫杂草的主要依据是国家和地区无分布或分布不广、危害不严重；对农、林、牧业危害严重，将造成巨大经济损失；杂草本身生活力顽强、适应性广、传播迅速、治理困难；本国或本地区有适合该种杂草生长繁殖的生境条件；助长病虫害的发展和蔓延或直接为病虫的重要寄主；经由口岸传入的可能性大，截获几率高等。我国检疫杂草的名单由全国检疫对象审定委员会按规定的标准审定、修订和补充，由农业部批准公布。为了便于地方因地制宜开展杂草检疫工作，各省、自治区、农业行政部门可根据本地区的需要，制定本省、自治区的检疫杂草补充名单。

(一) 国内外杂草检疫历史概述

1. 我国杂草检疫的历史

(1) 准备阶段 (20 世纪 30 年代中期至 50 年代中期)　我国植检工作始于 20 世纪 30 年代，后因抗战爆发而中断，直到 1953 年，外贸部参照前苏联和东欧国家的做法拟定了"输出输入植物检疫暂行办法"和"输出输入植物应实施检疫种类及检疫对象名单"，并于 1954 年公布实施。名单中，列举了 21 种杂草作为进出口检疫的依据。此外，外贸部商品检验总局编印了《检疫杂草简要图谱》，介绍了 129 种检疫性杂草，真正开始了我国的杂草检疫工作。

(2) 发展阶段 (20 世纪 50 年代末期至 80 年代末)　在这 30 年的时间中，初步完成了检疫条例、检疫杂草名单、实施细则以及机构组建和专业人员的培训等。1959 年，李扬汉教授编著了我国第一部关于杂草检疫的著作——《有害杂草和有毒杂草》，书中全面系统地描述了作为病虫害媒介的有害和有毒杂草 116 种，还详细介绍了国内未发现或分布不广的有害杂草 57 种，对前苏联和东欧国家的检疫对象 12 种杂草亦作了论述。从 1959—1984 年间国家外贸部商品检验总局先后在天津、南京、上海、广州等地数次举办了植物检疫专业技术人员培训班，为我国杂草检疫准备了大批骨干力量。

1963 年，国贸商品总局在 1954 年实施的 21 种检疫杂草的基础上，又明令各口岸检疫部门检验禁止毒麦、矢车菊、田冠草等有毒杂草种子入境。1966 年 9 月农业部与外贸部联合发布了《关于执行对外植物检疫工作的几项规定（草）》和《进出口植物检疫对象名单（草案）》，毒麦被正式列为检疫对象。在此后十多年中，我国各口岸严查紧管，在各类从国外引进的种子、苗木或进口粮食、植物油籽、豆子等农产品中又截获了大量杂草种子或杂草果实 600 余种，重达数十吨之多。于是 1980 年，农业部植物检疫所在 1966 年公布的两个草案的基础上，公布了《国内未有或分布未广的危险性杂草名单》，提出了《危险性杂草的检疫重要性评价》，明确了 50 多种检疫性杂草，其中禁止输入者 20 多种，限制输入者 30 多种。

1982 年，正式成立中华人民共和国动植物检疫总所。同年 6 月 4 日国务院颁布了《中华人民共和国进出口动植物检疫条例》。1986 年 1 月农牧渔业部公布了 61 种植物检疫对象，假高粱纳入检疫对象。1990 年 10 月，再次对植物检疫对象名单进行了重新修订和规定。使杂草检疫建立在更加坚实的基础之上。

(3) 走向成熟 (1991 年至今)　1991 年 10 月 30 日，《中华人民共和国进出境动植物检疫法》公布，1992 年 4 月 1 日起执行，使我国的杂草检疫工作真正步入法制化轨道。1992 年 7 月 25 日我部发布的《中华人民共和国进境植物检疫危险性病、虫、杂草名录》，其中的检疫杂草仅包括 4 个种属。经过多年的努力，现在我国口岸动植物检疫机构已遍及全国各省、自治区、直辖市。检疫队伍不断壮大，人员素质、学历层次、业务水平明显提高，先进的检疫设备的投入使用，标志着我国的杂草检疫工作走向成熟、走向世界。2007 年 5 月 29 日，农业部颁布了新的检疫杂草名录，种类显著增加，共计 40 个种属。

2. 国外杂草检疫概况
17 世纪中叶，法国因长期受日本小檗（*Berberis thunbergii* DC.）的困扰，首次在卢昂地区明令铲除该种植物以及禁止该植物的双向传播，这可作为人类植检工作的开始。此后的 200 多年中，随着人类生产和经济效益的不断提高，非种植植物的干扰和影响也越来越突出。控制某些植物的生长和传播是保障人类生产和经济活动持续顺利进行的重要前提之一。但是，真正引起世界各国对杂草检疫的高度重视只是在 20 世纪 30 年代以后。1931—1932 年，前苏联普查病虫草害时发现了 40 余种外来杂草。于是在 1935 年，拟定了第一份检疫杂草名单。在 1980 年 5 月颁布的《实施检疫的植物害虫、病害、杂草名单》中列出了 36 种（属）检疫杂草。美国长期不太重视杂草检疫工作，直到假高粱和独脚金等传入美国，并造成了严重危害，才受到美国农业部的高度重视。先后制定了《联邦杂草法》、《恶性杂草条例》等明令禁止 26 种（属）恶性杂草入境。澳大利亚较为重视杂草检疫工作，1979 年公布了禁止输入的杂草名单多达 144 种（属），成为世界上最长的一份禁止输入的检疫杂草名单。此外，智利、新西兰、罗马尼亚、原捷克斯洛伐克等许多国家也都有自己的杂草检疫法规和检疫杂草名录。

（二）检疫杂草

1. 检疫杂草名录　2007 年 5 月 29 日农业部公告（第 862 号）颁布中华人民共和国进境植物检疫性有害生物名录，其中检疫杂草名录的种类显著增加，共计 40 个种属。

2007 年 5 月 29 日农业部公告（第 862 号）颁布中华人民共和国进境植物检疫性有害生物名录（杂草部分）（注：依次为名录中的编号、学名、中名和科名）。

395. *Aegilops cylindrica* Horst 具节山羊草（禾本科）

396. *Aegilops squarrosa* L. 节节麦（禾本科）

397. *Ambrosia* spp. 豚草（属）（菊科）

398. *Ammi majus* L. 大阿米芹（伞形科）

399. *Avena barbata* Brot. 细茎野燕麦（禾本科）

400. *Avena ludoviciana* Durien 法国野燕麦（禾本科）（注：与不实野燕麦同物异名）

401. *Avena sterilis* L. 不实野燕麦（禾本科）（注：与法国野燕麦同物异名）

402. *Bromus rigidus* Roth 硬雀麦（禾本科）

403. *Bunias orientalis* L. 疣果匙荠（十字花科）

404. *Caucalis latifolia* L. 宽叶高加利（伞形科）

405. *Cenchrus* spp. （non-Chinese species）蒺藜草（属）（非中国种）（禾本科）

406. *Centaurea diffusa* Lamarck 铺散矢车菊（菊科）

407. *Centaurea repens* L. 匍匐矢车菊（菊科）

408. *Crotalaria spectabilis* Roth 美丽猪屎豆（豆科）

409. *Cuscuta* spp. 菟丝子（属）（旋花科）

410. *Emex australis* Steinh. 南方三棘果（菊科）

411. *Emex spinosa* （L.） Campd. 刺亦模（菊科）

412. *Eupatorium adenophorum* Spreng. 紫茎泽兰（菊科）

413. *Eupatorium odoratum* L. 飞机草（菊科）

414. *Euphorbia dentata* Michx. 齿裂大戟（大戟科）

415. *Flaveria bidentis* （L.） Kuntze 黄顶菊（菊科）

416. *Ipomoea panduarata* （L.） G. F. W. Mey. 提琴叶牵牛花（旋花科）

417. *Iva axillaris* Pursh 小花假苍耳（菊科）

418. *Iva xanthifolia* Nutt. 假苍耳（菊科）

419. *Knautia arvensis* (L.) Coulter 欧洲山萝卜

420. *Lactuca pulchella* (Pursh) DC. 野莴苣（菊科）

421. *Lactuca serriola* L. 毒莴苣（菊科）

422. *Lolium temulentum* L. 毒麦（禾本科）

423. *Mikania micrantha* Kunth 薇甘菊（菊科）

424. *Orobanche* spp. 列当（属）（列当科）

425. *Oxalis latifolia* Kubth 宽叶酢浆草（酢浆草科）

426. *Senecio jacobaea* L. 臭千里光（菊科）

427. *Solanum carolinense* L. 北美刺龙葵（茄科）

428. *Solanum elaeagnifolium* Cay. 银毛龙葵（茄科）

429. *Solanum rostratum* Dunal. 刺萼龙葵（茄科）

430. *Solanum torvum* Swartz 刺茄（茄科）

431. *Sorghum almum* Parodi. 黑高粱（禾本科）

432. *Sorghum halepense* (L.) Pers. (Johnsongrass and its cross breeds) 假高粱（及其杂交种）（禾本科）

433. *Striga* spp. (non-Chinese species) 独脚金（属）（非中国种）（玄参科）

434. *Tribulus alatus* Delile 翅蒺藜（蒺藜科）

435. *Xanthium* spp. (non-Chinese species) 苍耳（属）（非中国种）（菊科）

二、检疫杂草种类介绍

新颁布名录中的 40 种属的检疫杂草种类，有紫茎泽兰、飞机草、豚草属、薇甘菊在上节外来入侵杂草部分做了介绍。在本部分，选择较难区分的检疫杂草种类分述如下。

1. 毒麦（*Lolium temulentum* L.）（图 4-9） 禾本科一或二年生草本。茎直立、丛生、光滑。叶鞘大部长于节间；叶舌长约 1mm；叶片下面光滑，上面粗糙，叶脉显。穗状花序，狭长，穗轴节间长 5~10mm，两侧有轴沟，呈波浪形弯曲，着小穗 8~19 枚，互生。每小穗有小花 2~5，排成 2 列。第一颖缺，第二颖大，颖质地较硬，具 5~9 脉；稃片背向穗轴，外稃椭圆形，先端钝，芒自外稃顶端稍下处伸出，内稃片与外稃等长。颖果被内、外稃紧包，紧贴于稃片内，长椭圆形，坚硬无光泽，呈灰褐色，长 4~6mm，腹沟较宽。

幼苗芽鞘紫红色。第一片真叶线状，腹面有 7 条隆起的直出平行脉，并被单毛和星状毛；叶舌 2 裂，膜质。第二片真叶有 9 条脉，叶舌呈环状。

毒麦原产地中海地区，现广泛分布于亚、非、美、澳洲的 38 个国家和地区。在中国，现已在 20 多个省、自治区、直辖市发现和危害。毒麦子实皮下含神经毒素——毒麦碱（Temuline, $C_7H_{12}N_2O$）。它是由真菌 *Stromatinia temulenta* Prill. et Del. 寄生于子实糊粉层产生的，当人、畜、禽食了含毒麦的小麦或面粉，就可能引起头晕、恶心、呕吐、昏迷、痉挛等症状。

除毒麦外，常见的还包括2个变种。现列检索表如下：
1. 外稃有芒，长7~14mm
    2. 带稃片子实宽披针形；稃片草质，深绿色，内、外稃顶端锐尖，其顶端边缘膜质部分较窄，内稃上端露出于外稃之外部分较少；子实深绿色 ………………………………… 毒麦（*L. temulentum* L.）
    2. 带稃片子实窄披针形；稃片革质，草黄色，内、外稃顶端较钝，其顶端边缘膜质部分较宽，内稃上端露出外稃以外较多，子实黄褐色 ………………………………… 长芒毒麦（var. *longiaristatum* Parnell）
1. 外稃有短芒，芒长约2.5mm，易断折而仅为一细尖头；带稃片子实长圆形，稃片草质，草黄色，子实浅黄色
    ………………………………………………………………………………… 田毒麦（var. *arvense* Bab）

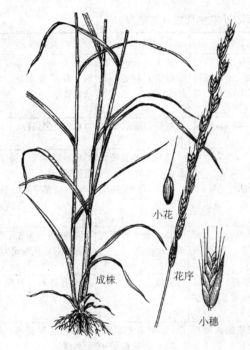

图4-9 毒 麦

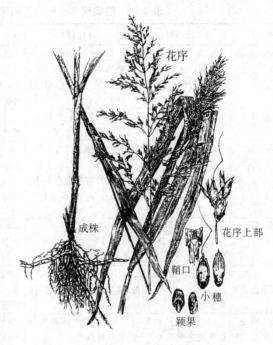

图4-10 假高粱

2. 假高粱（约翰逊草，阿拉伯高粱）[*Sorghum halepense* (L.) Pers.]（图4-10）禾本科，多年生草本。秆直立，粗壮，高50~300cm。以扩展、匍匐的根状茎行营养繁殖，其上被鳞片。根状茎粗壮，呈白色。叶片边缘粗糙，有明显的中肋。圆锥花序大型，长圆锥形，多呈紫色；小穗孪生，下部的常无柄，上部的有柄，但在顶端的可有3小穗着生于一节，1无柄，另2有柄。无柄小穗常为两性，有柄小穗雄性或为中性。基盘珠形。颖有丝状毛，外稃无芒。颖果约3mm长，卵形，棕红色，有光泽，表面有细纹。

假高粱原产地中海地区，现已广布于世界热带和亚热带地区，包括欧洲11个国家、亚洲16个国家和地区、非洲4个、美洲18个国家以及大洋洲诸国。我国已在华南、华东以及西南部分省份的大中城市周围发现，尚分布不广。不过，有蔓延趋势。

种子萌发的最低温度18~22℃，最适温30~35℃；根茎发芽的最适温28℃。

假高粱繁殖力极强，既大量结实，用种子繁殖，又能靠地下根状茎越冬和无性繁殖，极难治理。此外，假高粱还是高粱属作物病虫害的寄主。不仅假高粱的花粉易与留种的高粱属作物杂

交，使作物的籽实质量变劣，而且，其根系分泌物或腐烂的根茎叶能阻碍作物种子的萌发和幼苗生长。此外，假高粱的根茎和幼芽中积聚有氰化物，牲畜误食会中毒，对作物的危害性极大。故被列为检疫对象。此外，美国、澳大利亚等亦列为检疫杂草。

假高粱有时会与高粱属相近种混淆，现将相近种拟高粱［S. propinquum (Kunth) Hitchc.］、黑高粱（S. almum Parodi.）、苏丹草［S. sudanense (Piper) Stapf］和光高粱［S. nitidum (Vahl) Pers.］的特征列于表4-5。

比较如表4-5。

表4-5　高粱属4个种的无柄穗、颖、小花的比较（黄燕萍）

项　目	假高粱	拟高粱	黑高粱	苏丹草	光高粱
无柄、小穗	长3.5～5mm，顶端稍钝，无芒或有芒，卵状披针形	长4～5mm，顶端突然尖锐，具短小尖头，无芒，菱状披针形	长5～6mm，顶端略呈急尖，无芒或有芒，椭圆形或倒卵状披针形	长6～8mm，顶端稍尖，具芒，菱状椭圆形	长3～5mm，顶端稍钝，有芒或无芒，卵状披针形
颖片	革质，红褐色	略带革质，红褐色	革质，暗红或紫黑色	革质，暗红或紫黑色	草质，黑褐色
第一颖	（1）顶端有微小3齿 （2）背部有毛 （3）具5～7条纵脉	（1）顶端无齿或齿不明显 （2）背部密布长毛 （3）具13条纵脉	（1）顶端有微小3齿 （2）背部有毛 （3）具5～7条纵脉	（1）顶端具稀疏柔毛，具齿 （2）背部被短纤毛	（1）顶端窄，截平，近膜质 （2）背部密被纤毛 （3）具3～5条纵脉
第二颖	具3条纵脉，上部处具1脊，背面有长毛	具7条纵脉	具3条纵脉，上部处具1脊，背面有长毛	具1脊，脊近顶端具短纤毛	具3～5条纵脉，背部微隆起，顶端短尖
第一小花（下位小花）	仅有外稃，膜质，具3脉，长圆状披针形	仅有外稃，膜质，具1脉，三角状披针形	仅有外稃，膜质，具3脉，长圆状披针形	膜质	仅有外稃，厚膜质（亚纸质），卵状披针形
第二小花（上位小花）	（1）膜质的内外稃边缘被缘毛 （2）顶端微2裂，主脉由齿间伸出小尖头或芒 （3）内稃线形或不规则	（1）膜质的内外稃边缘被缘毛 （2）外稃披针形，长3.5mm （3）内稃线形	（1）膜质的内外稃边缘被缘毛 （2）顶端微2裂，主脉由齿间伸出小尖头或芒 （3）内稃线形或不规则	（1）内外稃膜质 （2）芒从齿裂中间伸出，芒长8.5～12mm	（1）透明膜质，外稃被缘毛 （2）有芒或无芒，芒自齿间伸出屈膝扭转，芒长10～15mm （3）内稃微小，无毛
小穗轴	残留小穗轴平滑	残留小穗轴平滑	残留小穗轴不规则	残留小穗轴平滑	残留小穗轴平滑

3. 菟丝子属（Cuscuta L.）（图4-11、图4-12）　本属约有170种，许多种类都被列为检疫对象。其中最主要的有五角菟丝子。

菟丝子为旋花科菟丝子亚科的茎叶寄生缠绕草本。根退化。茎丝线状，光滑，幼苗时淡绿色，寄生后，转变为黄色、褐色或紫红色，茎缠绕生长出吸器伸入寄主体内，营寄生生活。叶退化或有时呈微小鳞片状。花多簇生或为穗状花序或聚伞花序；花无梗或有短梗，花5基数，稀有4基数；花萼基部多少联合成杯状、壶状或钟状；花冠白色或粉红色，筒状或钟状，裂片有时向外反折，花冠喉部有5个鳞片。鳞片基部分离或联合，边缘分裂或呈流苏状。雄蕊着生于花冠筒上，与花冠裂片互生；子房近圆形，2室，每室2胚珠，花柱2。蒴果近球形，周裂，包被宿存的花冠，具种子

1～4粒。种子光滑或粗糙，黄棕色至棕褐色，种脐和晕轮明显且变化多样，胚弯曲。

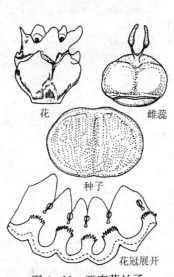

图 4-11　亚麻菟丝子

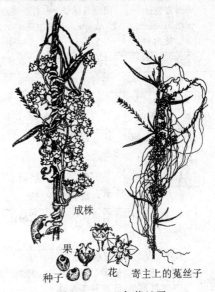

图 4-12　五角菟丝子

菟丝子属杂草能寄生危害多种经济作物，如大豆、烟草、花生、蚕豆、甜菜、向日葵以及蔬菜、饲料、香料作物、果树、纺织和纤维植物。作物受侵染后，生长严重受影响，量大时，导致成片绝收。

该属分布于全世界热带至温带地区。我国记载报道的约10种。由于菟丝子潜在的危害性，被列为检疫杂草。此外，澳大利亚、前苏联、保加利亚、前南斯拉夫、葡萄牙、突尼斯、摩洛哥、希腊、土耳其、阿尔及利亚、巴西、智利等国亦列为检疫对象。

下面将一些主要菟丝子种类的主要特征，列于表4-6进行比较。

表4-6　菟丝子属7个种的主要特征和特性比较（李扬汉等，1991）

	南方菟丝子 C. australis R. Br.	田野菟丝子 C. campestris Yunck	杯花菟丝子 C. cupulata Engelm.	欧洲菟丝子 C. europaea L.	亚麻菟丝子 C. epilinum Weihe	单柱菟丝子 C. monogyna Vahl	五角菟丝子 C. pentagona Engelm.
花序类型	聚伞状簇生	聚伞花序密集	团伞花序	团伞花序	密团伞花序	穗状圆锥花序	松散聚伞花序
花长（mm）	2	2～3	2～2.5	2～3	2～2.5	3～4	1.5
花萼	杯状，裂片圆形，等长于花冠	包藏花冠，裂片卵形	杯状，裂片扁菱形，中部以上肉质增厚	杯状，裂片卵圆形	裂片宽卵形	裂片半圆形，背部肉质增厚	裂片宽卵形，彼此边缘重叠成棱角
花冠	钟形，淡黄色，裂片长圆形	钟形，淡黄色，裂片宽三角形，反折	钟形，白色，裂片三角状卵形	钟形，裂片三角状卵形，反折	坛状，裂片三角状，急尖	坛状，裂片卵圆形	钟形，裂片披针形，顶端向内弯，白色
鳞片	小，不露出，深裂，边缘流苏状	卵状，边缘流苏状	长圆形，边缘流苏状	小而薄，顶端2裂，边缘流苏状	匙形，顶端平截或2裂	齿状，顶端半截或2裂	卵形，伸长外露，边缘流苏状
雄蕊	短于花冠裂片	短于花冠裂片	短于花冠裂片，花药卵圆形	短于花冠裂片，花药卵形	短于花冠裂片，花药卵形	无花丝	花丝钻形，花药卵圆形

（续）

		南方菟丝子 C. australis R. Br.	田野菟丝子 C. campestris Yunck	杯花菟丝子 C. cupulata Engelm.	欧洲菟丝子 C. europaea L.	亚麻菟丝子 C. epilinum Weihe	单柱菟丝子 C. monogyna Vahl	五角菟丝子 C. pentagona Engelm.
	雌蕊	子房球形	子房球形	子房球形	子房球形	子房扁球形	子房球形	子房球形
	果实	球形	扁球形	球形	球形	扁球形	球或卵圆形	球形或扁压
种子	大小(mm)	1.3~1.6× 1.1~1.2	1.3~1.7× 1.1~1.4	1.3~1.7× 1.1~1.4	1~1.1× 1.1~1.2	1.3~1.9× 1.1~1.8	2.6~3.5× 1.7~2.3	1.2~1.4× 1~1.1
	种脐	线形,银白色	小,近圆形,黄褐色	小,不显	小,银白色	线形,乳黄色	线形,棕色	小,不显
	晕轮	椭圆形	近圆形	椭圆形	圆形	近圆形	长椭圆形	近圆形
	喙	有,不显	有,显	缺	有,显	缺	有,显	有,显
	种皮颜色	赤褐色,有光泽	黄棕色	黄绿色	赤褐色	黄褐色	灰白色,具光泽	棕褐色
寄主范围		豆科、菊科、蓼科、马鞭草科等草本植物	豆科、菊科、蓼科、藜科、旋花科等草本植物	豆科、菊科等草本植物	豆科、菊科、蓼科、藜科、茄科等草本植物	亚麻科	豆科、菊科、蔷薇科、杨柳科等木和草本植物	豆科、菊科、蓼科、藜科、大戟科等草本植物
危害植物		大豆、花生、蚕豆	豆类植物、甜菜、蕹菜	苜蓿、三叶草	大豆、苜蓿、马铃薯	亚麻	洋槐、柳树	豆类植物
分布		东亚、南亚、大洋洲、中国	南美洲、美国、中国	亚洲西南部、欧洲南部和非洲北部	欧洲、非洲北部、亚洲西部	欧洲、印度、中国	非洲北部、法国、前苏联、蒙古、阿富汗、中国	美国

4. 列当属（Orobanche L.）（图 4-13、图 4-14） 为列当科寄生草本，无叶绿素。根退化。茎直立，单生或多分枝，肉质，浅黄或紫褐色或乳白；茎部膨大成瘤状，深入寄主组织中，基部有许多吸器。叶退化成鳞片状，黄或黄褐色，卵状披针形或卵圆形，无柄，互生。穗状或总状花序，花两性，微小，有苞片1，披针形或卵状披针形；花萼钟状，不等4裂或2深裂，淡黄色；花冠唇形，上唇2裂，下唇3裂，白色、粉红、米黄或蓝紫色。雄蕊4，2强，生于花冠筒内。花丝细长，上部白色，基部黄色；花药黄色，被白色绵毛。雌蕊4心皮合成，1室，侧膜胎座。花柱蓝紫色，柱头头状。蒴果，2纵裂，花柱宿存。种子微小，球形至不规则，多黑褐色，种皮表面常有脊状突起和网状纹饰，网眼排列规则或不。

列当属约有140种，发生和分布中心在地中海地区至亚洲西部地区，东欧和前苏联南部等地亦有分布。我国约有11种，分布于西北、东北和西南地区，新疆分布和发生最多。表4-7列出列当属5个种的主要特征。

列当属是一类根寄生性杂草，种子在有寄主根系分泌物存在下，开始萌发。萌发的最适温20~25℃。种子在土壤中存活5~10年。对多种经济植物如向日葵、蚕豆、烟草、瓜类等寄生造成严重危害。因而被列为检疫对象，不仅是我国，世界上还有澳大利亚、波兰、保加利亚、捷克、斯洛伐克、匈牙利、南斯拉夫、希腊等亦先后列为检疫杂草。

第四章 外来杂草及其管理

表 4-7 列当属 4 个主要种的特征比较（李扬汉等）

中文名	埃及列当（瓜列当）	欧亚列当（向日葵列当、直立列当）	列当	分枝列当（大麻列当）
拉丁学名	O. aegyptiaca Pers.	O. cernua Loefl.(O. cumana Wallr)	O. coerulescens Steph.	O. ramosa L
植株高度（cm）	15～50	40	35	10～20
茎	中部以上分枝，被腺毛	不分枝，浅黄色腺毛	不分枝，被白色绒毛	多分枝
叶	卵状披针形，黄褐色	微小	卵状披针形，黄褐色	小，黄色
花序	穗状花序，疏松	穗状花序，松散	穗状花序，密	穗状花序
苞片	1枚，卵状披针形	1枚，狭披针形	1枚，卵状披针形	3枚，披针形
花萼	钟形，浅4裂	2深裂，每裂片顶端2裂	2深裂，每裂片顶端2裂	4裂
花冠	蓝紫色	蓝紫色	淡紫色	黄白色
雄蕊	花药被绵毛	花药被细长绒毛	花药近无毛，花丝基部有长柔毛	花药被绵毛
雌蕊	花柱内藏	花柱下弯，蓝紫色	花柱细长	花柱细长
果实	卵形	卵形	卵状椭圆形	卵状椭圆形
种子	纹饰孔圆形	种脐不显，纹饰孔圆形	黑褐色	种脐黄色
主要寄主范围	葫芦科、茄科、菊科、伞形科、十字花科	菊科、茄科	菊科	茄科、葫芦科、菊科、伞形科、十字花科、大麻科
主要危害作物	瓜类、烟草、向日葵等	向日葵、番茄等	向日葵等	瓜类、烟草、大麻、番茄
国内分布	新疆、甘肃	东北	东北、华北、西南、甘肃、江苏、台湾	新疆和甘肃
国外分布	南亚、中亚细亚、东欧、英国和哥伦比亚等	欧洲、中亚西亚、缅甸、印度、哥伦比亚	朝鲜、前苏联	欧洲、中亚、西亚，印度、古巴、美国

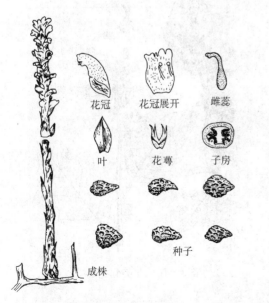

图 4-13 欧亚列当

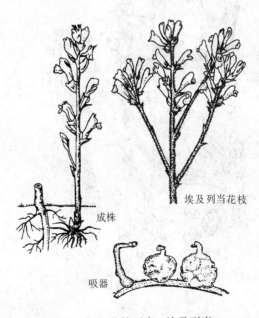

图 4-14 分枝列当、埃及列当

5. 独脚金属（*Striga* Lour.） 玄参科一年生半寄生性草本。叶对生，上部叶互生。花萼筒状，具5～15条纵棱，5裂；花冠高脚碟形，2唇状，上唇短、全缘、微凹或2裂，下唇3裂。雄蕊4枚，2强，花药1室。蒴果，室背开裂。种子极小，卵状或椭圆形，具网状纹和纵纹。

独角金 [*Striga asiatica* (L.) O. Kuntze.]（图4-15），玄参科一年生半寄生性草本。茎直立，全株被刚毛。叶对生，上部叶互生。花萼筒状，有10条纵棱，分裂；花冠黄色，少红色或白色，高脚碟形，唇状，上唇2裂，下唇3裂。蒴果长卵形。种子极小，黄色或金褐色，椭圆形，无毛，具网状纹和纵纹。

由于种子细小，可随各种途径传播。

常寄生于玉米、稻、高粱、小麦和甘蔗等禾本科作物和其他植物上，亦能寄生于某些蔬菜如番茄、豇豆等。吸器附着在寄主植物根上夺取营养物质和水分。独角金属约有20种。在我国主要分布于南方。南亚、北美洲、大洋洲和非洲等均有。

6. 北美刺龙葵（*Solanum carolinense* L.）**及其近似种**（图4-16） 北美刺龙葵属于茄属（*Solanum* L.），该属大约有130个种，103个为入侵种。在茄属，除了北美刺龙葵外，还有银毛龙葵、刺萼龙葵和刺茄也被列入检疫杂草，其特征列表4-8比较。此外，还有多种为我国的外来杂草，如喀西茄（*Solanum khasianum* Clarke）、牛茄子 [*S. capsicoides* All. (*S. aculeatissimum* Jacq.)]、假烟树（*S. erianthum* D. Don）等。

图4-15 独脚金

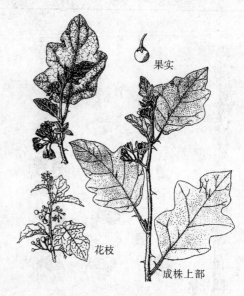

图4-16 北美刺龙葵

第四章 外来杂草及其管理

表4-8 茄属检疫杂草特征比较
(选自《中国植物志》、《贵州植物志》、《西藏植物志》)

种名	北美刺龙葵 (*Solanum carolinense* L.)	银毛龙葵 (*Solanum elaeagnifolium* Cay.)	刺萼龙葵 (*Solanum rostratum* Dunal.)	刺茄 (*Solanum torvum* Swartz)
	苦颠茄、刺茄子、苦茄茄		刺茄、黄花刺茄、尖嘴茄	水茄
英文名称	carolina horsenettle	silverleaf nightshade	buffalobur nightshade	Turkey berry
习性	多年生/半灌木	多年生/草本	一年生/草本	多年生/半灌木
植株外观	绿色，被稀疏星状毛，疏被直皮刺	全株银白色，被银白色绒毛，疏被直皮刺	全株黄绿色，被稀疏星状毛，密被长皮刺	全株绿色，被稀疏星状毛，仅在茎上疏被大头基部的弯刺
株高（cm）	50～100	30～100	15～40	60～120
茎	疏被长皮刺	密被银白色绒毛，疏被长皮刺	密被星状毛，密被长皮刺	幼茎被星状毛，茎上疏被大头基部的弯刺
叶	叶长卵形，3～5波状裂，叶背主脉疏被长皮刺	叶披针形，全缘，有时波状，密被银白色绒毛，叶背主脉疏被皮刺	叶卵形，羽状分裂，裂片3对，被星状毛，两面叶脉被皮刺	叶卵形，3～5波状浅裂片，被星状毛
花	花萼联合中部以上膜质，黄白色，花冠白色、淡紫红、蓝紫色	花萼背面脉被皮刺，花冠蓝紫色	花萼密被长皮刺，果时完全包被果实；花冠黄色	花萼无刺，花冠白色
果实	果实圆形，大，幼果白色，有绿色斑纹，成熟时金黄色	果实阔卵形至扁球形，大，成熟时金黄色	果实圆形，绿色，包被在带刺的花萼包中	果实圆形，小，绿色
种子	种子倒卵圆形，棕黄色，近种脐处略偏斜，表面呈同心圆状网纹，网眼浅	种子倒卵圆形，棕黄色，近种脐处偏斜，表面光滑	种子倒卵圆形，边缘凹凸不平，棕褐色，表面呈蜂巢状凹窝	种子倒卵圆形，棕黄色，近种脐处略偏斜，表面呈同心圆状网纹，网眼深
分布	无	无	北京	贵州、云南、西藏、广西、广东、海南、福建、香港、澳门、台湾
原产地	北美	美国南部、墨西哥	北美	美洲热带地区

三、杂草检疫检验方法

检疫杂草主要靠其种子或果实传播。杂草种子检疫的主要程序：①审查输出输入农产品原产地的检疫证明书及其具体内容；②大致检查货物外部是否附有杂草种子；③按一定比例取样检验，然后进行室内检查分离；④杂草子实的鉴定。

1. 现场检疫与取样

（1）核对单证 审核输入农产品的合同、贸易、合约、信用证所规定的检疫要求及输出国的检疫证书等有关单证的具体内容，并要了解货轮所经过的装货口岸。这对鉴定杂草种子特别是检疫杂草的疫区（危害发生区）是有意义的。

对出口检疫，根据植物检疫协定中规定的检疫对象和贸易合同或出口单位申请的应检杂草种子进行检疫。

对有关单证审核完毕，根据应该检疫的杂草子实确定应采取的检验方法。

(2) 涉及的抽样工具　①筛子。小麦、大麦、高粱、大麻和稻谷用双层筛，筛孔规格为 2.5mm，1.5mm 网孔眼；玉米、大豆、花生、向日葵等用双层筛，筛孔规格为 3.5mm，2.5mm，1.5mm；小米、菜籽、芝麻、亚麻用双层筛，筛孔规格为 2.0mm，1.2mm。②抽样器有 3 种类型：单管式抽样器，双套管回转式抽样器，机动深层抽样器。③取样铲、其他用品。如容器（布袋、塑料袋等）、标签、广口瓶、指形管、毛笔、放大镜等。

(3) 现场检疫　包括现场检查和取样。现场检查包括检查货物表层、包装外部、运输工具堆存场所以及铺垫材料等是否附有杂草种子。有时即使农产品中本来没有，但可能在停靠、装货、搬运过程中被污染。

取样。正确抽取样品，是检验过程中的首要工作。因为大量作物种子不可能全部逐一地细致检验，只能取出具有代表性的部分样品，进行检验分析，这种代表性样品叫做原始样品。原始样品的选取，根据不同的场所不同。

①轮船。根据轮船的吨位确定取样次数，通常 1 万 t 以上的每舱分别分上、中、下层 3 次抽样检查。2 万 t 以上的船只可增加抽样层数。

定性检取杂草子实：在舱的四周和对角线，随机选点 20~30 个以上，每点取 1kg 样品，用规格筛检查筛下物和筛上物，是否有杂草子实（可用放大镜观察）。有时现场未发现，但筛下物可根据需要装入容器内，带回室内检验是否有列当等微粒种子。将发现的杂草种子或果实、花序、残枝等盛于样品袋内，并加以标识。同时，注意杂草子实容易聚集的地方。定量检取杂草子实，用取样铲分舱随机或棋盘式选点 20~30 以上，抽取样品 1 份，约 1.5kg 左右。

②仓库。检查货物表层、堆脚、包装外部、堆存场所、铺垫物料及周围环境等，是否附有检疫性杂草子实，发现的杂草子实作初步鉴定后，装入瓶中。

③散装。根据堆垛容积和高度确定样点数量和部位。

④袋装。可采取拆包、倒包和抽样检查 3 种方法。

2. 室内检疫

(1) 平均样品获取　平均样品是在原始样品的基础上，经过一定方法再次选取获得的。

通常平均样品的最低重量因种子大小不同而定，一般不得少于 40 000 粒。大粒种样品种子的重量，例如水稻、大麦、小麦、大豆、绿豆、向日葵、棉花等种子为 1 000g；玉米、蚕豆、花生为 1 500g；高粱、亚麻等为 500g；油菜、芝麻 100g；甘蓝、番茄 20g。

平均样品的选取方法是将每次抽回的原始代表样品按船次分舱或仓库堆位号分次把样品进行充分混合，然后把样品铺平厚度一般 1cm（大粒种可厚些）。

利用铲取法，即用取样铲在分样台上，随机铲取样品。

四分阶段法则是用分样板，划成两对角线分为四等份，再混合相对的 2 份。继续用上法分样，直达平均样的最低要求。

此外，还有用分样器选取。取得的平均样品，填写标签，说明作物种类、品种、名称、代表种子数量、取样地点、取样单位、取样日期以及取样人员签名并盖章等。

(2) 试样的分取　在杂草种子检疫前，还要取得试样。试样是从平均样品中分取获得的。取样时,将平均样品摊成厚约 1cm 的长方形,用骨匙按一定的均匀的距离,分次取样。

试样的重量也与作物种子的大小有关。玉米、花生、蚕豆、蓖麻为 200g;大豆为 100g;水稻、大麦、小麦、荞麦为 50g;洋麻、大麻、甜菜、高粱、黄瓜为 20g;亚麻、萝卜、菠菜为 10g;油菜、芝麻、茄子、辣椒、粟、番茄等为 5g;芹菜、莴苣、胡萝卜为 4g;烟草为 0.5g。

(3) 过筛 将分好的试样倒入双层(三层)的规格筛内以回旋法过筛 0.5~1min,然后把上两层筛上物会入白瓷盘,最底层筛下物倒入培养皿。分别进行全面检查、挑选。

在肉眼检查下,将杂草种子与作物种子分离。杂草种子包括种子完全被破坏或未发育,或中空无胚,或仅有幼胚而已为病菌所破坏的,都被列为无害夹杂物。其中还包括胚已丧失一半以上的禾本科杂草种子、灰褐色、体积略膨大易碎的菟丝子的种子、已失去果皮的菊科植物种子、莎草科、蓼科、旋花科及菊科的空心种子或果实、禾本科的空颖片及不育小花、芸薹属及豆科无种皮的种子,以及失去茎部的葱属的小鳞茎等。

3. 杂草子实的鉴定 杂草子实的鉴定是一项艰巨而细致的工作。有些杂草的子实体积较大,可以眼观直接辨别。有些杂草的子实很小,则要借助一定的设备或技术方法才能准确地鉴别。有时杂草子实本身的多形性或其成熟度的差异也会给杂草子实的鉴定带来困难。一般杂草子实的鉴定可从下列几个方面进行。

(1) 外部形态 杂草子实的外部形态包括它的形状、色泽、纹饰、种脐的部位和其他附属物的有无与特征等。

(2) 解剖结构 当仅依据外形尚不能准确判别杂草子实类型时,可采用解剖的方法观察种子内部的形态结构,以达到鉴定杂草子实的目的。例如果皮和种皮的关系及组织结构特征、种皮的层数与质地及细胞排列方式、胚乳的有无与质地、胚的形态与组成、胚的大小、位置、各组成部分的相互关系及存在状态等,都可作为杂草子实鉴定的依据。

(3) 萌芽和种植 对那些不易区分的杂草子实可根据萌芽后幼苗的特征,如子叶出苗类型、子叶的形态、大小、色泽,上、下胚轴的大小形态、色泽、斑纹和表皮毛等附属物的有无及特征,第一、第二片真叶的形态、大小、叶柄的有无、长短、颜色及附属物的有无及幼苗的根系类型等。如果是禾谷类杂草子实,则发芽时初生根条数亦是杂草子实种类鉴别的依据。有时,即使将杂草子实萌芽形成幼苗还是不足以准确鉴别,则应将其种植,待开花后,根据成株花器官的形态组成特征进行鉴定。一般说来,这是最可靠的和最准确的物种鉴定方法。

(4) 理化测定 某些杂草子实经浸泡后,会有特定的物质释放出来,用于杂草子实的鉴别。例如,白芥吸胀后表面产生黏液而与其他许多杂草子实不同。用 75% 的乳酸溶液处理芸薹属种子,会显现特殊的光泽。用 1‰2,3,5-三苯基四唑盐酸盐溶液处理活种子可使其显现红色等。通过大分子分析,如蛋白质、同工酶、等位酶等,进行鉴定。

(5) 免疫学技术 从检疫杂草植物体中提取制备免疫抗原,制备抗体(可分单克隆或多克隆抗体),用于植物鉴定。

(6) 分子鉴定 利用 RAPD、RFLP、AFLP、SSR 等分子标记技术,寻找特异标记,进行植物种类的鉴定。

杂草种子经检验后,应分别装入指形管内,妥为保存,并贴上标签,注明编号、中名、学名、科名、输入国、商品名称、进口时间等。对于国家或地区明确规定的检疫杂草的种子应计算其百分含量,提出处理意见供有关部门或机构实施。如假高粱的含量超过十万分之一、毒麦含量超过万分之一,则对外签发检疫证书。①禁止出入境或限制调运,必要时就地销毁。②对调运的产品、材料用农药进行化学处理或热处理、辐射处理,使其失活。③改变输入植物材料的用途。如将原计划用于播种的材料在严格控制的条件下进行加工食用。④把危险性杂草限制或消灭在初疫源地。⑤发现检疫对象入侵后,在未广泛传播之前,划定疫区,严密封锁,尽可能加以消灭。

复习思考题

1. 什么是外来入侵杂草?外来入侵杂草的入侵途径主要有哪些?
2. 外来杂草在我国的入侵状况主要受哪些因素影响?
3. 入侵我国的主要外来杂草有哪些?
4. 外来植物入侵的防御体系包括了那些内容?
5. 外来植物风险评估的标准中哪些指标最为重要?
6. 什么叫杂草检疫?杂草检疫在杂草防除中的作用是什么?

参 考 文 献

李鸣,秦吉强.1998.有害生物危险性综合评价方法的研究.植物检疫,12(1):52-55.
李扬汉.1998.中国杂草志.北京:中国农业出版社.
李振宇,解焱.2002.中国外来入侵种.北京:中国林业出版社.
强胜.2001.杂草学.北京:中国农业出版社.
强胜,曹学章.2000.中国异域杂草的考察与分析.植物资源与环境学报,9(4):34-38.
强胜,曹学章.2001.外来杂草在我国的危害性及其管理对策.生物多样性,9(2):188-195.
徐海根,强胜.2004.中国外来入侵物种编目.北京:中国环境科学出版社.
徐海根,王健民,强胜等.2004.《生物多样性公约》热点研究:外来物种入侵、生物安全、生物资源.北京:科学出版社.

第五章 杂草防治的方法

杂草防除（weed control）是将杂草对人类生产和经济活动的有害性减低到人们能够承受的范围之内。杂草的防治不是消灭杂草，而是在一定的范围内控制杂草。实际上"除草务尽"，从经济学、生态学观点看，既没有必要也不可能。

杂草防除的方法很多。近万年来，人类一直在探索着治理杂草的各种途径、技术和方法。公元前1万年，人类通过手工或手工工具除草。至公元前1000年，人类开始用动物（牛或马）作动力牵拉锄头（一种原始的犁）、建制床苗过程中控制杂草。到了公元1731年后，用马（牛）拉锄进行垄式栽培，进而埋盖杂草。20世纪20年代机械除草得到应用，40年代有机除草剂的合成和使用，标志着人类对杂草的治理进入新纪元。大面积、快速而有效地治理多种杂草已成为现实，农业生产效率亦显著提高。农田杂草的化除水平，已成为衡量农业现代化程度的重要标志之一。纵观人类治草的历史，归纳其采用的除草方式，大致包括物理防治、农业治草、化学防治、生物防治、生态治草、杂草检疫等，为农业丰收、作物高产做出了贡献。随着现代生物工程技术的诞生和发展，控制杂草的新途径、新方法不断形成和应用，将对现代化农业产生革命性影响。

第一节 物理性除草

物理性防治（physical control of weeds）是指用物理性措施或物理性作用力，如机械、人工等，导致杂草个体或器官受伤受抑或致死的杂草防除方法。它可根据草情、苗情、气候、土壤和人类生产、经济活动的特点等条件，运用机械、人力、火焰、电力等手段，因地制宜地适时防治杂草。物理性防治对作物、环境等安全、无污染，同时，还兼有松土、保墒、培土、追肥等有益作用。

一、人工除草

人工除草（manual control）是通过人工拔除、刈割、锄草等措施来有效治理杂草的方法。也是一种最原始、最简便的除草方法。从石器时代人们学会播种作物开始，就饱尝了杂草的危害之苦，实践使人们变得聪明起来，他们开始用手拔草。在古人遗留下来的画有农业劳动情景的岩画中，就有除草的描述。在埃及的金字塔上和古代美索不达米亚的浅浮雕上，都刻有人们弯腰屈膝从事除草劳动的图案。

手工拔草或用脚踩草抑草毕竟是最低形式的除草活动。人们为了提高劳动生产效率，不断地探寻着各种工具用于除草。最初的工具是石头、棍棒。用它们击草比手拔省力，也减少了弯腰勾背，但有时会伤及作物，除草效率仍然很低。

"钱"、"镈"一类的金属锄头的发明和应用于农业生产中的中耕除草技术使农业生产第一次大大地向前进了一步。钱和镈是运用手腕力量贴地平铲以除草的工具，类似于现今的锄头。锄头亦已被人们使用了几千年，至今仍有很多地区使用锄头除草。稻田中所用的耘耙是和锄头类似的除草松土工具。

犁和耙是农民耕翻土地、抗御杂草危害的基本工具。最初用人力拖、拉犁和耙，后来发展到马或牛力牵拉，现代发展使用电力牵引而称之为"电犁"、"电耙"，以及使用柴油机作动力，对土地的耕翻效率和对杂草的破坏力更大，除草效果也更好。犁和耙的耕作方式，不仅能迅速大量地切断或拉断杂草的植株（包括正在发萌的杂草种子和已出土的杂草幼苗），破坏杂草的地下块根、块茎或根状茎，而且能将杂草的植株、残体或种子深埋于地下，达到防治杂草，减少杂草对农业生产的干扰和影响。

人工除草，无论是手工拔草，还是锄、犁、耙等应用于农业生产中除草，都很费工、费时，劳动强度大，除草效率低。但是，目前人工除草，在不发达地区仍然是主要的除草手段。在发达或较发达地区，在某些特种作物上也主要是以人工除草为主，有时亦被作为一种补救除草措施应用。

二、机械除草

机械除草（mechanical control）是在作物生长的适宜阶段，根据杂草发生和危害的情况，运用机械驱动的除草机械进行除草的方法。除草机械包括直接用于治理杂草的①中耕除草机（图5-1）：中耕除草机是在轮子上或轮子一侧装有框架，各种形式的铲具就固定于框架的支柱上，工作时锋利的金属楔形铲按预定深度在土壤上移动，铲掉已出苗的杂草。②除草施药机（图5-2）：在机械的一侧装有固定的支架，在支架的下端装高度可调的个字形金属铲，铲的前方配有一对可活动脚板，除草剂通过延伸到脚板上的橡胶或塑料管流入土壤中，可使中耕松土、机械除草和化学除草三者合一，使除草效率大大提高。③主要用于耕翻、兼有除草效果的耕翻机械。如电耕犁、机耕犁、旋耕机等。

除草机械的出现，无疑是除草技术上的重要变革。它显著提高了除草劳动效率，用工少、工效高、防效尚好；机械除草还有降低成本、不污染环境等优点。此外，机械除草除进行常规的中耕除草外，还可进行深耕灭草、播前封闭除草、出苗后耕草、苗间除草、行间中耕除草等，是农机和农艺紧密结合的配套除草措施；机械除草在作业方式上多样灵活，可进行水作、旱作，也可进行平作或垄作等，在绝大多数作物田中都可应用机械除草。

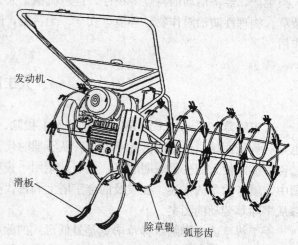

图5-1 水稻田中耕除草机

图 5-2　旱作田中耕除草施药机

但是，由于机械除草的笨重机器轮子碾压土地，易造成土壤板结，影响作物根系的生长发育，且对作物种植和行距规格及操作驾驶技术要求较严，加之株间杂草难以防除，因而机械除草多用于大型农场或粗犷生产的农区的大面积田块中。

三、物理防治

物理除草是指利用物理的方法如火焰、高温、电力、辐射等手段杀灭控制杂草的方法。物理除草包括火力除草、电力除草、薄膜覆盖抑草等治草方式。

1. 火力除草　火力除草是利用火焰或火烧产生的高温使杂草被灼伤致死的一种除草方法。在撂荒耕作地、矿山、铁路的空旷地带、草原和林地更新中，往往用放火烧荒或用火焰喷射器发射火焰的办法清除地表杂草，以利耕作、种植或其他生产、经济活动。例如，日本研制火焰除草器，以煤油为燃料，气化燃烧所发生的火焰和热量，进行选择性或非选择性地除草。可用于防治铁路或公路两旁、沟岸、废弃地的杂草，以及根据作物与杂草空间位置的不同用于玉米、棉花植株杂草的防治。火烧过程中产生的蒸汽也可杀灭土层中的杂草种子及当年生和多年生杂草的营养体，有效降低生长季节中杂草对作物的竞争性。在麦茬秋熟作物播种前放火烧根灭茬，亦能烧死已出土的杂草及土表的部分杂草种子。但是，无论哪种火力除草方法都消耗了大量的有机物，不利于提高土壤肥力、改善土壤结构，也不符合持续高效农业的要求。此外，烧荒产生的强烈热浪，可使田边种植的其他植物受伤，甚至枯死，抑或引发火灾等，因此，火力除草只能在特定情况下使用。

2. 电力和微波除草　电力和微波除草是通过瞬时高压（或强电流）及微波辐射等破坏杂草组织、细胞结构而杀灭杂草的方法。由于不同植物体（杂草或作物）中器官、组织、细胞分化和结构的差异，植物体对电流或微波辐射的敏感性和自组织能力的强弱不同。高压电流或微波辐射在一定的强度下，能极大地伤害某些植物，而对其他植物安全。美国已成功地研制和开发出了一种电子装置（系统），通过拖拉机牵引的安全装置控制电能的输出（电力为50kW）。该放电系统的一端接于犁刀与土壤接触，另一端则通过操作器与高于作物的杂草接触，当系统放电后，杂草茎叶的细胞、组织被灼伤，数日内干枯死亡。据试验，用于防治棉田和甜菜田阔叶杂草，防效可达97%～99%。当然，还可用于果园和非耕地除草。

但是，电力除草主要利用杂草和作物的位差，因而，只适于矮秆作物中的高于作物的杂草植株，而不能达到治理全部的田间杂草的目的。其次，电力除草器结构复杂，价格昂贵，输出功率大，费电耗能源，对操作者素质和安全操作的要求较高，应用中存在一定的难度。目前只在甜菜、大豆、棉花等少数作物上应用成功，尚未能在生产上得到广泛推广和应用。

微波除草则是利用电磁辐射使植物体内分子震动生热，使其遭受损伤或死亡，达到除草的目的。据测定，波长为12cm的微波辐射，在很短时间内即可穿透并加热土壤，土深可达10～12cm，所用能量为6kW。微波对不同种植物的种子发芽率影响不同。杂草幼苗对微波的反应比种子更为敏感，种子不同吸水状态的反应亦有差异。例如，对土壤表面的欧白芥（*Sinapis alba*）种子，未吸水种子的致死能量为$1.55kJ/cm^2$，吸水和发芽种子的致死能量为$1.2kJ/cm^2$，而对幼苗的致死能量仅为$0.2kJ/cm^2$。微波首先适用于处理堆肥、厩肥、园艺土壤、试验用土壤等，以杀死其中的杂草种子等生物因子。

3. 薄膜覆盖抑草 地膜化栽培已广泛应用于棉花、玉米、大豆和蔬菜。常规无色薄膜覆盖主要是保湿、增温，能部分抑制杂草的生长发育。近年来，生产上采用有色薄膜覆盖，不仅能有效抑制刚出土的杂草幼苗生长，而且通过有色膜的遮光能极大地削弱已有一定生长年龄的杂草的光合作用，在薄膜覆盖条件下，高温、高湿，杂草又是弱苗，能有效地控抑或杀灭杂草。

药膜（含除草剂，例如乙草胺、甲草胺、都尔、地乐胺等）或双降解药（色）膜的推广应用，对农作物的早生快发和杂草的有效治理发挥着越来越大的作用。据试验，乙草胺、甲草胺、都尔、地乐胺等多种药膜均有良好的除草效果。持效期多数可达60～70d，其中以乙草胺药膜的持效期较短，约5d，但其对阔叶杂草的防除效果好于都尔，且对棉花等作物的幼苗安全，尤其是对出苗率无明显影响。为了保证药效，防止药害，使用除草剂药膜时墒情要好，必须做到：①地面要整平，使地膜与地面充分接触；②保证播种时墒情要好，药膜破洞要小，注意用土封口；③尽量减少作物幼苗与除草药膜直接接触，以防药害。

除了上述薄膜覆盖除草外，秧田铺纸种稻也有较好的除草效果。

第二节 农业及生态防治

农田生态系统的发展受到多种因素的影响，而这些因素大多是可以进行人为调节和控制的，在较深入研究农田杂草的生物学、生态学的基础上，巧妙地利用这些因素，趋利避害，因地制宜，可以合理地建立一个既控杂草，又有利于作物丰产的多功能的农业及生态治草体系。

一、农业防治

农业防治（agricultural control）是指利用农田耕作、栽培技术和田间管理措施等控制和减少农田土壤中杂草种子基数，抑制杂草的成苗和生长，减轻草害，降低农作物产量和质量损失的杂草防治的策略方法。农业防治是杂草防除中重要的和首要的一环。其优点是对作物和对环境安全，不会造成任何污染，联合作业时，成本低、易掌握、可操作性强。但是，农业防治难以从根本上削弱杂草的侵害，从而确保作物安全生长发育和高产、优质。

（一）预防措施

防止杂草种子入侵农田是最现实和最经济有效的措施。杂草种子侵入农田的途径是多方面的，归纳起来可分为人为的和自然的两个方面的因素。前者包括伴随作物种子播种入田、未腐熟有机肥施用、秸秆还田及已被杂草种子污染了的水源灌溉等方面。后者包括成熟的杂草种子在田间的脱落，以及由于风、雨、水等作用的传播等方面。因此，要防止杂草种子入侵农田就必须：①确保不使用含有杂草种子的优良作物种子、肥料、灌水和机械等；②防止田间杂草产生种子；③禁止可营养繁殖的多年生杂草在田间扩散和传播。

1. 精选种子 杂草种子混杂在作物种子中，随着作物种子的播种进入田间，成为农田杂草的来源之一，也是杂草传播扩散的主要途径之一。例如，野燕麦在20世纪60年代初期仅限青海、黑龙江等部分地区，后因国内地区间种子检疫不严，致使野燕麦传播到全国十多个省、直辖市的数百万公顷农田，成为农业生产上的一大草害。又如，我国东北垦区原本没有稗草等，随着水稻种植的年次增加，稗草的分布和危害亦逐年增多、加重，其稗草种子就是随稻种调入、种植而传播的。因此，在加强杂草种子检疫基础上，应努力抓好播前选种。精选作物种子、提高作物种子纯度，是减少田间杂草发生量的一项重要措施。在农业生产中，通常利用作物种子与杂草种子形态、大小、比重、色泽等的不同进行人工选种，如盐水选种、泥水选种、风选、筛选、手选等，有的则在田间或场头进行穗选，以保证种子质量。据调查，播前每千克麦种混杂草种子（如芥菜、麦仁珠、大巢菜、小巢菜等）382粒，经精选种子后，仅残存4粒野豌豆种子，极大地减少了杂草种子对麦田的"污染"。

实践证明，凡播前选种、配合合理的种植制度、进行精细管理的丰产农田，大多能避免杂草的危害。

2. 减少秸秆直接还田 秸秆直接还田是指在作物收获过程中，将作物的大量或全部的非收获物遗留或抛弃于田间，以改良土壤理化性状、增加土壤有机质含量的一种农业生产措施。实践证明，秸秆还田可以增加田间土壤中有机质含量、抑制杂草的发生和生长等。但值得注意的是，秸秆还田也是加重农田草害的因素之一。若大量采用秸秆还田或收获时留高茬，则可把大量的杂草种子留在田间。例如，麦田中大量生长的硬草、看麦娘、麦家公等低矮的杂草繁衍与危害更为突出。因此，在不需要作物的秸秆作燃料的地方，应提倡将其切割堆制腐熟，再施入田间，既可肥田，又能减少田间杂草种子的基数。当然，最好的办法是在作物收获前设法清理田间杂草或采取措施阻止杂草种子发育成熟，以减少杂草对下茬作物生长的压力。

3. 施用腐熟的有机肥 施用有机肥是可持续农业的一项基本的生产措施。当前生产中施用的有机肥料种类多、组成比较复杂,有人畜粪便、饲料残渣、各种杂草、农作物的秸秆,以及农副产品加工余料和一些其他垃圾(如场头废料、什边草皮、生活垃圾)等。它们往往掺杂有大量的杂草种子,且保持着相当高的发芽力,若未经高温腐熟,便不能杀死杂草的种子。而且有些杂草的种子,如田菁等被牲畜取食,经其胃肠的消化后更有利于发芽。如将这类未腐熟的有机肥料直接施入农田,无疑同时也向田间输入了杂草种子。因此,为要避免随有机肥料的施用传播杂草,就必须在一定的温度、水分、通气条件下,堆置发酵产生 50~70℃持续高温杀死种子。堆置的时间视肥料的种类和气温而定。猪、牛粪以及一般土杂肥属冷性肥料,所含杂草种子也较多,需堆置较长时间,一般气温 30℃以上,配合经常翻耕,外加薄膜覆盖,堆置 6~7 周即可,常年堆置则要半年以上。鸡、马、羊粪属热性肥料,堆置时间可较短,一般 3~6 个月。南方气温较高,所需时间较短,北方气温较低,则所需时间要适当延长;夏天堆置所需时间短于冬季堆置所需的时间。经腐熟的有机肥料,不仅绝大多数杂草种子丧失发芽能力,而且有效肥力也大大提高。

4. 清理田边、地头杂草 田边、路旁、沟渠、荒地等都是杂草容易"栖息"和生长的地方,是农田杂草的重要来源之一。也是杂草防除过程中易被疏忽的"死角"。在新开垦农田,杂草每年以 20~30m 的速度由田边、路边或隙地向田中蔓延,二荒地农田杂草可达头荒地的 3~14 倍。为了减少杂草的自然传播和扩散,传统农业曾提倡铲地皮深埋或沤制塘泥,清除"什边"杂草。为充分利用农田环境资源,减轻杂草入侵农田产生的草害,应提倡适当种植一些作物,如水稻田边种大豆、麦田边种蚕豆、棉田边种向日葵等。或种植多年生的蔓生绿肥,如三叶草等。利用三叶草替代多种杂草,既高效、持效控抑杂草,又能作绿肥养护农田,或作为青饲料发展养殖业。同时,三叶草四季常青,还可以美化田园。也有些地方在田埂、路边种植薄荷等经济作物,既能抑草又能增加经济收入。

(二)除草抑草措施

在农业生产活动中,土地耕耙、镇压或覆盖、作物轮作、水渠管理等均能有效地抑制或防治杂草。但是,在农业生产中,所有的农业措施都不应孤立进行,应当根据作物种类、栽培方式、杂草群落的组成结构、变化特征以及土壤、气候条件和种植制度等的差异综合考虑、配套合理运用,才能发挥更大的除草作用。

1. 耕作治草 耕作治草(tilling control)是借助土壤耕作的各种措施,在不同时期,不同程度上消灭杂草幼芽、植株或切断多年生杂草的营养繁殖器官,进而有效治理杂草的一项农业措施。鉴于现今的农业生产水平,"间歇耕法"(即立足于免耕,隔几年进行一次深耕)是控制农田杂草的有效措施。持续免耕,杂草种子大量集中在土表,杂草发生早、数量大、危害重,但萌发整齐,利于防治。年年耕翻,搅乱了土层,使杂草种子在全部耕层分布,杂草总体密度较大,出苗分散,不利防治。在多年生杂草较少的农田,以浅旋耕灭茬为宜。在多年生杂草发生较重的田块,例如东北一年一熟的地区,杂草的生态适应性强,深耕则是一项有效的治理多年生杂草的好方法。

耕翻治草按其耕翻时间划分,有春耕、伏耕、秋耕几种类型。其治草效果各有不同。早春耕的治草效果较差,耕翻后下部的草种翻上来,仍可及时萌发危害。晚春耕能翻压正在生长但未结籽成熟的杂草。如南方春耕翻压绿肥，北方在大豆、玉米等晚播作物播前耕作消灭早春杂草等，对减少作物生育期内的一年生和多年生杂草均有一定的效果。多年生杂草经春翻后延缓了出苗期，其生长势和竞争力均有所削弱。在北方，往往以耙茬代替春耕，只能耙杀已萌发的一年生杂草，对多年生杂草效果差。伏耕主要用于开荒以及北方麦茬、亚麻茬耕翻。伏耕有利于争取主动，将正在旺盛生长和危害、尚未结籽成熟的各种杂草翻压入土，在高温、多雨的季节促其腐烂，对减少下年杂草发生十分有效。但是，伏耕所占面积比例不大。秋翻是南北各地广为施行的耕作制，通常在 9～10 月份进行。秋耕土壤疏松，通透性好，能接纳较多的降水，对促进土壤熟化、提高土壤肥力有利。秋翻能切断多年生杂草的地下根茎、翻埋地上部分，使其在土壤中窒息而死。地下根茎翻上来，经冬季干燥、冷冻、动物取食等而丧失活力。耕翻的深度影响灭草效果，深翻比浅翻效果好。如据黑龙江垦区赵光农场管理局调查，耕翻对苣荬菜的防治效果，20cm 深时为 9.5%，24cm 时 38.1%，而加深到 27cm 时可提高到 71.4%。秋耕也能减少下茬一年生杂草的发生，但必须在一年生杂草种子成熟前耕翻才能获得较好的效果。早秋耕对消灭多年生和一、二年生杂草效果均好，晚秋耕效果下降，尤其对一年生杂草效果差。秋耕还有诱发杂草的作用，耕翻后表土层草籽和根茎在较高温度下可很快萌发，但幼芽随着冬季来临而被冻死，从而减少土层中有效草籽量，较多地消耗多年生杂草繁殖体的营养，进一步减少下年杂草发生和危害。在某些地区劳力、机械和农时都很充裕的条件下，可利用耕翻或中耕将较深土层中的草籽和营养体翻到地表，诱发杂草出苗，定期连续二三次，通过发芽及其他损耗，使有效杂草种子（营养体）大大减少。

在耕作较频繁的地区，为了避免将前次翻到深层的大量草籽再次翻回到土表，可采用深浅交替的轮耕方式。如第一年深翻 25～27cm，将集中在土表的大量杂草种子翻入深土层；第二年耙茬或浅耕 15～18cm，在耕耙过程中可使 20cm 左右土层的杂草种子短时间受到光和其他因子的刺激，打破休眠而萌动，但因土层太厚而不能出土，萌动的草种子因窒息和营养消耗而丧失活力，既减少了深土层的有效杂草种子含量，又不致土表草籽过多；第三年耕翻 18～20cm，杂草仍然较少。

此外，深松也是一种有效治理杂草的耕作方法。深松可起到 3 方面的作用：①疏松土壤；②消灭已萌发的草；③破坏多年生杂草的地下根茎。因不打乱土层，可使杂草集中萌发，便于提高治草效果。

中耕灭草是作物生长期间重要的除草措施。中耕灭草的原则是除草除小，连续杀灭，提高工效与防效，不让杂草有恢复生长和积累营养的机会。中耕结合培土，不仅消灭大量行间杂草，也能消灭部分株间杂草。在大豆、玉米、棉花等作物的一生中，一般可进行 2～3 次中耕。第一次强调早、窄、深，一般在大豆复叶展开、玉米 4～5 叶期、棉花移栽成苗后（直播棉则在苗前或苗后 3～5 叶期）进行。第二、三次中耕则应适当培土以埋压株间杂草。如果化除效果好，土壤质地疏松，可减少中耕次数。夏季作物前期适逢高温、多雨，应在雨季开始之前，结合间苗，连续中耕 2～3 次，将杂草消灭在萌芽及幼苗阶段。中耕后若遇大雨，则造成水土和肥料流失。作物群体较大，墒情较好时，中耕诱发的杂草可随作物封行而被控制。作物群体较小时或多年生杂草较多时，中耕应配合其他措施，如施用除草剂或行株间覆盖等，才能受到良好的除草效果。

2. 覆盖治草 覆盖治草是指在作物田间利用有生命的植物（如作物群体、其他种植的植物等)或无生命的物体(如秸秆、稻壳、泥土或腐熟有机肥、水层、色膜等)在一定的时间内遮盖一定的地表或空间,阻挡杂草的萌发和生长的方法。因此,覆盖治草是简便、易行、高效的除草方法,是杂草综合治理和持续农业生产方式的重要措施之一。利用覆盖能降低土表光照强度,缩短有效光照时间,避免或减少光诱导杂草的种子发芽;对已出苗的小草,通过遮光或削弱其生长势,使其饥饿死亡。春、秋两季覆盖使地表温度下降,也有抑制杂草萌发的效果。薄膜覆盖还可通过膜下高温杀死杂草。观赏植物栽植后,用树皮、塑料小块(片)、刨花或草木灰覆盖可有效防治一年生杂草,防治效果在95%以上,且对土壤水分无不良影响。防治多年生杂草的覆盖厚度应大于防治一年生杂草。园田生产中,不同的覆盖之间可相互配合,提高控草效果和综合效益。

(1) 作物群体覆盖抑草　作物群体覆盖是最基本的也是最廉价、高效和积极的除草手段。利用作物群体的遮光效应,减少杂草的发生和生长。通过作物群体在肥、光、水、温、空间等诸多方面与杂草竞争,多方位地控制杂草。实践表明,任何一种除草方法,唯有发挥作物群体的积极作用,才能取得理想的除草效果。

增强作物群体覆盖度的主要措施:①选用发芽快而整齐的优质种子,确保早出苗、出齐苗、出壮苗。②选择能使作物对杂草很快形成覆盖的最佳栽培制度。确保全苗早发,促进作物群体优势早日形成。③在高产前提下,最大限度地提高单位面积上种植物的播种密度,早发挥群体覆盖作用。④在行式栽培条件下,提倡适当密植,尽可能缩小行距、株距,尽量减少作物生长早期田间过多的无效空间。⑤春播作物的播期,宜选择在土温回升迅速的时期,以缩短种子萌发至出苗的时间,并有机会在播种前进行杂草防治。⑥利用农艺措施促进作物早发快长。例如加强农田基本建设、改善灌溉条件、降低地下水位、精耕细作、提高整地和播种质量、适宜的播种量和移栽深度,以及早期的中耕除草等。⑦施用选择性除草剂或除草剂的复配剂,控抑杂草,促苗早发,形成覆盖。

此外,因地制宜、合理调整种植方式也是有效治理杂草的重要途径之一。如改平作为垄作(东北)、改直播为移栽、改单作为套作、改宽行为窄行、改撒播为条播等。

(2) 秸秆覆盖　秸秆覆盖又称秸秆还田。可直接还田的秸秆主要是麦秸秆、稻草、玉米秆和苇草等。适宜覆盖灭草的作物有大豆、棉花、玉米以及行播的小麦、水稻等。据江苏省宜兴市大面积推广免耕麦田覆盖灭草经验,每公顷铺稻草3 750kg和5 250kg,冬前看麦娘密度分别下降82.9%和88.5%,春季密度分别下降73.4%和81.0%,小麦分别增产6.7%和21.5%。抑草增产效果十分显著。

秸秆覆盖有行间铺草和留茬两种形式。前者抑制杂草效果较好,不影响作物生长;后者抑草效果较差,影响播种和作物的初期生长,但省工、节本。总结多年来各地多种作物田秸秆覆盖的实践,其效应主要有以下几个方面:①减少并推迟杂草发生。②抑制杂草光合作用,阻碍其生长。③禾谷类作物秸秆的水浸物可抑制某些杂草的萌发和生长。如麦秸水浸出物可抑制白茅、马唐等杂草。④增加有机质和多种养分。据测定,667m^2还田100kg干稻草,相当于增施2.75~3.9kg硫酸铵,1.33~1.67kg过磷酸钙,2.67~4.67kg氧化钾,还有70kg以上的有机质。提高了土壤肥力,改善了土壤结构,使土壤疏松透气,微生物活动旺盛,降低土壤中杂草种子的生活力,有利于作物生长,促进以苗抑草。⑤越冬作物覆盖秸秆有一定的保温效应,可促进作物生长，增强抗冻能力。覆盖限制了杂草个体或群体的生长空间，被覆盖的杂草在较高的温、湿度条件下呼吸消耗较多，易黄化腐烂，遇到寒流易被冻死；⑥覆盖秸秆可以保肥、保湿、减少水土流失。

秸秆覆盖的优点很多，但也有一定的缺陷。例如，秸秆中掺杂的大量杂草种子也被带入田间，高留茬，使得低矮的杂草所产生的种子也一同滞留在田间。此外，秸秆分解过程中要消耗土壤中的氮素，为满足作物的早期生长要增施基肥。因此，最好将作物的秸秆等经堆制腐熟后作覆盖物施入田间。

（3）腐熟有机肥和干土覆盖　腐熟有机肥覆盖是秸秆覆盖的一种变换形式。其中，"过腹还田"是指将用于还田的作物秸秆、绿肥等直接作为养禽、养畜的饲料，在光合产物还回土壤之前进行一次或多次养分再利用。其优点：①可以通过消化和发酵杀死夹在秸秆中的杂草种子；②避免秸秆在土壤中分解产生有机酸、沼气等还原性物质毒害作物，利于培育作物群体优势；③扩大覆盖物源。腐熟有机肥包括厩肥、人粪肥、秸秆、荒草或"地皮"等沤（堆）制的堆肥以及富含有机质的河泥等。

经沤制发酵的腐熟有机肥基本上不含有活力的杂草种子，大量地全田覆盖或局部（播种行、穴）覆盖都有抑制杂草萌发和生长的作用。江苏地区冬小麦田有河泥拍麦、开（铲）沟压麦和麦行（油菜行）中耕的传统习惯，既能有效地抑制看麦娘、硬草等多数杂草的萌芽生长，又能促进小麦生长，效果很好。北方春大豆区苗前耥土盖"蒙头土"既利于大豆生长，又能埋死刚刚萌发生长的杂草嫩芽，其灭草效果在90%以上。日本、美国、西欧和巴西的某些农场大量施用堆肥（约1 050t/hm^2），不仅增加了土壤肥力，减少和避免使用化肥，而且有显著的控草作用。

3. 轮作治草　轮作是指不同作物间交替或轮番种植的一种种植方式，是克服作物连作障碍，抑制病虫草害，促进作物持续高产和农业可持续发展的一项重要农艺措施。通过轮作能有效地防止或减少伴生性杂草，尤其是寄生性杂草的危害。

轮作可分为水旱轮作和旱作轮作两种方式。水旱轮作使土壤水分、理化性状等发生急骤变化，改变了杂草的适生条件。湿生型、水生型以及藻类杂草在旱田不能生长，而旱田杂草在有水层情况下必然死亡。因此，轮作对水湿生或旱生杂草都有较好的防治效果。

水旱轮作治草功效的大小与轮作对象、种植方式、水分运筹和轮作周期的长短关系极大。在北方地区，水改旱后土质黏重、冷浆，湿生杂草往往仍很严重，应先种植适应性强、前期作物群体较大、控草能力较强的作物，如大豆、小麦等。随后，待土壤条件改善后种植玉米、高粱等宽行中耕作物。春小麦早播和密植，在早期能迅速封垄、郁闭，对一年生晚春性杂草如稗草、马唐、鸭跖草等有较强的抑制作用；春大豆、春玉米等播种较晚，通过播前整地、苗前耙地等措施，可防治一年生早春与晚春性杂草，而对多年生杂草也有一定的防治作用，其后通过中耕、旋耕、深松等能较好的防治行间杂草，但株间杂草难以防治。因此，将密播作物小麦、亚麻、油菜与中耕作物进行轮作，可充分发挥每种作物控制和防治杂草的作用。

旱作作物间的轮作，主要通过改变作物与杂草间的作用关系或人为打破杂草传播生长、繁殖危害的连续环节，达到控制杂草的目的。旱作轮作主要有高秆作物与矮秆作物、中耕作物与密播作物、阔叶作物与禾本科作物、固氮作物与非固氮作物、对某种病虫害敏感的作物与非敏感作物以及具化感作用的作物间的轮作（如燕麦与向日葵轮作比燕麦连作杂草显著减少）等。只有合理地搭配,才能收到良好的增产、控草的效果。如长江中下游地区,小麦与油菜轮作,即为禾本科作物与阔叶作物、密播与中耕、须根系植物与直根系植物多重互补性轮作。利用油菜郁闭控草力强、养分吸收层面较深、缓和与杂草和前茬作物的养分竞争,同时,可发挥除草剂的选择性等优势。麦田化除重点防治阔叶杂草如猪殃殃、麦仁珠、大巢菜、婆婆纳、泽漆、麦家公等,油菜田重点防除禾本科杂草如看麦娘、日本看麦娘、茵草、硬草等恶性难除杂草,大大地减轻了杂草的危害。在一熟制地区,改小麦连作为麦豆轮作,在耕作、养分吸收、除草剂选择性诸多方面得到互补,十分有利于增产控草。若改为麦—豆—麦—玉米(棉)轮作制,增加了一次中耕除草和高秆作物控草机会,使多年生杂草和一年生杂草都能得到较好的控制,使草害进一步减轻,不仅有利控制当季杂草,还能减轻下茬除草压力。小麦与高秆绿肥轮作,通过绿肥群体控草、翻压绿肥和杂草,增进地力,活跃土壤微生物,降低土壤中的杂草种子的基数和杂草种子的生活力等,具有明显的综合效益。巴西的一些农场,每年安排 1/3 的土地种植豆科绿肥(鼗豆),每 3 年轮作一次绿肥,不仅能有效地控制杂草,而且每年每公顷有 3 万~5 万 kg 有机肥还田,下茬作物的化肥施用量减少一半左右。鼗豆根系深达 1~2m,可把土壤深层的水分吸收上来,增强下茬作物的抗旱能力,还可把土壤深层的有效肥料移向表层,使土地更肥沃。此外,还有涵养水源,防止水土流失的功效。

4. 间套作控草 依据不同植物或作物间生长发育特性的差异,合理地进行不同作物的间作或套作。如稻麦套作、麦豆套作、粮棉套作、果桑套作、棉瓜(葱)套作或葡萄园里种紫罗兰,玫瑰园里种百合,月季园里种大蒜等。间(套)作是利用不同作物的生育特性,有效占据土壤空间,形成作物群体优势抑草,或是利用植(作)物间互补的优势,提高对杂草的竞争能力,或利用植物间的化感作用,抑制杂草的生长发育,达到治草的目的。此外,还充分利用光能和空间。例如玉米行间套种大豆,大豆是直根系深耕性作物,玉米是须根系浅耕性作物。前者能充分利用土壤深层的水分和养分,后者主要吸收上层土壤中的水分和养分;玉米是高秆植物,耐旱、耐强光,大豆是矮生性作物,具一定的耐阴性。大豆早期生长旺,很快形成群体优势,控草治草能力强,如玉米田中的小藜、灰绿藜、苍耳、马唐等均能明显受抑制,有些杂草如铁苋菜等则因早期生长量小,很快被大豆群体覆盖,而逐渐衰弱死亡,而玉米的生长量前期小,后期大,中、后期才能形成群体优势,起到控草抑草的作用,两种作物同田种植,可以显著地减少除草的难度。又如棉田套种西瓜是近年来发展起来的一种经济高效的种植方式,同样是利用棉苗群体前期小,自然空间大,西瓜营养期生长旺盛,叶片大,藤蔓穿行速度快,能迅速形成群体覆盖治理杂草的优势。两种套种方式不仅能有效增加作物产量和经济收益,而且能节省除草的工本和费用,尤其是大大减少(少用或不用)除草剂用量,有利保护环境,应积极提倡,大力推广。

二、生态防治

生态防治(ecological control)是指在充分研究认识杂草的生物学特性、杂草群落的组成和动态以及"作物—杂草"生态系统特性与作用的基础上,利用生物的、耕作的、栽培的技术或措施等限制杂草的发生、生长和危害,维护和促进作物生长和高产,而对环境安全无害的杂草防除实践。通过各种措施的灵活运用,创造一个适于作物生长、有效地控制杂草的最佳环境,保障农业生产和各项经济活动顺利进行。

1. 化感作用治草　化感作用治草是指利用某些植物及其产生的有毒分泌物质能够有效抑制或防治杂草的方法。例如，用豆科植物小冠花（Coronilla varia）种植在公路斜坡与沟渠旁，生长覆盖地面，可防止杂草蔓延和土壤侵蚀。小麦可防除白茅，雀麦可防除匍匐冰草，冰草防除田旋花，苜蓿防除灯芯草粉苞苣和田蓟，三叶草防除金丝桃属杂草等。利用化感作用治草的方法主要有两种：一是利用他感植物间合理间（套）轮作或配置，趋利避害，直接利用作物或秸秆分泌、淋溶他感（克生）物质（allelochemical）抑制杂草。如在稗草、反枝苋和白芥严重的田块种植黄瓜，在白茅严重的田块种大麦，在马齿苋、马唐等杂草严重的田块种植高粱、大麦、燕麦、小麦、黑麦等，都可以起到既能治理杂草，又能提高作物产量的作用。二是利用他感物质人工模拟全天然除草剂治理杂草。依据他感作用开发的除草剂具有结构新、靶标新、对环境安全、选择性强等特点。例如仙治（cinmethythylin）就是他感物质1,8-桉树脑（鼠尾草属植物的他感物质）结构基础上人工合成的除草剂。此外，香豆素、胡桃醌、蒿毒素（artemisinin）以及需要光激活的激光除草剂ALA（氨基酸-δ-氨基-γ-酮戊酸）、噻吩类的α-三噻吩（α-terthienyl）和海棠素（hypercin）等已受到人们的重视，并将在杂草的治理中发挥越来越大的作用。

2. 以草治草　以草治草（weed control with herbs）是指在作物种植前或在作物田间混种、间（套）种可利用的草本植物（替代植物）；改裸地栽培为草地栽培或被地栽培（被地栽培是指在有植被分布的农田种植某种作物的方式），确保在作物生长的前期到中期田间不出现大片空白裸地，或被杂草所侵占，大大提高单位面积上可利用植物的聚集度和太阳能的利用率，减轻杂草的危害；以及用价值较大的植物替代被有害杂草侵占的生境。目前生产上采用较多的替代植物通常有豆科的三叶草、苜蓿，十字花科的荠菜以及蕨类植物如满江红等。这些植物的优点：①生长以固氮，是优质绿肥植物，能增加土壤肥力；②生物量较大，抑草效果好；③与作物争光、争肥少，可防止土壤返盐，并可保持水土；④营养丰富，可当优质饲料，发展畜牧业；⑤可当特种蔬菜，增加食谱和口味。

3. 利用作物竞争性治草　选用优良品种，早播早管，培育壮苗，促进早发，早建作物群体，提高作物的个体和群体的竞争能力，使作物能够充分利用光、水、肥、气和土壤空间，减少或削弱杂草对相关资源的竞争和利用，达到控制或抑制杂草生长的目的。例如，我国北方的春大豆或江淮流域的夏大豆，可通过精选粒大饱满的种子适度浸种，适墒早播，力争出苗早、齐、匀、壮。在播期田间湿度较小的情况下，或将大豆种子包衣，或播后灌"跑马水"，促进早出苗、出齐苗。然后，立足早施适量氮肥等，加强苗期田间管理，促进早生快发，形成壮苗，能有效地控制杂草的发生和生长，减轻大豆作物生长压力，为其稳定高产奠定基础。

种植替代植物的关键，既要控草，又要防止替代植物群体过大影响作物的产量。因此，在实际运用过程中，必须根据不同的土壤、气候、种植制度和习惯及当地栽培管理模式特点合理选配种植，并在试验成功的基础上推广应用。值得注意的是，利用替代植物不可能完全控制杂草，可在综合选用其他杂草防除的策略和技术基础上，适当选用除草剂，但应用量少、成本低、对生态环境影响小，能较好地治理田间多数一年生或越年生杂草。江苏省广大农村，在以草治草、肥田高产方面有着成功的实践和丰富的经验可供借鉴。国外有些农场，把大面积混播或轮作三叶草、苜蓿、田菁和蚕豆等绿肥控制杂草、培肥地力作为一项农业基本措施，取得了可喜的成效，值得借鉴。

稻田中放养满江红，使其布满水面，产生遮光和降低水层与地表温度的效应，大大地减少了节节菜、水苋菜、异型莎草、苹、槐叶苹（*Salvinia natans*）、牛毛毡以及其他稻田杂草的发生和危害，经轻度搁田耘耥，可将满江红埋入土中，其中鱼腥藻固定的氮素，可达到改土培肥的目的。

4. 以水控草 水层覆盖控制或抑制杂草是在一定的持续时间内，通过建立一定深度的水层，一方面使正在萌发或已经萌发和生长的杂草幼苗窒息而死，另一方面抑制杂草种子的萌发或迫使杂草种子休眠，或使其吸胀腐烂死亡，从而减少土壤中杂草种子库的有效数量，减少杂草的萌发和生长，减轻杂草对作物生产的干扰和竞争。在水稻田中，前期适当深灌则能有效控制牛毛毡、节节菜、稗和水苋菜等杂草的发生。

水旱轮作可以极大地改变种植时的水分状况，从而创造一种不利于土壤中杂草繁殖体存留和延续的生态条件。如稻麦连作，水稻种植期的水层会导致喜旱性杂草如野燕麦、麦仁珠和播娘蒿等子实的腐烂死亡。双季稻种植区，由于水稻种植时灌水期较长，下茬油菜和麦田中猪殃殃、大巢菜等杂草亦很少发生。

值得注意的是随着轻型节水栽培技术在水稻生产中的推广应用，稻田环境的改变，使杂草的草相、群落结构等发生了显著变化，一些湿生型、半旱生型的杂草如通泉草、马唐等已能适应生长繁衍。一些原本生长在中生或旱生条件下的麦田杂草（如野燕麦）等的种子在原有的水旱轮作制条件下腐烂死亡，但在节水栽培条件下，却能很快适应，延续下来。在华东地区，野燕麦已成为麦田重要杂草之一。所以，从控草角度考虑，既能遏制这些重要杂草的危害，又最大限度节水，是值得研究的课题。

此外，加强农田基本建设，改善作物生境、破坏杂草生境亦能有效治理杂草。例如，加强低洼田农田水利建设，降低地下水位，促进土壤形成旱田性状，有利于大豆、棉花、小麦等旱作物的生长，减轻湿生杂草的发生和危害。沿海稻区加强水利建设，修筑海堤挡盐水，并引淡水洗盐，同时种植绿肥等培肥改土，可促进杂草群落的更替，逐年减轻乃至汰除耐盐碱杂草如扁秆藨草等的发生与危害。

杂草的生态治理涉及的范围或内容很广，从某种意义上讲，物理性措施、农业措施、生物的方法、杂草的检疫等都能改变杂草的生长环境或改变杂草繁殖体（种子或营养器官）在土壤中的分布格局、生长和危害，其中都有属于杂草的生态治理范畴的内容。

值得指出的是，杂草的生态治理不是也不可能根除（治）杂草，它只能在一定程度上控制或抑制杂草的萌发和生长，减轻杂草对作物生长的干扰和危害，或是促进作物的生长，增强作物对杂草竞争温、光、水、肥、气和土壤空间的能力，进而阻止杂草萌发或削弱杂草对作物的胁迫，保护环境。因此，在学习中切不可孤立地机械地去学，而应该联系和综合起来学习思考，才能真正从保护生态环境的角度，把握住杂草防除的真谛。

第三节 化学防治

化学防治（chemical control）是一种应用化学药物（除草剂）有效治理杂草的快捷方法。它作为现代化的除草手段在杂草的治理中发挥了巨大的作用（详见第五章）。早在19世纪末期，在欧洲防治葡萄霜霉病时，发现硫酸铜能防治麦田一些十字花科杂草而不伤害作物，这就开始了人类化学除草的历史。1932年，选择性除草剂二硝酚与地乐酚的发现，使除草剂进入有机化合物阶段；1942年，2,4-D以及随后的2甲4氯与2,4,5-D的发现，开辟了杂草化学防治的新纪元。

20世纪50年代后期开发成功了均三氮苯类除草剂，60年代又生产出酰替苯胺类除草剂（敌稗），使除草剂的研究开发进入了更为广泛的领域。其主要标志是开发有机除草剂，使用药量降低，药效提高，选择性增强。70年代以来，随着有机合成工业的迅速发展，生物化学与植物生理学研究的进展，生物测定技术的进步和计算机的应用，显著促进了除草剂品种的筛选与开发，广谱、高效、选择性强、安全性高的除草剂不断出现。经50多年来的探索和实践，全世界已有400多种除草剂投入生产和应用。除草剂逐步成为农药工业的主体，其年产量、销售量及使用面积均跃居农药之首。近年来，一些生物毒性较强、残留期较长、用量较大以及可能致癌的除草剂已被禁用，例如五氯酚钠（对鱼类等毒性大）、除草醚和2,3,5-T（怀疑有致癌作用）等。

第四节　生物防治

生物防治（biological control）就是利用不利于杂草生长的生物天敌，像某些昆虫、病原真菌、细菌、病毒、线虫、食草动物或其他高等植物来控制杂草的发生、生长蔓延和危害的杂草防除方法。生物防治杂草的目的是通过干扰或破坏杂草的生长发育、形态建成、繁殖与传播，使杂草的种群数量和分布控制在经济阈值允许或人类的生产、经营活动不受其太大影响的水平之下。生物防治比化学除草具有不污染环境、不产生药害、经济效益高等优点；比农业防治、物理防治要简便。

事实上，昆虫或微生物控制植物群体是一个已经进行了若干世纪的自然过程（图5-3）。由于农业生产的高速发展，才促使人们有意识地利用这一途径来治理草害。现今的生物防治，是在整个农业生态系统中尽可能地通过各种手段来促进杂草本身所固有的天敌来控制杂草，把天敌的种群调整到足以控制杂草发生的程度（图5-4）。随着大量除草剂的使用，环境遭到严重污染和破坏，生物防治越来越受到人们的重视。

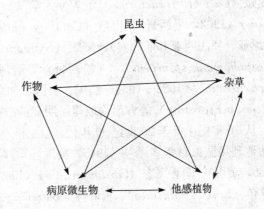

图5-3　不同天敌类型与杂草、作物间的相互关系

在杂草生物防治作用物的搜集和有效天敌的筛选过程中，必须坚持"安全、有效、高致病力"的标准。在实行生物防治的过程中，无论是本地发现的天敌，还是外地发现的天敌，都必须严格按照有关程序引进和投放，特别需要做的是寄主专一性和安全性测试。通过这种测验来明确天敌除能作用于目标杂草外，对其他生物是否存在潜在的危害性。国内外学者对

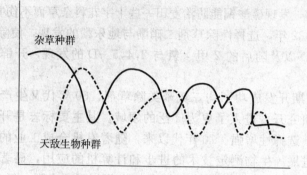

图 5-4 生物防治作用物和目标杂草种群消长动态示意图

本项测验确定选择的对象：①与目标杂草同属同科的其他代表物种；②近缘科的代表物种；③主要作物及观赏植物；④与目标杂草在物候上尤其是形态上很相似的植物；⑤在当地具生态意义的植物。

通过测验，在明确其应用安全性后，才能进行杂草的天敌释放。

一、杂草生物治理的历史

人类有意识地利用天敌成功地治理杂草是 1795 年，饱受仙人掌（Optuntia spp.）之害的印度，从巴西引进了胭脂虫（Dactylopius ceylonicus），有效地控制了印度北部地区仙人掌的危害。此后，在以虫治草方面进行了一个多世纪的艰苦摸索和实践，至 20 世纪中叶，在利用仙人掌穿孔螟蛾（Cactoblatis cactorum）治理仙人掌（1925，澳大利亚），用食虫网蝽（Teleonenia scrupulosa）（1902，墨西哥）、夜蛾（Catabena esula）（1952 年，美国）、夜蛾（Itypera serigata）（肯尼亚、罗法西亚和菲律宾）、野螟（Syngamia haemorrhoidalis）（古巴、美国）和茎钻孔虫（Plagiohammus spinipennis）（墨西哥）等治理马樱丹（Lantana camara），以及用 Chrysolina quandrigemina（1929—1953，法国、美国、加拿大、南非和新西兰）治理黑点叶金丝桃（Hypericum perforatum）等方面均取得了明显的成效。

从 20 世纪中叶至 20 世纪 90 年代，以虫治草的研究和实践得到高度重视和迅速的发展，先后成功地利用昆虫对紫茎泽兰（1945，美国）、豚草（Ambrosia sp.）（1978，前苏联）、空心莲子草（1960，美国）、麝香飞廉（Carduus nutans）（1969、1974，美国）以及矢车菊（Centaurea aiffusa）、柳穿鱼（Linaria dalmatica）、槐叶萍（Salvinia molesta）等多种难除杂草进行了有效治理，取得显著成效。

人类以菌治草的成功实践要比以虫治草晚。20 世纪 60 年代，山东省农业科学院发现、筛选和应用胶孢炭疽菌（Colletotrichum gloeosporioides）制成鲁保 1 号菌剂，防治大豆菟丝子，取得重大成就。澳大利亚用 Puccinia chondrillina 治理灯心草粉苞苣（Chondrilla juucea），以及美国用 Fusarium roseum 和 Bacillus sp. 防治狗尾草和用霜霉病菌（Peronos poraeffusa）抑制藜的生长等均取得了一定的成效，为农业生产做出了贡献。

具有划时代标志意义的是1981年，在美国利用真菌研制出第一个被登记注册的生物除草剂De Vine，开创了人类应用现代工程技术控制性地利用生物防治杂草的新时代。

此外，利用非植物病原菌的代谢产物治理杂草亦受到人们的重视。

杂草生物防治已有100多年的历史，但作为一门新兴学科，直到1969年才真正宣布成立。其后，分别于1971（意大利）、1973（法国）、1976（美国）、1980（澳大利亚）、1984（加拿大）、1987（意大利）相继召开7次国际杂草生物防治学术讨论会。20世纪70年代以来，杂草的生物防治由非耕地扩展到农田、水域及种植园。在1980年前利用无脊椎动物和真菌在控制101种杂草的174个杂草生物防治项目中，有68个项目取得成功，利用了117种昆虫，2种螨类，1种线虫和4种真菌，有效地控制了49种杂草的危害。

二、经典生物防治

经典生物防治是利用专性植食性动物、病原微生物，在自然状态下，通过生态学途径，将杂草种群控制在经济上、生态上与美学上可以接受的水平。生物防治过程的天敌生物多是从外国或外地（通常是杂草原产地）引进，此法多用于对付外来杂草的防治。一般认为，生物防治对外来杂草的有效控制明显优于对付本地或已归化的杂草。外来杂草进入新的分布区后，只要环境适宜，其生长发育在无其他因子制约的情况下，极易造成"草害暴发"，并与本地植物竞争有限的资源，威胁农牧渔业、交通运输和人类的健康等。因此，从杂草原产地引进有效天敌，就成为用生物防治的方法有效治理这类杂草首要的和根本的措施。但是，近年来发展的助增式释放或淹没式释放技术，可以利用本地天敌生物防除本地杂草。经典生物防除的优点是防治成本低，生防天敌释放后即可自行繁殖、扩散、侵害目标杂草，一次性或有限次投放杂草的天敌可以长期受益。有时，一次成功的天敌引进，可一劳永逸地解决草害。生物防治的缺点是天敌一旦释放，人们难以控制其扩散，具有潜在的生态风险。

（一）以虫治草

以虫治草是利用某些昆虫能相对专一地取食某种（类）杂草的特性来防治杂草的方法。杂草的天敌昆虫的筛选确定，必须建立在明确了这类昆虫的生物学、生态学特性和与寄主植物的关系基础之上，即在探明了昆虫的专化程度、取食类型、取食时期、发生时期、发生代数、繁殖潜力、外部死亡因子、取食行为与其他生防作用物的协调性和作用物的个体大小等基础之上。生物防治的首选昆虫应具备的特性：①直接或间接地杀死或阻止其寄主植物繁殖扩散的能力；②高度的传播扩散和善于发现寄主的能力；③对目标杂草及其大部分自然分布区的环境条件有良好的适应性；④高繁殖力；⑤避免或降低被寄生和被捕食的防御能力。目前，利用昆虫有效治理杂草取得成功的例子主要集中于对外来杂草的防治，而对本地杂草尚未有成功应用的实例。在利用昆虫防治杂草工作中，应观察研究昆虫对杂草的危害症状、危害部位、对杂草造成的影响等。如发现某种昆虫能危害一种杂草，且杂草受害很重，这并不意味着就可用于生防。因为，有些昆虫食性很杂或属多食性，除可取食观察到的杂草外，还能取食别的植物，特别是同属、同科的植物。此外，本地杂草由于长期的自然选择，它与限制其自身的生物因子已处于一个生态平衡状态，因此，用昆虫治理本地杂草的可能性要比外来杂草小得多。

1. 仙人掌防治 仙人掌（*Opuntia inermis* 和 *O. stricta*）源于西半球的墨西哥，1840年传入澳大利亚，最初用于观赏与绿篱，其后逐渐扩散，侵入农田、牧场，到1925年为止，估计有1 500万 hm^2 的耕地受害，严重发生地区则连人和大型动物都无法通过。为此，澳大利亚专门成立了仙人掌防除委员会，从美国、阿根廷、墨西哥等地找到了12种天敌昆虫，经寄主专一性测验和效果评估得出仙人掌穿孔螟蛾（*Cactoblastis cactorum*）最有效。其幼虫蛀入仙人掌茎内取食造成孔道，破坏了仙人掌内部组织，同时昆虫取食造成的伤口也为一些病菌提供了侵染的机会。自引进释放至1934年，90%的仙人掌被穿孔螟幼虫取食，使仙人掌得到控制。其后出现几次回升，但由于穿孔螟种群数量及时增加，最后使仙人掌得到了有效的控制。

2. 空心莲子草治理 空心莲子草属苋科，莲子草属的多年生宿根草本植物，为水陆两生的恶性杂草。原产巴西，现分布于南美、北美、澳大利亚、亚洲及非洲30多个国家。该草在20世纪30年代末、40年代初传入上海，50~70年代曾作畜饲料在国内许多省份引种繁殖，其后迅速扩展，成为这些地区的难除杂草之一。

20世纪40年代，空心莲子传入美国南方，并迅速蔓延成灾。后于60年代初期到该草原产地寻找天敌，发现其主要天敌有空心莲子草叶甲（*Agasicles hygrophila*）、一种蓟马（*Amynothrips andersoni*）和一种斑螟蛾（*Vogtia malloi*）。经比较观察，以叶甲对空心莲子草的控制效果最好。经引种繁殖释放，使原来密布该草的水域变得清清爽爽，有效地控制了空心莲子草的扩展蔓延，取得了杂草生防史上水生杂草生物防除成功的第一例。

我国于1987年自美国引进空心莲子草叶甲，经检疫和食性测定后，同年在四川北碚一水塘释放成虫500头，当年繁殖两代，次年即将塘内空心莲子草基本清除。1988年于湖南长沙的水库中释放成、幼虫及卵1 100头（粒），当年繁殖3~4代，但因冬季低温该虫无法自然越冬，通过人工保护越冬，次年春季再度释放，取得良好的效果。现已在四川、福建、湖南等省建立了空心莲子草叶甲释放点。

3. 菊科杂草的防治

(1) 紫茎泽兰 紫茎泽兰的经典生物防治始于1945年，美国从墨西哥引进泽兰实蝇（*Proceidochares utilis* Stone）到夏威夷，研究其生物学特性及用于控制紫茎泽兰的可行性。泽兰实蝇产卵寄生于紫茎泽兰的茎顶端，继而形成虫瘿，严重抑制紫茎泽兰的生长。它虽然可形成侧枝，但开花结实数量显著减少，产生不孕的头状花序，直至植株最终死亡。进一步研究表明，泽兰实蝇的寄主专一性很强。随后澳大利亚（1952年）、新西兰（1960年）、印度、南非均引进该虫，建立自然种群，以控制紫茎泽兰。

泽兰实蝇引起紫茎泽兰茎形成虫瘿的机理是由于组织的细胞分裂素异常造成的。Bennett et al. 研究了虫瘿形成的过程和结构。此外，泽兰实蝇抑制紫茎泽兰生长的主要生理机制是影响其光合速率。

另一种昆虫 *Dihammus argentatus* Auriv. 也被考虑，并与泽兰实蝇和一种真菌结合起来用于控制紫茎泽兰，在一定程度上抑制了紫茎泽兰的扩散速度。

中国科学院昆明生态研究所借鉴国内外关于利用泽兰实蝇治理紫茎泽兰的成功经验，于1984年7月在西藏聂拉木县樟木区考察时，找到了泽兰实蝇。经检疫、食性专一性测定等研究后，次年陆续在云南紫茎泽兰主要发生危害区释放，均获成功，并已定居扩散。释放区紫茎泽兰枝条寄生率可达60%~70%，其危害性已逐步减轻。

(2) 豚草　美国、加拿大杂草生防工作者于20世纪60~70年代，通过在豚草发生地的大量天敌调查研究中发现，豚草条纹叶甲是一种较为理想的治理豚草的天敌昆虫。前苏联1978年引入该虫后，在北高加索、乌克兰、哈萨克斯坦及远东地区释放后，很快建立了种群，成功地控制住了豚草的危害。

1987年，中国农科院生防室先后从加拿大和前苏联分别引进豚草条纹叶甲，经实验室检疫、寄主专一性测定及生物学特性观察表明，该虫的物候期与寄主的物候期相吻合，繁殖力高，对豚草的控制效果好。目前已在辽宁的沈阳、丹东、铁岭等地成功释放。

(3) 黄花蒿　1982年江苏农学院在沿海棉区发现了一种天敌——尖翅筒喙象（*Lixus actipennis*），一年发生1~2代，成虫喜食黄花蒿嫩头、嫩叶，并以喙咬破植株表皮，产卵于其中，以幼虫取食黄花蒿茎秆维管组织，形成虫道，致使植物折断枯死，其自然侵蚀控草率在82.7%以上，值得推广应用。

4. 莎草科杂草的治理（香附子和扁秆藨草）　湖北省五三农垦科研所（1984年）发现了尖翅小卷蛾（*Bactra phaeopis*），主要取食香附子的嫩芽、块茎和根状茎，其自然致死率平均达53%。调查表明，尖翅小卷蛾在北至河北、北京、山东，南至两广、海南岛等地均有分布，不仅能危害香附子，而且能取食扁秆藨草和油莎草。经人工培养、大田释放试验，每头雌蛾的子一代平均可防除121株香附子，表现出诱人的应用前景。

5. 其他杂草的治理

(1) 鸭跖草　20世纪80年代以来，我国东北农区利用盾负虫（*Lema scufelaris*）单一性取食鸭跖草取得成功经验。

(2) 槐叶萍　槐叶萍是稻田或水田（域）中常见的杂草，繁殖迅速，影响水稻生产和水产养殖，覆盖河流和湖面，又是血吸虫病的中间宿主。20世纪80年代澳大利亚从槐叶萍的原产地巴西引进槐叶萍象甲（*Cyrobagous salviniae*），1年左右将Moondarra湖上13hm^{2}的槐叶萍被消灭了。此外，在巴布亚—新几内亚、印度和纳米比亚，槐叶萍的生物治理也取得了很好的效果。

应用昆虫除草在世界各国已得到广泛重视，并取得了不少生防成果，尤其是对杂草、昆虫天敌的危害等生物学特性做了较为深入的研究。除上述生防成果外，还有很多其他的实例和报道。

(二) 以病原微生物治草

一般来讲，杂草病原微生物都是杂草的天敌。但是，从生物防除的要求来看，只有那些能使杂草严重感染，影响杂草生长发育、繁殖的病原微生物才有望成为生防作用物。迄今为止，已有不少病原微生物防除杂草的成功实例，有的已大面积推广应用。

利用病原真菌治理杂草的机理主要包括对杂草的侵染能力、侵染速度和对杂草的损伤性等。侵染能力可以从侵染途径（如直接穿透表皮或只经气孔）、侵染部位、侵入后在组织中的感染能力等反映，如某些真菌可以侵染进入组织内部，但不能使其感染发病。侵染速度与病原真菌的侵染能力、侵入组织后的生长发育状态、被侵染杂草对该病原菌的抗耐性大小和侵染时的环境因子的适合度有很大的关系。对杂草的损伤性主要表现为引起杂草严重的病症如炭疽、枯萎、萎蔫、叶斑等，这些症状的发生，有时与真菌的特异植物毒素的产生有关。真菌的侵害一开始和杂草生长处于相互颉颃和斗争状态，杂草的防御机制和生长会修复侵染物导致的损伤，只有在侵染速度高于杂草生长速度时，杂草才能受到明显伤害，并有效控制杂草。

1. 灯芯草粉苞苣 灯芯草粉苞苣（*Chondrilla juncea*）是一种高大的野生植物。该草于19世纪初从欧洲传入澳大利亚和美国。澳大利亚由于该草的蔓延危害使上百万公顷小麦生产受到威胁，且常缠绕住收割机械，致使许多农场主被迫放弃小麦种植。1960年澳大利亚从地中海地区找到一种寄生锈菌（*Puccinia chondrillina*），该菌侵染灯芯草粉苞苣的茎与花萼，使花和种子减少，种子生活力下降，影响了杂草繁殖能力，经研究引入后取得了巨大的成功，其投资与收益比为1：112。是用植物病原菌防治农田杂草的第一个成功例子，是澳大利亚生防史上的一个里程碑。

2. 紫茎泽兰 1954年，在澳大利亚的昆士兰的紫茎泽兰叶上首次被发现叶斑病的真菌——泽兰尾孢菌（*Cercospora eupatorii* Peck.）。它可引起叶子被侵染组织的失绿，使植株的生长受阻。在马来西亚记作飞机草尾孢菌（*Cercospora eupatorii - odorati* Yen）。在中国最初被报道为飞机草色链隔孢菌（*Phaeoramularia eupatorii - odorati* (Yen) Liu et Guo），在新西兰也以该名报道，后又定名为飞机草绒孢菌［*Mycovellosiella eupatorii - odorati* (Yen) Yen］。得到南非、新西兰等国注意，并研究用于控制紫茎泽兰。该菌为一种寄生性较强的病原真菌，主要为害紫茎泽兰叶片，通过气孔进入寄主，病斑上可形成大量分生孢子再度侵染。分生孢子可通过气流、雨水、昆虫传播，可引起紫茎泽兰普遍发病，减缓或阻止了紫茎泽兰的扩展与蔓延。紫茎泽兰受害后其光合速度明显下降，叶绿素含量显著减少。若与泽兰实蝇联合施用，可增强对紫茎泽兰的控制能力。

近年来，南京农业大学杂草研究室从紫茎泽兰叶的自然发生的病斑中，分离获得链格孢菌（*Alternaria alternata*）一菌株，其菌丝体片段，可在20h内就引起紫茎泽兰茎叶严重病害，并在一周内杀死2月龄的幼苗。并对有关侵染致病过程、发病条件等进行了深入研究。

三、生物除草剂防治

生物除草剂（bioherbicide）是指在人为控制条件下，选用能杀灭杂草的天敌，进行人工培养繁殖后获得的大剂量生物制剂。生物除草剂具有两个显著的特点：一是经过人工大批量生产而获得大量生物接种体；二是淹没式应用，以达到迅速感染，并在较短时间里杀灭杂草。像使用化学除草剂那样，生物除草剂在产品的形式和应用技术上与化学除草剂相类似，但区别于通常意义上的淹没式释放。因此，可以将生物除草剂更确切地定义为一类像化学除草剂一样有效地被使用，防除特定杂草的活生物产品。由于目前生物除草剂多是利用真菌，故将利用真菌发展的生物除草剂也称之为真菌除草剂（mycoherbicide）

（一）研究的历史和现状

1981年，De Vine在美国被登记注册为第一个生物除草剂。De Vine是土生于美国Florida州的棕榈疫霉（*Phytophthora palmivora*）致病菌株的厚垣孢子悬浮剂，用于防除杂草莫伦藤

(*Morrenia odorata*),防效可达 90%,且持效期可达 2 年。被广泛用于该州橘园。继之,Collego 获得登记,并实用化。Collego 是合萌盘长孢状刺盘孢(*Colletotrichum gloeosporoides* f. sp. *aeschynomene*)的干孢子可湿性粉剂,其对水稻及大豆田中的弗吉尼亚合萌(*Aeschynomene virginica*)的防效达 85% 以上。

之后,在近 15 年的时间里,没有一个新的生物除草剂商品推出。在生物除草剂发展过程中出现了一个断层。其实,这一时期该领域的研究仍十分活跃,也取得了一大批研究成果,特别是对造成停滞的主要原因的总结和分析,明确了生物除草剂未来努力攻克的目标。限制发展的主要因素有被控制杂草的丰富遗传多样性、生物除草剂品种的高度专一性、对温度、湿度和土壤等环境条件近于苛刻的需求、工业化生产技术和设备的不配套、配方研究技术的落后、市场规模较小、生产和应用成本较化学除草剂高等。

例如,另外两个接近商品化生物除草剂。一是决明链格孢(*Alternaria cassiae*)分生孢子制成的可湿性粉剂,商品名是 CASST。主要防治 3 种重要的豆科经济杂草:钝叶决明(*Cassia obtusifolia*)、望江南(*C. occidentalis*)和美丽猪屎豆(*Crotalaria spectabilis*)。另一个生物除草剂 Biomal 在加拿大研制成功,主要用于防除圆叶锦葵(*Malva rotundifolia*),这是一种很难被现有化学除草剂控制的杂草。其生物制成品为锦葵盘长孢状刺盘孢(*C. gloeosporoides* f. sp. *malvae*)的孢子悬浮剂。由于市场规模太小,没有能将它们商品化。

但是,经过这十多年不懈努力,终于在最近又取得了令人鼓舞的重大进展,两个新的生物除草剂产品获得商业化。这无疑预示着生物除草剂研究的第二个高潮的到来。

Biochon 是 1997 年由荷兰的 Koppert 生物系统公司生产的一种新的生物除草剂产品。这是用银叶菌(*Chondrostereum purpureum*)生产出的木本杂草的腐烂促进剂。它抑制和控制野黑樱(*Prunus serotina*)和许多其他木本杂草的萌发和生长。

关于该种产品研制的最初的实验,开始于 1980 年,由荷兰瓦格宁根农业大学的 Scheepens 和 De Jong 博士进行的。后与加拿大科学家合作,在其他许多木本杂草上的明显控制效应,加快和刺激了商业化的研究进程。在进行安全性测试中,这种真菌也能引起某些果树的银叶病,但最终在进行全面的风险性评价之后,终于通过了审定,获得商业化的许可证(De Jone,1997)。由于生物除草剂 Biochon 的商品化,围绕对银叶菌的一系列系统研究工作正方兴未艾。这对进一步促进 Biochon 的应用和市场化有重要意义。

另一种新的生物除草剂产品是被称做 Camperico 的,它是由日本横滨的日本烟草公司开发的,在 1997 年 5 月 20 日获得正式登记。其是由细菌 *Xanthomone campestris* pv. *poae*(JT-P482)研制出的,主要用于防除高尔夫球场的草坪杂草(Matsushima,1997)。

(二)生物除草剂的主要研究方面

1. 有潜力的生物除草剂候选天敌的调查和发现 开展主要杂草的植物病原生物的调查,通过在实验室分离、纯化、培养繁殖,再接种到原杂草上,用重分离的技术获得单一型菌株,以供鉴定。

至今为止,约有 100 种不同的侵染生物种被研究,为生物防除约 80 种有经济意义的杂草。尚有许多出于保密的原因未在文献中报道。

罗得曼尼尾孢（*Cercospora rodmanii*）防除水葫芦（*Eichhornia crasipes*）已获得专利保护。用百日草链格孢（*A. zinniae*）和圆盘孢（*C. orbiculare*）的孢子作为生物除草剂分别防治苍耳（*Xanthium occidentale*）和刺苍耳（*X. spinosum*）也正在被澳大利亚申请专利。

在已被研究的候选生防有机体中，相对集中在如下几个属：盘孢菌属（*Colletotrichum*）18种、镰孢菌属（*Fusarium*）13种、链格孢菌属（*Alternaria*）12种和尾孢菌属（*Cercospora*）8种。不过，总共有41个属的真菌已被考虑或正在被考虑作为生物除草剂的候选。虽然首选的是那些可以引起致命性病害如炭疽病、萎蔫病、枯萎病及叶斑病的种群，但其选择的范围仍相当广泛。

在世界最重要害草中，开展过调查的仅占少数，对大多数杂草有待进行调查。从1986年开始，欧洲杂草研究学会科学委员会，就在全欧洲开展了10种主要作物的生物防治目标杂草的天敌调查工作，有7种农田杂草的生防项目被批准实施。在美国，也对分布于玉米、高粱、大豆、水稻、棉花、蔬菜和果园中的35种最主要的杂草进行了生物防治可行性评价工作。东南亚的一些国家也开展了对该区域27种主要农田杂草的天敌资源调查，而在我国，这项工作尚处于启动阶段。稗、看麦娘、马唐、鳢肠、蓼、狗尾草、波斯婆婆纳等农田杂草以及醉马草、狼毒等牧场杂草，可被作为首选列入调查名单。

2. 生物除草剂的除草药效及杀草机理 生防杂草有机体筛选，从理论上说主要依据两条标准：有效性（药效）和专一性（安全性），而对于生物除草剂的发展，有效性则是最关键的因素。生物除草剂的药效包括控制杂草的水平、速度以及施用操作的难易度等。

杀草机理涉及它对防除对象的侵染能力、侵染速度及对杂草的损害性等。侵染能力可以从侵染途径（如直接穿透表皮或只经气孔）、侵染部位、侵入后在组织中的感染能力等反映。如某些菌可以侵染，但不能在组织中感染发病。对杂草的损害常表现为引起杂草严重的病症如炭疽、枯萎、萎蔫、叶斑等，这些症状的发生，有时与真菌的特异植物毒素的产生有关。

真菌的侵害一开始和杂草生长处于相互颉颃和斗争状态。杂草的防御机制和生长会修复侵染物导致的损害，只有侵害速度高于杂草生长速度才能控制住杂草。虽然飞机草尾孢的侵染力强和专一性高，但侵染速度远滞后于紫茎泽兰的快速生长，而不具备发展为生物除草剂的良好前景。

提高生物除草剂防效的途径之一是复配使用低量的化学除草剂或植物生长调节剂。通常，低量化学除草剂的存在，可以削弱杂草的防御机制，降低生长势，有利微生物的侵染，提高发病率、增强杀草效果。在正常情况下，百日草链格孢控制苍耳，不足以达到好的防效，如将其孢子和低量化学除草剂灭草喹（Scepter）混配，具有极显著的增效作用。其他的尚有决明链格孢和罗得曼尼尾孢和除草剂的混配增效研究等。

通过基因工程或原生质体融合技术将强致病基因导入的方式，改善生物除草剂的药效。

3. 寄主专一性 在经典的生物防除中，寄主专一性是首要的因素。因为这种方法是从外国或外地（通常是指外来杂草的原产地）引进可以持久建立种群的天敌，它一经释放，则完全由生态过程控制其消长，不可能再被人类操纵。而生物除草剂的途径则不同，整个过程都在人类控制下进行，安全性可以通过人类在使用过程中实现，而且往往这些生物除草剂的原有机体都是在本地筛选的。

例如De Vine和Collego都有一些敏感的非目标植物。特别是Collego对几种重要的豆科作物也是敏感的，但它不会引起它们致命的损害。此外，其孢子的传播能力差，也不存在导致不能控制的传染病的可能性。

生物除草剂的寄主专一性常与寄主专一性植物毒素的产生有关。绿黏帚霉（*Gliociadium virens*）可以产生对反枝苋（*Amaranthus retroflexus*）有毒害作用的植物毒素 Viridiol。但这种毒素对棉花不表现毒性，因而有可能被作为产生植物毒素的生物除草剂，防除棉田的反枝苋。还有试验从链格孢菌分离到 AAL - Toxin 毒素，研究其对杂草的控制作用。

关于寄主专一性植物毒素的深入研究，有可能启发人们研制开发选择性良好的生物源化学除草剂。这是未来化学除草剂研究开发的方向之一。

生物除草剂过度的专一性又成为它的缺点，这直接影响其实用性，现正试图通过几种专一性生物除草剂的复配或甚至与某些化学除草剂的混配来解决。

4. 生物除草剂的工业化生产　液体发酵法是生物除草剂工业化生产的首选方法。因为在不要对现有工业发酵设备作多少的改进的情况下就可以实现。任何在此基础上的繁杂技术，都将影响生物除草剂的工业化。现已商品化或正在生产上使用的生物除草剂，多是经发酵技术生产的。盘孢菌属是容易在淹没培养条件下产孢的，而孢子是目前普遍认为最适于做生物除草剂的部分。不过，有些种类的真菌在液体发酵罐中的振荡培养不会产生孢子，如链格孢属等。

一个交替的途径是结合液体—固体相结合的培养方法，以液体培养菌丝，而后在固体培养基上诱导孢化，生产孢子。此法用于百日草链格孢和链格孢的孢子生产是相当成功的。

传统的观念认为孢子在稳定性、寿命、活性、侵染力上都比真菌的其他部分更优越。但是，某些类群也有例外，如链格孢属，其菌丝体的侵染力和生活力更强。直接利用菌丝体作为生物除草剂，不仅能克服孢化难的问题，而且，用相同量的培养基能获得比孢子更多的生物除草剂。用百日草链格孢和链格孢菌丝体的片段分别防治除苍耳和紫茎泽兰，获得了与孢子相当或更好的防效。通过提高发酵罐的振荡速度，可以在液体培养中获得短小的菌丝体。如在决明链格孢的培养中，便可以直接制成生物除草剂用于生产中。

5. 配方的研究　生物除草剂区别于其他生物防除方法的显著特征是其类似于化学除草剂的特定剂型的活生物制成品。剂型和配方研究的目的在于能使有机体成活，并保持除草活性尽可能长的时间，改善对环境条件（如水分）的依赖性，易保藏、包装、运输以及操作和施用，增加对杂草的亲和力和附着力。

生物除草剂有机体的除草活性是随时间降低的。而从生产、销售到使用，又需要有一定的时间，这就需要根据接种物的不同特性，筛选出一种最佳的储存介质，以延缓其衰退。

生物除草剂另一个缺陷是对环境条件有比化学除草剂更苛刻的需求。充足的水分（湿度至少在 80% 以上）、适宜的温度（20~30℃），才能保证良好侵染，引起杂草损害，达到好的防效。这就限制了生物除草剂在干旱地区的发展，解决的途径就是通过研制配方。

水是生物除草剂配方中最常用的成分，但不是处处适用，如链格孢属真菌在水中的寿命要比在干燥情况下短得多。因此，许多不同的物质被用于配方中，添加某些营养物质如葡萄糖，以利在杂草体上的萌发、生长和侵染。

下面列举一些配方的例子：在用高粱点霉（*Phoma sorghina*）等防除千屈菜（*Lythrum salicaria*）时，用 DIGS（包括葡萄糖、明胶以及几种多聚物和共聚物）作为配方成分；在圆盘孢防除刺苍耳的实验中,使用了植物油、矿物油、甘油及吐温;在狭卵链格孢(*A. angustiovoidea*)防除乳浆草(*Euphorbia esula*)时,使用了代号为 IEC 的介质。IEC 包括油相(煤油、单甘油酯乳化剂和石蜡)和水相(水、葡萄糖),都降低或消除了对水分条件的依赖性。

商品生物除草剂 Collego 的配方是成分 A 为干孢子,成分 B 包含水合物和表面活性剂。

(三) 中国生物除草剂研究状况

在 20 世纪 60 年代,我国已在实践中使用鲁保 1 号菟丝子盘长孢状刺盘孢(又称胶孢炭疽菌菟丝子专化型)(*C. gloeosporoides* f. sp. *cuscutae*)的培养物防治大豆田菟丝子。鲁保 1 号是世界上最早被应用于生产实践的生物除草剂之一。虽然在 20 世纪 80 年代研究并解决了菌种在培养过程中的退化问题。但在随后的商品化的研究和发展方面工作滞后。诸如,通过研制配方,克服对水分的需求,使之能在广大的北方大豆产区使用;工业化大批量生产,成为便于农民施用的生物制成品,专利的申请、商品的注册,以获得合法保护等。新疆哈密植检站于 20 世纪 80 年代研制的生防剂 F798 控制西瓜田的瓜列当(*Orobanche* spp.)也取得实用性成果。此成果先前也已在前苏联被大田使用。这是真菌尖镰孢(*Fusarium oxysporum* var. *orthoceras*)的培养物。此外,还有紫茎泽兰上的飞机草绒孢菌,该菌的缓慢致病速度,可能更适宜用于经典的生物防治。豚草植物病原菌的调查虽已开展,但没有有关专一性候选菌的深入研究的报道。

近年来,南京农业大学杂草研究室已经在以下几个方面开展了研究,并取得了明显的进展。从紫茎泽兰自然发生的病株上分离到链格孢(*Alternaria alternata*)一菌株。

在野燕麦上分离到燕麦叶枯菌(*Drechslera avenacea*)进行了致病性、寄主专一性和培养条件的测试,显示出该菌有潜力发展为防除野燕麦的生物除草剂。该菌也在澳大利亚被作为候选菌进行研究。

从波斯婆婆纳上分离到胶孢炭疽菌(*Colletotrichum gleosporioides*)专化菌株,其培养特性、致病性和专一性都已经被详细的研究,显示出有进一步应用开发的价值。

在菟丝子的生物除草剂研究方面,将其范围从寄生于大豆上的菟丝子扩大到危害果树的日本菟丝子和苜蓿(*Medicago sativa*)及其他牧草上的田野菟丝子(*Cuscuta campetris*),并获得了 4 个菌株,正深入地进行研究,其中已有 2 个菌株显示出研究和应用的价值。

此外,中国农业大学杂草研究室和中国农科院杭州水稻研究所亦在进行稗草生物除草剂的研究,并取得了重要的进展。

这些都预示着我国生物除草剂的研究,在人类日益关注由于化学除草剂的使用带来的环境污染和残毒、渴求无污染、安全的新除草剂的背景下,在国际生物除草剂研究活跃和取得重大突破的形势下,将进入一个前所未有的崭新的发展阶段。

(四) 展望

从发展商品化了的生物除草剂以及正在实践中使用的品种的经验中,肯定了生物除草剂的研究方向是正确的。人类对环境问题的日益关注,又为该研究的深入开展注入动力。也许有人会发问,虽然已有相当的力量投入,但至今仅有屈指可数的几个生物除草剂产品可用,这似乎与目前的研究规模并不相称。如果我们将其与发展化学除草剂时是从上千个化合物中才能筛选出一个商业化的除草剂品种相比,生物除草剂的研究和成果产出比是相当高的。而研究和开发生物除草剂所需的费用也比化学除草剂少得多,登记注册也更容易。21世纪,很多国家都计划在若干年内将逐渐降低化学除草剂用量一半,能否以生物除草剂作为替代品,是关系这一计划实现的关键。而生物除草剂研制和开发工作的迅速发展,是必要的前提条件。

最近,还有2项生物除草剂的研究在日本取得了新的进展:一是利用 *Exserohilum monoceras* 孢子颗粒剂防除稗草;另一项是用 *Epicocosorus nematosorus* 控制水稻田较难防除的野荸荠(*Eleocharis koruguwai*)。最值得注意的是这两种生物除草剂品种都是针对危害严重、发生广泛的杂草,其潜在的市场规模巨大。它们的商品化不仅会带来很大的经济效益,而且必将会带来巨大的社会效益。

一反以往生物除草剂研究多以控制生长中的杂草为目标的研究思路,就是直接利用可以杀灭土壤杂草种子库中杂草种子的微生物,研制土壤处理生物除草剂品种。其最大的优点就是可以克服茎叶处理时,对环境条件苛刻的需求。此外,这种处理还能有持续效应,甚至于维持到若干生长季节。最早报道的研究是1984年利用土壤真菌瓜类腐皮镰孢(*Fusarium solani* f. sp. *cucurbitae*)控制杂草得克萨斯葫芦。但是,由于供试土壤真菌能引起广泛种类的植物病害,所以,这项研究一段时间未能受到足够重视。自20世纪90年代初以来,在理论上对利用土壤微生物控制杂草进行了探讨,Kremer(1993)尝试用微生物来控制土壤杂草种子库。特别是近年来,澳大利亚开展了利用 *Pyrenophora semeniperda*(变态 *Drechslera campanulata*)控制一系列的一年生禾本科土壤杂草种子的前期深入细致的研究,其中包括该真菌的生长和孢子形成生物学、侵染叶和种子的过程,植物毒素代谢产物的分离、鉴定和生物活性,大田除草试验以及对小麦苗期生长的影响,对面粉品质的影响和对杀菌剂包衣的反应研究内容等,都显示出非常乐观的前景,推向实用化的研究也将在近期启动。此外,利用燕麦叶枯菌除了被研究作为防除野燕麦及黑麦草的茎叶处理生物除草剂外,还考虑被用作土壤处理,控制野燕麦等一年生禾本科杂草的种子。在加拿大,旨在寻找根际微生物控制加拿大蓟和野燕麦等禾本科杂草的研究,也获得了数个良好控制效果的菌株,其中3个菌株已被重点研究。美国亦正在开展根际微生物对杂草防治的研究(IBG News,Vol.6,No.2,1997)。总之,这可能会成为生物除草剂在广泛范围内实用化的最有希望的选择之一。

随着在世界范围内对杂草天敌资源调查的广泛深入的开展,人们将会更深刻地了解天敌生物对杂草侵染和控制的机理,将有更多的材料可供选择,用于发展高效、对环境安全的生物除草剂。

基因工程和细胞融合技术的介入,可以重组自然界存在的优良除草基因(如强致病和产毒素等),给人们提供了改良生物除草剂品种、提高防效和改良寄主专一性的可能性。

配合低量的化学除草剂,不仅能充分发挥生物除草剂的防效,而且可以弥补化学除草剂在对付某些抗性杂草上的不足,降低化学除草剂给环境带来的污染。

通过研制配方来解决生物除草剂的稳定性和对水分的依赖性。随科技的发展,可供用于配方的物质将会更多、更优良。

完善液体—固体结合培养技术,以生产生物除草剂或直接试用以发酵培养生产的菌丝体做生物除草剂,以解决那些不能在液体发酵中生成孢子的生物除草剂种类的工业化生产问题。

在我国，随着经济的飞速发展，以及在农业上实施的农业可持续发展战略，给生物除草剂在我国的研究和发展提供了契机。

(五) 其他生物防治

1. 动物治草　以动物治理杂草由来已久，我国古书《岭表录异》上就有记载。因此，选择合适的食草动物，不仅能有效地利用动物控制杂草，且能利用杂草产生养殖效益。有些动物在食草的同时，还能捕食害虫，培肥地力，减少农药化肥用量，保护环境。因此，动物治草具有良好的综合效益。

稻田养鱼是水田生物防治的极好方法。我国是世界上发展稻田养鱼最早、面积最大的国家，江、浙一带在稻田混养草鱼、鲤、鲢、鳊后，可取食稻田 15 科 22 种杂草，其中以草鱼作用最大。对稻田本田期萌芽出苗的稗草、千金子、牛毛毡、异型莎草、鸭舌草、耳叶水苋等主要杂草有较好的治理效果。例如，白阿穆尔鱼可清除水池中的水生杂草及球茎杂草；鲁鱼能严重伤害水生杂草的根系；草鱼可有效地防治芦苇、香蒲及其他杂草。利用鱼类防治水田和池塘杂草在世界各国很普遍。例如，美国阿肯色州 1968 年引入中国的草鱼投入到 80 个湖泊中，每天草鱼的食草量相当于其体重的 4 倍。匈牙利在生产条件下广泛利用鱼类防治水渠和水库中的芦苇、蓠属杂草及其他水生杂草。池塘养鱼可使杂草混杂度降低 75%～100%，稻田养鱼的治草效果达 86%～100%（江苏海安，1989）。

稻田养鱼欲取得良好的效果，必须注意：①及早投放，越早效果越好，如水稻拔节后投放，则杂草长大，而鱼较小，治草效果差。②鱼龄与投放量，鱼越大控草效果越好，速度快，反之则效果差，见效慢，为了提高治草效果，小鱼应增加投放量，小规格（2.4～3cm）每公顷投放 1.5 万尾为宜，4～5cm 大规格鱼种为 1.2 万尾，9cm 长的成鱼以 4 500～6 000 尾为宜，如补投饲料可适当增加投放量。③鱼和杂草种类不同，防治效果也不同，按控草能力强弱，主要鱼种依次为鲤鱼、青鱼、鲢鱼、鳊鱼、鲫鱼。对主要稻田杂草的控制效应以青萍、四叶萍、牛毛草、矮慈姑、节节菜、眼子菜最显著，对空心莲子草、荆三棱、异型莎草等也有较好效果，对稗草等禾本科杂草的种子数量控制效果显著。④保持田水无污染，田头要配有深水沟塘，要分区分次施肥，禁用剧毒农药，搁田和用药前要赶鱼避药、避旱。⑤选择生育期长、高大粗壮的水稻品种，便于提高养鱼的综合效益。

稻田发生的黑卷贝对鸭舌草根、芽的顶端部分有较好的控制效果。日本利用水稻田的鲎虫（*Triops* spp.）治理多种水田杂草。这种动物在水田，寻找食物和产卵时能扰动土壤，可拔出刚发芽的杂草，而栽插水稻已长大不受其害，对水稻生长无不良影响。

稻田中放养鹅、鸭也有很好的防治效果。移栽水稻分蘖盛期以后，杂草仍处于幼苗期，放入适当日龄的鹅、鸭啄食杂草而不会影响稻苗生长。新疆等地利用鹅防治向日葵、烟草、番茄田里的列当，据试验，一头鹅可消灭 1hm^2 范围内的列当。当棉花适当长高时，还可利用鹅、鸭防除棉田杂草。在休闲田中放牧牛、羊、猪等大牲畜，可消灭一部分杂草及其繁殖器官。此外，利用高等动物治理杂草，也需建立在一定的生态学研究和周密策划的基础上，施放动物的时间、大小、肥水和农药的运筹等环节不仅影响动物治草的效果，而且关系到动物或作物的安全。

2. 微生物代谢物防治　微生物代谢物治草是以微生物的代谢产物或从微生物中分离得到的

植物毒素作为除草剂治理杂草的一种方法,现已成为研究和开发的重点或热点。这类除草剂在储存、应用、制剂的相容性和半衰期方面都比活体微生物更优越,且不会使非靶标植物染病,其药效通常也不依赖于环境因素,便于预测。不足之处是不能像活体微生物那样能永久存在。茴香毒素(anisomycin)也是链霉菌代谢的产物,能强抑制稗草和马唐等杂草。"无公害"除草剂甲氧苯酮就是根据茴香霉素仿制而成的一种水田除草剂,对水稻和稗草有高度的选择性,抑制稗草叶绿素形成,产生白化而致死。此外,由链格孢产生的 tentoxin 以及由 Streptomyces saganesis 产生的除草素(herbicidins)等也已得到开发应用。如青霉菌(Penicillium frequentans)经发酵后能产生 N-甲酰基羟氨基乙酸,可杀死马唐及一些双子叶杂草。金色假单胞杆菌(Psendomonas aureca faciens)的发酵产物吩嗪-1-羧酸与 2 羟基吩嗪-1-羧酸,每公顷 11.2kg 的剂量可防除狗尾草、水田芥和水生植物蓝绿藻和浮萍(Lemna sp.)等,用于稻田,破坏敏感植物的叶绿素合成。因此,微生物代谢产物已成为开发新除草剂的新领域。

第五节 生物工程技术方法

生物工程是一门综合性的新兴边缘学科。生物工程(bioengineering)也叫生物技术(biotechnology),指以现代生命科学为基础,结合其他基础学科如生物化学、分子生物学、微生物学、遗传学等的科学原理,采用先进的工程技术手段,按照预先的设计改造生物体或加工生物原料,为人类生产出所需产品或达到某种目的的一门新兴的综合性科学技术。根据操作的对象及操作技术不同,生物工程包括基因工程(gene engineering)、细胞工程(cell engineering)、酶工程(enzyme engineering)、发酵工程(fermentation engineering)、蛋白质工程(protein engineering)等,其中,基因工程是现代生物工程的核心。生物工程技术,尤其是基因工程技术的发展已经给人类社会带来了巨大的社会和经济效益,也正在引发一场农业革命。

基因工程也称 DNA 重组技术或转基因技术(transgene technology)。它主要是通过限制内切酶和连接酶的作用,使个别基因和作为基因载体的质粒或病毒分子相结合,成为重组 DNA 分子。并将这个人工分离和修饰过的基因导入到目的生物体的基因组中,当转入的基因整合到基因组中以后,这些基因就会与寄主生物的遗传物质一起向子代传递,并产生应有的生物学功能。这一技术称之为转基因技术。经转基因技术修饰的生物体被称为"遗传修饰过的生物体"(genetically modified organism,GMO)。因此,本节将以转基因技术为重点介绍。

一、转基因技术

自世界首例转基因植物即转基因烟草于 1983 年问世和 1986 年抗虫和抗除草剂转基因棉花进行田间试验以来,科学家已在 200 多种植物中实现了基因转移。这包括粮食作物(如水稻、小麦、玉米、高粱、马铃薯、甘薯等)、经济作物(如棉花、大豆、油菜、亚麻、甜菜、向日葵等)、蔬菜(如番茄、黄瓜、芥菜、甘蓝、花椰菜、胡萝卜、茄子、生菜、芹菜、甜椒等)、瓜果(如苹果、核桃、李、番木瓜、甜瓜、草莓、香蕉、番木瓜等)、牧草(如苜蓿、白三叶等)、花卉(如矮牵牛、菊花、玫瑰、香石竹、伽蓝菜等)、草坪草(如狗牙根、高羊茅、早熟禾等)以及造林树种（泡桐、杨树）等。转基因植物中成功表达的有实用价值的目的基因克隆越来越多，其中有抗除草剂基因、抗虫基因、抗病毒基因、抗真菌病害基因、抗细菌病害基因、抗旱和盐碱等环境胁迫的基因、改良品质的基因、控制雄性不育的基因、控制果实成熟的基因和改变花色的基因等。应用这些目的基因已培育出了众多的具有丰产、优质、抗病虫、抗除草剂、抗寒、抗旱、抗盐碱等优良性状的植物新品种。该技术在解决当今世界所面临的人口膨胀、食物短缺、能源匮乏、疾病猖獗、环境污染、生态平衡破坏以及生物物种消亡等一系列重大问题上发挥愈加显著的作用。农业转基因技术在杂草科学领域的应用是最成功的。发展低毒、无残留、对环境安全、广谱的化学除草剂是人们寻求的理想目标。除草剂草甘膦、草丁膦和双丙胺膦，是符合上述理想标准的化学除草剂品种。但是，由于它们均属于灭生性除草剂，在作物田中使用受到了限制。通过转基因技术将抗除草剂基因转入作物中，就使作物产生抗性，从而使上述除草剂安全地在作物生长期间使用。进一步研究发现抗杂草的基因，使用这一技术则可以不用使用除草剂，就可以达到防治杂草的目的。

（一）抗（耐）除草剂育种

在转基因植物中对人类贡献最大的是转基因作物。随着人口增长、环境破坏、污染加重，人类可利用的耕地面积越来越少，这与人口不断增长的趋势形成了很大的矛盾。转基因作物的诞生在很大程度上有效地缓解了这一矛盾，使人类在仅靠传统农业不能有效解决粮食问题的难题前看到了光明。由于转基因作物的应用大大提高了农业生产效益，所以受到广大农民的欢迎，种植面积一直在不断上升。1996 年世界范围内只有 6 个国家种植了 170 万 hm^2 转基因作物，到 2006 年全球转基因作物种植总面积首次突破 1 亿 hm^2，达到 1.02 亿 hm^2。种植国家也达到了 22 个。其中美国、阿根廷、巴西、加拿大、印度以及中国依然是全球转基因作物的主要种植国。2007 年全球转基因作物的种植面积比 2006 年又增长了 12%，达到了 1.14 亿 hm^2。

美国是世界范围内转基因作物种植面积最大的国家。自 1996 年第一个转基因作物商业化种植以来，转基因作物种植面积从 150 万 hm^2 扩大到 2006 年的 5 460 万 hm^2，是所有国家中面积增加量最大的。其中抗（耐）除草剂仍然是最主要的转基因特性，包括耐除草剂大豆、玉米、油菜、棉花以及 2006 年在美国首次释放的耐除草剂的紫花苜蓿。其次是抗虫转基因作物。阿根廷是世界上应用转基因技术较早的国家之一，也是转基因植物种植面积第二大的国家。1999 年的种植面积就达到了 670 万 hm^2，2006 年的种植面积达到 1 800 万 hm^2。巴西从 2003 年开始种植转基因作物，当年种植面积就达到 300 万 hm^2，到 2006 年达到了 1 150 万 hm^2。主要作物是大豆和棉花。加拿大 2006 年的种植面积是 610 万 hm^2，主要是转基因油菜、玉米和大豆。

我国作为一个农业大国，政府十分重视生物技术的研究与应用。在国家重大科技计划中，加强了农业生物技术研究的支持。经过近 20 多年的快速发展，我国生物技术正在实现从跟踪仿制到自主创新，从实验室探索到产业化，从单项技术突破到整体协调发展的根本性转变。我国的农业生物技术研究与开发已经走在发展中国家的前列，在某些领域达到了国际先进水平。2006 年我国的转基因作物的面积是 350 万 hm^2，转基因作物主要是抗虫棉，种植面积占全国棉花种植面积的 66%。除了在棉花种植中应用生物技术外，我国安委会还在 2006 年建议批准了抗环斑病毒的转基因番木瓜在我国释放。

在转基因作物中,由于抗除草剂转基因作物给农民带来了巨大的经济效益,从1983年第一例抗除草剂转基因烟草问世以来,抗除草剂转基因作物的研究和应用都得到了飞速发展,至1996年转基因作物商业化以来其种植面积一直在不断增加。到目前已有近300种植物先后培育出抗除草剂品种。已开发成功并商业化的作物主要有玉米、大豆、油菜、棉花、苜蓿、甜菜、亚麻、烟草、水稻、小麦、向日葵等。涉及的除草剂种类主要有草甘膦(glyphosate)、草丁膦(glyphosinate)、莠去津(atrazine)、溴苯腈(bromoxynil)、2,4-滴(2,4-D)、咪唑啉酮(imidazoline)和磺酰脲类(sulfonylurea)等近10种。抗除草剂转基因作物的开发和研究主要集中在国外各大公司,其中美国孟山都公司以其拥有广谱、高效除草剂"农达"的优势而率先开始抗除草剂品种的开发,先后开发出一系列抗"农达"的作物以及品种,包括大豆、棉花、玉米、油菜、向日葵和甜菜。艾格福公司也培育出了抗草丁膦的大豆、玉米、油菜、甜菜、棉花与水稻。美国氰胺公司培育出了抗咪唑啉酮类的玉米、油菜、甜菜、小麦与水稻等。我国抗除草剂基因工程的研究始于20世纪80年代,由中国科学院遗传所与中国农业科学院作物所合作获得转基因抗阿特拉津(atrazine)的大豆,这是我国获得最早的抗除草剂转基因作物。目前我国已获得的抗除草剂转基因作物有抗草丁膦水稻和小麦、抗2,4-D棉花、抗阿特拉津大豆以及抗溴苯腈油菜和小麦。

1. 抗(耐)除草剂育种的方法和抗性机理 植物基因工程以植物为对象,采用DNA技术,将外源目的基因导入受体植物基因组,最后获得外源目的基因正确表达和稳定遗传的新植物类型。植物基因工程操作程序包括外源目的基因的分离、表达载体的构件、植物基因转化、转基因植株筛选与鉴定等基本步骤。每一个环节都是获得转基因植物必不可少的。外源目的基因导入受体植物基因组,获得转基因再生植株即植物基因转化(gene transformation)的方法主要有农杆菌介导法、基因枪转化法、电击穿孔转化法和聚乙二醇诱导的遗传转化法(PEG法)等。

抗除草剂转基因作物的抗性机理主要有3种。

(1)提高靶酶或靶蛋白基因的表达量 将除草剂作用靶标酶或蛋白质的基因转入植物,使其拷贝数增加,提高植物体内此种酶或蛋白质的含量。例如灭生性除草剂草甘膦的作用机理是抑制植物体内芳香族氨基酸合成的关键酶——磷酸烯醇式丙酮酸莽草酸合成酶(5-enolpyruxyl shikimate-3-phosphate synthase,EPSPS),当该酶的活性受到抑制,植物体内会积累大量的莽草酸,最终可导致细胞死亡。植物细胞可以通过EPSPS的过量表达对一定量的草甘膦产生抗性。如携带EPSPS基因多拷贝质粒的大肠杆菌(*Escherichia coli*)细胞过量成倍(5~17)的EPSPS,对草甘膦的抗性至少增加8倍。

(2)产生对除草剂不敏感的原靶标异构酶或异构物 通过基因突变的方法使靶标酶上与除草剂的结合位点的氨基酸发生突变,使其丧失与除草剂的结合能力,从而产生抗性。磺酰脲类除草剂和咪唑啉酮类除草剂均为植物体内支链氨基酸生物合成的抑制剂,其作用靶标是乙酰乳酸合成酶(acetolatate-synthase,ALS)。从烟草和拟南芥分离出的ALS基因的单突变基因,基因表达产生了异构的ALS,其活性不再受磺酰脲类除草剂的影响。另外从肺炎克氏杆菌(*Klebsiella pneumoniae*)分离出了对草甘膦具有抗性的株系,其中编码EPSPS的aroA基因发生突变,从而使其对草甘膦敏感性下降到1/8 000。

(3) 产生可使除草剂发生降解的酶或酶系统 将以除草剂或其有毒代谢物为底物的酶基因转入植物,该基因编码的酶可以催化降解除草剂而起到保护作用。从微生物人苍白杆菌(Ochrobactrum anthropi)分离出编码草甘膦氧化还原酶(GOX)基因,该基因的产物可使草甘膦降解为无毒成分。将其导入作物中,获得了抗草甘膦作物。水解溴苯腈的腈水解酶基因(bxn)和解毒2,4-D的2,4-D单氧化酶基因(tfDA)也在作物中获得成功表达。

2. 关于转基因抗(耐)除草剂作物 由于抗除草剂转基因作物给农民带来了巨大的经济效益,从1996年转基因作物商业化以来其种植面积一直在不断增加,而且抗除草剂特性也一直是最主要的特性。2006年全世界抗除草剂转基因作物的种植面积达6 990万hm^2,占全球1.02亿hm^2转基因作物总种植面积的68%,另1 310万hm^2(13%)种植了兼备抗虫和抗除草剂特性的复合性状作物。主要的抗除草剂作物是大豆,其次是油菜和玉米,还有棉花和苜蓿等。

由于抗除草剂转基因作物向作物中转入除草剂抗性基因,使其获得或增强对除草剂的抗性,从而解决除草剂在使用过程中出现的选择性问题。如导入的基因对灭生性除草剂有抗性,就使得原来在农田不能直接使用的灭生性除草剂可以在这种抗性作物田中应用,并能有效杀死田间绝大多数杂草,如抗草甘膦或草丁膦作物就属于这一类。还有的除草剂只能在特定的作物田中杀死特定的某一类杂草,如果在作物中导入抗性基因,就能使这类除草剂在原来不能使用的作物田中应用,如抗2,4-滴转基因棉花。由于转基因抗(耐)除草剂作物的发展,除草剂的选择性已不再成为除草剂应用的主要障碍。抗除草剂转基因作物的推广,产生了极大的经济和社会效益:①简化了除草作业,提高了产量;②因免耕或少耕技术的应用,避免了土壤侵蚀,节约了能源、化肥和水,具有一定的生态效益;③随着抗除草剂作物的推广,原有的许多除草剂可用于杂草防除,降低了除草剂开发费用。同时随着农药创制行业的发展,会有越来越多的除草剂品种开发出来,也就会发现更多的抗性基因,从而开发出更多的转基因作物。

正当人们为抗(耐)除草剂作物的出现欢欣鼓舞时,转基因作物对人、畜和其他生物的安全性问题成为一个焦点问题,例如焦点之一抗性基因的漂移。如果抗(耐)除草剂基因漂移到某些与作物近缘或相似程度较高的杂草上,将使这类杂草加速对相应除草剂的适应性进化,增加人们对杂草防除的难度,甚至引发新一轮灾难性草害。因此,抗(耐)除草剂作物必须经过严格多次的重复试验,证明效果稳定,对环境和人、畜等无害后方能进入市场。同时,还必须建立抗(耐)性"基因漂移"监控系统,拟订有效控制抗性基因杂草蔓延的措施。

(二) 植物生化化感育种

任何一种植物(无论是有生命力的还是已死亡的)个体都能产生一定的生化化感物质影响其他微生物、动物、植物的生长、发育和行为。根据这一特点,研究杂草与杂草间及杂草与作物间化感作用和竞争,是有效治理杂草的又一重要途径。据报道,世界上已有100多种植物有明显的化感潜势。有的是杂草产生刺激作物生长的化感化合物,如麦仙翁能产生一种麦仙翁素的化合物,以每公顷1.2g的浓度施用于施肥与不施肥的两类麦地,均使小麦产量增加。有的是作物产生某些化感物质抑制杂草的生长,如大麦释放的化感化合物克胺在低浓度时可抑制繁缕的生长等。通过系统育种,我们可以像培育抗病作物一样,植物的化感作用基因引入到有希望的栽培品种中,培育出抑制杂草的生长或促进产量提高的作物新品种。如果其化学化感作用的植物不能与理想的栽培品种杂交,可利用生物技术和基因工程手段,将控制化感性状的基因导入丰产、优质作物品种基因组中,培育出既能实现高产、优质、高效,又能在田间条件下自动抑制杂草的优良作物品种,确保农业生产的顺利进行。目前科学家对化感物质的作用机制、化感作用遗传特性、化感基因定位、化感基因克隆以及化感作物的培育方面进行深入研究。人们正试图将 *Triticum speltoides* 中产生异羟肟酸的基因转移到小麦中,使小麦也能产生出异羟肟酸,而异羟肟酸是一种对杂草的种子萌发和幼苗生长有强烈抑制作用的化感物质。

(三)生物除草剂的基因改良

近年来,微生物代谢物作为除草剂已成为研究的重点。然而,用于发展生物除草剂的杂草自然天敌如真菌等,常会在某个或几个方面存在一些缺陷,如致病力不强,对作物不安全,寄主范围太窄,自然传播能力及抗逆力弱等。通过现代生物工程技术手段,有可能改变上述不良特性,达到培育优良菌株,提高防治效果的目的。

生物除草剂的基因改良方法大致可分为基因转移和基因重组两类。基因转移是将外源优良性状基因的 DNA 用微注射器导入受体真菌,该方法较为精确且易于定向设计。例如,在真菌 *Magnapporthe grisea* 中,单个基因影响对寄主牛筋草的致病力,另外一个不相连的基因则影响对弯叶画眉草的致病力。所以,通过基因操作的方法改变这种真菌对牛筋草和弯叶画眉草的致病力是可以实现的。当然,在很多情况下,真菌的致病力是多基因控制的,要实现基因的定向设计,还需要人们进一步认识真菌对杂草的致病机理。

基因重组技术是利用有性或无性的过程使两个菌株的基因型重组,可以通过染色体对接、原生质体融合或有性生殖过程来实现。当两个不同菌株的基因重组时,可能获得数量很多的不同基因型后代,通过筛选那些比原菌株更好的重组后代,获得超级杂草生物控制的菌株,开发安全、广谱、高效的生物除草剂。

二、转基因作物的环境安全

(一)抗除草剂转基因作物的生态风险

应用抗除草剂转基因作物能产生极大的经济和社会效益,但也存在一定的风险。其重要的风险之一是"杂草化"。植物杂草化(weediness)是指那些原本自然分布的或是被栽培的植物,在新的人工生境中能自然繁殖其种群而转变为杂草的演变过程。植物杂草化的潜力(weediness potential)是一种植物演化为杂草的潜在能力。对转基因植物进行杂草化的风险评估就是通过各种试验数据评估它们杂草化的潜力大小,以便为转基因植物的风险管理提供科学依据。抗除草剂转基因作物的杂草化包含两个方面:一是抗性作物自身"杂草化",包括抗性作物逸生成杂草和自生苗对下茬作物的危害;二是抗除草剂转基因作物的抗性基因漂移到杂草上,导致抗药性杂草产生。种植抗除草剂转基因作物对环境的影响除了以上两种外,还有其他方面的影响,如对野生植物群落的潜在影响,即逸生后可否像外来植物一样,替代当地某些植物,改变植物的群落结构;抗除草剂转基因作物对非靶标生物(如昆虫、鸟、微生物等)的影响;对农田杂草群落的影响等。

1. 抗除草剂转基因作物自生杂草化　在获得转基因植物时就需要导入新的 DNA 片断，这些新的 DNA 片断就有可能使转基因植物有更强的环境适应能力，一旦把获得这种新基因的植物释放到环境中，转基因植物就有演化为杂草的可能性。理论上许多性状的改变都可能增加转基因植物杂草化的趋势。例如对有害生物和逆境的耐性提高、种子休眠期的改变、种子萌发率的提高等都可能促进转基因植物生存和繁殖能力的提高，使转基因植物具有竞争优势，并可能入侵人工生境，导致杂草化。转基因作物杂草化的事例已经有报道。1998 年在加拿大 Alberta 省的转基因油菜田间发现了同时含有抗草甘膦、抗草丁膦和抗咪唑啉类 3 种除草剂的油菜（*Brassica napus*）自生苗。1999 年在加拿大 Saskatchewan 省的种植抗除草剂转基因油菜地相邻的小麦地也发现了能抗除草剂的转基因油菜自生苗。作物自身"杂草化"是由该作物本身的特性和作物的种植制度决定的。根据现有的报道，在不使用除草剂的条件下，通过转基因技术将抗性基因转入到作物上不影响自身"杂草化"的风险性。因为作物获得的抗性基因对其生长特性和在环境中的适应性没有影响。但在使用除草剂的条件下，对那些具有自身"杂草化"特性的作物，抗性基因的导入可增加它们自身"杂草化"的风险性。因为在除草剂的选择压下，抗性作物具有竞争优势。

2. 抗除草剂转基因作物的抗性基因漂移　植物的基因漂移（gene flow）或转基因逃逸（transgene escape）可以通过三种方式来实现。第一种方式是通过种子传播（seed dispersal），即转基因作物的种子传播到另一个品种或其野生近缘种的种群内，并建立能自我繁育的个体。第二种方式是通过花粉流（pollen flow），也就是有性杂交。抗性作物的花粉漂移到其他非转基因作物品种或其野生近缘种的柱头上产生携带抗性基因的杂交种，通过不断回交完成抗性基因的渗入（gene introgression），并在非转基因品种、野生近缘种的种群中建立可育的杂交和回交后代群。第三种方式是非有性杂交即水平基因转移（horizontal transfer）。水平基因转移指抗性基因通过非有性杂交的方式转移到其他物种。

位于核基因组的修饰基因能通过花粉漂移发生有性杂交，而位于叶绿体基因组的修饰基因则不能通过花粉传播抗性基因。目前已有的大多数转基因作物属于核基因编码。近年来对转基因植物的研究证实，油菜、甘蔗、莴苣、向日葵、草莓、马铃薯、玉米、棉花和水稻、谷子等转基因植物均可通过花粉使外源基因向近缘种或杂草转移。在特定的生态环境中，有些作物的近缘种是危害很大的杂草，如果这些杂草接受了抗性基因，特别是抗除草剂基因，而提高了适合度（fitness），它们就可能变为极难防治的害草，给农田杂草防除带来新的难题，对生态环境造成冲击。而且杂草常通过自然进化的过程形成了对一种或几种除草剂具有抗性的种群，而转基因作物的抗性基因漂移可加速抗性种群的形成过程。许多研究者曾指出由于从作物到杂草的抗除草剂基因的转移，抗除草剂杂草能在田间迅速发展起来，而且易形成交互抗性。同时，野生近缘种是作物育种的重要资源，抗性基因的漂移还可能造成遗传多样性的丧失，对生态环境造成冲击。因此，在转基因作物田间释放前对其潜在的基因漂移做出正确的评估是非常必要的。由于对有性杂交发生的基因漂移研究较为深入，本书只讨论通过有性杂交发生的基因漂移。

通过大量的研究工作，人们普遍认为成功的基因漂移依赖于如下条件：

（1）亲和性（sexual compatibility）　亲和性是所有条件中最重要的一条，是天然杂交的基础。亲和性和亲缘关系密切相关。当两个种至少有一个共同的基因组时，产生杂种的可能性较大。例如欧洲油菜（*Brassica napus*）（基因组 AACC）和它的祖先种芜菁（*B. rapa*）（基因组 AA）杂交的成功率最高，基因漂移的可能性也最大。成功的种间或属间杂交还依赖于基因型。已有研究表明，某种基因型在特定的条件下能和特定的转基因作物产生杂交种而其他基因型却不能。此外，杂交方向对亲和性也有影响。总之两个种的亲和性依赖于亲本的基因组、基因型、杂交方向、亲本一方是否是雄性不育等。

抗性基因漂移到野生近缘种所发生的杂交属于种间杂交（interspecific hybridization），杂交亲和性的障碍即种间生殖隔离（reproductive isolation）可能发生在生殖生长的许多阶段。异源花粉传播到接受种的柱头上后，要经过吸水、萌发和花粉管进入柱头、伸进花柱、穿过珠孔等历程，才能实现受精。在这个历程中的每一阶段发生不亲和性，都可能导致受精前生殖隔离。受精后生殖隔离包括杂种合子和发育形成的胚、种子直至成株生活力很低，在发育的过程中夭亡。因此，亲和性可采用生殖生物学及胚胎学方法进行检测。

（2）花期重叠和较近的空间距离　如果两种近缘种在开花期或地理分布上存在较大差异，则转基因从作物中逃逸的风险可以忽略。如果当地或本国没有野生近缘种，发生抗性基因漂移的可能性则相对较小。例如小麦、玉米，我国没有同属野生种；而大麦存在同种的野生类型，基因漂移的可能较大

（3）杂交和回交后代的适合度　转基因作物的抗性基因虽然能漂移到近缘种的柱头上，并产生杂交一代，但如果杂交一代的适合度非常低，不能在自然界中生存繁衍就不能发生成功的抗性基因漂移。衡量适合度的指标很多，其中重要的指标之一是育性。但即使杂交一代的育性很低，它也可能通过不断和父母本回交，增加其适合度，导致成功的抗性基因漂移。

总之以上这些条件都是成功的基因漂移所具备的，在评价抗除草剂转基因作物向野生近缘种的抗性基因漂移时要从以上这些方面着手，对发生基因漂移的条件逐一考察，综合判断抗性基因漂移的可能性。

（二）转基因作物环境安全性评价

1. 转基因作物环境安全性评价的必要性　转基因技术是一个新领域，目前的科技水平还难以完全准确地预测转基因在受体生物遗传背景中的全部表现。重组和转基因技术的发展，使基因在动物、植物、微生物之间相互转移，甚至可以将人工设计合成的基因导入植物体中实现表达。人们对于转基因生物出现的新组合、新性状及其潜在危险性还缺乏足够的预见能力，因此，必须采取一系列严格措施，对农业生物遗传工程体从实验研究到商品化生产进行全程安全性评价和监控管理，在发展农业生物基因工程技术的同时，保障人类和环境的安全。

2. 转基因作物环境安全性评价的原则　安全性的含义，通常是指某一事物在一定的条件下所造成的危害程度和公众对风险的接受程度。转基因植物风险水平既与转基因植物的供体、载体、受体以及本身的生物学和生态学特性密切相关，也与预定用途和释放的环境条件相关。为了最大限度地确保风险评估结果的准确性和可靠性，评估者在评估转基因植物环境释放风险时，需要遵循下列一般原则：①科学性原则（science-based），是指转基因植物风险的评估应以有关供体、载体、受体的背景信息以及转基因植物本身的实验数据为基础；②预先防范原则（precaution），必须以科学原理为基础，采用对公众透明的方式，结合其他评价原则，对转基因生物及

其产品进行风险评估,防患未然;③熟悉性原则(familarity),是指对某一转基因植物有关的生物学、生态学和释放环境背景信息十分了解,并且对与之相类似的转基因植物使用具有经验;④逐步评估原则(step by step),要求在转基因植物的每一个开发阶段上,对其进行风险评估;⑤个案评估原则(case by case),由于每种转基因植物在供体、载体、受体、遗传操作、预定用途及接受环境等方面存在一定的差异性,因此,不同品种/品系的转基因植物或在不同环境中释放的同一品种/品系的转基因植物所产生的风险都有可能不同,必须针对具体的转基因植物环境释放个案进行风险评估。

3. 转基因作物环境安全性评价的内容和方法

(1) 我国转基因植物的安全性评价简介　依据我国《农业转基因生物安全评价管理办法》(以下简称办法)第二章第九条,转基因植物同其他农业转基因生物一样,对其安全性实行分级评价和管理。办法规定按照对人类、动植物、微生物和生态环境的危险程度,将农业转基因植物分为以下四个等级:

安全等级Ⅰ:尚不存在危险;

安全等级Ⅱ:具有低度危险;

安全等级Ⅲ:具有中度危险;

安全等级Ⅳ:具有高度危险。

办法对农业转基因植物安全评价技术资料的要求进行了详细规定。关于转基因植物的安全性评价主要包括受体植物的安全性评价、基因操作的安全性评价、转基因植物的安全评价和转基因植物产品的安全性评价。

①受体植物的安全性评价。

a. 受体植物的背景资料。受体植物资料是指分类学上"种"或种以上分类单位的资料。受体植物背景资料包括它的学名、俗名和其他名称;分类学地位(反映最新的分类学信息,包括科、属、种或亚种);试验用受体植物品种(或品系)名称;是野生种,还是栽培种;原产地及引进时间;用途,用途是从该种植物对人类驯化栽培的目的角度考虑,应将植株各部位的可能用途一一列举,还应说明在国内各地生产、种植、加工和消费等情况,在国内的应用情况;对人类健康和生态环境是否发生过不利影响;从历史上看,受体植物演变成有害植物(如杂草等)的可能性;是否有长期安全应用的记录等10项内容。

b. 受体植物的生物学特性。包括受体植物是一年生还是多年生;对人及其他生物是否有毒,如有毒,应说明毒性存在的部位及其毒性的性质;是否有致敏原,如有,应说明致敏原存在的部位及其致敏的特性;繁殖方式是有性繁殖还是无性繁殖,如为有性繁殖,是自花授粉,还是异花授粉或常异花授粉,是虫媒传粉,还是风媒传粉,各种环境条件下的繁殖方式或授粉方式都应考虑到;在自然条件下与同种或近缘种的异交率;育性(可育还是不育,育性高低,如果不育,应说明属何种不育类型);全生育期;在自然界中生存繁殖的能力,包括越冬性、越夏性及抗逆性等8项内容。

c. 受体植物的生态环境。包括受体植物在国内的地理分布和自然生境;生长发育所要求的生态环境条件,包括自然条件和栽培条件的改变对其地理分布区域和范围影响的可能性;是否为生态环境中的组成部分;与生态系统中其他植物的生态关系,包括生态环境的改变对这种(些)

关系的影响以及是否会因此而产生或增加对人类健康和生态环境的不利影响；与生态系统中其他生物（动物和微生物）的生态关系，包括生态环境的改变对这种（些）关系的影响以及是否会因此而产生或增加对人类健康或生态环境的不利影响；对生态环境的影响及其潜在危险程度；涉及到国内非通常种植的植物物种时，应描述该植物的自然生境和有关其天然捕食者、寄生物、竞争物和共生物的资料等内容。

d. 受体植物的遗传变异。包括遗传稳定性；是否有发生遗传变异而对人类健康或生态环境产生不利影响的资料；在自然条件下与其他植物种属进行遗传物质交换的可能性；在自然条件下与其他生物（例如微生物）进行遗传物质交换的可能性。

e. 受体植物的监测方法和监控的可能性。

f. 受体植物的其他资料。

根据上述评价，参照本办法有关标准划分受体植物的安全等级。

②基因操作的安全性评价。

a. 转基因植物中引入或修饰性状和特性的叙述。包括描述基因与功能之间的关系。对于新基因和新功能，尤其要将类似功能的基因以及表达、作用方式和预期的主要功能等进行综述。目的基因的核苷酸序列应为研究者采用目的基因的实际序列，不宜直接引用 GenBank 上的序列。序列图可在附件中列出。物理图谱和遗传图谱，应详细说明所有编码和非编码序列的位置，复制和转化的起点，其他质粒要素和所选择的用于启动探针的限制位点，以及用于 PCR 分析时引物的位置和核苷酸序列。图谱应附一张标明每一组成部分、大小、起点和功能的表格。还应给出用于转化的 DNA 完整序列。图谱和表格应说明该修饰是否影响引入基因的氨基酸序列。对所发生的改变进行适当的风险评估，申请人应提供相关支持文件。如果在转化过程中使用了载体 DNA，那么需说明其来源，并对其进行风险评估。

b. 实际插入或删除序列的资料。包括插入序列的大小和结构，确定其特性的分析方法；删除区域的大小和功能；目的基因的核苷酸序列和推导的氨基酸序列；插入序列在植物细胞中的定位（是否整合到染色体、叶绿体、线粒体，或以非整合形式存在）及其确定方法；插入序列的拷贝数。

c. 目的基因与载体构建的图谱，载体的名称、来源、结构、特性和安全性。包括载体是否有致病性以及是否可能演变为有致病性。

d. 载体中插入区域各片段的资料。包括启动子和终止子的大小、功能及其供体生物的名称；标记基因和报告基因的大小、功能及其供体生物的名称；其他表达调控序列的名称及其来源（如人工合成或供体生物名称）。

e. 转基因方法。具体描述采用的转基因方法。

f. 插入序列表达的资料。包括插入序列表达的器官和组织，如根、茎、叶、花、果、种子等；插入序列的表达量及其分析方法；插入序列表达的稳定性。

根据上述评价，参照本办法有关标准划分基因操作的安全类型。

③转基因植物的安全性评价。

a. 转基因植物的遗传稳定性。测试外源基因能否在转基因植物中稳定表达。

b. 转基因植物与受体或亲本植物在环境安全性方面的差异。包括生殖方式和生殖率；传播方式和传播能力；休眠期；适应性；生存竞争能力；转基因植物的遗传物质向其他植物、动物和微生物发生转移的可能性；转变成杂草的可能性；抗病虫转基因植物对靶标生物及非靶标生物的影响，包括对环境中有益和有害生物的影响；对生态环境的其他有益或有害作用。

c. 转基因植物与受体或亲本植物在对人类健康影响方面的差异。包括毒性；过敏性；抗营养因子；营养成分；抗生素抗性；对人体和食品安全性的其他影响。

根据上述评价，参照本办法有关标准划分转基因植物的安全等级。

④转基因植物产品的安全性评价。主要包括生产、加工活动对转基因植物安全性的影响；转基因植物产品的稳定性；转基因植物产品与转基因植物在环境安全性方面的差异；转基因植物产品与转基因植物在对人类健康影响方面的差异。

参照本办法有关标准划分转基因植物产品的安全等级。

（2）转基因作物自生可能变为杂草的评估　对转基因作物杂草化的风险评估，Rissler 和 Mellon（1996）提出了三步式评估方法。第一步，转基因作物的亲本作物是否具有杂草特性，或在某一国家某一地区是否有其近缘杂草物种分布？是，则归为较高风险类，进入标准的实验评估；否，则归为较低风险或无风险类，进入简化的实验评估。第二步，用种群替代实验分析转基因作物与亲本作物对照相比是否具有更高的生态上的行为表现？具有，则归为较高风险类，对其商业化生产作重新考虑或进入第三步；不具有，则归为较低风险类，分析结束。第三步，用杂草化实验测试以确定转基因植物的杂草化趋势是否增加？是，则归为较高风险类，对其商业化生产重新考虑；否，则归为较低风险类，分析结束（图 5-5）。

种群替代是指经过世代交替，当年种群可能被它自己产生的后代或被另一类更具活力的后代所取代。种群代替实验是检测不同世代间基因型增加或减少的一种有效方法，可检测出某一特定基因型能否持续存在。具体说该实验可以检测两类信息；即某一种种群自身被替代的频率和种群种子库的持久性。这些数据可用来比较转基因植物与非转基因植物生态行为表现。如果在同一环境的实验表明转基因植物与非转基因植物亲本作物相比，其种群数下降了，而且其种子库也不能持续存在，那么转基因植物产生的负面影响就不可能高于非转基因植物。

经过种群代替实验获得两个重要参数，即需要计算出转基因作物与受体植物和当地常规品种在各种环境下的净取代率（R）和种子库的半衰期（H），将结果进行比较，综合评价得出结论。

净替代率（R）=后代产生的种子数/播种的种子数。若 $0<R<1$，意味着这个物种种群不能更新维持自身的稳定，因而也就必然会最终消失；若 $R=1$，这个物种刚好能自动更新；若 $R>1$，种群已不再是简单的取代，而在 3 年时间里得到了扩增，扩增的倍数等于（$R-1$）。

种子的半衰期（H）是指种子库中有一半种子死亡或只有一半种子萌发所需的温度，较长的半衰期，意味着种子在土壤中能保持较长时间的活力，具有较强的环境适应性。

测定净取代率和种子半衰期有具体的实验步骤：

在区组内不同小区分别播种数目确定的转基因作物与受体品种和当地常规品种的种子，在小区内三者处于相同环境，然后进行实验。

净替代率测定：在每块地中收集种子样本，计算每块地中有活力的供试作物种子的数量，计算出每块地中 R 值：R=收集到的有活力的种子数/播种时有活力的种子数。计算所有地块的 R 的平均值。

第五章 杂草防治的方法

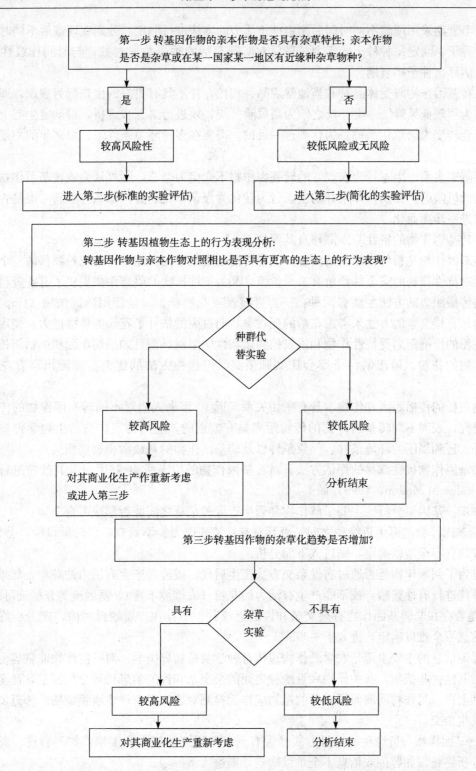

图 5-5 转基因作物自生变为杂草可能性的评估

种子半衰期采用埋藏不同时间后测定种子活力的方法进行测定。分别在埋藏后不同时间取出一定数量种子,测定每种种子的活力。最后对实际存活的种子数取对数,与时间作线性回归分析,就可估算出种子半衰期。

如果转基因作物与受体品种和当地常规品种相比,并不具有更好的生态行为表现,即转基因作物应归为"较低风险"一类。反之归为高风险一类,须进行第三步分析,以确定生态上的优越表现是否会转变为杂草化趋势。为达到这一目的,需要在多种环境条件下,做多年的小规模的田间实验。

如果测试表明,生态行为表现好的转基因作物不会变为杂草,则可认为该转基因作物的商品化生产是低风险的。相反,如果好的生态行为转化为强杂草化趋势,那么应重新考虑是否将该转基因作物进一步商业化。

(3) 转基因作物的抗性基因漂移及其评估

①转基因作物花粉传播距离的测定。花粉传播距离是研究转基因作物花粉飘移的一个重要部分,它既对抗性作物的安全性评价有参考价值,又为抗性作物的隔离距离提供了有益资料。目前研究花粉传播距离的方法主要有两种:一是直接观察花粉粒,二是使用诱饵植物(trap plants)检测花粉。直接观察的方法未考虑花粉的死亡率,而过高的估计了花粉的传播能力;使用诱饵植物测定花粉的传播距离受抗性作物和诱饵植物亲和性的限制,而且如果用小面积的诱饵植物测定大面积作物的花粉,得出的污染率会比实际值高,但这种方法的优点是能测出可育花粉的污染率。

作物花粉的传播距离和作物本身有密切关系。近10年来人们对不同转基因作物的传粉距离进行了研究,表明不同转基因作物的传粉距离是有差别的,这与特定作物的生物学传粉特性有关。此外,还和周围的环境条件、气象条件以及转基因作物的释放面积密切相关。

②转基因作物抗性漂移的评估方法。对转基因作物的生态风险-基因流及其效应进行评估的流程(Rissler 和 Mellon,1996)如下:

第一步:基因流分析。主要了解作物和野生近缘种杂草之间能否形成可育杂种。

a. 转基因作物与野生近缘种之间是否具有有性繁殖能力?不具有,属较低风险,分析终止。如果有或信息不全难以确定,则进入下面分析。

这是为了判断作物是否通过有性杂交方式产生后代,或能否产生有活力的花粉。如果作物已被确认不能进行有性繁殖,或不能产生有活力的花粉(或雄性不育),基因流的分析就可终止。

b. 是否存在与转基因作物有杂交亲和性的近缘种?不存在,属较低风险,则分析终止。如存在或信息不全难以确定,进入下一步。

获得该信息的主要来源是农学、作物遗传育种学及植物分类学。对一些作物非常容易获得材料,而对其他一些植物,有关作物和近缘种之间的杂交亲和性的信息比较分散零乱,甚至看法不一。原则上讲,与作物同属而不同种的植物应作为检测对象。但有许多事例证明,邻近属的不同种也可发生杂交。

c. 转基因作物与近缘种的授粉方式是否有利于基因流的流入和流出?如不容许,属较低风险,则分析终止。如容许或信息不全难以确定,则进入下一步。

这是为了确定转基因作物或近缘种自花授粉或异花授粉的程度。异花授粉植物易发生基因流出或流入。自花授粉植物则反之。但即使自花授粉偶尔也会发生异花授粉。

d. 转基因作物与近缘种的花期是否相遇？如花期不一致，属较低风险，则分析终止。如容许或信息不全难以确定则进入下一步。

当转基因植物花期与近缘种花期一致时，最易产生杂交种子。相反，如果两者的花期相差较远，甚至在不同的季节开花，就不可能产生杂交种子。

e. 转基因作物与近缘种的传粉方式是否相同？不相同，属较低风险，则分析终止。如相同或信息不全难以确定则进入下一步。

大部分的虫媒传粉植物都通过许多不同的昆虫传粉，风力可使风媒花花粉落在虫媒植物的柱头上，而那些传粉的昆虫也可能飞到风媒植物的花上。

f. 转基因作物与近缘种在田间环境下能否自然进行异花传粉、受精，并产生有活力的可育后代？不能，属较低风险，则分析终止。如能，则进入下一步分析。

为了回答这个问题，需要将转基因作物与野生近缘种以一定规模在不同地区间隔种植，然后收集种子，分析是否有野生杂草和转基因作物的杂种。实验至少2年。实验的设计主要依据以下三个方面：(a) 确定是否有与转基因作物同属、有性亲和的近缘种存在；(b) 确定田间条件下杂交频率；(c) 杂种活力大小的测定。

第二步：野生杂草转入基因后生态上的行为分析。

转基因的野生杂草种群在种群替代实验中是否比亲本杂草有更好的表现？如是，则风险较高，重新考虑其商业应用或进入第三步；如否，则风险较低，分析终止。

第三步：转基因的杂草植株的杂草化实验。

转基因的杂草在生态上是否有强的行为表现，是否导致转基因杂草植株的杂草化趋势增加？如是，则风险较高，重新考虑其商业应用；如否，则风险较低，分析终止。

4. 鉴定转基因存在的方法 检测非转基因作物或其近缘种后代中转基因存在与否是评价转基因逃逸的依据。常采用的鉴定方法包括生物检测、等位酶分析方法、细胞遗传方法和分子生物学技术。由于抗、耐除草剂转基因作物抗、耐某种特定的除草剂，因此采用生测法可简便、快速检测后代中是否有抗、耐性转基因。生测方法可分为两种：一种是整株幼苗喷洒常规剂量的目的除草剂，杀死假杂交种，而保留真正的杂交种；另一种是指在叶子表面滴一定量的特定除草剂，除草剂只对滴除草剂的部位起破坏作用，而非杀死整株幼苗，通过观测叶子的变化来确定杂种中是否含有目的基因。但大多数报道中都先用生测方法检测，再用分子生物学技术进一步确认。等位酶分析方法通常采用的是酶电泳分析方法。细胞遗传学方法通常在已知亲本基因组的条件下采用。通过杂交后代根尖分裂细胞或花粉母细胞的染色体计数法或使用流式细胞仪（flow cytometer）测定杂交后代或回交代的染色体数和基因组成。目前应用最普遍的是分子生物学技术，主要有PCR、RLFP、RAPD、Southern分子杂交技术等。

第六节　杂草的综合防治

以上介绍了多种杂草防治的方法。事实上，任何一种方法（或措施）都不可能完全有效地防治杂草。只有坚持"预防为主，综合治理"的生态防治方针才能真正积极、安全、有效地控制杂草，保障农业生产和人类经济活动顺利进行。

一、综合防治的原理与策略

以大量施用化学药物为标志的现代农业是掠夺（土地、能源和环境等资源）式的、高污染（环境、食品、卫生和生物等）的和生硬的——将人与自然的关系完全对立起来，同时也是低效的、劣质的和不可持续的农业，资源不能再生。农业的可持续发展要求有节制地使用和保护土地、能源、物种和生态环境等难以再生或不能再生的各种资源，延缓耗损、减少退化、防止物种灭绝，缓和人与自然的矛盾，最终使人真正成为自然中与其相容的、不可缺少的一员，建立起人与自然的互依共存的动态平衡关系，农业才能实现真正意义上的持续高产、优质、高效，实现最佳生态的、经济的和社会的效益。

杂草的综合防治（integrated management of weed）是在对杂草的生物学、种群生态学、杂草发生与危害规律、杂草—作物生态系统、环境与生物因子间相互作用关系等全面、充分认识的基础上，因地制宜地运用物理的、化学的、生物的、生态学的手段和方法，有机地组合成防治的综合体系，将危害性杂草有效地控制在生态经济阈值水平之下，保障农业生产，促进经济繁荣。

杂草的综合治理是一个草害的管理系统，它允许杂草在一定的密度和生物量之下生长，并不是铲草除根。在该系统中，各种防治措施是协调使用、合理安排，有目的、有步骤地对系统进行调节、削弱杂草群体、增强作物群体，充分发挥各措施的优势，形成一个以作物为中心，以生态治草为基础，以人为直接干预为辅，多项措施相互配合和补充且与持续农业相适应相统一的、高效、低耗的杂草防除体系，把杂草防除提高到一个崭新的水平。

二、综合防治的基本原则与目标

（一）综合防治的前提条件

建立杂草综合治理体系必须做好以下工作：①调查主要农田杂草的分布、发生和种类与动态规律，明确优势种、恶性杂草的生物学、生态学特性、杂草的危害程度和治理的经济阈值。②摸清本地区传统的防治习惯、措施，现行杂草防治的技术、经济条件以及进一步提高杂草综合防治水平的条件。③在确定主要农作物高产、优质、低耗的持续农业种植制度和栽培技术体系基础上，找出有利控制杂草的措施环节，加以强化并与杂草防除体系相衔接。④各项防治措施的可行性分析和综合效益评估，制定适合本地区技术、经济、自然条件和生产者文化习俗的杂草综合治理体系，并在实践中检验，逐步优化和完善。

（二）综合防治的基本原则

在杂草综合防治的过程中，应确立几项基础原则：①在作物生长前期，将杂草有效治理好，在作物—杂草系统中，明确杂草竞争的临界持续期和最低允许杂草密度或生物量。如水稻移栽后30d内杂草的危害对产量的损失最明显，在此期限内，有效治理杂草可使杂草丧失竞争优势或使其延后竞争,把杂草的危害减少到最低程度。②创造一个不利杂草发生和生长的农田生态环境。此外,任何栽培措施的失策都会导致杂草危害的猖獗。如直播稻田过早播种和不良的前期水肥管理技术将利杂草取得竞争优势、防治工作难度增加或处于被动。因此,必须明确栽培措施是否与杂草防除相协调,是否与高产栽培相适应。③积极开展化学除草。化学除草是综合防治措施中的重要环节,可以为作物的前期生长排除杂草的干扰和威胁,促进作物早发,早建群体优势,抑制中、后期杂草的生长和危害。应当指出,杂草的综合治理包括对象的综合、措施的综合和安排上的综合。不同的防治对象杂草在不同的时期、不同的作物田间和不同的耕作、栽培措施影响下,其生物学、生态学特性不同。不同的防治措施在不同的作物和作物生长的不同时期的作用和效果不同。不同的地区、不同的经济水平、不同的除草习惯,对杂草综合治理的认同程度、协调应用效果以及产生的社会、经济效益亦不同。

(三) 综合防治的目标

制定杂草综合防治体系必须明确防治的近期目标和远期目标,充分利用农田生态系统的自组织功能,充分发挥系统内外各因子间的相互促进、相互制衡作用,解决好作物—杂草—环境间协调、平衡和发展的关系。

杂草综合防治的近期目标是改进现行生产方式,建立适合于生态治草的耕作制度和栽培技术。科学地使用除草剂,包括合理搭配使用除草剂品种、不同作用机理的除草剂复配、改进除草剂剂型和使用技术;充分认识杂草的生物学和生态学特性,明确治理优势杂草或恶性杂草的经济阈值,协调有关防治措施与田管措施间的关系,防止杂草的传播和侵染,将草害控制在所能承受的水平之下。

杂草综合治理的远期目标是弄清作物—杂草系统的自组织作用,研究杂草对除草剂的抗(耐)性,开发新的除草剂品种,发展新的除草技术,开展生物工程育种研究和应用,开展杂草发生和危害的预测预报,开展计算机和卫星定位系统对草害管理的研究和应用,因地制宜地建立本地区最佳综合防治模式。

(四) 综合防治的主要环节

农田杂草防除的关键在于增强作物群体生长势,减少杂草的发生量,削弱杂草群体的生长势(图 5-6)。

1. 增强作物群体生长势

(1) 适期栽培或种植作物　覆盖、耕翻防治等能防治或延缓杂草的生育进程,诱杀除草可以适当降低生长季节内有效杂草的基数,育苗移栽和适期播种能使作物早建覆盖层。当杂草大量萌发时,作物已形成较好的群体优势,大大增强了与杂草竞争的能力,同时也为诱杀杂草提供了农时上的保证。

(2) 增加覆盖强度　①合理密植;②选择生长快、群体遮阳能力强的作物品种,如高秆作物、豆科作物等,以尽快形成群体优势;③合理施用肥水、防治病虫害、加强田管、促进作物生长;④改善农田基本条件,合理茬口布局和种植方式,确保作物更好地生长。

2. 减少萌发层杂草繁殖器官有效储量

(1) 截流断源 ①加强植物检疫。防止外源性恶性杂草或其子实随作物种子、苗木引进或调运传播扩散、侵染当地农田。②精选种子。汰除作物种子中混杂的杂草种子。③清理水源。严防田边、路埂、沟渠或隙地上的杂草子实再侵染。④以草抑草。在农田生态系统的大环境内沟边、路边、田边等处种植匍匐性多年生植物，如三叶草、小冠花、苜蓿等，以抑制杂草。⑤腐熟有机肥。通过堆制或沤制，产生高温或缺氧环境，杀死绝大部分杂草种子。

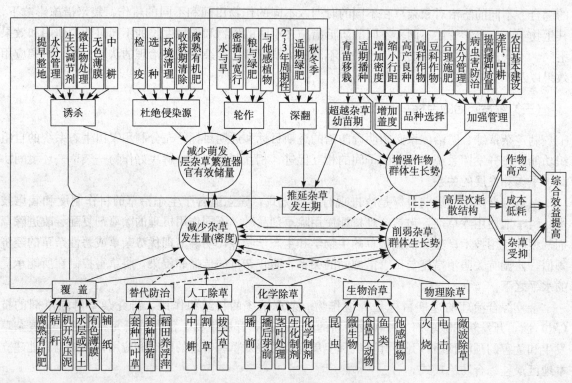

图 5-6 农田杂草综合防治体系
(王键, 1997)
(虚线表示通过系统的自组织作用起作用)

(2) 诱杀杂草 ①提早整地。诱使土表草籽萌发，播种前耕耙杀除或化除。②水分管理。水稻播种前上水整地，诱发湿生杂草萌发，播种或插秧前集中杀除；稻茬麦于水稻收获前提早排水，使麦田湿生杂草于秋播前萌发并杀除。③生长调节剂。在杂草生长后期喷施生长调节剂，防止种子休眠，刺激发芽，使其自然死亡或便于药剂杀除。④无色薄膜覆盖。增加土温，使杂草集中迅速出苗，可通过窒息、高温杀死，也便于使用除草剂一次杀灭。⑤中耕。打破杂草种子休眠，促进萌发，破坏或切断多年生杂草繁殖体，抑制杂草生长。

(3) 轮作 合理轮作可创造一个适宜作物生长而不利杂草生存延续的生境，削弱杂草群体生长势，增强作物群体竞争能力。

①水旱轮作。通过土壤水分急剧变化，使杂草种子丧失活力。②密播宽行作物轮作。以利于中耕除草、改变生境条件、减少杂草发生和繁殖。③与绿肥轮作。绿肥群体茂密可抑制杂草萌发

和生长；及时翻压绿肥，可切断其种子繁殖环节。④禾本科作物与阔叶作物轮作。可轮用不同选择性除草剂，全面减少杂草发生和种子繁殖。

(4) **深翻** 合理深翻能减少萌发层杂草繁殖器官有效储量，增加杂草出苗深度，延缓杂草出苗期，削弱杂草群体生长势，利于作物生长。

①间隙耕翻。将集中在土表层的杂草种子翻入深土层（20~25cm），3~5年后可大部分丧失活力，再翻上来，有效杂草种子大大减少。②适期深翻。在杂草种子成熟前翻压。③秋冬季耕翻。将多年生杂草地下根茎和草籽翻到土表，以利干、冻或鸟类和大动物取食，使其丧失活力。可减少土壤种子库有效储量。

3. 减少杂草群体密度 减少萌发层杂草繁殖器官有效储量则杂草密度下降。郁闭的作物群体通过系统的自组织作用也能减少杂草发生。

(1) **覆盖治草** 覆盖通过遮光或窒息减少杂草萌发，并抑制其生长，能延长杂草种子解除休眠的时间，推迟杂草发生期，从而削弱杂草群体生长势。覆盖的方式包括作物群体自身覆盖、替代植物覆盖（此两种形式还兼有与杂草的竞争效应，属系统自组织作用）、作物秸秆覆盖、有色薄膜、纸（用于苗床或秧田）覆盖、基本不含有活力草籽的有机肥以及开沟压泥、河泥、蒙头土覆盖、水层覆盖等。

(2) **以草抑草** 作物田间种、套作或轮作三叶草、苜蓿、蚕豆等，通过系统的自组织作用抑制杂草。

(3) **人工除草** 包括中耕锄草、割草和拔大草等。

(4) **机械除草** 包括机械中耕除草、耙、耱、耥、深松、旋耕等形式。

(5) **化学除草** 包括播前施药、播后芽前施药、茎叶喷雾、防护罩等定向喷雾和涂抹法施药等。

(6) **生物防治** 属生态系统的自组织作用，包括以虫治草、以菌治草、大动物治草、稻田养鱼治草和植物治草等。

(7) **物理除草** 包括火烧、电击和微波除草等。

上述防治体系仅试图说明杂草综合治理各项措施和环节间的关系及其防治原理，在制定切实可行的防治体系时，尚需因地制宜，并与当地的栽培体系相衔接。制定可行的防治体系需对各项防治措施进行调查、试验、示范和论证筛选，采用除草效果好、效益高的关键措施。同时，还应注意措施的简化和灵活掌握。

复 习 思 考 题

1. 什么是物理性防治？物理性防治的方法及其各自的特点是什么？
2. 什么是农业治草？什么是生态治草？它们在杂草防除中的作用如何？
3. 什么叫化学除草？化学除草的特点是什么？
4. 什么是生物防治？生物防治的特点是什么？
5. 什么是生物除草剂？其与经典生物防除有什么异同点？
6. 生物除草剂的研制大致可分为哪几个方面？

7. 我国生物防治有哪些成功的经验？
8. 什么叫转基因抗除草剂作物？从哪些方面评价转基因作物的环境安全？
9. 生物工程技术在杂草防除中的方法和技术是什么？
10. 什么叫杂草的综合治理？杂草综合治理的原理与策略是什么？
11. 杂草综合治理有哪些主要环节？
12. 如何制订农田杂草防除的技术路线和实施方案？

参 考 文 献

王键.1997.杂草防治.北京：中国农业出版社.
闫新甫主编.2003.转基因植物.北京：科学出版社.
刘树生等编.1995.蔬菜病虫草害防治手册.北京：中国农业出版社.
刘群红，李朝品主编.2006.现代生物技术概论.北京：人民军医出版社.
刘谦，朱鑫泉主编.2001.生物安全.北京：科学出版社.
林冠伦.1998.生物防治导论.南京：江苏科学技术出版社.
苏少泉，宋顺祖主编.1996.中国农田杂草化学防治.北京：中国农业出版社.
苏少泉编著.1993.杂草学.北京：农业出版社.
曾北危主编.2004.转基因生物安全.北京：化学工业出版社.
金银根.1994.潜性杂草火柴头生物学特性初探.杂草科学，1：10-13.
金银根等.1999.生物工程技术在杂草防治中的应用.杂草科学，3：1-3.
董文宾主编.2006.生物工程分析.北京：化学工业出版社.
张殿京，陈仁霖主编.1992.农田杂草化学防治大全.上海：上海科学技术文献出版社.
曹坳程等.1998.抗除草剂作物对未来化学农药发展的影响.生物技术通报，4：22-24.
强胜.1998.生物除草剂研究的历史、现状及展望.植物保护21世纪展望.北京：中国科学技术出版社.
Charudattan R, Walker H L. 1982. Biological Control of Weeds With Plant Pathogens. John Wiley & Sons.
Duke, S. O., John Lydon. 1989. 天然化合物源除草剂. 农药译丛，11（3）：14-18.
Hance R J, Holly K. 1990. Weed Control Handbook: Principles. 8th ed. Blackwell Scientific Publications.
Kingman G C, Ashton F M. 1982. Weed Science: Principles and Practices. 2nd ed. New York: John Wiley.

第六章 化学除草剂

化学除草是现代化农业的主要标志之一。它具有节省劳力、除草及时、经济效益高等特点。在发达国家，除草剂的施用量占农药总施用量的近一半。近20年来，中国的除草剂施用量增加迅速，现在已占农药总施用量的25%。除草剂的发展经历了一个不断发展完善的过程。大致可分为如下3个阶段。

除草剂的早期阶段，从1860—1945年。从遇尔发现硫酸铜能杀死麦田一些十字花科杂草开始，人类开始意识到化学物质在除草上的意义。本阶段主要以无机物除草为主。

除草剂的有机化阶段，从1945年至20世纪70年代中期。1942年发现2,4-滴，对植物有强烈的抑制作用，使除草剂进入了有机化阶段。其后，以2,4-滴为基本结构，相继开发出同类不同品种的除草剂，其他类型的除草剂也不断地被开发出来，如均三氮苯类、酰胺类、取代脲类、二苯醚类等除草剂。在这个阶段除草剂的研究开发广泛而深入，主要标志是选择性的有机除草剂的开发，使用药量降低、药效增高、安全性增强。以其除草剂有效量每公顷为几百克到几千克，而芳氧苯氧丙酸类除草剂的有效量每公顷只要几十至一百多克。

除草剂的超高效发展阶段，从20世纪70年代中期至今。本阶段的主要特点是除草剂用量大为降低、选择性更高，其标志性除草剂种类是乙酰乳酸合成酶抑制剂，使用药量每公顷只有几克到几十克。

由于化学防治的诸多优点，在相当长的时间内它仍将是一项无法替代的重要除草措施，而继续发挥巨大作用。为了更大限度地发挥化学除草剂的作用，避免或减少施用除草剂带来的负面影响，现在和未来将会在如下几个方面加强除草剂的研究和开发：①进一步加强除草剂作用机理、除草活性与化学结构关系的研究；②除草剂品种将朝着苗后选择性的除草剂品种发展；③开发对环境和人、畜高度安全的除草剂；④除草剂的剂型朝着施用简便化、安全化的方向发展；⑤加强除草剂的安全剂或解毒剂等助剂的研究；⑥加强除草剂之间的互作研究；⑦加强除草剂的施用技术（包括喷雾机械）研究，提高靶标的着药量。

第一节 化学除草剂的剂型及其使用方法

一、除草剂的剂型

绝大多数合成的除草剂原药不能直接施用，须在其中加入一些助剂（如溶剂、填充料、乳化剂、湿润剂、分散剂、黏着剂、抗凝剂、稳定剂等）制成一定含量的适合使用的制剂形态即剂型（formulation）。除草剂常见的剂型有：

1. 可湿性粉剂（wettable powder，WP） 可湿性粉剂是原药同填充料（如碳酸钙、陶土、白瓷土、滑石粉、白炭黑等）和一定量的湿润剂及稳定剂混合磨制成的粉状制剂，如25％绿麦隆可湿性粉剂。可湿性粉剂易被水湿润，可均匀分散或悬浮于水中，宜用水配成悬浮液喷雾，使用时要不断搅匀药液，也可拌成毒土撒施。

2. 颗粒剂（granules，G） 颗粒剂由原药加辅助剂和固体载体制成的粒状制剂，如5％丁草胺颗粒剂。颗粒剂多用于水田撒施，遇水崩解，有效成分在水中扩散、分布全田而形成药层。该剂型使用简便、安全，亦称水分散性颗粒剂（wettable dispensible granule，WDG）。此外，水溶性除草剂如草甘膦可制成水溶性颗粒剂（water soluble granule，SG or WSG），其用水稀释后可得到较长时间稳定的几乎透明的液体。

3. 水剂（liquid，L） 水剂是水溶性的农药溶于水中，加上一些表面活性剂制成的液剂，如20％ 2甲4氯水剂、48％苯达松水剂、20％百草枯水剂、10％草甘膦水剂。使用时对水喷雾。

4. 可溶性粉剂（soluble powder，SP） 可溶性粉剂是指在使用浓度下，有效成分能迅速分散而完全溶解于水中的一种剂型，外观呈流动性粉粒。此种剂型的有效成分为水溶性，填料可是水溶性，也可是非水溶性，如10％甲磺隆可溶性粉剂。

5. 乳油（emulsifiable concentrate，EC） 原药加乳化剂和溶剂配制成的透明液体。加水后，分散于水中呈乳状液。此剂型脂溶性大，附着力强，能透过植物表面的蜡质层，最适宜作茎叶喷雾。

6. 悬浮剂（suspension，SE） 悬浮剂是难溶于水的固体农药以小于 $5\mu m$ 的颗粒分散在液体中形成的稳定悬浮糊剂（水性悬浮剂 suspension concentrate，SC/flowable，FL）与下列浓乳剂混合后制成的。它是将固体和亲油性农药，加入适量的湿润剂、分散剂、增稠剂、防冻剂、消泡剂和水，经湿磨而成。使用前用水稀释。质量好的悬浮剂在长期储藏后不分层、不结块，用水稀释后易分散、悬浮性好。有的悬浮剂农药品种在储藏后会出现分层现象，使用前应充分摇匀。

7. 浓乳剂（emulsion，oil/water，EW） 浓乳剂是指亲油性有效成分以浓厚的微滴分散在水中呈乳液状的一种剂型，俗称水包油。该种剂型基本不用有机溶剂，因而比乳油安全，对环境影响小。如6.9％骠马浓乳剂。有些除草剂也可制成水质液体分散在非水溶性油质液体连续相中（油包水 emulsion，oil/water，EO）。

8. 熏蒸剂（vapour releasing product，VP） 熏蒸剂在室温下可以气化的制剂。大多数熏蒸剂注入土壤后，其蒸气穿透层能起暂时的土壤消毒作用，如溴甲烷。

9. 片剂（tablet，T） 片剂由原药加填料、黏着剂、分散剂、湿润剂等助剂加工而成的片状制剂。该剂型使用方便，直接投放在水田的水分散性片剂（water dispensible tablet），或稀释后喷雾的水溶性片剂（water soluble tablet）。

10. 水分散粒剂（water dispensible granule，WE） 水分散粒剂加水后能迅速崩解，并分散成悬浮液的颗粒剂型。

11. 悬浮乳剂（aqueous suspoemulsion，SE） 至今有两种不溶于水的有效成分，以固体微粒和微细液珠形成稳定地分散在以水为连续流动相的非均相液体制剂。

为了提高除草剂药效和安全性、减少环境污染和除草剂用量、节省资源和劳力以及除草剂混用的普遍推广，除草剂剂型向着水性化、固体化、高浓度化、控制释放等方面发展。

二、除草剂的使用

有些除草剂主要由植物的根或正在萌发的芽吸收，必须在杂草出苗前施于土壤；有些除草剂主要由植物的地上部吸收，须喷施在出苗杂草上。有些除草剂在土壤中被吸附或迅速降解，而失去活性；有些除草剂则在土壤中较稳定，能在很长时间内保持活性。所以，除草剂的除草效果在很大程度上取决于除草剂的作用特性和使用技术。如果使用方法不当，不但除草效果差，有时还会引起药害。因此，了解除草剂喷施技术的原理和方法是十分重要的。

除草剂的施用方法多式多样（图6-1）。对作物而言，除草剂可在作物种植前施用，可在作物播后苗前施用，也可在作物出苗后施用；对杂草而言，除草剂可在杂草出苗前进行土壤处理，也可在杂草出苗后进行茎叶处理。有的除草剂在作物苗后不能满幅喷施，必须用带有防护罩的喷雾器在作物行间定向喷施到杂草上。

1. 土壤处理（soil treatment, soil application）　土壤处理是在杂草未出苗前，将除草剂喷洒于土壤表层或喷洒后通过混土操作将除草剂伴入土壤中，建立起一层除草剂封闭层，也称土壤封闭处理。除草剂土壤处理除了利用生理生化选择性外，也利用时差或位差选择性除草保苗。

土壤处理剂的药效和对作物的安全性受土壤的类型、有机质含量、土壤含水量和整地质量等因素影响。由于沙土吸附除草剂的能力比壤土差，所以，除草剂的使用量在沙土地上应比在壤土地上少。从对作物的安全性来考虑，在沙土地上除草剂易被淋溶到作物根层，从而产生药害，所以，在沙土地上使用除草剂要特别注意，掌握好用药量，以免发生药害。土壤有机质对除草剂的吸附能力强，从而降低除草剂的活性。当土壤有机质含量高时，为了保证药效，应加大除草剂的使用量。土壤含水量对土壤处理除草剂的活性影响极大。土壤含水量高有利除草剂的药效发挥，反之，则不利除草剂药效的发挥。在干旱季节施用除草剂，应加大用水量，或在施药前后灌一次水，以保证除草效果。整地质量好，土壤颗粒小，有利于喷施的除草剂形成连续完整的药膜，提高封闭作用。

（1）种植前土壤处理（pre-planting soil treatment）　种植前土壤处理是在播前或移栽前，杂草未出苗时喷施除草剂或拌毒土撒施于田中。施用易挥发或易光解的除草剂（如氟乐灵）还须混土。有些除草剂虽然挥发性不强，但为了使杂草根部接触到药剂，施用后也混土，以保证药效。混土深度一般为4～6cm。

（2）播后苗前土壤处理（pre-emergent soil treatment）　播后苗前土壤处理是在作物播种后作物和杂草出苗前将除草剂均匀喷施于土表。适用于经杂草根和幼芽吸收的除草剂，如酰胺类、三氮苯类和取代脲类等。

（3）作物苗后土壤处理（post-emergent soil treatment）　在作物苗期，杂草还未出苗时将除草剂均匀喷施于土表。如在移栽稻田，移栽后5～7d撒施丁草胺颗粒剂。

2. 茎叶处理（post-emergent treatment）　茎叶处理是将除草剂药液均匀喷洒于已出苗的杂草茎叶上。茎叶处理除草剂的选择性主要是通过形态结构和生理生化选择来实现除草保苗的。

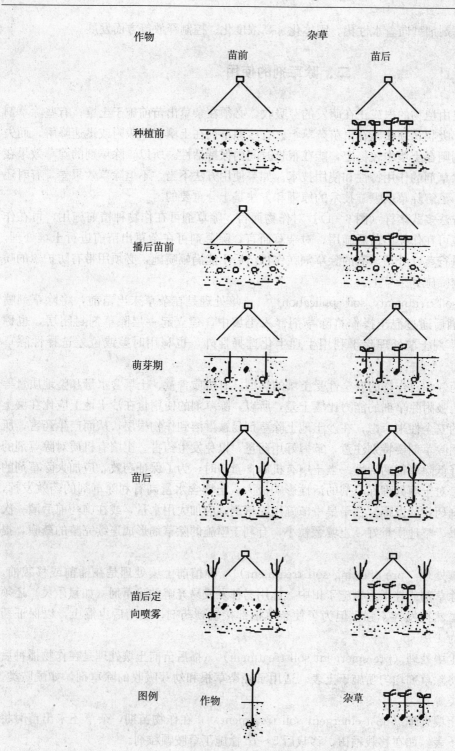

图 6-1 除草剂的不同使用方法
(W. P. Anderson，1983)

茎叶处理受土壤的物理、化学性质影响小，可看草施药，具灵活、机动性，但持效期短，大多只能杀死已出苗的杂草。有些苗后处理除草剂（如芳氧苯氧丙酸类除草剂）的除草效果受土壤含水量影响较大，在干旱时除草效果下降。把握好茎叶处理的施药时期是达到良好除草效果的关键。施药过早，大部分杂草尚未出土，难以收到良好效果；施药过迟，杂草对除草剂的耐药性增强，除草效果也下降。

除草剂施用可根据实际需要采用不同的施用方式，如满幅、条带、点片、定向处理。在农田作物生长期施用灭生性除草剂时，一定要采用定向喷雾，通过控制喷头的高度或在喷头上装一个防护罩，控制药液的喷洒方向，使药液接触杂草或土表而不触及作物。如在玉米、棉花地施用草甘膦和百草枯。

第二节 除草剂分类

除草剂品种繁多，将除草剂进行合理分类，能帮助我们掌握除草剂的特性，从而能合理、有效地使用。

一、根据施用时间

1. 苗前处理剂（pre-emergence herbicide） 这类除草剂在杂草出苗前施用，对未出苗的杂草有效，对出苗杂草活性低或无效。如大多数酰胺类、取代脲类除草剂等。

2. 苗后处理剂（post-emergence herbicide） 这类除草剂在杂草出苗后施用，对出苗的杂草有效，但不能防除未出苗的杂草。如喹禾灵、2甲4氯和草甘膦等。

3. 苗前兼苗后处理剂（或苗后兼苗前处理剂）（pre/post emergence treatment herbicide）这类除草剂既能作为苗前处理剂，也能作为苗后处理剂，如甲磺隆和异丙隆等。

二、根据对杂草和作物的选择性

1. 选择性除草剂（selective herbicide） 这类除草剂在一定剂量范围内，能杀死杂草，而对作物无毒害，或毒害很低。如2,4-滴、2甲4氯、麦草畏、燕麦畏、敌稗和吡氟禾草灵等。除草剂的选择性是相对的，只在一定的剂量下，对作物特定的生长期安全。施用剂量过大或在作物敏感期施用会影响作物生长和发育，甚至完全杀死作物。

2. 非选择性除草剂或灭生性除草剂（non-selective herbicide） 这类除草剂对作物和杂草都有毒害作用。如草甘膦、百草枯等。这类除草剂主要用在非耕地，也用在作物田，在作物出苗前杀灭已出苗的杂草，或用带有防护罩的喷雾器在作物行间定向喷雾。

三、根据对不同类型杂草的活性

1. 禾本科杂草除草剂 主要用来防除禾本科杂草的除草剂。如芳氧苯氧丙酸类除草剂能防除很多一年生和多年生禾本科杂草,对其他杂草无效。又如二氯喹啉酸,对稻田稗草有特效,对其他杂草无效或效果不好。

2. 莎草科杂草除草剂 主要用来防除莎草科杂草的除草剂,如莎扑隆,能在水、旱地防除多种莎草,但对其他杂草效果不好。

3. 阔叶杂草除草剂 主要用来防除阔叶杂草的除草剂。如2,4-滴、麦草畏、灭草松和苯磺隆。

4. 广谱除草剂 有效地防除单、双子叶杂草的除草剂。如烟嘧磺隆(玉农乐)能有效地防除玉米地的禾本科杂草和阔叶杂草。又如灭生性的草甘膦对大多数杂草有效。

四、根据在植物体内的传导方式

1. 内吸性传导型除草剂(systematic herbicide) 这类除草剂可被植物根或茎、叶、芽鞘等部位吸收,并经输导组织从吸收部位传导至其他器官,破坏植物体内部结构和生理平衡,造成杂草死亡。如2甲4氯、吡氟禾草灵和草甘膦等。

2. 触杀性除草剂(contact herbicide) 这类除草剂不能在植物体内传导或移动性很差,只能杀死植物直接接触药剂的部位,不伤及未接触药剂的部位。如敌稗和百草枯等。

五、根据作用方式

光合作用抑制剂、呼吸作用抑制剂、脂肪酸合成抑制剂、氨基酸合成抑制剂、微管束形成抑制剂、生长素干扰剂。详细内容见本章第四节。

六、根据化学结构

按化学结构分类更能较全面反应除草剂在品种间的本质区别,以避免因同类除草剂的作用机理相同或相近,防除对象也相似造成的混淆或重叠现象。如可分为苯氧羧酸类、苯甲酸、芳氧苯氧苯酸类、环己烯酮类、酰胺类、取代脲类、三氮苯类、二苯醚类、联吡啶类、二硝基苯胺类、氨基甲酸酯类、有机磷类、磺酰脲类、咪唑啉酮类、磺酰胺类等。

第三节 主要除草剂种类简介

一、苯氧羧酸类

苯氧羧酸类(phenoxycarboxylic acids)除草剂。1941年合成了第一个苯氧羧酸类除草剂的品种2,4-滴,1942年发现了该化合物具有植物激素的作用,1944年发现2,4-滴和2,4,5-涕对田旋花具有除草活性,1945年发现除草剂2甲4氯。此类除草剂显示的选择性、传导性及杀草活性成为其后除草剂发展的基础,促进了化学除草的发展。迄今为止,苯氧羧酸类除草剂仍然是重要的除草剂品种。

苯氧羧酸类除草剂的基本的化学结构：

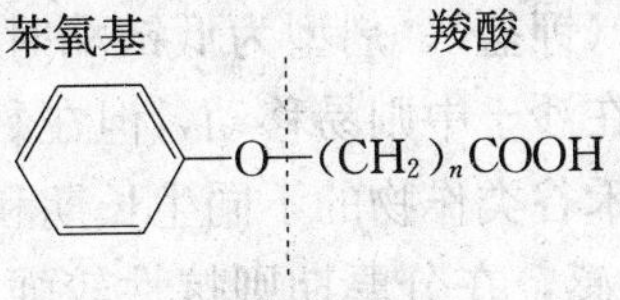

苯氧基　　　羧酸

$$\text{C}_6\text{H}_5\text{—O—(CH}_2)_n\text{COOH}$$

由于在苯环上取代基和取代位不同，以及羧酸的碳原子数目不同，形成了不同苯氧羧酸类除草剂品种。常用的品种见表6-1和图6-2。2,4,5-涕(2,4,5-T)曾用作落叶剂大量使用过，因含有致畸物质二噁英而停用。目前在中国使用的这类除草剂主要有2,4-滴和2甲4氯。

表6-1　常见苯氧羧酸类除草剂品种

通用名	化学名	应用作物
2,4-滴（2,4-D）	2,4-二氯苯氧乙酸	禾谷类作物、大豆、牧草、草坪、非耕地
2甲4氯（MCPA）	2-甲基-4-氯基苯氧乙酸	禾谷类作物、豌豆、亚麻、牧草、草坪、非耕地
2,4-滴丙酸（dichlorprop）	2,4-二氯苯氧丙酸	非耕地、草坪
2,4-滴丁酸（2,4-DB）	2,4-二氯苯氧丁酸	大豆、花生、豆科牧草
2甲4氯丙酸（mecoprop）	2-甲基-4-氯基苯氧丙酸	非耕地
2甲4氯丁酸（MCPB）	2-甲基-4-氯基苯氧丁酸	紫花豌豆

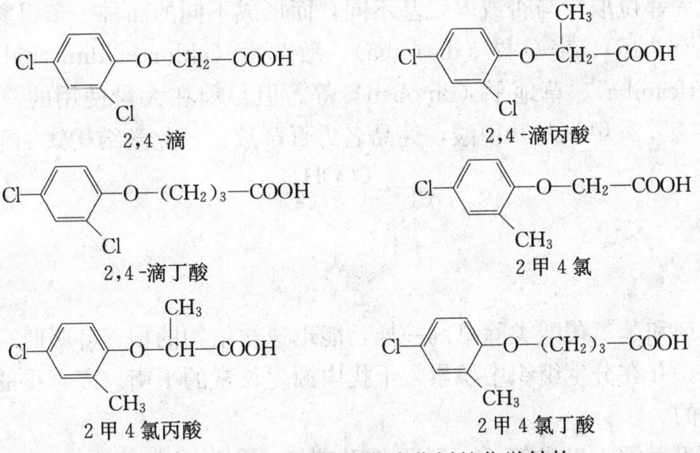

图6-2　常见苯氧羧酸类除草剂的化学结构

苯氧羧酸类除草剂易被植物的根、叶吸收，通过木质部或韧皮部在植物体内上下传导，在分生组织积累，这类除草剂具有植物生长素的作用。植物吸收这类除草剂后，体内的生长素的浓度高于正常值，从而打破了植物体内的激素平衡，影响到植物的正常代谢，导致敏感杂草的一系列生理生化变化，组织异常和损伤。其选择性主要由形态结构、吸收运转、降解方式等差异决定。

苯氧羧酸类除草剂主要作茎叶处理剂，用在禾谷类作物、针叶树、非耕地、牧草、草坪，防除一年生和多年生的阔叶杂草，如苋、藜、苍耳、田旋花、马齿苋、大巢菜、波斯婆婆纳、播娘蒿等。大多数阔叶作物，特别是棉花，对这类除草剂很敏感。2,4-滴可作土壤处理剂，在大豆播后苗前施用。2,4-滴丁酸和2甲4氯丁酸本身无除草活性，须在植物体内经β氧化后转变成相应的乙酸基后才有除草活性。豆科植物缺乏这种氧化酶，而对这两种除草剂具有耐药性。2,4-

滴在低浓度下，能促进植物生长，在生产上也被用作植物生长调节剂。

苯氧羧酸类除草剂被加工成酯、酸、盐等不同剂型。不同剂型的除草活性大小为：酯＞酸＞盐；在盐类中，胺盐＞铵盐＞钠盐（钾盐）。剂型为低链酯时，具有较强的挥发性。酯和酸制剂在土壤中的移动性很小，而盐制剂在沙土中则易移动，但在黏土中移动性很小。

在使用这类除草剂时，要注意禾谷类作物的不同生长期和品种对其抗性有差异。如小麦、水稻在四叶期前和拔节后对2,4-滴敏感，在分蘖期则抗性较强。另外，防止雾滴飘移或蒸气易对周围敏感的作物产生药害。2甲4氯对植物的作用比较缓和，特别是在异常气候条件下对作物的安全性高于2,4-滴，飘移药害也比2,4-滴轻。

二、苯甲酸类

苯甲酸类（benzoic acids）除草剂。1956年开发了用于大豆田除草的豆科威，1958年研制出麦草畏。苯甲酸类除草剂的基本化学结构：

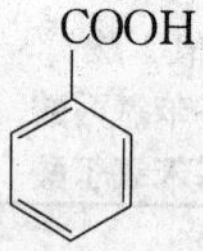

在苯环上对位和邻位取代与否或取代基不同，而形成不同的品种。苯甲酸类除草剂主要的品种有豆科威（chloramben）、麦草畏（dicamba）、敌草索（chlorthaldimethyl）、草芽平（2,3,6-TBA）、杀草畏（tricamba）、草地平（dinoben）等。但目前在大量使用的只有麦草畏。麦草畏的化学名为3,6-二氯-2-甲氧基苯甲酸，商品名为百草敌，其化学结构式如下：

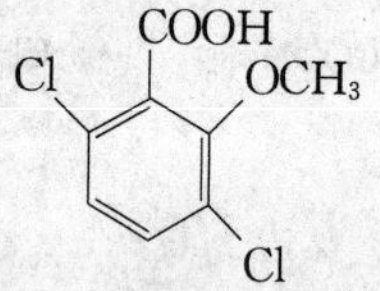

苯甲酸类除草剂和苯氧羧酸类除草剂一样，能迅速被植物的根、叶吸收，通过韧皮部或木质部向下、向上传导，并在分生组织中积累，干扰内源生长素的平衡。麦草畏的选择性主要是由代谢降解差异而形成的。

麦草畏主要用于麦类、玉米等禾本科作物及草坪，作茎叶处理，防治一年生和多年生阔叶杂草。

麦草畏在小麦拔节后使用易造成药害，其药害症状为植株松散、茎倾斜、弯曲、叶卷曲等，严重的会不结实。麦草畏和苯氧羧酸类除草剂一样，施用时雾滴飘移对邻近敏感的阔叶作物易造成药害。为了提高除草效果，麦草畏可和2,4-滴或2甲4氯混用。

三、芳氧苯氧基丙酸类

芳氧苯氧丙酸类（aryloxyphenoxy-propionates）除草剂是由赫司特公司首先开发的，1975年报道，禾草灵具有除草活性，1976年陶氏化学公司发现了吡氟氯草灵，其后开发出多个品种。

第六章 化学除草剂

此类除草剂在中国广泛地用于阔叶作物防除禾本科杂草。精噁唑禾草灵是麦田防除看麦娘、野燕麦的主要除草剂品种之一。

此类除草剂的基本的化学结构：

$$R_1-O-\underset{}{\bigcirc}-O-\underset{\underset{H}{|}}{\overset{\overset{CH_3}{|}}{C^*}}-COOH$$

其中，R_1 为芳香基。*标记的碳原子是不对称的碳原子。所以，该类除草剂具有旋光性，R 异构体具生物活性，S 异构体则无活性或活性极低。常用的芳氧苯氧丙酸类除草剂品种见表6-2和图6-3。

表6-2　常见芳氧苯氧基丙酸类除草剂品种

通用名	商品名	化学名	备注
喹禾灵 (quizalofop)	禾草克	2-［4-（6-氯-2喹噁啉-氧基)苯氧基］丙酸	R体和S体混合物
精喹禾灵 (quizalofop-P)	精禾草克	（R）-2-［4-（6-氯-2喹噁啉氧基)苯氧基］丙酸	R体
吡氟氯草灵 (haloxyfop)	盖草能	（RS）-2-｛4-［3-氯-5-三氟甲基-2-吡啶氧基］苯氧基｝丙酸	R体和S体混合物
高效吡氟氯草灵 (haloxyfop-P)	高效盖草能	（R）-2-［4-（3-氯-5-三氟甲基-2-吡啶氧基)苯氧基］丙酸甲酯	R体
精噁唑禾草灵 (fenoxaprop-P)	骠马*、威霸	（R）-2-［4-（6-氯-2-苯并噁唑氧基)苯氧基］丙酸	R体
禾草灵 (diclofop)	伊洛克桑	（RS）-2-［4-（2,4-二氯苯氧基)苯氧基］丙酸	R体和S体混合物
吡氟禾草灵 (fluazifop)	稳杀得	（RS）-2-［4-（5-三氟-甲基-2-吡啶氧基)苯氧基］丙酸	R体和S体混合物
精吡氟禾草灵 (fluazifop-P)	精稳杀得	（R）-2-［4-（5-三氟甲基-2-吡啶氧基)苯氧基］丙酸	R体
氰氟草酯 (cyhalofop-butyl)	千金 (clincher)	（R）-2-［4-（4-腈基-2-氟苯氧基)苯氧基］丙酸丁酯	R体
炔草酸 (clodinafop-prop-argyl)	麦极 (Topik)	（R）-2-［4-（5-氯-3-氟-2-吡啶氧基)苯氧基］丙酸炔丙酯	R体

*　骠马是加有安全剂的精噁唑禾草灵。

吡氟氯草灵

喹禾灵

噁唑禾草灵

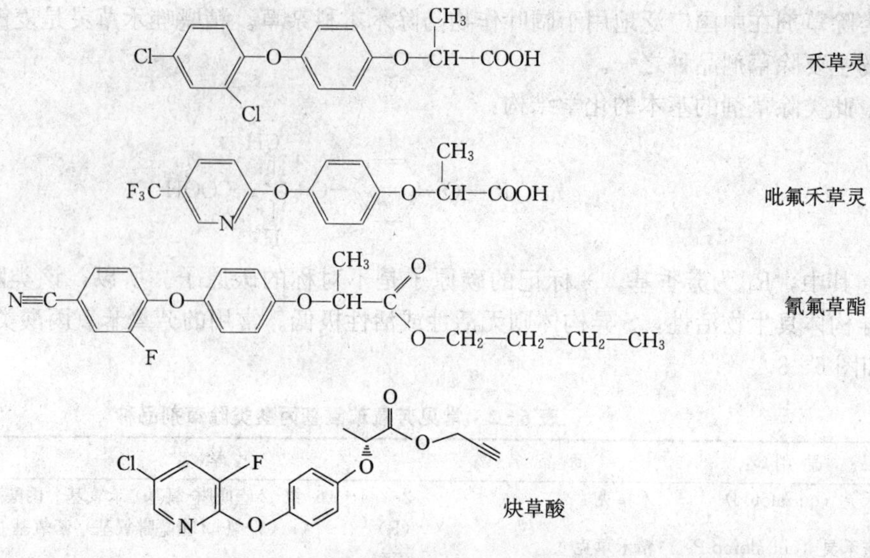

图 6-3 常见芳氧苯氧丙酸类除草剂的化学结构

大多数芳氧苯氧丙酸类除草剂能被植物叶片迅速吸收，在共质体中传导到根芽的分生组织。个别的品种如禾草灵除了被叶片吸收外，也被根吸收，在植物体内只能进行有限的传导。这类除草剂作用于乙酰辅酶 A 羧化酶，从而抑制脂肪酸的合成。它们的选择性主要是由降解代谢差异造成的，在耐药性的植物体内能迅速地被降解成无活性的物质。

为了增加植物对芳氧苯氧丙酸类除草剂的吸收，这类除草剂的商品制剂是酯，而不是酸。如喹禾灵的制剂是 10％乙酯（quizalofop-ethyl），吡氟氯草灵的制剂是甲酯（haloxyfop-methyl），植物吸收后迅速分解成有活性的酸。

芳氧苯氧丙酸类除草剂主要作为茎叶处理剂，用在阔叶作物田防除一年生和多年生的禾本科杂草。有些品种也可用在禾谷类作物上，如禾草灵、骠马用和炔草酸在小麦田，威霸和千金用在水稻田。

芳氧苯氧丙酸类除草剂的药效受气温和土壤墒情影响较大。在气温低、土壤墒情差时施药，除草效果不好；在气温高、土壤墒情好、杂草生长旺盛时施药，除草效果好。这类除草剂和干扰激素平衡的除草剂（如 2,4-滴）有颉颃作用，即它们混用，除草效果会下降。

四、环己烯酮类

环己烯酮类（cyclohexanediones）化合物的除草活性是由日本曹达公司在 20 世纪 70 年代发现的，并合成了此类的第一个除草剂品种稀禾定。80 年代初稀禾定商品化后，又开发出多个品种。在中国登记的有两个品种：稀禾定（sethoxydim）和稀草酮（clethodim）。

稀禾定

商品名：拿捕净

化学名：2-（1-乙氧基亚氨丁基）-5-［2-（乙硫基）丙基］-3-羟基环己-2-烯酮

化学结构：

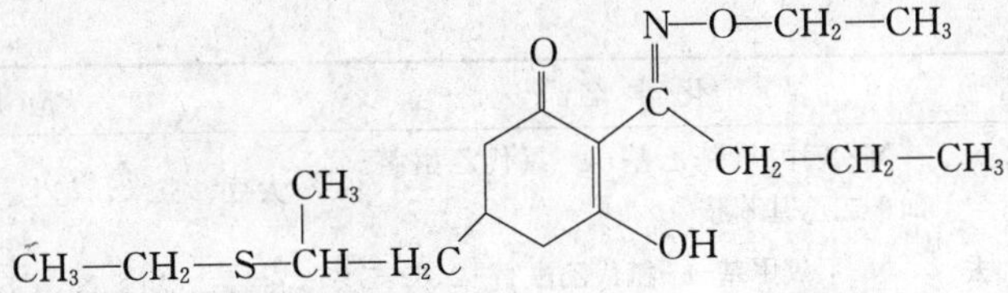

稀草酮

商品名：收乐通

化学名：（RS）-2-［（E）-1-［（E）-3-氯烯丙氧基亚氨基］丙基］-5-［2-（乙硫基）丙基］-3-羟基环己-2-烯酮

化学结构：

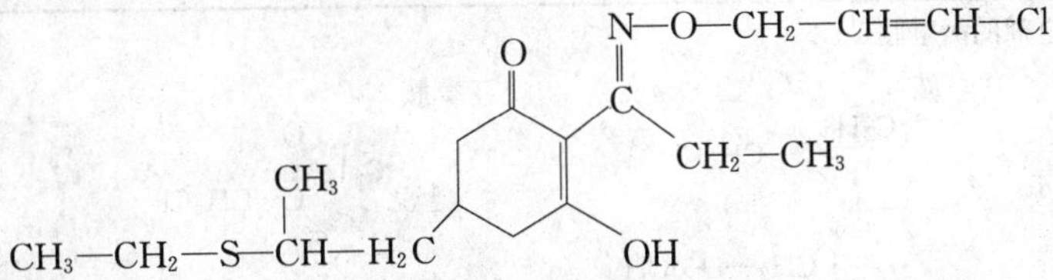

环己烯酮类化合物的除草剂的作用特性和芳氧苯氧丙酸类除草剂相似，能被植物的叶片吸收，并在韧皮部传导。作用于乙酰辅酶A羧化酶，从而抑制脂肪酸的合成。主要用在阔叶作物地防除禾草，对作物极安全。

环己烯酮类化合物的除草剂在阔叶作物和禾草之间的选择性是由于阔叶作物降解此类除草剂能力强以及其体内的乙酰辅酶A羧化酶对它们不敏感等原因。

五、酰 胺 类

酰胺类（amides）除草剂。1952年美国孟山都公司发现了氯乙酰胺类化合物具有除草活性，1956年正式生产了烯草胺。在六七十年代期间，酰胺类除草剂发展迅速，大多数品种是在这期间商品化的。酰胺类除草剂和其中的氯乙酰胺类除草剂的基本化学结构式为：

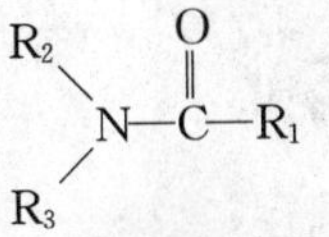

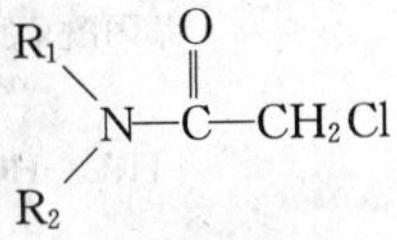

在中国常用的酰胺类除草剂品种见表6-3和图6-4。

表6-3 常见的酰胺类除草剂品种

通用名	商品名	化 学 名	应 用 作 物
甲草胺（alachlor）	拉索	N-甲氧甲基-α-氯代乙酰替-2,6-二乙基苯胺	玉米、大豆、花生、棉花、甘蔗、油菜、烟草、洋葱、番茄、辣椒
乙草胺（acetochlor）	禾乃斯	N-（乙氧甲基）-α-氯代乙酰替-2-乙基-6-甲基苯胺	玉米、大豆、花生、甘蔗、油菜
异丙甲草胺（metolachlor）	都尔、杜耳	N-（1-甲基-2-甲氧基异丙基）-α-氯代乙酰替-2-乙基-6-甲基苯胺	玉米、大豆、花生、棉花、甘蔗、油菜、烟草、芝麻、亚麻、红麻、茄科蔬菜

(续)

通用名	商品名	化 学 名	应用作物
丙草胺 (pretilachlor)	扫弗特*	N-2-丙氧基乙基-α-氯代乙酰替-2,6-二乙基苯胺	大豆、玉米、花生、甘蓝。扫弗特用于水稻
丁草胺 (butachlor)	马歇特、去草胺	N-丁氧甲基-α-氯代乙酰替-2,6-二乙基苯胺	主要用在稻田；墒情特别好的旱地也可施用
敌稗（propanil）		丙酰替3,4-二氯苯胺	稻田
萘丙酰草胺 (napropamide)	大惠利	N,N-二乙基-2-(1-萘基氧)丙草胺	烟草、果菜、叶菜、大豆、花生
苯噻酰草胺 (mefenacet)		2-(1,3-苯并噻唑-2-氧)-N-甲基乙酰苯胺	稻田

* 扫弗特是含有安全剂的丙草胺。

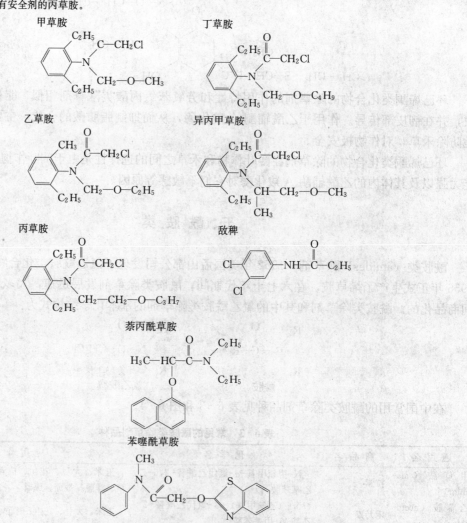

图 6-4 常见的酰胺类除草剂的化学结构

氯乙酰胺类除草剂是芽前土壤处理剂，主要由萌发的幼芽吸收（禾本科杂草的胚芽鞘，阔叶杂草的上、下胚轴），根部吸收是次要的。敌稗作为茎叶处理剂，易被植物的叶片吸收，在体内传导有限；大惠利能被植物的根、叶吸收，但大惠利只作土壤处理剂，从根部吸收的药剂能传导到茎、叶。

酰胺类除草剂的作用位点还不太清楚。氯乙酰胺类除草剂可抑制脂肪酸、脂类、蛋白质、类异戊二烯（包括赤霉素）、类黄酮的生物合成。敌稗抑制光合系统Ⅱ的电子传递和花青素、RNA、蛋白质的合成，也影响细胞膜。大惠利抑制细胞分裂和DNA的合成。

酰胺类除草剂的选择性主要是由于植物的代谢（共轭和降解）差异。如敌稗在水稻和稗草之间的选择性由于水稻中芳基酰胺酶的含量比稗草中的高。芳基酰胺酶能迅速把敌稗降解成无活性的3,4-二氯苯胺和丙酸。杂草和作物根部所处的深度不一样和种子结构不同也是酰胺类土壤处理剂选择性的原因之一。

甲草胺、乙草胺、丙草胺、丁草胺和异丙甲草胺等氯乙酰胺类除草剂在土壤中的持效期为1~3个月，对下茬作物无影响。而萘丙酰草胺在土壤中半衰期较长，用量高时，对下茬敏感作物可能产生药害。敌稗在土壤中很快降解，无残留活性。

氯乙酰胺类除草剂为土壤处理剂，能有效地防除未出苗的一年生禾本科杂草和一些小粒种子阔叶杂草，对已出苗杂草无效。萘丙酰草胺也是土壤处理剂，但杀草谱比氯乙酰胺类除草剂广。敌稗为茎叶处理剂，土壤处理活性差。甲草胺、乙草胺和异丙甲草胺是旱地除草剂，其活性大小：乙草胺＞异丙甲草胺＞甲草胺。丁草胺、苯噻酰草胺、扫茀特和敌稗用在稻田，防除稗草。

酰胺类土壤处理除草剂的药效受土壤墒情影响较大。在土壤干燥时施药，且施药后长期又无雨，不利药效发挥。

由于酰胺类除草剂主要防除禾本科杂草，在生产中，常和防除阔叶杂草的除草剂混用，以便扩大杀草谱。如玉米地施用的乙阿（乙草胺＋莠去津）、都阿（异丙甲草胺＋莠去津），稻田用的丁苄（丁草胺＋苄磺隆）等。

六、取代脲类

20世纪40年代中期，报道了100来个取代脲类（ureas）化合物具抑制植物生长的作用。50年代初发现了灭草隆的除草作用后，此类除草剂的许多品种相继出现，特别是在六七十年代，开发出一系列的卤代苯基脲和含氟脲类除草剂，提高了选择性，扩大了杀草谱，在农业生产中被广泛地应用。我国60年代以来，研制了除草剂1号、敌草隆、绿麦隆、莎扑隆、异丙隆等品种，在推广化学除草中起了重要的作用，但现在的使用面积不大。取代脲类除草剂的化学结构的核心是脲，其化学结构为：

$$\begin{array}{c} H \quad\; O \quad\; R_2 \\ \mathrm{N-C-N} \\ R_1 \quad\quad R_3 \end{array}$$

在脲分子中氨基上的取代基不同，而形成不同取代脲类除草剂品种。常见的脲类除草剂名称和应用作物见表6-4，化学结构见图6-5。

表6-4 常见的酰胺类除草剂品种

通用名	化学名	应用的作物
绿麦隆（chlorotoluron）	N-（3-氯-4-甲基苯基）-N′,N′-二甲基脲	小麦、大麦、玉米、大豆、花生
异丙隆（isoproturon）	N-4-异丙基苯基-N′,N′-二甲基脲	小麦、大麦、玉米、大豆、花生
莎扑隆（cyperon）	N-（α,α-二甲基苄基）-N′-对甲苯基脲	水稻、玉米、大豆、棉花
敌草隆（diuron）	N-（3,4-二氯苯基）-N′,N′-二甲基脲	棉花、大豆、玉米、水稻、甘蔗、马铃薯

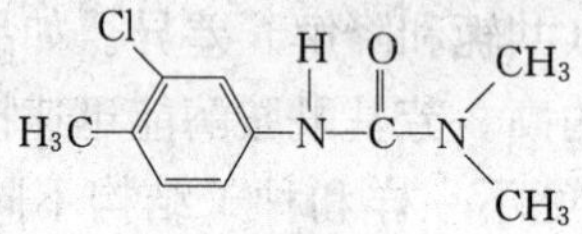

图6-5 常见取代脲类除草剂的化学结构

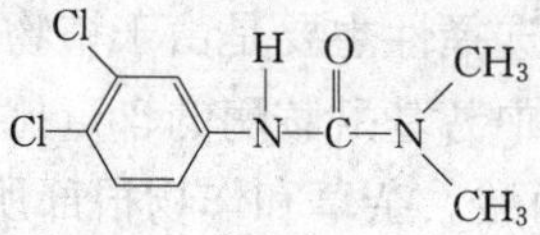

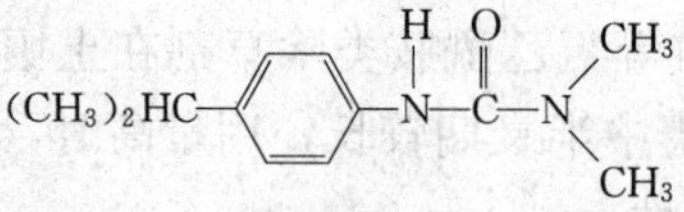

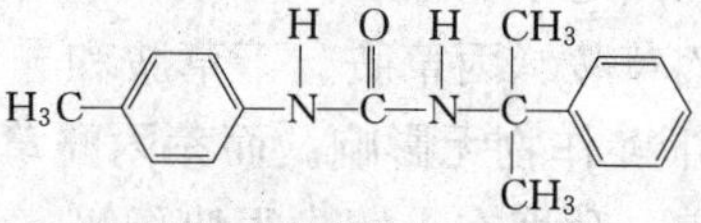

取代脲类除草剂水溶性差，在土壤中易被土壤胶粒吸附，而不易淋溶。此类除草剂易被植物的根吸收，茎、叶吸收少。因此，药剂须到达杂草的根层，才能杀灭杂草。取代脲类除草剂随蒸腾流从根传导到叶片，并在叶片中积累。此类除草剂不随同化物从叶片往外传导。

取代脲类除草剂抑制光合作用系统Ⅱ的电子传递，从而抑制光合作用。作物和杂草间吸收、传导和降解取代脲类除草剂能力的差异是这类除草剂选择性的原因之一，但作物和杂草根部的位差，也是这类除草剂选择性的一个重要方面。

取代脲类除草剂在土壤中残留期长，在正常用量下可达几个月，甚至一年多，对后茬敏感作物可能造成药害。在土壤中主要由微生物降解。

大多数取代脲类除草剂主要作苗前土壤处理剂，防除一年生禾本科杂草和阔叶杂草，对阔叶杂草的活性高于对禾本科杂草的活性。敌草隆和绿麦隆在土壤湿度大的条件下，苗后早期也有一定的效果。异丙隆则可作为苗前和苗后处理剂，在杂草2～5叶期施用仍有效。莎扑隆主要用来防除一年生和多年生莎草，对其他杂草活性极低。敌草隆可防治眼子菜。

取代脲类除草剂的除草效果与土壤墒情关系极大。在土壤干燥时施用，除草效果不好。另外，在沙质土壤田慎用，以免发生药害。

七、磺酰脲类

磺酰脲类（sulfonylureas）除草剂品种的开发始于20世纪70年代末期。1978年Levitt等报道，绿磺隆（chlorsulfuron）以极低用量进行苗前土壤处理或苗后茎叶处理，可有效防治麦类与亚麻田大多数杂草。紧接着开发出甲磺隆，随后又开发出甲嘧磺隆、氯嘧磺隆、苯磺隆、阔叶散、苄嘧磺隆等一系列品种。此类除草剂发展极快，已在各种作物地使用，有些已成为一些作物田的当家除草剂品种，而且新的品种还在不断地商品化。磺酰脲类除草剂由芳香基、磺酰脲桥和杂环三部分组成，其基本化学结构式为：

第六章 化学除草剂

$$\underset{\text{芳环}}{\underset{|}{\bigcirc}}-\underset{\text{脲桥}}{\underset{|}{SO_2-NH-\overset{O}{\overset{\|}{C}}-NH}}-\underset{\text{杂 环}}{\underset{|}{\bigcirc_{X}^{N}}}$$

在每一组分上取代基的微小变化都会导致生物活性和选择性的极大变化。在中国常见的磺酰脲类除草剂品种列于表6-5，其化学结构式见图6-6。

表6-5 常见的磺酰脲类除草剂品种

通用名	其他名或商品名	化学名	应用作物	防治对象
绿磺隆（chlorsulfuron）	绿黄隆	3-（4-甲氧基-6-甲基-1,3,5-三嗪-2-基）-1-（2-氯苯基）磺酰脲	小麦、亚麻	阔叶草和禾草
甲磺隆（metsulfuron）	甲黄隆	3-（4-甲氧基-6-甲基-1,3,5-三嗪-2-基）-1-（2-甲氧基甲酰基苯基）磺酰脲	小麦、大麦	阔叶草和禾草
氯嘧磺隆（chlorimuron）	豆磺隆、豆草隆	3-（4-甲氧基-6-甲基-1,3,5-三嗪-2-基）-1-（2-甲氧基甲酰基苯基）磺酰脲	大豆	阔叶草和禾草
胺苯磺隆（ethametsulfuron）	油磺隆	3-（4-乙氧基-6-甲基-1,3,5-三嗪-2-基）-1-（2-甲氧基甲酰基苯基）磺酰脲	油菜	阔叶草
苄嘧磺隆（bensulfuron）	苄黄隆、农得时	3-（4-甲氧基-6-甲基-1,3,5-三嗪-2-基）-1-（2-甲氧基甲酰基苯基）磺酰脲	水稻	阔叶草和莎草
噻吩磺隆（thifensulfuron）	阔叶散、宝收	3-（4-甲氧基-6-甲基-1,3,5-三嗪-2-基）-1-（2-甲氧基甲酰基噻吩-3-基）磺酰脲	小麦、玉米	阔叶草
苯磺隆（tribenuron）	巨星、阔叶净	3-（4-甲氧基-6-甲基-1,3,5-三嗪-2-基）-1-（2-甲氧基甲酰基苯基）磺酰脲	小麦	阔叶草
烟嘧磺隆（nicosulfuron）	玉农乐	2-（4,6-二甲氧基嘧啶-2-基）-1-（3-二甲基氨基甲酰吡啶-2-基）磺酰脲	玉米	禾草和阔叶草
醚磺隆（cinosulfuron）	莎多伏	3-（4,6-二甲氧基-1,3,5三嗪-2-基）-1-[2-（2-甲氧基乙氧基）苯基]磺酰脲	水稻	阔叶草和莎草
吡嘧磺隆（pyrazosulfuron）	草克星	5-（4,6-二甲基氧嘧啶-2-基氨基甲酰基氨磺酰）-1-甲基吡唑-4-甲酸乙酯	水稻	阔叶草和莎草
甲嘧磺隆（sulfometuron）	森草净	3-（4,6-二甲基嘧啶-2-基）-1-（2-甲氧基甲酰基苯基）磺酰脲	非耕地	阔叶草、禾草和莎草
氟吡磺隆（flucetosulfuron）	韩乐盛	1-[[（4,6-二甲氨基嘧啶-2-基）氨基]羰基]-2-[2-（氟-1-甲氧基甲羰基氧）丙基]-3-吡啶磺酰基脲	水稻	阔叶草、稗草

绿磺隆

苯磺隆

甲磺隆

噻吩磺隆

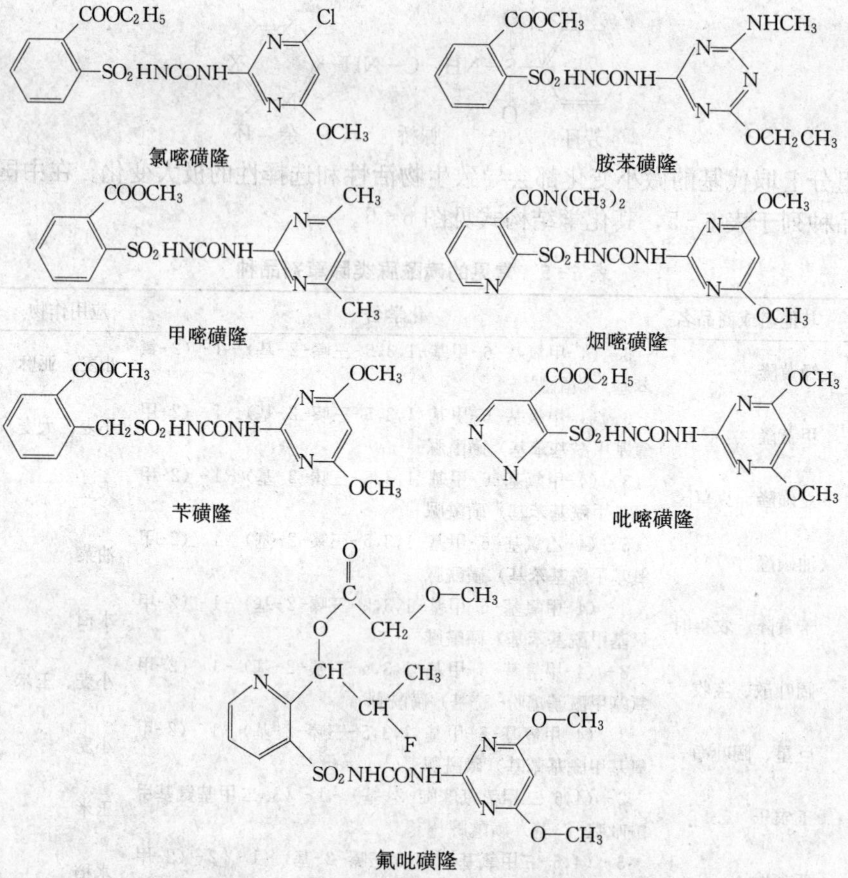

图 6-6　磺酰脲类除草剂的化学结构

磺酰脲类除草剂易被植物的根、叶吸收，在木质部和韧皮部传导，抑制乙酰乳酸合成酶（ALS），是支链氨基酸缬氨酸、异亮氨酸、亮氨酸生物合成的一个关键酶。磺酰脲类除草剂对杂草和作物选择性主要是由于降解代谢的差异。

磺酰脲类除草剂为弱酸性化合物，在土壤中的淋溶和降解速度受土壤 pH 影响较大。淋溶性随着土壤 pH 的增加而增加；在酸性土壤中，降解速度快，在碱性土壤中降解速度慢。

磺酰脲类除草剂的活性极高，用量特别低，每公顷的施用量只需几克到几十克，被称为超高效除草剂。此类除草剂能有效地防除阔叶杂草，其中有些除草剂对禾本科杂草也有抑制作用，甚至很有效。大部分磺酰脲类除草剂（如甲磺隆、绿磺隆、甲嘧磺隆、苄嘧磺隆、氯嘧磺隆、胺苯磺隆、烟嘧磺隆）既能作苗前处理剂，也能作苗后处理剂（杂草苗后早期），部分磺酰脲类除草剂（如苯磺隆、阔叶散）只能作茎叶处理剂，作土壤处理的效果不好。

施用磺酰脲类除草剂后，敏感杂草的生长很快受抑制，3～5d 后叶片失绿，接着生长点枯死，但杂草完全死亡则很慢，需要 1～3 周。

大部分磺酰脲类除草剂的选择性强，对当季作物安全。但是，氯嘧磺隆对大豆的安全性不太好，在施用后，气温下降（＜12℃）或遇高温（＞30℃），可能出现药害。另外，施药后多雨，在低洼的地块也易出现药害。

有些磺酰脲类除草剂（如绿磺隆、甲磺隆、氯嘧磺隆、胺苯磺隆）属于长残效除草剂，在土壤中的持效期长。施用这些除草剂后，在下茬种植敏感作物将会发生药害。如在小麦地施用甲磺隆或绿磺隆，下茬种植棉花就会出现药害。为了防止这些除草剂的残留药害，可采用混用的方法，降低它们的施用量。

由于磺酰脲类除草剂的作用位点单一，杂草对它们产生抗药性的速度快。据国外报道，此类除草剂连续施用3~5年后，杂草就可能产生抗药性。

八、咪唑啉酮类

咪唑啉酮类（imidazolinones）除草剂是20世纪80年代初由美国氰胺公司（American Cyanamid Co.）开发的。它具有杀草谱广、选择性强、活性高等优点。此类除草剂的品种不多，但其特殊的功能已引起广泛的重视，国内外正在大力开发。在中国大面积使用的有咪唑乙烟酸。

咪唑乙烟酸　咪草烟（imazethapyr）
商品名：普杀特、普施特
化学名：（RS）-5-乙基-2-(4-异丙基-4-甲基-5-氧代-2-咪唑啉-2-基)烟酸
化学结构式：

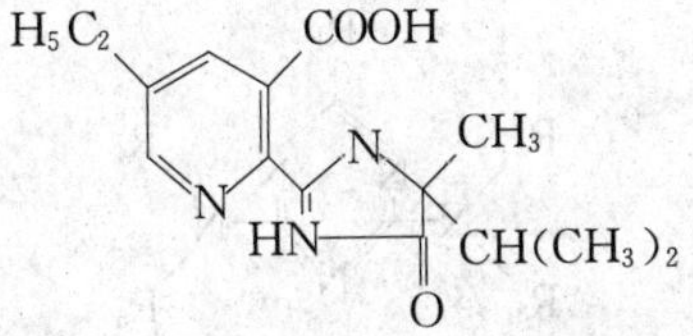

甲氧咪草烟（imazamox）
商品名：金豆，Jin-Dou，Sweeper，odyseey，Raptor
化学名称：（RS）-2(4-异丙基-4-甲基-5-氧-2-咪唑啉-2-基)-5-甲氧基甲基尼古丁酸
化学结构式：

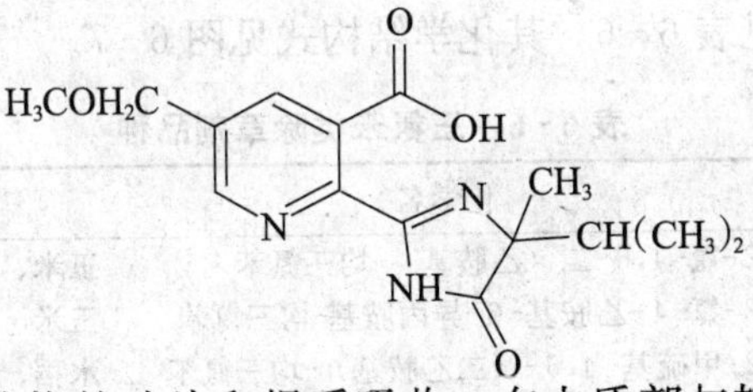

咪唑啉酮类除草剂可被植物的叶片和根系吸收，在木质部与韧皮部内传导，积累于分生组织。其作用机理和磺酰脲类除草剂一样，抑制乙酰乳酸合成酶，从而造成支链氨基酸、缬氨酸、异亮氨酸、亮氨酸的生物合成受阻。作物和杂草对此类除草剂的降解代谢速度的差异是其选择性的主要原因。

咪唑乙烟酸和甲氧咪草烟可防治一年生和多年生阔叶草及禾草。茎叶处理后，杂草立即停止生长，并在2~4周内死亡；土壤处理后，杂草顶端分生组织坏死，生长停止，虽然一些杂草能够发芽、出苗，但生长至 2.5～5cm 时便逐渐死亡。

咪唑乙烟酸属于长残效除草剂，只宜在东北单季大豆地区使用，施用后次年不宜种植敏感作物，如水稻、甜菜、油菜、棉花、马铃薯、高粱。该药可在大豆播前、播后苗前或苗后早期施用，每公顷用药量为 25～100g 有效成分。

甲氧咪草烟可在大豆和花生地使用，作为茎叶处理剂，每公顷 35～45g 有效成分能有效地防除多种禾本科和阔叶草，最佳使用时期在大豆出苗后两片真叶展开至第二片三出复叶间，禾本科杂草在 2～4 叶期，阔叶杂草在 2～7cm 高。该药属于长残效除草剂，施用的地块后茬不能种植敏感植物。

九、三氮苯类（三嗪类）

三氮苯类（trazines）除草剂开发较早，1952 年合成了第一个三氮苯类除草剂莠去津，1957 年商品化，在 20 世纪 50 年代末和 60 年代有多个品种商品化。目前，这类除草剂仍在大量施用，如莠去津在很多国家（包括中国在内）仍是玉米田的当家除草剂品种。

三氮苯类除草剂分两类：一类是均三氮苯类，其除草剂的基本化学结构中的六原环中的三个碳和三个氮是对称排列，目前，多数除草剂品种均属此类。另一类是偏三氮苯类除草剂，其六原环中的三个碳和三个氮是不对称排列。均三氮苯类除草剂的基本化学结构式为：

均三氮苯类除草剂的命名有如下的规律：

R_1＝—Cl—为……津

R_1＝—S—为……净

R_1＝—O—为……通

R_1＝＝O 为……酮

常见的三氮苯类除草剂见表 6-6，其化学结构式见图 6-7。

表 6-6 三氮苯类除草剂品种

普通名	其他名	化学名	应用作物
西玛津（simazine）		2-氯-4,6-二（乙胺基）-均三氮苯	玉米、高粱、甘蔗、果园
莠去津（atrazine）	阿特拉津	2-氯-4-乙胺基-6-异丙胺基-均三氮苯	玉米、甘蔗、果园
西草净（simetryne）		2-甲硫基-4,6-（二乙胺基）-均三氮苯	水稻、棉花、玉米、甘蔗、大豆、小麦
扑草净（prometryne）		2-甲硫基-4,6-双异丙胺基-均三氮苯	水稻、棉花、玉米、甘蔗、大豆、小麦
莠灭净（ametryn）	阿灭净	2-甲硫基-4-乙氨基-6-双丙胺基-均三氮苯	甘蔗、柑橘、玉米、大豆、马铃薯、豌豆、胡萝卜
氟草净		2-二氟甲硫基--4,6-双异丙胺基-均三氮苯	玉米、小麦、大豆、棉花
嗪草酮（metribuzin）	赛克津	4-氨基-6-特丁基-4,5-二氢-3-甲基-1,2,4-三嗪-5-酮	大豆、玉米

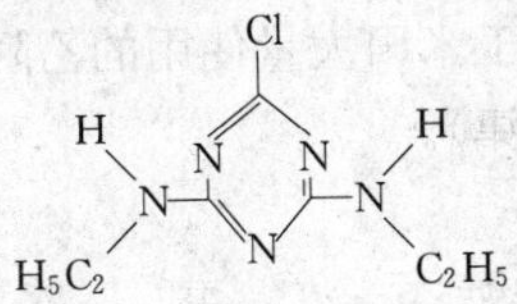

西玛津

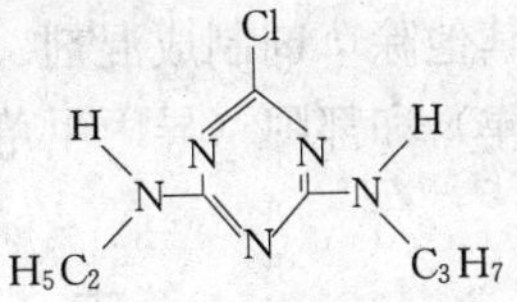

莠去津

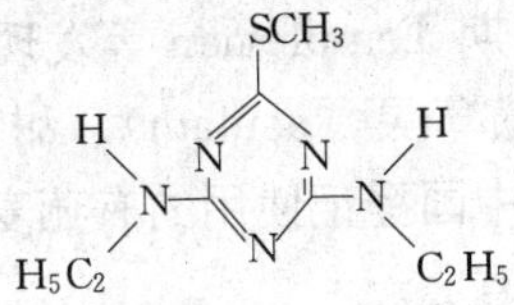

西草净

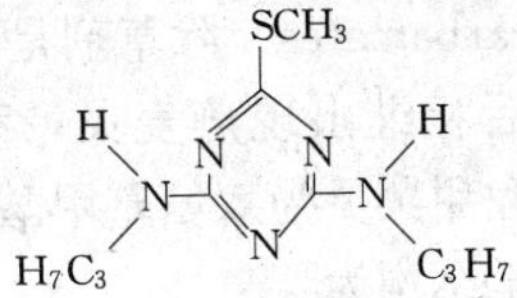

扑草净

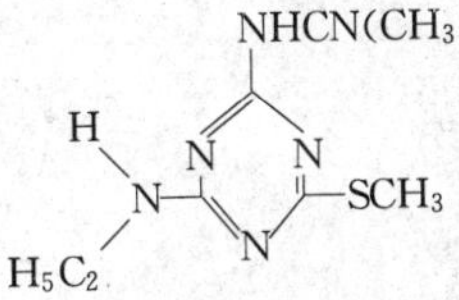

莠灭净

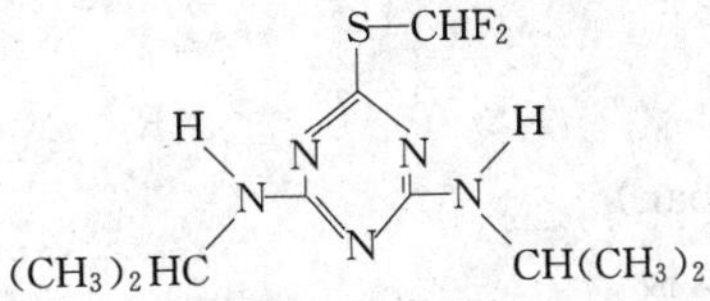

氟草净

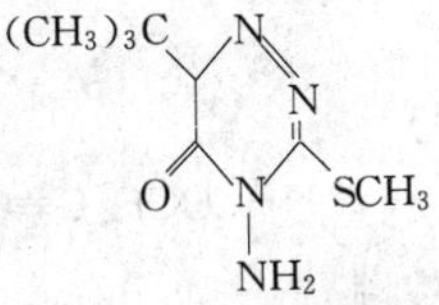

嗪草酮

图 6-7　常见的三氮苯类除草剂的化学结构式

三氮苯类除草剂是土壤处理剂，能被植物根吸收，并通过非共质体传导到芽。有些品种如莠去津、扑草净兼有茎叶处理作用，能被叶片吸收，但不向下传导。此类除草剂属光合作用抑制剂。在所有农药品种中，它们的作用机理研究得最清楚。作用靶标酶是光合系统Ⅱ中电子链中的 Q_B，抑制电子从 Q_A 到 Q_B，从而阻碍 CO_2 的固定和 ATP、$NADH_2$ 的产生。

三氮苯类除草剂的选择性主要是由于它们在耐药作物体内降解代谢快，或在谷胱甘肽 S 转移酶的催化作用下，迅速与谷胱甘肽轭合成无活性的物质。利用作物和杂草根分布的位置不同，也可达到选择作用。

三氮苯类除草剂是土壤处理剂，大部分兼有茎叶处理作用，可在种植前、播后苗前、苗后早期施用。主要用来防除一年生杂草，对阔叶杂草的效果好于对禾本科杂草，对一些多年生阔叶杂草的生长也有抑制作用。

土壤有机质和水分含量对三氮苯类除草剂的药效影响较大。有机质含量高，土壤吸附这类除草剂的作用强，使之活性降低。为了保证除草效果，需增加施用量。土壤干燥时施药，药剂被土表的土壤颗粒吸附，药剂不能分布到杂草的根层，除草效果也就不理想。

莠去津在土壤中的残留期长，如施用量过大，可能对后茬小麦产生药害。另外，该药易污染地下水，在欧洲的一些国家被禁用。

在生产实际中，这类除草剂很少单用。为了扩大杀草谱，常和其他除草剂（如酰胺类除草剂）一起混用，或和其他除草剂制成混剂。如在中国玉米田大量使用的乙阿（乙草胺＋莠去津）、普阿（普乐宝＋莠去津）和都阿（异丙甲草胺＋莠去津）。

十、氨基甲酸酯类

氨基甲酸酯类（carbamates）除草剂是20世纪中期Templeman等发现苯胺灵的除草活性后逐步开发出来的，随后相继出现燕麦灵、甜菜宁、磺草灵（asulam）、甜菜灵（desmedipham）等产品。其中甜菜宁和甜菜灵为双氨基甲酸酯类。在中国登记使用的有燕麦灵和甜菜宁。氨基甲酸酯类除草剂基本化学结构为：

$$\underset{R_2}{\overset{R_1}{N}}-\overset{O}{\underset{\parallel}{C}}-O-R_3$$

燕麦灵（barban）
商品名： 巴尔板
化学名： 4-氯-2-丁炔基-N-（3-氯苯基）氨基甲酸酯
化学结构式：

（结构式：3-氯苯基-NHCOCH₂C≡CCH₂Cl）

甜菜宁（phenmedipham）
商品名： 凯米丰、苯草敌
化学名： 3-[（甲氧羰基）氨基]苯基-N-（3-甲基苯基）氨基甲酸酯
化学结构式：

（结构式：3-甲基苯基-NH-C(=O)-O-3-苯基-NHCOCH₃）

氨基甲酸酯类的土壤处理剂主要通过植物的幼根与幼芽吸收，叶面处理剂则通过茎、叶吸收。在植物体内的传导性因除草剂品种不同而异。有的品种如磺草灵能在植物体内上下传导，而甜菜宁、甜菜灵的传导性则很差。氨基甲酸酯类中的双氨基甲酸酯类除草剂的作用机理和三氮苯类除草剂相似，抑制光合作用系统Ⅱ的电子传递。而此类中的其他除草剂的作用机理则不完全清楚，主要作用是抑制分生组织中的细胞分裂。

燕麦灵对野燕麦有特效，用于麦类及油菜等作物田，于杂草出苗初期（1.5～2.5叶期）施用，防除野燕麦、看麦娘、雀麦等杂草。甜菜宁用在甜菜地茎、叶处理防除阔叶杂草，对禾本科杂草无效。

氨基甲酸酯除草剂对光比较稳定，光解作用较差。微生物降解是此类除草剂从土壤中消失的主要原因。

十一、硫代氨基甲酸酯类

氨基甲酸酯类除草剂的氨基甲酸中的一个氧或两个氧被硫取代后，就称为硫代氨基甲酸酯类（thiocarbamates）除草剂。硫代氨基甲酸酯类除草剂是1954年斯多福（Stauffer）公司首先发现丙草丹的除草活性，随后又开发了禾大壮、灭草猛、丁草特等品种。20世纪60年代初孟山都（Monsanto）公司开发了燕麦敌1号与燕麦畏。60年代中期稻田高效除稗剂——杀草丹问世，不久即广泛应用。我国亦于1967年研制成燕麦敌2号，促进了我国除草剂创新工作。

中国有多个品种在稻、麦田及其他旱地施用。其中禾大壮和杀草丹是稻田主要的除草剂品种之一，被用作秧田、直播和抛秧稻田，亦用于移栽稻田。常见的品种列于表6-7，化学结构见图6-8。

表6-7　常见的硫代氨基甲酸酯类除草剂品种

普通名	其他名	化学名	应用作物	防除对象
杀草丹（benthiocarb）	禾草丹，稻草完	S-（4-氯苄基）-N,N-二乙基硫代氨基甲酸酯	水稻	禾草、阔叶草、莎草
禾草特（molinate）	禾大壮，草达灭，环草丹	N,N-六甲撑硫代氨基甲酸乙酯	水稻	稗草
燕麦畏（triallate）	野麦畏、三氯烯丹	S-2,3,3-三氯烯丙基-N,N-二异丙基硫代氨基甲酸酯	小麦、大麦、菠菜、甜菜、大豆、菜豆、豌豆	野燕麦
燕麦敌（diallate）	燕麦敌1号	S-2,3-二氯烯丙基-N,N-二异丙基硫代氨基甲酸酯	小麦、大麦、大豆、豌豆、马铃薯、甜菜、十字花科作物	野燕麦
灭草猛（vernolate）	卫农、灭草丹	S-丙基-N,N-二丙基硫代氨基甲酸酯	大豆、花生、烟草、甘薯	禾草、莎草和阔叶草

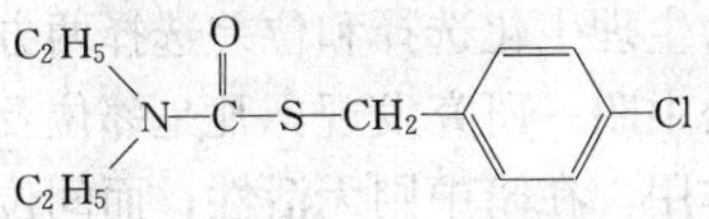

杀草丹

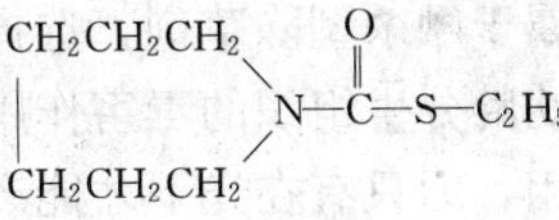

禾草特

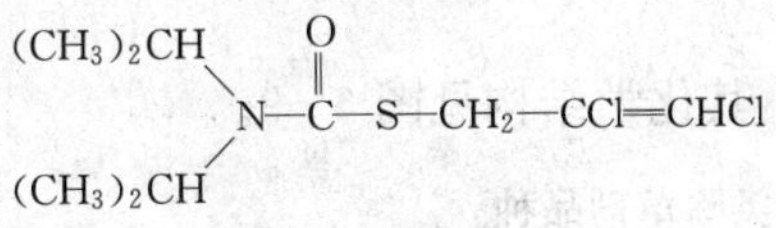

燕麦敌

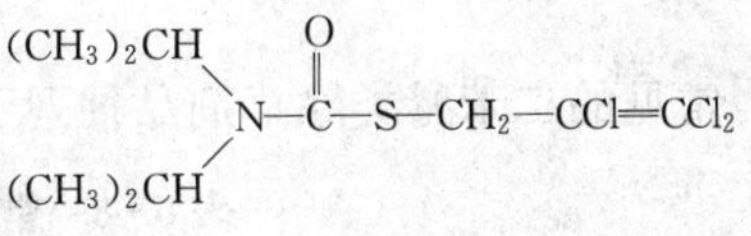

燕麦畏

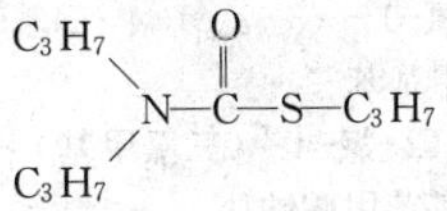

灭草猛

图6-8　常见的硫代氨基甲酸酯除草剂的化学结构

大多数硫代氨基甲酸酯类除草剂主要是被正在萌发的幼芽吸收，根部吸收少，可在非共质体内传导。

硫代氨基甲酸酯类除草剂的作用机理还不太清楚，可抑制脂肪酸、脂类、蛋白质、类异戊二烯、类黄酮的生物合成。杂草和作物间对此类除草剂的降解代谢或轭合作用的差异是其选择性的主要原因。位差、吸收与传导的差异也是此类除草剂选择性的原因之一。

此类除草剂主要作土壤处理剂，在播前或播后苗前施用。但禾大壮在稗草3叶期前均可施用。硫代氨基甲酸酯类除草剂的挥发性强，为了保证药效，旱地施用的除草剂品种施用后需混土。

十二、二苯醚类

1930年Raiford等合成了除草醚，直到1960年罗门哈斯公司（Rohm and Haas）进行再合成并发现其除草活性后，开发了二苯醚类（diphenylethers）除草剂。近30年来此类除草剂有较大发展。先后研制出很多新品种，特别注目的是开发出一些高活性新品种，如甲羧醚（茅毒）、乙氧氟草醚（果尔）、杂草焚、虎威等。它们的除草活性超过除草醚10倍以上，因而单位面积用药量大大下降。同时，扩大应用到多种旱田作物及蔬菜。此类除草剂的基本化学结构为：

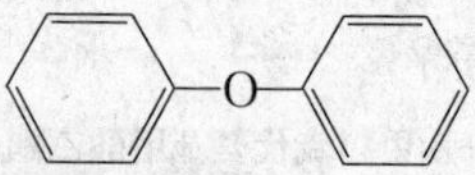

二苯醚类除草剂主要通过植物胚芽鞘、中胚轴吸收进入体内。作用靶标是原卟啉原氧化酶，抑制叶绿素的合成，破坏敏感植物的细胞膜。此类除草剂的选择性与吸收传导、代谢速度及在植物体内的轭合程度有关。

二苯醚类除草剂除草醚是较早在我国广泛应用的除草剂之一，曾是水稻田主要的除草剂品种。但由于除草醚能引起小鼠的肿瘤，鉴于这种可能对人类健康造成潜在的威胁，包括中国在内许多国家已禁用该药。

此类除草剂属于触杀型除草剂，选择性表现为生理生化选择和位差选择两方面。受害植物产生坏死褐斑，对幼龄分生组织的毒害作用较大。松中昭一研究发现，凡是邻位及对位取代的品种都具有光活化作用，即只有在光下才能产生除草作用，在暗中则无活性；而间位取代的品种不论在光下或暗中，均产生除草活性。目前施用的品种都是邻位及对位取代的，均属光活化的除草剂。

目前，常见的二苯醚类除草剂品种列于表6-8，其化学结构见图6-9。

表6-8 常见的二苯醚类除草剂品种

普通名	其他名或商品名	化学名	应用作物	防除对象
乙氧氟草醚 （oxyfluorfen）	果尔	2-氯-1-（3'-乙氧-4'-硝基苯氧）-4-三氟甲基苯	水稻、大豆、花生、棉花	阔叶草和禾草
三氟羧草醚 （acifluorfen sodium）	杂草焚、氟羧草醚	5-〔2-氯-4-（三氟甲基）-苯氧基〕-2-硝基苯甲酸钠盐	大豆、花生、水稻、棉花	阔叶草
氟磺胺草醚 （fomesafen）	虎威，除豆莠	5-〔2-氯-4-（三氟甲基）苯氧基〕-N-（甲基磺酰基）-2-硝基苯甲酰胺	大豆	阔叶草
乙羧氟草醚 （lactofen）	克阔乐	2-硝基-5-（2-氯-4-三氟甲基苯氧基）苯甲酸-1-（乙氧羰基）乙基酯	大豆、花生、马铃薯	阔叶草

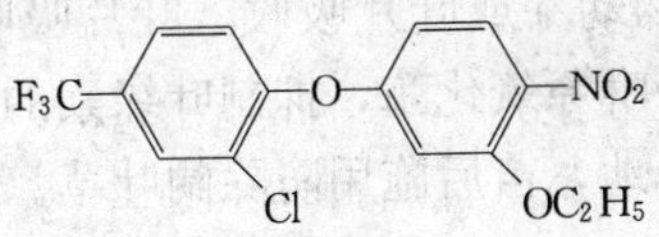

第六章 化学除草剂

乙氧氟草醚

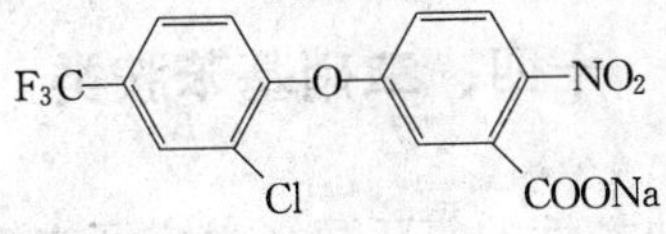

三氟羧草醚

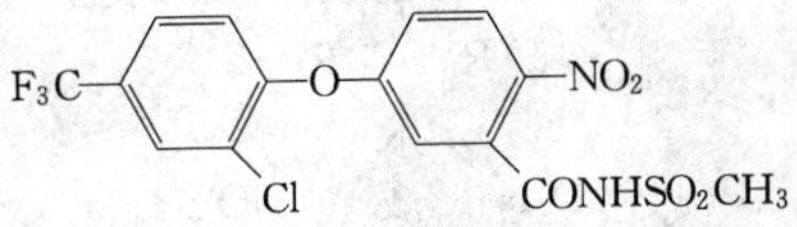

氟磺胺草醚

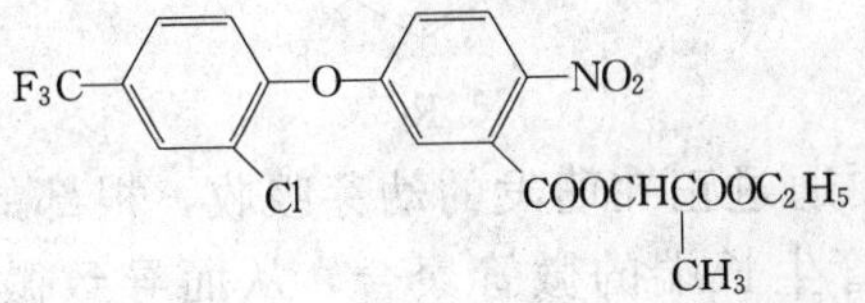

乙羧氟草醚

图 6-9 常见的二苯醚类除草剂的化学结构

乙氧氟草醚作土壤处理剂，可防除一年生阔叶草和禾草，而氟羧草醚、氟磺胺草醚、乙羧氟草醚作茎叶处理剂，只对阔叶草有效。在大豆地喷施氟羧草醚、氟磺胺草醚和克阔乐后，大豆叶片上会出现受害药斑，但药害症状会随着大豆的生长而逐渐消失，对大豆产量无明显影响。

十三、N-苯基肽亚胺类

N-苯基肽亚胺类（N-phenyl phthalimides）是20世纪80年代开发出的新型除草剂，其除草活性和磺酰脲类一样高，用量极低，每公顷的用量只有十至几十克。此类除草剂在中国有氟烯草酸（flumiclorac-pentyl ester）和丙炔氟草胺（flumioxazin）。它们的化学结构式为：

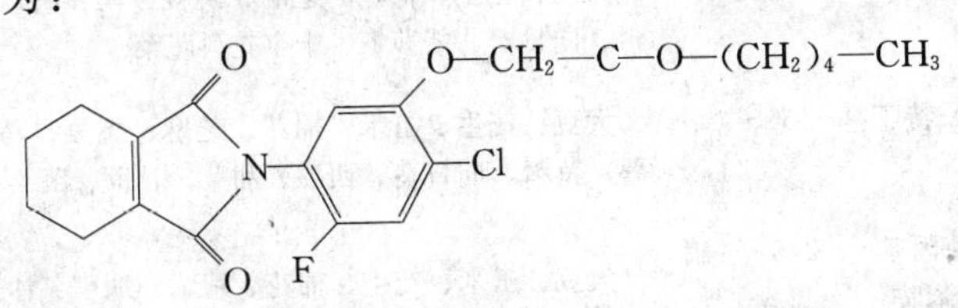

氟烯草酸（利收） 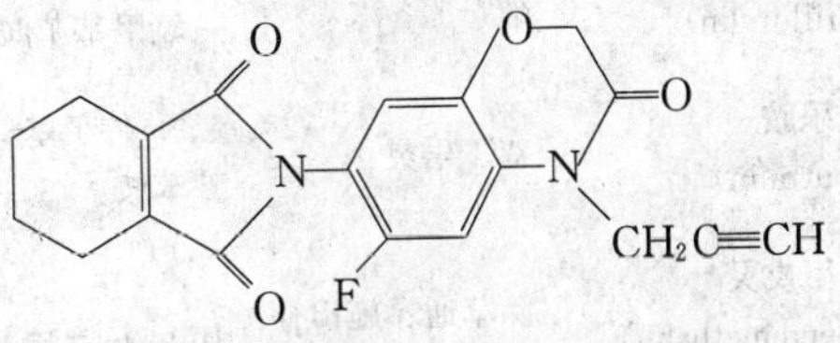　　　　　　　　丙炔氟草胺（速收）

N-苯基肽亚胺类除草剂被植物幼芽或叶片吸收。叶片吸收时不向下传导。作用机理和二苯醚类除草剂相似,作用靶标是原卟啉原氧化酶,抑制叶绿素的合成。

氟烯草酸主要用在大豆和玉米地,苗后施用防除阔叶草。丙炔氟草胺用在大豆和花生地,播后苗前施用防除阔叶草。

十四、二硝基苯胺类

1960年筛选出具有高活性与选择性的氟乐灵,奠定了二硝基苯胺类(dinitroanilines)除草剂的重要地位,随后相继开发出一些新品种。此类除草剂的基本化学结构为:

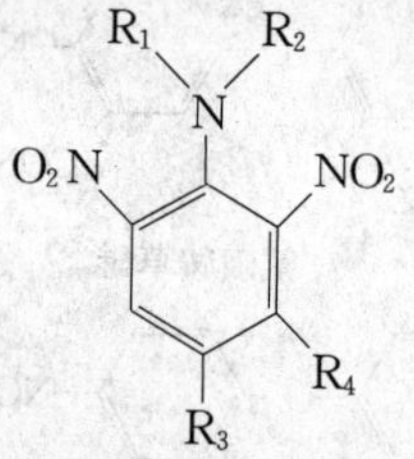

二硝基苯胺类除草剂主要通过正在萌发的幼芽吸收,根部的吸收是次要的。此类除草剂结合到微管蛋白上,抑制小管生长端的微管聚合,从而导致微管的丧失,抑制细胞的有丝分裂。

二硝基苯胺类除草剂为土壤处理剂,在作物播前或移栽前、播后苗前施用。主要防治一年生禾本科杂草及种子繁殖的多年生禾本科杂草的幼芽,对一些小粒一年生阔叶杂草(如藜、苋等)有一定效应。棉花、大豆、向日葵、十字花科作物对此类除草剂的耐药性较强。

易挥发和光解是此类除草剂的突出特性。因此,田间喷药后必须尽快进行耙地混土。其除草效果比较稳定,药剂在土壤中挥发的气体也起到重要的杀草作用,因而可适应于较干旱的土壤条件下使用。在土壤中的持效期中等或稍长,大多数品种的半衰期为2~3个月。正确使用时,对于轮作中绝大多数后茬作物无残留毒害。

目前,在使用的二硝基苯胺类除草剂的品种不多。在中国使用的此类除草剂名称和应用作物见表6-9,化学结构见图6-10。

表6-9 常见的二硝基苯胺类除草剂品种

通用名	商品名或其他名	化学名	使用作物
氟乐灵 (trifluralin)	茄科宁	N,N-二正丙基-2,6-二硝基-4-三氟甲基苯胺	大豆、花生、棉花、芝麻、豌豆、马铃薯、苜蓿、向日葵、胡萝卜、十字花科蔬菜
地乐胺 (butralin)	双丁乐灵	N-仲丁基-4-特丁基-2,6-二硝基苯胺	大豆、花生、玉米、棉花、芝麻、豌豆、马铃薯、苜蓿、向日葵、西瓜、甜菜、甘蔗、蔬菜
二甲戊灵 (pendimethalin)	除草通、施田补	N-1-(乙基丙基)-2,6-二硝基-3,4-二甲基苯胺	大豆、玉米、花生、棉花、蔬菜、烟草、甘蔗

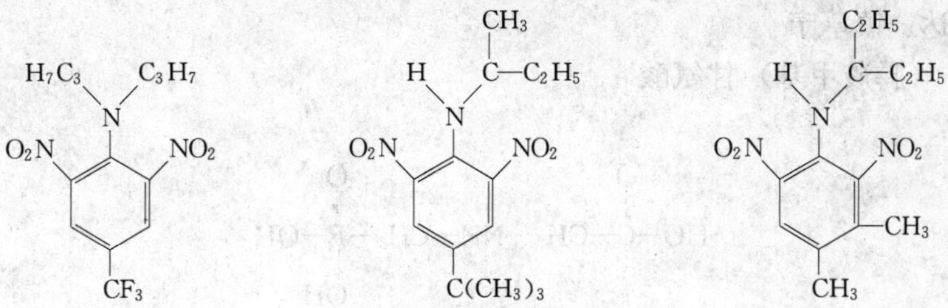

第六章 化学除草剂

氟乐灵　　　　　地乐胺　　　　　二甲戊灵

图 6-10　常见的二硝基苯胺类除草剂的化学结构

由于此类除草剂主要防治一年生禾本科杂草，对阔叶杂草的防除效果差。在生产中为提高防除效果，扩大杀草谱，常与防治阔叶杂草特效的除草剂混用或配合使用。

十五、联吡啶类

联吡啶类（bipyridyliums）除草剂是在20世纪50年代末开始开发的。此类除草剂有两个重要的品种百草枯（paraquat）和敌草快（diquat）。在中国，百草枯是主要的灭生性除草剂品种之一，在非耕地、果园广泛使用。

百草枯
商品名：克芜踪
化学名：1,1′-二甲基-4,4′-联吡啶阳离子（盐酸盐或三硫酸甲酯盐）
化学结构式：

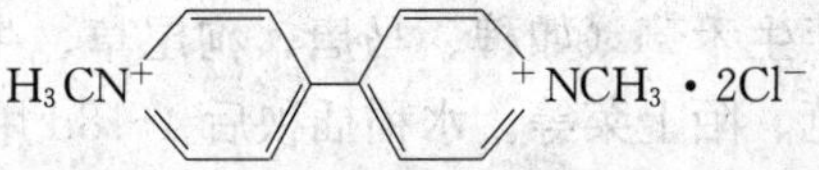

H_3CN^+ ⬡－⬡ $^+NCH_3 \cdot 2Cl^-$

联吡啶类除草剂是触杀型的灭生性茎叶处理剂，能迅速被叶片吸收，并在非共质体向上传导，但不在韧皮部向下传导，故不能杀死杂草地下部。此类除草剂抑制光合作用系统Ⅰ，需在光下才发挥除草活性。

联吡啶类除草剂能被土壤胶体迅速、强烈吸附，故土壤处理无活性。此类除草剂主要用在非耕地、果园。在农田使用时，常是在作物播种前或播后苗前杀灭已长出的大草，或在作物苗长大后，采用行间定向喷雾。敌草快还常被用作催枯干燥剂。

十六、有机磷类

1958年美国有利来路公司（Uniroyal Chemical）开发出第一个有机磷类（organophosphorus）除草剂——伐卓磷（2,4-DEP，Falone），随后相继研制出一些用丁旱田作物、蔬菜、水稻及非耕地的品种如草甘膦、草丁膦、调节磷、莎稗磷、胺草磷、哌草磷、抑草磷、丙草磷、双硫磷等。有机磷类除草剂特性和作用方式随品种不同而异。

草甘膦（glyphosate）

商品名：农达、镇草宁
化学名：N-(膦羧甲基)甘氨酸
化学结构式：

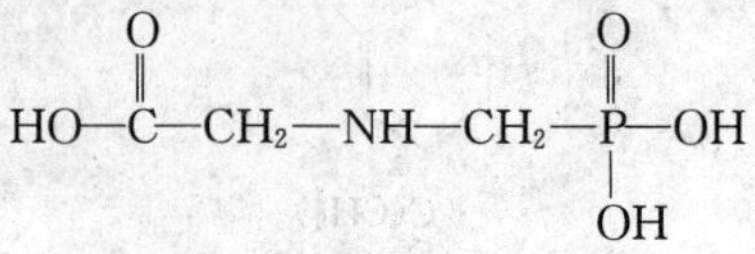

$$\text{HO-}\underset{\underset{O}{\|}}{C}\text{-CH}_2\text{-NH-CH}_2\text{-}\underset{\underset{OH}{|}}{\overset{\overset{O}{\|}}{P}}\text{-OH}$$

草甘膦能被植物的叶片吸收，并在体内传导，作用于芳香簇氨基酸合成过程中的一种重要的酶（5-烯醇丙酮酰-莽草酸-3磷酸合成酶，EPSPS），从而抑制芳香簇氨基酸的合成。

草甘膦是一种非选择性茎叶处理除草剂，土壤处理无活性，对一年生和多年生杂草均有效。主要用在非耕地、果园。在中国，草甘膦是生产量较大的几个除草剂品种之一。

莎稗磷（anilofos）
商品名：阿罗津
化学名：S-[N-(4-氯苯基)-N-异丙基-甲酰甲基]-O,O-二甲基二硫代磷酸
化学结构式：

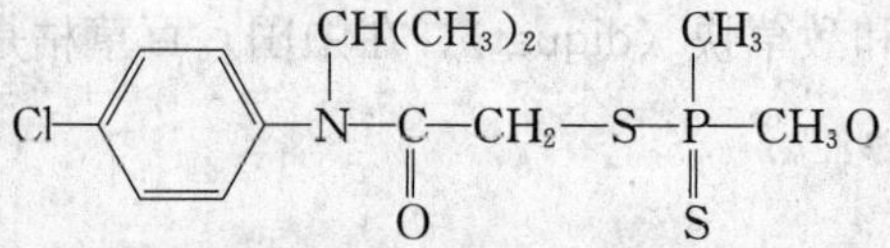

莎稗鳞是选择性内吸传导型土壤处理除草剂。主要被幼芽和地下茎吸收。抑制植物细胞分裂与伸长，对处于萌发期的杂草幼苗效果最好。该除草剂用在移栽水稻田，也可用于棉花、油菜、大豆、玉米、小麦等，防除一年生禾草（如稗、马唐、狗尾草、牛筋草、野燕麦）以及鸭舌草、异型莎草、牛毛毡、马齿苋、苋、陌上菜等。水稻插秧后4～8d用药。

双丙氨膦（bialaphos）和草丁膦（草铵膦）（glufosinate）

双丙氨膦是从链霉菌（*Streptomyces hygroscopicus*）发酵液中分离、提纯的一种三肽天然产物。这是一种非选择性除草剂，其作用比草甘膦快，比百草枯慢，而且对多年生植物有效，对哺乳动物低毒，在土壤中半衰期较短（20～30d）。双丙氨膦本身无除草活性，在植物体内降解成具有除草活性的草丁膦和丙氨酸。据此，德国已人工模拟开发成功草丁膦（glufosinate，HOE39866）除草剂，已被广泛应用。

这两种除草剂是非选择性茎叶处理剂，在植物体内的木质部和韧皮部传导性极差，当双丙氨膦被靶标植物代谢时，产生植物毒素phosphinothricin[L-2-氨基-4-(羟基)(甲基)氧膦基丁酸]抑制谷氨酸合成酶（GS）活性，阻止氨被同化成必需的氨基酸，导致植物体氨中毒。氨的积累破坏细胞，并直接抑制光合作用。

双丙氨膦和草丁膦是非选择性茎叶处理剂，在土壤中迅速降解消失而无土壤处理活性，主要用在非耕地防除多种一年生和多年生禾草和阔叶草。但是，在抗草丁膦和耐草甘膦的转基因作物田中，可以较为安全地使用这2种除草剂。这已在北美和欧洲应用于生产中。

它们的化学结构如下：

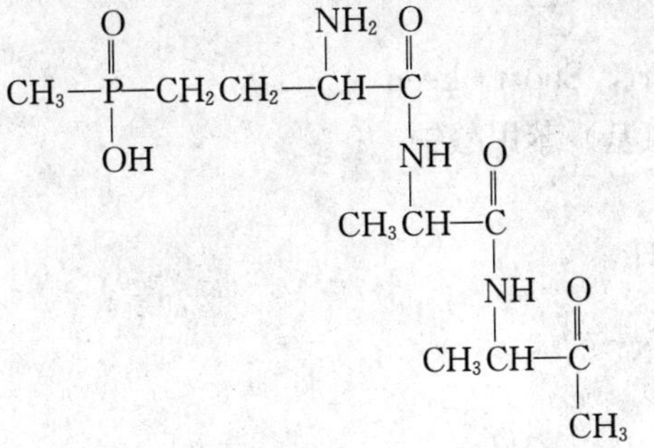

双丙氨膦 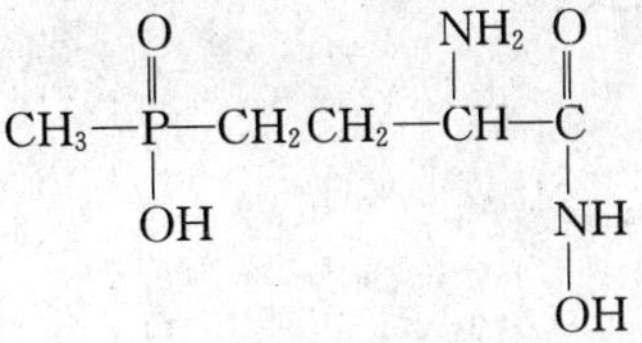   草丁膦

十七、嘧啶水杨酸类

嘧啶水杨酸类（pyrimidinyl benzoates）除草剂是一类新型的乙酰乳酸合成酶抑制剂，其基本化学结构式：

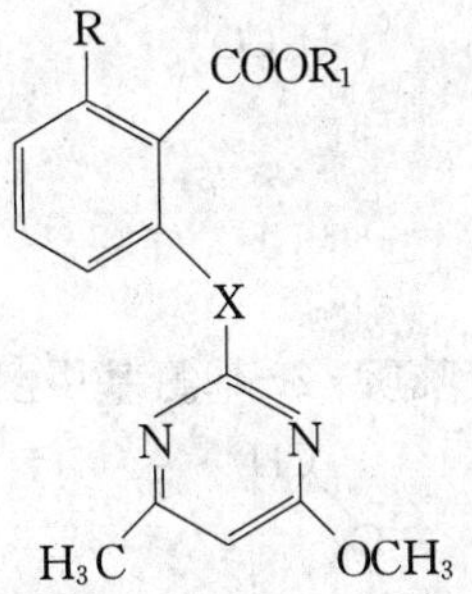

其中，X=O、S、NCHO、CH$_2$。

此类除草剂在中国登记或正在登记的有嘧啶肟草醚、双草醚和环酯草醚。

嘧啶肟草醚（pyribenzoxim）

商品名：韩乐天，Pyanchor

化学名：O-{2,6-双[（4,6-二甲氧-2-嘧啶基）-氧基］苯甲酰基}二苯酮肟

化学结构式：

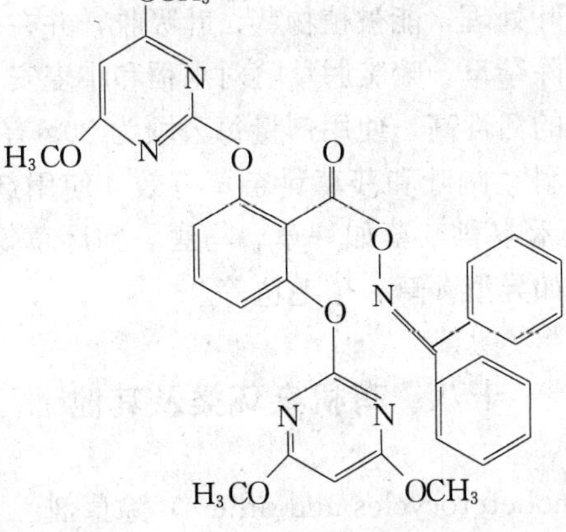

双草醚（bispyribac-sodium）

商品名：农美利，Nominee，Grass-short，Short-keep

化学名：2,6-双（4,6-二甲氧嘧啶-2-氧基）苯甲酸钠

化学结构式：

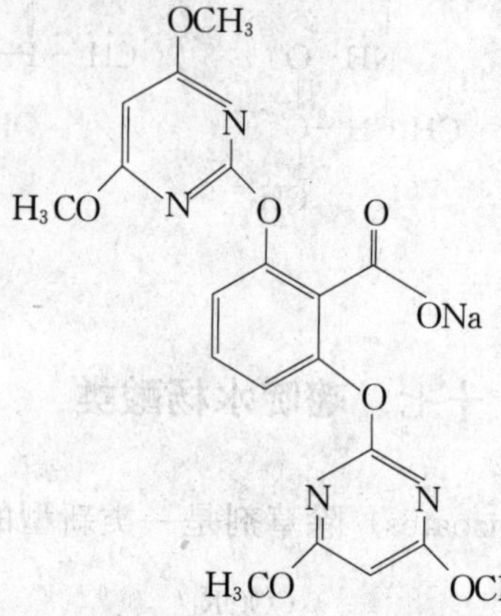

环酯草醚（pyriftalid）

商品名：Apiro

其他：CGA 279233

化学名：2-［4,6-双（二甲氧基）嘧啶-2-基氨基甲酰胺基磺酰基］苯甲酸甲酯

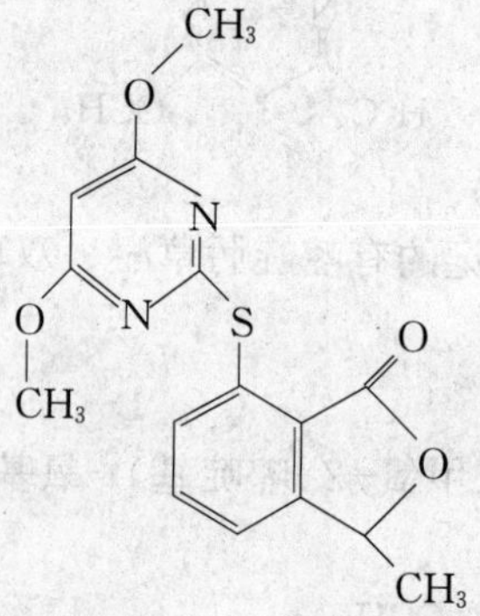

这3种除草剂均为苗后茎叶处理，能被植物茎、叶吸收，并在体内转导。目前，主要登记用在水稻田，尤其是直播稻田防除杂草。嘧啶肟草醚对水稻和小麦安全，可防除多种禾本科、阔叶和莎草科杂草，特别是对稗草的活性高。使用剂量每公顷为30g有效成分。双草醚对水稻安全，主要用在直播稻，对多种禾本科、阔叶和莎草科杂草有效。使用剂量为每公顷15～45g有效成分。环酯草醚防除大多一年生禾本科杂草如稗草、马唐、狗尾草等和部分阔叶草包括苘麻、苋菜、藜等阔叶杂草和部分莎草如异型莎草、牛毛毡等。

十八、有机杂环类及其他

有机杂环类及其他（organoheterocycles and others）除草剂：

第六章　化学除草剂

氯氟吡氧乙酸（fluroxypyr）
商品名：使它隆、治莠灵、氟草定、Starane
化学名：4-氨基-3,5-二氯-6-氟-2-吡啶氧乙酸
化学结构式：

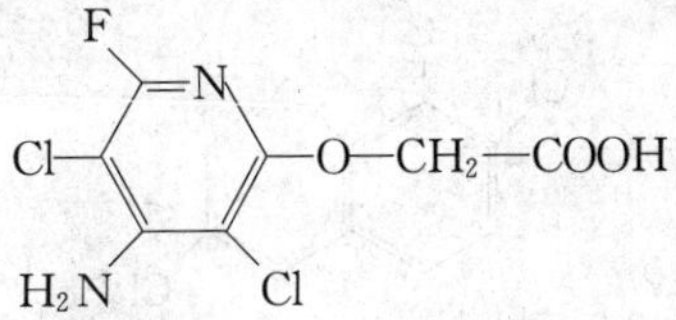

氯氟吡氧乙酸为选择性内吸传导激素型除草剂。其杀草作用与2,4-D相似，引起偏上性，木质部导管堵塞并变棕色，植株枯萎，脱叶，坏死。选择性是由于杂草对药剂的吸收、传导及生化反应不同。该药在环境中常被淋溶入下层土壤，残留期较长，对动物毒性低。在小麦分蘖期茎叶喷雾，也可用于其他禾谷类作物田，防除一年生及多年生阔叶杂草，如猪殃殃、繁缕、水花生、打碗花、马齿苋、宝盖草、泽漆、蓼等。也用于非耕地，防除阔叶杂草。

苯达松（bentazone）
其他名称或商品名：灭草松、百草克、排草丹
化学名：3-异丙基-1H-苯并-2,1,3-噻二嗪-4-酮-2,2-二氧化物
化学结构式：

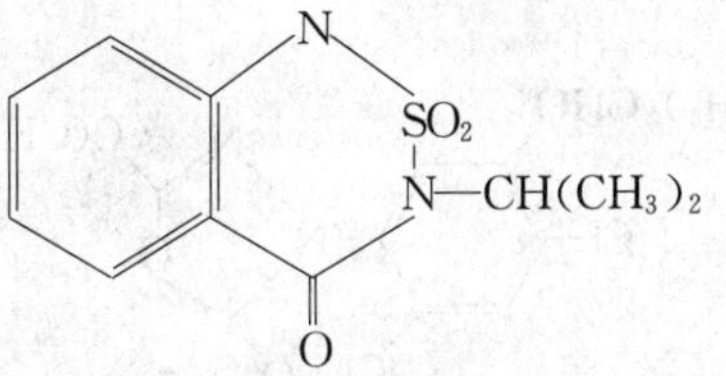

苯达松是选择性茎叶处理除草剂，主要抑制光合作用中的希尔反应。苯达松在植物体内传导作用很小，因此，喷药时药液雾滴要覆盖好杂草叶面。禾本科与豆科植物体降解该药的能力强而具耐药性，多种阔叶杂草与莎草则对该药敏感。

适应用于水稻、麦类、大豆及玉米等作物，防除马齿苋、猪殃殃、繁缕、波斯婆婆纳、苋以及碎米莎草、异型莎草、牛毛毡、萤蔺、眼子菜、扁秆藨草、鸭舌草、节节菜等。

野燕枯（difenzoquat）
其他名：双苯唑快，Avenge
化学名：1,2-二甲基-3,5-二苯基吡唑硫酸甲酯
化学结构式：

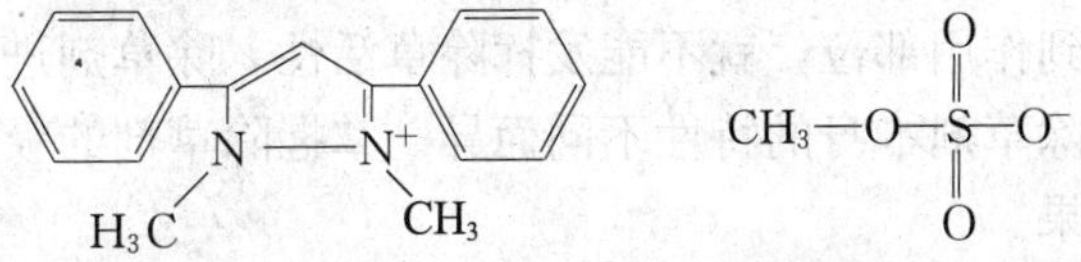

野燕枯是选择性内吸传导型茎叶处理除草剂。作用于野燕麦的生长点分生组织，影响细胞分裂和伸长。在麦类及油菜等作物田防除野燕麦，于野燕麦3叶期至分蘖末期施药。

二氯喹啉酸（quinclorac）

其他名或商品名：快杀稗、杀稗王
化学名：3,7-二氯-8-喹啉羧酸
化学结构式：

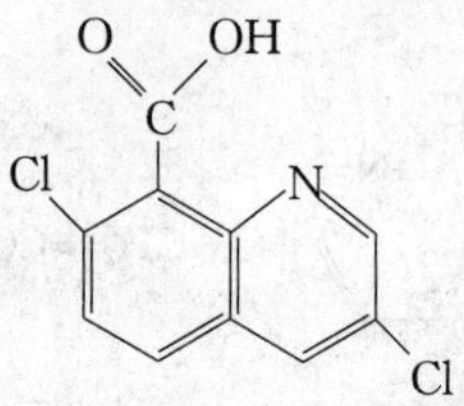

二氯喹啉酸是选择性内吸传导型除草剂，具有激素型除草剂的特点，与生长素类物质的作用症状相似。通常经根部以及萌动的种子、叶吸收。水稻根部能将其分解而失活，因而对水稻安全。受害杂草嫩叶出现轻微失绿现象，叶片出现纵向条纹并弯曲。

主要用在移栽和直播稻田防除稗草，对大龄稗草（4～7叶期）也有效。直播田使用时，应在秧苗1叶1心后施用，以免发生药害。最佳施药时间在稗草2～4叶期，保水撒施或排水后保湿喷雾均可。喷药后2～3d灌水，保持3～5cm水层5～7d。

恶草酮（oxadiazon）
其他名或商品名：恶草灵、农思它，Ronstar
化学名：5-特丁基 3-（2,4-二氯-5-异丙氧苯基）-1,3,4-恶二唑啉-2-酮
化学结构式：

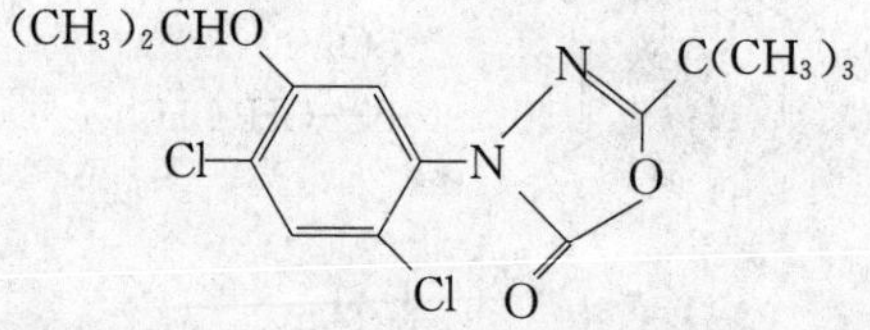

恶草酮是选择性触杀型除草剂。该除草剂经杂草幼苗吸收，使幼苗停止生长，继而腐烂死亡。主要抑制植物体ATP形成。有光时才能发挥除草活性。适于水稻，也可用于大豆、棉花等作物田防除一年生禾本科杂草和阔叶杂草。以苗前土壤处理为佳。

第四节 化学除草剂的杀草原理

一、除草剂的吸收与传导

除草剂进入植物体内并传导到作用部位是其杀死植物的第一步。如果除草剂不能被植物吸收，或吸收后不能被传导到作用部位，就不能发挥除草活性。除草剂进入植物体内及在植物体内的传导方式因施用方法及除草剂本身的特性不同而异。掌握除草剂的吸收和传导特性有助于正确使用除草剂，提高除草效果。

（一）除草剂的吸收

1. 土壤处理除草剂的吸收

(1) 根吸收 根是土壤处理除草剂的主要吸收部位。除草剂易穿过植物根表皮层，溶解在水中的除草剂接触到根表面时，被根系连同水一起吸收。吸收过程是被动的，即简单的扩散现象。根细胞吸收除草剂的速度与除草剂的脂溶性成正相关。具有极性的除草剂进入根细胞的速度较慢，而脂溶性的除草剂进入根细胞的速度较快。根细胞对弱酸性除草剂的吸收受土壤溶液 pH 的影响，在低 pH 的情况下，吸收量大。

(2) 幼芽吸收 土壤处理除草剂除了被植物的根吸收外，也可被种子和未出土的幼芽（包括胚轴）吸收。在杂草出苗前，幼芽虽也有角质层，但其发育的程度比地上部低，所以，它不是除草剂进入植物的有效障碍。出土的幼芽吸收除草剂的能力因植物的种类和除草剂品种不同而异。一般来说，禾草的幼芽对除草剂较敏感。二硝基苯胺类、酰胺类、三氮苯类等均可通过未出土的幼芽吸收。除草剂对根、芽的联合作用为加成作用，即某种除草剂对根和芽分别作用的毒力和对根、芽同时作用的毒力相等。

了解杂草和作物的根或芽对某种除草剂吸收的相对重要性能帮助我们有效、安全地使用该种除草剂。如以芽吸收为主的除草剂，将其施用在杂草芽所处的土层，可达到最大的除草作用。

2. 茎叶处理除草剂的吸收 除草剂喷施到植物叶片后，有如下几种情形发生：①药滴下滴到土壤中；②变成气体挥发掉；③被雨水冲走；④溶剂挥发后变成不定形或定性结晶沉积在叶面上；⑤脂溶性除草剂渗透到角质层后，滞留在脂质组分中；⑥除草剂被吸收，穿过角质层或透过气孔而进入细胞壁和木质部等非共质体中，或继续进入共质体。

(1) 角质层吸收 所有植株地上部表皮细胞外覆盖着角质层，角质层的主要功能是防止植物水分损失，同时，也是外源物质渗入和微生物入侵的有效屏障。茎叶处理除草剂进入植物体内的最主要障碍也就是角质层。

角质层发育程度因植物种类和生育期不同而异。即使在同一叶片的不同部位也有差异。同时，也受到环境条件的影响。角质层由蜡质、果胶和角质组成。蜡质是不亲水，分为外角质层蜡质和角质层蜡质（包埋蜡质）。外角质层蜡质是由长链（$C_{20}\sim C_{37}$，少数的长可达 C_{50}）的醇、酮、醛、乙酸、酮醇、β-二酮醇和酯的脂肪族碳氢化合物组成，包埋蜡质则是由垂直于叶面的中等长链的脂肪酸（$C_{16}\sim C_{18}$）和长链碳氢化合物组成。角质的亲水性比蜡质强，由羟基化脂肪和由酯键连接的脂肪酸束组成，绝大多数链长为 $C_{16}\sim C_{18}$。在有水的情形下可发生水合作用。果胶是亲水物质，由富含脲酸的多聚糖组成，呈线状。

角质层的外层是高度亲脂，向内逐渐变成亲水。其结构像海绵状，由不连续的极性和非极性区域组成。角质是海绵的基质，包埋蜡质充满在海绵的孔隙中，海绵外覆盖着形状各异的外角质层蜡质，线状果胶伸展在海绵中间，但不穿过海绵。

除草剂进入角质层的主要障碍是蜡质。蜡质的组成影响药液在叶片的湿润性和药剂穿透量。对同种植物来说，角质层的厚度与除草剂的穿透量成负相关。即角质层越厚除草剂越难穿过。嫩叶吸收除草剂量大于老叶就是由于嫩叶的角质层比老叶薄。对不同植物来说，角质层的厚度与除草剂穿透的相关性则不大。

除草剂穿透角质层的能力受除草剂和外角质层蜡质理化性质的影响。如极性中等的除草剂比非极性或高度极性的除草剂易穿透角质层，油溶性的除草剂比水溶性除草剂易穿过角质层。

(2) 气孔吸收 除草剂可从气孔直接渗透到气孔室。气孔吸收量的大小受药液在叶片的湿润程度影响大，而受气孔张开的程度影响小。一般来说，气孔对除草剂的吸收不很重要。气孔对除草剂的吸收的主要限制因子是药滴的表面张力。药液穿透气孔，表面张力需小于 $30mN/m^2$。然而，大多数农用除草剂药液的表面张力在 $30\sim35mN/m^2$，很难通过气孔渗入，但有些表面活性剂的活性极高，如有机硅表面活性剂，可大大降低药液的表面张力。如在除草剂中加入这类表面活性剂，则可提高气孔的吸收量。

（3）质膜吸收　除了直接作用于质膜表面的除草剂，其他除草剂在达到作用位点时，必须通过质膜。大多数除草剂通过质膜是一种被动的扩散作用，不需要能量。有些除草剂，如苯氧羧酸类，则需要能量。水溶性除草剂通过质膜的量与除草剂分子大小成负相关，而脂溶性除草剂通过质膜的量则与分子大小无关，而与脂溶性成正相关。

3. 剂型对除草剂吸收的影响　除草剂都是加上其他辅助成分加工成不同的剂型才施用的。把除草剂制成一定的剂型可提高叶面的湿润性和除草剂的穿透力，或提高剂型稳定性和抗雨水冲刷能力，甚至可提高除草剂的活性。

在剂型中添加的表面活性剂，除了可降低药液表面张力和接触角、提高湿润性、增加除草剂的附着面积外，还可能溶解外角质层蜡质，有利除草剂的穿透。表面活性剂还可能进入角质层，改变角质层的理化性质，影响除草剂进入植物体的路径。表面活性剂本身也可能对植物细胞产生毒害作用，从而提高除草剂处理的除草活性。

除草剂施用后，由于水分和溶剂蒸发、挥发，药滴会很快干掉。在剂型中添加的助剂可使除草剂在药滴干燥后成为非结晶状态。另外，助剂还可以使沉留在叶片上的除草剂周围保持一定水分，从而有利叶片的吸收。

（二）除草剂的传导

1. 短距离传导　除草剂被植物根、叶吸收后，必须在植物体内移动，才到达作用部位。有些除草剂从进入点到达作用部位所移动的距离很短，这类除草剂主要是苗前处理剂、茎叶处理的光合作用抑制剂。例如，百草枯不需要远距离移动，主要进入含有叶绿体的细胞就发挥活性。

植物细胞壁和细胞膜不是除草剂移动的重要障碍。一旦除草剂被植物吸收，在体内的短距离的移动就会发生。除草剂可随胞质流通过胞间连丝从一个细胞移动到另一个细胞，或通过扩散作用和水分质体流在非共质体移动。

根部吸收的除草剂在到达内皮层之前可通过非共质体和共质体传导。由于凯氏带的阻隔，通过内皮层时，只能从共质体传导。通过内皮层后，则又可经非共质体和共质体传导。

2. 长距离传导　对很多苗后处理除草剂来说，长距离的传导才能更有效杀灭杂草，特别是多年生杂草。如果长距离传导的除草剂量不够，则杂草不能完全被杀死，只部分枯死或生长受到抑制，杂草很快可恢复生长。

除草剂通过木质部和韧皮部在植物体内进行长距离的传导。按在木质部和韧皮部的移动性，除草剂可分为四大类：木质部可移动的、韧皮部可移动的、木质部和韧皮部均可移动的和不可移动的。这种分类是人为划分的，它并不能真正反映除草剂在植物体内的移动特性。因为所有除草剂都有能力在木质部和韧皮部移动，只是有的除草剂在木质部的移动量大于在韧皮部的移动量，有的除草剂则在韧皮部的移动量大于在木质部的移动量。

（1）木质部传导　木质部是非共质体，其功能是作为水、无机离子、氨基酸和其他溶质的传导通道。植物体内水势梯度影响水在木质部的移动，从土壤→根→茎→叶→空气，水势梯度由高到低。溶解在水中的除草剂随着蒸腾流从水势高的根部移动到水势低的叶片或生长点。

大多数除草剂易在木质部移动，但由于如下原因，并不是所有的除草剂都能在木质部移动：①除草剂被木质部和韧皮部的细胞成分所吸附；②除草剂被细胞器（如液泡、质体）所分隔；③除草剂和植物体内物质发生共轭作用而不能在木质部移动。如土壤处理的弱酸性除草剂阴离子易滞留在根细胞，使其在木质部传导量较低。

环境条件，如土壤和空气湿度，影响蒸腾作用，同时，也就影响除草剂在木质部的移动。土壤湿度大、空气干燥，蒸腾作用强。在水分严重亏缺的条件下，气孔关闭，即使此时土壤和空气之间的水势梯度较大，蒸腾作用也下降，从而降低除草剂从根到叶片的传导量。然而，在大多数情况下，水分的蒸腾量和除草剂在木质部的传导量成正相关。

（2）韧皮部传导　韧皮部是共质体，它是同化物传导通道。在成熟叶片叶肉细胞合成的糖流到非共质体中，然后再从非共质体转移到韧皮部，也可直接从叶肉细胞转移到韧皮部。在木质部里，糖沿着渗透压流移动到嫩叶、花序、正在发育的种子、果实、根、地下茎等组织。除草剂随着同化物流在木质部被动移动。除草剂可以不进入叶片细胞的细胞质，而直接从非共质体移动到木质部，也可先进入表皮和叶肉细胞，然后再移动到韧皮部。

韧皮部传导的除草剂，有少量的可以从韧皮部渗漏到木质部或相邻组织，并在木质部传导。这样，严格地来说没有绝对的韧皮部传导的除草剂，只是在韧皮部传导的量比在木质部传导的量大。韧皮部传导的除草剂这种特性使得它比同化物质更好地在植物体内均匀分布。

有些除草剂（如禾草灵）在韧皮部的移动性小，是由于它极易从韧皮部渗漏到木质部和邻近的组织，而不易在韧皮部滞留。

影响光合作用的各种环境条件如气温、相对湿度、光照和土壤湿度均影响除草剂在韧皮部的传导。在使用这类除草剂时，要充分考虑到这些因素的影响。同时，也要考虑到杂草在不同时期同化物质移动方向，及除草剂使用对光合作用的影响，以便除草剂在韧皮部的传导，达到彻底灭草的目的。如为了彻底防治多年生杂草，施药时注意将药液喷施到下部叶片，使药剂传导到杂草的地下部分。因为地下部的同化物主要来源于下部的叶片。又如为了有效地防治难防除多年生杂草，分次低量喷施除草剂，以免一次大量喷施伤害叶片而不利除草剂的传导，从而降低对地下部的杀伤作用。

二、除草剂的作用机理

除草剂被植物根、芽吸收后，作用于特定位点，干扰植物的生理、生化代谢反应，导致植物生长受抑制或死亡。除草剂对植物的影响分初生作用和次生作用。初生作用是指除草剂对植物生理生化反应的最早影响，即在除草剂处理初期对靶标酶或蛋白质的直接作用。由于初生作用而导致的连锁反应，进一步影响植物的其他生理生化代谢，被称着次生作用。

（一）抑制光合作用

光合作用包括光反应和暗反应。在光反应中，通过电子传递链将光能转化成化学能储藏在 ATP 中；在暗反应中，利用光反应获得的能量，通过 Calvin-Benson 途径（C_3 植物）或 Hatch-Slack-KortschaK 途径（C_4 植物）将 CO_2 还原成碳水化合物。除草剂主要通过以下途径来抑制光合作用：抑制光合电子传递链、分流光合电子传递链的电子、抑制光合磷酸化、抑制色素的合成和抑制光水解。

1. 抑制光合电子传递链 约有 30% 的除草剂是光合电子传递抑制剂，如三氮苯类、取代脲类、尿嘧啶类、双氨基甲酸酯类、酰胺类、二苯醚类、二硝基苯胺类。作用位点在光合系统 II 和光合系统 I 之间，即 Q_A 和 PQ 之间的电子传递体 D_1/D_2 蛋白，除草剂与该蛋白结合后，改变它的结构，抑制电子从 Q_A 传递到 PQ，使得光合系统处于过度的激发态，能量溢出到氧或其他邻近的分子，发生光氧化作用，最终导致毒害。

2. 分流光合电子传递链的电子 联吡啶类除草剂百草枯和敌草快等是光合电子传递链分流剂。它们作用于光合系统 I，截获电子传递链中的电子而被还原，阻止铁氧化还原蛋白的还原即其后的反应。这类除草剂杀死植物并不是直接由于截获光合系统 I 的电子造成的，而是由于还原态的百草枯和敌草快自动氧化过程中产生过氧根阴离子导致生物膜中未饱和脂肪酸产生过氧化作用，破坏生物膜的半透性，造成细胞的死亡。

3. 抑制光合磷酸化 到目前为止，还无商品化的除草剂的初生作用是直接抑制光合磷酸化的，但有些电子传递抑制剂如二苯醚类、联吡啶类、敌稗等，在高浓度下也能抑制光合磷酸化，使得 ATP 合成停止。光合磷酸化抑制剂，也叫解偶联剂。

4. 抑制色素生物合成 在类囊体膜上，有大量的叶绿素和类胡萝卜素。这两类色素紧密相连，前者收集光能，后者则保护前者免受氧化作用的破坏。抑制这两类色素中任何一种的合成，将导致植物出现白化现象。有多种除草剂如吡氟酰草胺、氟啶草酮、苯草酮、苄胺灵、异噁草酮抑制类胡萝卜素生物合成。但不同的除草剂的作用靶标酶则不尽相同。大多数类胡萝卜素抑制剂是抑制去饱和酶（八氢番茄红素去饱和酶和 5-胡萝卜素去饱和酶）。异噁草酮不抑制去饱和酶，其作用位点在异戊烯焦磷酸与牻牛儿基牻牛儿基焦磷酸之间。类胡萝卜素合成受阻导致叶绿素遭到破坏，植物出现白化现象。

最新的研究证明了一些除草剂如二苯醚类除草剂和噁草灵，直接抑制叶绿素的生物合成，其作用靶标酶是原卟啉原氧化酶，导致原卟啉 IX 合成受阻，从而抑制叶绿素的合成。

此外，苯达松则是通过抑制水光解（Hill 反应）杀灭杂草的。

（二）抑制脂肪酸合成

脂类是植物细胞膜的重要组成部分，现已发现有多种除草剂抑制脂肪酸的合成和链的伸长。如芳氧苯氧丙酸类、环己烯酮类、硫代氨基甲酸酯类、哒嗪酮类。它们的作用位点见图 6-11。芳氧苯氧丙酸类和环己烯酮类除草剂的靶标酶均是乙酰辅酶 A 羧化酶。常称作乙酰辅酶 A 羧化酶抑制剂。

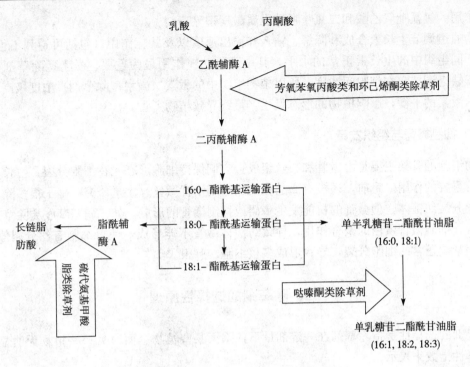

图 6-11　除草剂抑制脂肪酸合成的作用部位

(三) 抑制氨基酸的合成

1. 抑制芳香氨基酸合成　3 种芳香氨基酸苯基丙氨酸、酪氨酸和色氨酸是通过莽草酸途径合成的,很多次生芳香物也是通过该途径合成的。在动物中,没有莽草酸途径,但在植物、真菌和细菌中很重要。在目前商品化的除草剂中只有草甘膦影响莽草酸途径,其作用靶标酶是 5-烯醇式丙酮酸莽草酸-3-磷酸合成酶 (EPSPS)。该酶是缩合莽草酸-3-磷酸和磷酸烯醇式丙酮酸产生 5-烯醇式丙酮酸莽草酸-3-磷酸和无机磷酸。

2. 抑制支链氨基酸合成　缬氨酸、亮氨酸和异亮氨酸是通过支链氨基酸途径合成的。新开发的超高效除草剂磺酰脲类、咪唑啉酮类和磺酰胺类除草剂抑制这 3 种支链氨基酸的合成,其作用靶标酶是支链氨基酸合成途径中第一个酶——乙酰乳酸合成酶 (ALS)。乙酰乳酸合成酶也叫乙酰羟酸合成酶 (AHAS),缩合两个丙酮酸分子产生亮氨酸和缬氨酸的前体 2-乙酰乳酸。同时,也缩合一个丙酮酸和 2-酮丁酸产生异亮氨酸的前体 2-乙酰羟基丁酸。

3. 抑制谷氨酰胺合成　谷氨酰胺合成酶是氮代谢中重要的酶,它催化无机氨同化到有机物上,同时,也催化有机物间的氨基转移和脱氨基作用。草丁膦除草剂的作用靶标是谷氨酰胺合成酶,阻止氨的同化,干扰氮的正常代谢,导致氨的积累,光合作用停止,叶绿体结构破坏。双丙氨膦本身是无除草活性的,被植物吸收后,分解成草丁膦和丙氨酸而起杀草作用。

(四) 干扰激素平衡

最早合成的有机除草剂苯氧乙酸类 (如 2,4-D、2 甲 4 氯) 以及苯甲酸类除草剂具有植物生长素的作用。氯氟吡氧乙酸和二氯喹啉酸也属激素型除草剂。

植物通过调节生长素合成和降解、输入和输出速度以及共轭作用（包括可逆和不可逆共轭）来维持不同组织中的生长素正常的水平，其中可逆共轭作用最为重要。激素型除草剂处理植物后，由于缺乏调控它在细胞间浓度，所以植物组织中的激素（激素型除草剂）浓度极高，而干扰植物体内激素的平衡，影响植物的形态发生，最终导致植物死亡。

（五）抑制微管与组织发育

植物细胞的骨架主要是由微管和微丝组成。它们保持细胞形态，在细胞分裂、生长和形态发生中起着重要的作用。目前，还没有商品化的除草剂干扰微丝。大量研究明确了很多除草剂直接干扰有丝分裂纺锤体，使微管的机能发生障碍或抑制微管的形成。如二硝基苯胺类除草剂与微管蛋白结合，抑制微管蛋白的聚合作用，导致纺锤体微管不能形成，使得细胞有丝分裂停留在前、中期，而影响正常的细胞分裂，导致形成多核细胞、肿根。

三、除草剂的选择性原理

除草剂的选择性是指除草剂在一定剂量下，杀灭某些植物，而对另一些植物无明显的影响。常用选择性指数来表示。

$$选择性指数 = \frac{对植物 A 的有效中剂量（ED_{50}）}{对植物 B 的有效中剂量（ED_{50}）}$$

在评价除草剂对作物和杂草间的选择性时，常用如下方法计算：

$$选择性指数 = \frac{对作物 10\% 植株的有效剂量（ED_{10}）}{对杂草 90\% 植株的有效剂量（ED_{90}）}$$

除草剂的选择性指数越高，对作物的安全越好。除草剂的选择性主要由植株形态不同造成的接收除草剂药量的差异、吸收和传导除草剂的差异、对除草剂的代谢速度和途径的差异、靶标蛋白对除草剂敏感性的差异，以及耐受除草剂毒害能力的差异所致。即常讲的形态、生理和生化选择。

1. 形态选择 形态选择是指由于杂草和作物植株形态差异，使得它们接收药量不同而实现的选择性。如禾谷类作物叶片窄而挺直，芽和心叶被包在叶片里面，着药面积小，不易受害。而阔叶杂草的叶片宽大，芽和心叶常裸露在外，着药面积大，易受害。

2. 生理选择 生理选择是指由于植物吸收和传导除草剂能力的差异而实现的选择性。不同植物的发芽、幼苗出土特性不同，根芽形态存在差异，角质层发育程度不同，它们吸收除草剂的能力也就不一样。另外，不同的生理代谢也影响吸收能力。如 2,4-D 在禾本科与阔叶植物之间的选择性，部分原因就是由于这两类植物吸收该药的能力差异而造成的。

除草剂必须从吸收部位传导到作用部位，才能发挥生物活性。植物传导能力决定了在作用部位除草剂的浓度。所以传导能力差异影响到除草剂的选择性。如扑草净对棉花的选择性，其原因之一是由于该药在棉花体内被溶生腺所捕获，不易传导。

一般来说，生理选择性不是除草剂选择性的唯一原因，它在除草剂的选择性中只是起到了部分作用。在很多情况下，同是敏感的植物，它们吸收、传导除草剂能力并不一样。

3. 生化选择 生化选择是指植物钝化（包括降解和共轭作用）除草剂能力、靶标酶的敏感性和耐受毒害影响的能力的差异而实现的选择性。大多数除草剂的选择性是由于生化选择作用，如烟嘧磺隆对玉米的选择性，是由于烟嘧磺隆被玉米吸收后能迅速降解。敌稗在稻与稗草之间的选择性是由于在稗草中的酰胺水解酶的浓度远低于稻株中的浓度。该酶能将敌稗水解成无毒物质。

培育抗除草剂作物主要是利用生化选择性，将抗性基因导入作物，使作物获得抗药性。培育抗除草剂作物主要利用如下3种途径：一是改变靶标的敏感性（导入不敏感的靶标酶）；二是提高作物降解的能力（导入降解酶）；三是增加靶标酶的量（导入催化靶标酶合成的酶）。

4. 时差和位差选择 时差和位差的选择是指人为地利用作物和杂草在时间和空间分布不同，使作物不接触或少接触除草剂，而使杂草大量接触除草剂而实现的选择性。在杂草化学防除中，常利用时差和位差的选择。如在棉田和玉米中、后期行间空间喷施灭生性除草剂百草枯或草甘膦，就是利用位差选择；在移栽稻田使用丁草胺也是利用位差选择。在作物地播后苗前喷施百草枯或草甘膦防除已出苗的杂草则是利用时差的选择。

掌握不同除草剂的选择原理，对安全有效使用除草剂极有帮助。另外，除草剂的选择性还受到环境条件的影响，如在大豆地使用乙草胺遇到强降雨时，使乙草胺淋溶到大豆根层而产生药害。气温对土壤处理除草剂的选择性影响大，施药后如遇低温，作物出土慢，增加接触药剂时间，加之在低温下，作物降解能力低，易出现药害。作物不同品种之间对除草剂的敏感性也存在差异，如大多数大豆品种对嗪草酮具有耐药性，而合丰25、北非系列对该药则较敏感。因此，在使用除草剂时一定要考虑到作物品种间对除草剂敏感性的差异，以免发生药害。

第五节 除草剂在环境中的归趋及残留

一、除草剂在环境中的归趋

使用除草剂负影响之一是对环境的污染，了解化学除草剂在环境中的归趋，除了可提高除草剂的使用效果外，还可防止或降低对环境的影响。除草剂使用后在环境中通过物理、化学、生物途径，发生一系列变化，其归趋见图6-12。

1. 挥发 挥发作用是那些蒸汽压较高的除草剂（如二硝基苯胺类、硫代氨基甲酸酯类）从土壤中消失的主要途径之一。挥发作用可使除草剂从土壤表面迅速消失，而使除草作用下降。如土壤喷施氟乐灵后，如果不立即混土，氟乐灵会大量挥发掉，使得除草效果差。另外，挥发作用还可能造成飘移药害，如喷施2,4-D丁酯，其蒸汽极易飘移出施药区，对邻近的敏感作物（如棉花、瓜类、蔬菜）造成药害。

2. 淋溶 淋溶是除草剂随着水流在土壤中移动的现象，除草剂在土壤中淋溶移动方向主要是向下。除草剂在土壤中的淋溶作用影响到它的除草效果，同时，也影响到对作物的安全性。淋溶可能使除草剂从浅层杂草根区到较深的作物根区而降低除草效果，并造成作物药害。淋溶作用使除草剂移动到深层土壤中而污染地下水。除草剂淋溶作用大小受除草剂水溶性和土壤质地、土壤结构、有机质含量和降水量的影响。水溶性高的除草剂淋溶性强；除草剂在沙性、孔隙大、有机质含量低的土壤中的淋溶大于在黏性、致密、有机质含量高的土壤中的淋溶。除草剂淋溶量与

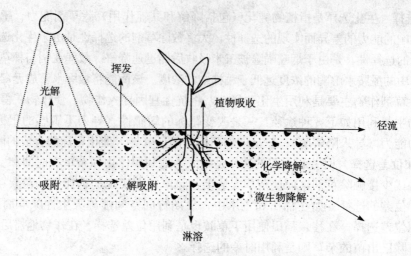

图 6-12 除草剂在环境中的归趋模式图

降雨量成正相关。

3. 径流 径流是指除草剂随着雨水或灌溉水在地表水平移动。径流主要发生在水田和坡地。径流是除草剂进入河流、湖泊的主要途径。

4. 吸附与解吸附 土壤含有大量的无机胶体（黏粒）和有机胶体（腐殖质），具有极大的界面，它能通过物理或化学方式吸附除草剂分子。吸附作用又可分为可逆吸附和不可逆吸附。不可逆吸附使除草剂丧失除草活性，可逆吸附则可防止除草剂迅速从土壤中消失，保持残留活性。因为被吸附的除草剂不易挥发、淋溶和降解。

5. 光解 有很多除草剂对光敏感（主要是紫外线），在阳光的照射下，发生分解而失活。如二硝基苯胺类除草剂极易光解。为了防止这类除草剂的光解，提高除草活性，喷施后立即混土，避免被光照射。对大多数除草剂来说，光解不是它们在环境中消失的主要途径。

6. 化学降解 除草剂能与土壤中的成分发生化学反应而消失。这些化学反应包括氧化还原反应，水解、形成非溶性盐和络合物。其中水解是最主要的。

7. 微生物降解 微生物降解是有些除草剂在土壤中降解的主要途径。参与除草剂降解的微生物有真菌、细菌和放线菌。微生物降解的途径有脱卤、脱烷基化、水解、氧化、羟基化、环裂解、硝基还原等。除草剂的微生物降解有一个滞后期，即在初期除草剂的降解速度极慢，过一段时间后，降解才迅速加快（图 6-13）。这一个滞后期是由于在除草剂使用初期，可降解除草剂的微生物种群还未建立。在除草剂的诱导下，微

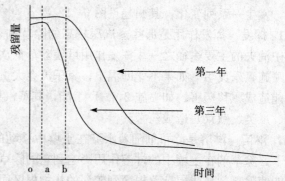

图 6-13 除草剂使用年限对微生物降解曲线的影响模式图
o～b. 第一年使用除草剂微生物降解的滞留期
o～a. 为连续 3 年使用后的滞留期

生物种群才逐渐扩大,种群建立后除草剂的降解迅度加快。连续多年施用某种除草剂可使得土壤中降解这种除草剂的微生物种群保持在较高的水平,而使得这种降解滞后期缩短,甚至消失。这样降低土壤处理除草剂的持效期,从而降低除草效果。

8. 植物吸收 植物吸收也是除草剂从土壤中消失的途径之一。被植物吸收的除草剂在植物体内可发生氧化还原、水解、环化、环的裂解、共轭等作用而消失。被吸收的除草剂也可随着作物收割被移出农田。

二、除草剂在土壤中的残留

除草剂在土壤中的残留影响到除草剂的持效性和对环境的安全性。从防除杂草的角度,除草剂应具有一定的残留期,残留期太短,除草效果不好;残留期太长,又会造成下茬作物的药害。但从环境的角度,除草剂的残留期越短越好,除草剂太稳定,不易降解,在环境中的残留量大,污染环境。如莠去津,在环境中较稳定,对地下水的污染严重。

除草剂在环境中的稳定性主要由它本身化学结构和理化性质所决定,同时,也受到环境条件的影响。不同除草剂在土壤中稳定性相差甚远。如敌稗在土壤中极易被降解,无残留活性,而有的除草剂,如甲磺隆、绿磺隆、异噁草酮、咪唑乙烟酸和莠去津在土壤中的残效期极长,被称为长残效除草剂。这些长残效除草剂易造成对下茬敏感作物的药害。部分常见除草剂在土壤中的半衰期列于表6-10。

表6-10 部分常见除草剂在田间土壤中的半衰期

除草剂	半衰期(d)	除草剂	半衰期(d)	除草剂	半衰期(d)
莠去津	60	咪唑乙烟酸	60~90	苯磺隆	10
苯达松	20	绿磺隆	28~42	精喹禾灵	60
苄磺隆	5~10	异噁草酮	24	稀禾啶	5
2,4-D丁酯	7	嗪草酮	30~60	吡氟氯草灵	60~90
丁草胺	12	甲磺隆	30	百草枯	约1 000
乙氧氟草酸	30~40	恶草灵	60	草甘膦	47

有的除草剂在土壤中被土壤颗粒吸附,虽然残留期长,但无土壤处理活性。如百草枯在土壤中的半衰期很长,但它们进入土壤后,迅速被土壤颗粒吸附而失活,喷施百草枯后立即播种作物不会发生药害。

除草剂在土壤中的稳定性还受到剂型、环境条件的影响。如2,4-D不同剂型的半衰期不同,酸<酯<二甲胺盐。土壤质地、有机质含量、pH、离子交换量和含水量等均影响除草剂的残留,如绿磺隆在碱性土壤中比在酸性土壤中残留长。

除草剂残留也与气候条件有关。高温、高湿、多雨有利除草剂降解,减少残留。

第六节 化学除草剂使用的基本原则

一、影响除草剂药效发挥的因素

除草剂的除草效果是其自身的毒力和环境条件综合作用的结果。所以,在田间使用除草剂的药效除了受自身的生物活性大小影响外,还受到环境条件(包括生物因子和非生物因子)和施药技术的影响。下面就分别简述这些因素对除草剂药效的影响。

(一) 除草剂剂型和加工质量

同一种除草剂不同的剂型对杂草防除效果不尽相同。如莠去津悬浮剂的药效比可湿性粉剂高。因为悬浮剂中的莠去津有效成分的粒径比在可湿性粉剂中小,前者的粒径在 $5\mu m$ 以下,而后者大多在 $20\sim30\mu m$。加工质量不好,如细度不够,或有沉淀、结块、乳化性能差,直接影响除草剂的均匀施用,从而降低药效。

(二) 环境因素

1. 生物因素

(1) 作物 作物的种类和生长状况对除草剂的药效有一定的影响,同一种除草剂在不同作物上的药效不一样。因为不同的作物与杂草的竞争力强弱不同。竞争力强、长势好的作物能有效地抑制杂草的生长,防止杂草再出苗,从而提高除草剂的防效。在竞争力弱、长势差的作物地里,施用除草剂后残存的杂草受作物的影响小,很快恢复生长。另外,土壤中杂草种子也可能再次发芽、出苗,造成为害。因此为了保证除草剂的药效,在确定施用量时,需要考虑到作物的种类和长势。

(2) 杂草 不同的杂草种类或同一种杂草不同的叶龄期对某种除草剂的敏感程度不同,因此,杂草群落结构、杂草大小对除草剂的药效影响极大。另外,杂草的密度对除草剂的田间药效亦有一定的影响。

(3) 土壤微生物 土壤中某些真菌、细菌和放线菌等可能参与除草剂降解,从而使除草剂的有效生物活性下降。因此,当土壤中分解某种除草剂的微生物种群较大时,则应适当增加该除草剂用量,以保证其药效。

2. 非生物因子

(1) 土壤条件 土壤质地、有机质含量、pH 和墒情等因素直接影响土壤处理除草剂在土壤中吸附、降解速度、移动和分布状态,从而影响除草剂的药效。在有机质含量高、黏性重的土壤中,除草剂吸附量大,活性低,药效下降。土壤 pH 影响一些除草剂的离子化作用和土壤胶粒表面的极性,从而影响除草剂在土壤中的吸附。土壤 pH 也影响一些除草剂的降解。如磺酰脲类除草剂在酸性土壤中降解快,而在碱性土壤中降解慢。土壤墒情对土壤处理除草剂的药效影响极大,土壤墒情差不利于除草剂药效的发挥。为了保证土壤处理除草剂的药效,在土表干燥时施药,应提高喷液量,或施药后及时浇水。

土壤墒情和营养条件影响杂草的出苗和生长,也会影响到除草剂的药效。土壤墒情差,杂草出苗不齐,可降低土壤处理除草剂的药效,对苗后处理除草剂也不利。

(2) 气候 温度、相对湿度、风、光照、降雨等对除草剂药效均有影响。一般来说,高温、高湿有利除草剂药效的发挥。风速主要影响施药时除草剂雾滴的沉降。风速过大,除草剂雾滴易飘移,减少在杂草整株上的沉降量,而使除草剂的药效下降。对需光的除草剂来说,光照是发挥除草活性的必要条件。光照条件好时使用百草枯能加快杂草的死亡速度,但不利于杂草对该药的吸收,反而可能造成除草效果的下降。对易光解的除草剂,光照加速其降解,降低其活性。对土

第六章　化学除草剂

壤处理除草剂，施药前后降雨可提高土壤墒情而提高药效。但对茎叶处理除草剂，施药后就下雨，杂草茎、叶上的除草剂会被冲刷掉而降低药效。

（三）施药技术

1. 施药剂量　为了达到经济、安全、有效的目的，除草剂的施药量必需根据杂草的种类、大小和发生量来确定，同时，考虑到作物的耐药性。杂草叶龄高、密度大，应选用高限量。反之，则选用低限量。

2. 施药时间　许多除草剂对某种杂草有效是对杂草某一生育期而言的。如酰胺类除草剂对未出苗的一年生禾本科杂草有效。在这些杂草出苗后使用，则防效极差，对大龄杂草则无效。又如烟嘧磺隆（玉农乐）对2～5叶期杂草效果好，杂草过大时使用则达不到防治效果。

3. 施药质量　在除草剂使用时，施药质量极为重要。施药不均，使得有的地块药量不够，除草效果下降，而有的地块药量过多，有可能造成作物药害。

（四）除草剂变量施药技术

变量施药技术是基于田间杂草的发生数量和分布范围自动调节喷嘴的喷洒速率、选择性地精确施与杂草区域的除草剂喷施技术。通常杂草在田间的分布是随机的，不均匀的，而且具有簇生性，杂草分布的这种不连续性，为变量施药技术的可行性提供了依据。变量施药技术的优点主要是减少除草剂用量，降低除草成本；提高除草效率和效果。研究表明，除草剂的变量喷洒技术能够节省45%的药量，大大减轻大面积使用除草剂对环境造成的污染。变量施药技术基本原理是通过系统装置CCD摄像头实时获取田间杂草群落的图像，经图像采集卡将图像数字化，通过其中的计算机进行杂草识别和计算处理，并将田间杂草信息传给喷洒控制器，从而达到适量施药的目的。

1. 除草剂变量施药技术的国内外研究状况　以美国、日本为代表的发达国家经过10多年的探索，目前形成了较为成熟的基于地图的和基于实时传感技术的农药应用可变更系统。如美国的依利诺大学农业工程系田磊等[15J开发的"基于机器视觉的番茄田间自动杂草控制系统"和"基于差分GPS的施药系统"；美国加利福尼亚大学戴维斯分校研制的基于视觉传感器对成行作物实施精量喷雾系统等。美国的Lee等研制了由机器视觉系统、精准喷施系统等组成的智能杂草控制系统。该系统能根据植物形态特征的差异，识别作物和杂草并确定其位置。日本的Dohi等利用计算机视觉技术，设计了能准确识别并定位杂草，为除草装置提供杂草位置信息的系统。德国Biller等利用光电传感器设计出的杂草识别装置已应用到除草剂的喷药装置上。

我国龙满生等研究了利用颜色指标分割背景的可行性及应用形状因子识别玉米和杂草的方法；纪寿文等根据投影面积、叶长、叶宽进行了杂草识别的研究并确定了杂草密度；毛文华等对条播作物利用位置特征、利用形态算子和标记分水岭算法改善了叶片交叠时的杂草识别，还研究了利用面积和分散度两个因子识别杂草和玉米以及利用多光谱特征识别杂草；张健钦等利用叶面积设计了杂草识别的快速算法来识别杂草，并设计了用于变量施药的信号控制系统；葛玉峰在实验室内搭建了室内模拟农药精确对靶施用系统，研究了在实验室环境下农药精确对靶施用的可行性及效果，并为真实环境下农药的精确对靶施用提供了一些理论和实践依据。

2. 除草剂变量施药技术实施的难点和需解决的重点问题

(1) 杂草本身因素　目前,对杂草识别主要基于杂草的单一或少量特征进行杂草识别,这不能完全满足实时准确识别的要求。利用颜色特征识别杂草,要求作物和杂草的颜色差异明显（实际二者的差异较小）,并且对光照条件和照相设备的要求很高;利用形态特征识别杂草对叶片的重叠无能为力;利用纹理识别准确率高,但计算量大,不能满足实时的要求;利用多光谱特征识别杂草的缺点是对设备的要求高,且通用性较差。

(2) 环境影响杂草识别的因素　光照强度在一天中的早、中、晚的变化较大,阴雨天和晴天的光照强度也相差很大,这势必造成图像信息的采取和质量;阴影的存在使采取的图像的亮度和色饱和度降低,从而使杂草图像信息难以判读。

(3) 变量施药系统的运行速度　目前,变量施药系统的运行速度低于1.5m/s时,变量施药系统能够可靠地工作,但当运行速度高于1.5m/s时,就有可能造成视觉系统来不及采集图像或者图像噪声增加而处理困难,还有可能造成决策系统来不及决策从而使阀门不能及时开启。

(4) 流量控制　由于图像处理的速度等原因,有可能造成流量控制系统的动作滞后。所以,除草剂变量施药技术的进一步发展,还要基于杂草群落图像采集、图像处理、杂草识别、系统决策和药量控制系统的反应速度、精确度的提高。

二、除草剂混用及其互作效应

在生产中,除草剂混用极为普遍。因为混合施用不同的除草剂,或把不同的除草剂加工成混剂再施用,可扩大杀草谱,提高药效,降低除草剂的施用量、残留量和防治成本,防止作物药害,阻止或延缓抗性杂草的产生,延长除草剂的使用寿命。

1. 互作的类型　在把不同除草剂品种混合使用时,除草剂间会相互作用,其互作类型可分为加成作用、增效作用和颉颃作用。

(1) 加成作用　加成作用是指两种除草剂混用的实际除草效果等于根据有关模型计算出的两种除草剂单用的除草效果之和。

(2) 增效作用　增效作用是指两种除草剂混用的实际除草效果大于根据有关模型计算出的两种除草剂单用的除草效果之和。

(3) 颉颃作用　颉颃作用是指两种除草剂混用的实际除草效果小于根据有关模型计算出的两种除草剂单用的除草效果之和。

2. 互作判断方法　根据上面不同互作类型的定义,判断除草剂间互作类型受除草剂间联合作用理论值的计算方法（相关模型）的影响。不同的模型计算出的理论值不一样,从而可能得出不同的互作类型。常用的两种模型为剂量加成模型（additive dose model）和成活乘积模型（multiplicative survival model）。

(1) 剂量加成模型　剂量加成模型是假定一种除草剂被另一种除草剂以等效的剂量取代,其毒力不变。图6-14为等效线图,它较直观地表示剂量加成模型。除草剂A和除草剂B的有效中量（ED_{50}）两点连接的直线为这两种除草剂联合作用的有效中量的等效线。如果两种除草剂混用的观测值在这条等效线上,则这两种除草剂间的互作为加成作用;如果两种除草剂混用的观测值在这条等效线的下方,则这两种除草剂间的互作为增效作用;如果两种除草剂混用的观测值在这条等效线的上方,则这两种除草剂间的互作为颉颃作用。

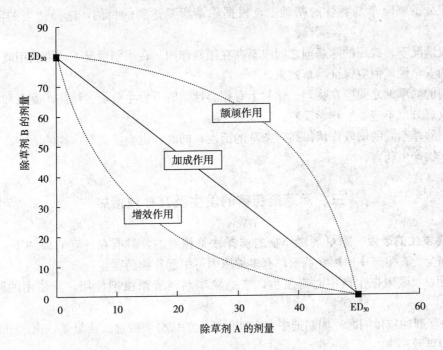

图 6-14　除草剂间互作等效线模示图

剂量加成模型可用如下方程式表示:

当 $X_{am}/X_a + X_{bm}/X_b = 1$,为加成作用;

当 $X_{am}/X_a + X_{bm}/X_b < 1$,为增效作用;

当 $X_{am}/X_a + X_{bm}/X_b > 1$,为颉颃作用。

式中:X_a 和 X_b 分别为除草剂 A 和除草剂 B 的单用的等效量,X_{am} 和 X_{bm} 为它们混用达到相同效应的用量。

(2)成活乘积模型　等效模型预测的互作为直线型的等效线。Gowing(1959)对加成模型提出了质疑,认为互作等效线不是直线,他提出了如下计算除草剂混用效应的公式:

$$E = X + Y(100 - X)/100$$

式中,E 为除草剂 A 和除草剂 B 混用的理论抑制生长百分数,X 为除草剂 A 单用的抑制生长的百分数,Y 为除草剂 B 单用的抑制生长的百分数。

如果直接用处理植株的相对重量(对照的百分数)来计算,上式可变成:

$$E_1 = X_1 Y_1 / 100$$

式中,E_1 为除草剂 A 和除草剂 B 混用的理论相对重量,X_1 为除草剂 A 单用时的相对重量,Y_1 为除草剂 B 单用的相对重量。该种计算方法是 Colby 在 1968 提出的,因此,被称为 Colby 法,这种方法被广泛地采用。

一般来说,如果两种除草剂的作用机理相同,用加成模型计算较为合理。如果两种除草剂的作用机理不同,用成活乘积模型计算较为合理。

3. 除草剂混用的注意事项

①在充分了解除草剂特性的基础上，根据除草所要达到的目的，选择适当的除草剂进行混用。

②一般情况下，混用的除草剂之间应不存在颉颃作用。在个别情况下，可利用颉颃作用来提高对作物的安全性，但应保证除草效果。

③混用的除草剂之间应在物理、化学上有相容性，既不发生分层、结晶、凝聚和离析等物理现象，有效成分也不应发生化学反应。

④利用除草剂间的增效作用提高对杂草的活性，同时，也会提高对作物的活性。所以，要注意防止对作物产生药害。

三、除草剂药害的发生及其补救措施

1. 药害发生的原因　除草剂对作物的选择性是相对的，只有在一定的条件下，合理使用，才对作物安全。在生产中使用除草剂，有多种原因可引起作物药害。

（1）误用　误用在生产中时有发生，错把除草剂当成杀虫剂使用，或使用的除草剂品种不对。

（2）除草剂的质量问题　如制剂中含有其他活性的成分，或加工质量差，出现分层等。由于药液不均匀导致药害。

（3）使用技术不当　在生产中，许多药害是由于使用技术不当造成的。使用时期不正确、使用剂量过大或施药不均匀等都可能造成作物药害。如2,4-D在小麦4叶期至拔节期使用很安全，但在小麦三叶期前和拔节后使用就会造成药害。在喷药时，发生重喷现象也会造成作物药害。

（4）混用不当　有机磷或氨基甲酸酯类杀虫剂能严重抑制水稻植株体内芳基酰胺酶的活性。如把敌稗与这些杀虫剂混用，敌稗在水稻植株内不能迅速降解，而造成水稻药害。

（5）雾滴飘移或挥发　喷施易挥发的除草剂，如短侧链的苯氧羧酸类除草剂，其雾滴易挥发、飘移到邻近的作物上而发生药害。如在喷施2,4-D丁酯时，如果邻近种有棉花等敏感作物，就可能导致棉花药害。

（6）除草剂降解产生有毒物质　在通气不良的稻田，过量或多次使用杀草丹，杀草丹发生脱氯反应，生成脱氯杀草丹，会抑制水稻生长，造成矮化现象。

（7）施药器具清洗不干净　喷施过除草剂的喷雾器或盛装过除草剂的药桶，应清洗干净。如未清洗干净，残留有除草剂，再次使用时，可能造成敏感作物的药害。喷施2,4-D丁酯除草剂的喷雾器最好专用，因为该药不易清洗干净。对喷施过超高效除草剂的喷雾器也需清洗干净。因为残留在喷雾器中少量的药液也可能造成敏感作物的药害。

（8）土壤残留　有些除草剂的残效期很长，被称为长残效除草剂。如绿磺隆、甲磺隆、胺苯磺隆、氯嘧磺隆、咪草烟、莠去津、广灭灵等。使用这些除草剂后，如下茬种植敏感作物有可能发生药害，这种药害被称为残留药害。

（9）异常气候或不利的环境条件　使用除草剂后，遇到异常气候如低温、暴雨等可能导致药害发生。如在正常的气候条件下，乙草胺对大豆安全。但施用乙草胺后下暴雨，大豆则会受害。

2. 药害的症状　作物药害症状随着除草剂的品种、作物种类和作物的生育期不同而异。但同一类除草剂所引起的作物药害症状还是有些相似的。

（1）激素类除草剂　激素类除草剂所造成的作物药害的典型症状是畸形，如叶片皱缩、成葱叶状，茎和叶柄弯曲，抽穗困难，畸形穗。药害症状持续时间长，在作物生育初期受害，在后期仍能表现出受害症状。

（2）酰胺类除草剂　此类除草剂的典型药害症状是幼苗矮化、畸形。单子叶作物受害症状为心叶紧紧卷曲，不能正常展开。双子叶作物幼苗叶片皱缩成杯状，中脉缩短，叶尖向内凹。

（3）二硝基苯胺类除草剂　此类除草剂的典型症状是根生长受抑制，根短而粗，根尖变厚。茎基或胚轴膨大。严重受害时不能出苗。

（4）硫代氨基甲酸酯类除草剂　此类除草剂造成禾本科作物叶片不能从胚芽鞘中正常抽出，阔叶作物叶片畸形成杯状。

（5）二苯醚类除草剂　此类除草剂的药害症状为叶片坏死斑。严重受害，整个叶片干枯、脱落。在正常剂量下，作物叶片也会有小烧伤斑点，但对作物生长无太大的影响。

（6）三氮苯类除草剂　此类除草剂对作物药害症状为脉间失绿、叶缘发黄，进而叶片完全失绿、枯死。老叶片受害比新叶片重。

（7）取代脲类除草剂　此类除草剂和三氮苯类除草剂的药害相似。

（8）联吡啶类除草剂　此类除草剂的药害症状为叶片出现灼烧斑、枯死和脱落。

（9）磺酰脲类和咪唑啉酮类除草剂　此类除草剂的药害症状出现较慢，在施药后1～2周才逐渐出现分生组织区失绿、坏死，进而才发生叶片失绿、坏死。

（10）芳氧苯氧丙酸类除草剂　此类除草剂最先影响幼嫩生长组织，心叶枯黄，继而老叶发黄、变紫，然后枯死，生长受抑制，植株矮小。

3. 药害的预防

（1）药害的预防　在大面积施用某种除草剂前，一定要先试验，即使该药在其他地方已大面积应用，也要遵循这一原则。因为除草剂的药效和安全性受多种因素影响，在某地施用安全，但在另一地就不见得安全。

选用质量可靠的除草剂，适时、适量、均匀施用。施药后，彻底清洗施药器具。施用长残效除草剂，应尽量在作物前期施用，严格控制用药量，并合理安排后茬。

在异常气候下不要施用除草剂。特别是在早春作物地施用除草剂，施药前一定要注意天气变化，在寒潮前不要施药。

邻近有敏感的作物，不要施用易挥发或活性高的除草剂，以免产生飘移药害。

合理混用除草剂是防止药害的有效方法。另外，对那些不太安全的除草剂，应加上安全剂后再使用。此外，施药人员应受过专业培训。

（2）药害的补救措施　使用安全保护剂如25788可以防止和解除酰胺类除草剂的药害。BNA-80能有效抑制杀草丹的脱氯，避免水稻矮化。激素型除草剂造成的药害，可喷施赤霉素或撒石灰、草木灰、活性炭等缓解。光合作用抑制剂和某些触杀型除草剂的药害，可施用速效肥，促进作物恢复生长。土壤处理剂的药害可通过翻耕、泡田和反复冲洗土壤，尽量减少残留。

酰胺类除草剂的药害可喷施芸薹素内酯缓解。

当然，有些除草剂的药害是可以恢复的，如野燕枯喷药后，小麦叶片短时期变黄；草甘膦作为定向喷雾剂用于棉田，施用后，短时间内也会造成棉苗叶子发黄，都是属于可恢复的药害症状，不影响作物的产量和品质。

四、杂草的抗药性

（一）杂草抗药性的定义及其状况

在20世纪50年代就发现杂草对除草剂2,4-D产生抗药性，但当时未受到重视。直到1970年抗三氮苯类除草剂的欧洲千里光的报告发表后，杂草抗药性才受到重视。

1. 除草剂抗药性和耐药性的定义

（1）抗药性　除草剂的抗药性（resistant to herbicides）是指由于长期、大量使用除草剂的选择压或人为的诱导、遗传操作，一种植物生物型在对野生型致死剂量处理下，能存活并繁殖的可遗传能力。

（2）耐药性　除草剂的耐药性（tolerant to herbicides）是指一种植物天然耐受除草剂处理的可遗传能力，在没有选择或遗传操作条件下，除草剂处理后能存活、繁殖。

（3）交叉抗药性　交叉抗药性（cross-resistant to herbicides）是指在一种除草剂选择下，一种植物生物型对该种除草剂产生抗药性后，对其他除草剂也产生抗药性。例如，在使用除草剂A后，某种植物的生物型对该药产生了抗药性后，对未使用过的除草剂B也产生了抗药性。交叉抗性可在同类除草剂的不同品种间发生，也可在不同类型除草剂间发生。

（4）复合抗药性　复合抗药性（multiple-resistant to herbicides）是指在多种除草剂选择下，一种植物生物型对两种或两种以上的除草剂产生抗药性。例如，在使用除草剂A后，某种植物的生物型对该药产生了抗药性。使用除草剂B后，该生物型又对除草剂B产生了抗药性。

2. 杂草抗药性的状况

到目前为止，已有大量的杂草对除草剂产生抗药性（表6-11）。近年来，我国也陆续报道了抗草甘膦杂草小飞蓬和野芥菜、抗芳氧苯氧基丙酸类除草剂杂草日本看麦娘、抗磺酰脲类苯黄隆的播娘蒿和抗二氯喹啉酸的稗草等。

表6-11　全世界抗性杂草发生的概况（2005年）（来源：http//www.weedsience.com）

除草剂类型	作用机理	实例	总数
支链氨基酸合成酶抑制剂	抑制乙酰乳酸合成酶	绿磺隆	90
光合系统Ⅱ抑制剂	作用于光合系统Ⅱ，抑制光合作用	莠去津	65
乙酰辅酶A抑制剂	抑制乙酰辅酶A	禾草灵	34
合成生长素类	干扰生长素的平衡	2,4-D	24
联吡啶类	光合系统Ⅰ电子传递	百草枯	22
脲类和酰胺类	作用于光合系统Ⅱ，抑制光合作用	绿麦隆	20
二硝基苯胺和一些其他除草剂	控制微管聚合形成	氟乐灵	11

(续)

除草剂类型	作用机理	实例	总数
硫代氨基甲酸酯类和一些其他除草剂	抑制脂肪酸合成（除了抑制乙酰辅酶 A 外）	燕麦畏	8
氨基乙酸类	抑制 5-烯醇式丙酮莽草酸-3-磷酸合成酶	草甘膦	7
三唑类、异噁唑类、原卟啉原氧化酶抑制剂	抑制原卟啉原氧化酶和类胡萝卜素生物合成	异噁草酮	8
氯乙酰胺和一些其他除草剂	抑制细胞分裂	丁草胺	2
其他			6
共计			297

（二）抗性杂草产生的原因及条件

1. 抗药性杂草产生的条件 抗药性杂草产生有两个主要条件：一是杂草种群内存在遗传差异；二是存在除草剂的选择压。杂草种群内遗传差异可以是本身就存在的，也可以是由于突变产生的。选择压的强度决定于除草剂的使用量、使用频度和有效期。连续使用某种除草剂，形成的选择压大，易使杂草产生抗药性。此外，除草剂的单一靶标位置和特殊的作用方式，使用除草活性强且具有长效期的除草剂以及单一作物栽培模式等均是导致抗药性杂草形成的条件。

一般认为，在杂草种群中，存在抗性个体。在没有除草剂选择压的条件下，由于抗性个体的竞争性比敏感型个体差，不能发展成一个抗性群体。在除草剂选择压存在下，敏感个体被杀死，抗性个体逐渐增多，通过多年的选择，形成抗药性种群。

2. 抗药性杂草形成的速度 在长期的、大量的、单一的除草剂的使用情况下，杂草产生抗药性是必然的，但抗药性形成速度则受到许多因素影响。

（1）抗性突变的起始频度 杂草种群中抗性基因型的最初突变频率因植物种类及抗性基因类型而异。乙酰乳酸合成酶（ALS）抗性型的最初突变频率（$1.0\times10^{-5}\sim1.0\times10^{-8}$）要显著高于 D1 蛋白（均三氮苯靶标）抗性基因型的频率（$1.0\times10^{-10}\sim1.0\times10^{-20}$），因此，抗磺酰脲类种群在 3~4 年中就可能发生，而抗均三氮苯杂草种群出现需持续应用 10 年以上。

（2）除草剂的选择压力 除草剂的选择压是指一种除草剂杀死敏感的野生型而遗留抗性个体的相对能力。除草剂的选择压与杂草的抗药性发展速度呈正相关。它是控制杂草抗药性演化速度最重要的因素。除草剂的残效期长短、使用时间频度、剂量与杀草速度以及效果均能影响选择压的大小。如播后苗前应用长残效控制全季杂草的除草剂，抑制敏感杂草结实，因此，选择压高，抗性产生快，如绿黄隆。农田中使用残效期短的苗后除草剂，施药前后出苗的杂草非抗性杂草能结实，选择压大大降低，抗性形成慢，如 2,4-D、百草枯。

（3）杂草种子库寿命 杂草在种子库中的寿命越长，在除草剂使用前的敏感杂草种子存留越多，其缓冲作用越大，因而减缓杂草抗药性的发展速度。在少、免耕条件下，许多杂草种子留在土表，不能进入土壤种子库中，种子平均寿命只有 1 年左右，抗性发展快，这是澳大利亚多年生黑麦草发展迅速的原因之一。

（4）杂草繁殖能力 抗性与敏感性个体的相对繁殖能力差异决定抗、敏杂草在自然选择下的行为，是控制杂草抗药性演化速度的一个主要调节因子。如在轮作年份，对均三氮苯具抗性的个体繁殖能力为敏感个体的 10%~50%，因而较易防除。但对乙酰乳酸合成酶抑制剂产生抗性的个体繁殖能力为敏感个体的 90%，如仅靠停用来延缓抗性是无效的，而要靠降低选择压。

3. 抗药性杂草的作用机理 杂草抗药性的形成受多方面因素的影响。因此，它的抗药性机理也是复杂、多样的。不同类型除草剂具有不同的作用机理，不同类型的杂草也具有不同的抗药性机理。目前已研究和阐明的抗药性杂草形成的机理主要包括以下几个方面：

（1）作用靶标的改变 每种除草剂均有一定的作用靶标，它可能是单一的、亦或是多部位的。但是，这些部位均会发生自然变异，使除草剂的结合能力或抑制效应降低，活性下降，在除草剂的选择压力下，个别杂草发生的自然变异会被选择出来，出现抗药性杂草生物型。这可能是除草剂产生抗性机理中最主要的途径之一。杂草对三氮苯类及脲类除草剂抗性形成主要是与编码D1蛋白的 *psb*A 基因发生突变有关。对磺酰脲类和咪唑啉酮类抗性主要是因为编码 ALS 酶的基因突变。在抗二硝基苯胺类的牛筋草中发现其产生抗药性的原因是细胞内产生了一种新型的 β-微管蛋白，从而微管的组装不受阻碍、正常功能不受此类药剂的影响。对草甘膦的抗性是因为编码 EPSPS 酶的 *aro*A 基因发生突变所致等。

（2）代谢作用增强 除草剂的活性的发挥决定于杂草体内的浓度，除草剂在植物体内的降解或解毒作用代谢加快，如水解作用、轭合作用和区隔化作用，将导致体内除草剂达不到作用的浓度，使杂草产生抗药性。对草丁膦抗性产生的原因是草丁膦乙酰转移酶活性高，催化乙酰辅酶A 的乙酰基转移到草丁膦上，形成乙酰基草丁膦失活。如苘麻对莠去津产生的抗性是通过谷胱甘肽的共轭作用而增强解毒。鼠尾看麦娘（*Alopecurus myosuroides* Huds.）对绿磺隆产生抗性是通过 N-脱烃基作用和与细胞色素 P450（Cyt P450）有联系的环烷基氧化过程迅速降解解毒。

（3）对除草剂的屏蔽作用或作用位点隔离作用 这是指除草剂在被杂草吸收后被转移到特定的组织或细胞部位如液泡而使除草剂不直接接触靶标部位。例如植物对百草枯的屏蔽作用，是因为百草枯与叶绿体中一种未知的细胞组分结合或者由于在液泡中的累积，使百草枯与叶绿体中的作用位点相隔离。研究表明，在抗药性生物型中，叶绿体的功能如 CO_2 固定和叶绿素荧光猝灭可以迅速恢复。这些均说明除草剂在其作用位点的结合可能被阻止。但是，这一过程导致除草剂产生抗药性的研究还需深入。

此外，由于杂草形态学的变化，导致对除草剂吸收能力减少，以及输导转运能力的改变也是除草剂抗药性产生的原因之一。

（三）抗性杂草的治理

从上面的介绍可知抗药性杂草的形成是多因素的，作用机理也是多方面的，因此，抗药性杂草的防治也应采取综合防治措施。

1. 合理使用除草剂

（1）除草剂的交替使用 交替使用不同类型、不同作用靶标或同一除草剂品种的不同剂型的除草剂，避免同一类型或结构相近的除草剂长期使用，可以在一定时间内延缓或控制抗性杂草的产生。

（2）除草剂的混用 选择具有不同化学性质和不同作用机制的除草剂按一定的比例混配使用，是避免、延缓和控制产生抗药性杂草最基本的方法。混配的除草剂混合剂可明显降低抗药性杂草的发生频率，同时，还能扩大杀草谱、增强药效、减少用药量、降低成本等。目前，在主要作物田使用的除草剂主导产品已是复配剂，如玉米田的乙-阿合剂。

(3) 在阈值水平上使用除草剂 把经济观点和生态观点结合起来，从生态经济学角度科学管理杂草，降低除草剂用量。有意识地保留一些田间杂草和田边杂草，建立敏感杂草的生态"避难所"，可以使敏感性杂草和抗药性杂草产生竞争，并通过生态适应、种子繁殖、传粉等方式形成基因流动，以降低杂草种群中抗药性个体的比例。

(4) 除草剂安全剂和增效剂使用 一般除草剂是通过选择性来保护作物，而安全剂的应用，可能使一些非选择性或选择性弱的除草剂得以使用，降低选择压力，扩大杀草谱。有助于延缓抗性杂草种群的形成。

2. 轮作与换茬 前述在特定的作物和特定的种植模式下，会形成一定的顶级杂草群落。因此，通过轮作更换作物种类、改变现行的栽培耕作制度、发展更具竞争力的种植体系可以打破杂草的生长周期，降低杂草对环境的适应性和竞争力，减少杂草的数量，减少除草剂的用量，延缓抗药性杂草的产生。

3. 防止传播与扩散 对抗性杂草的监测和预报十分重要，一旦确证某种杂草近期产生了抗药性，应尽最大努力把它控制在原发区，防止其种子产生和传播蔓延。主要措施有所有农机具在离开该区域前必须彻底清洗，以清除所携带的杂草种子；必须保证杂草种子不会经过青贮饲料、粪肥和作物种子传播；适时耕作，防止残存于土壤中的杂草种子通过其他途径（风、水等）向外传播。

4. 配合使用其他综合防治措施 利用昆虫、病原微生物、病毒和线虫等进行生物防除，从而降低杂草种群密度；积极发展生物除草剂，针对抗性杂草是一种十分有效的手段。利用自然界中含有杀草活性的天然化合物开发生物源除草剂，其具有不易使杂草产生抗药性的优点。

继续发展新型除草剂品种，确保在杂草对老除草剂产生抗药性的情况下，有替代品种可以使用，保障化学除草技术体系的安全。

复 习 思 考 题

1. 简述除草剂的发展历程。
2. 除草剂的剂型主要有哪些？
3. 试述除草剂的使用方法及其原理。
4. 除草剂有哪些分类方法？分类特征是什么？
5. 按除草剂的化学结构可将除草剂分为哪些主要类别？各类的作用机理如何？各类的适用作物和防除对象是什么？各类的主要常用除草剂种类有哪些？
6. 简述除草剂被植物吸收和传导的主要过程。
7. 试述除草剂的主要作用机理。
8. 除草剂为什么会除草保苗，试述其原理。
9. 试述除草剂在环境中的归趋途径。
10. 简述影响除草剂药效的主要因素。
11. 试述除草剂药害发生的主要原因及其症状，并简述可能的防除措施。
12. 什么是杂草的抗药性？简述其原因及其控制措施。

参 考 文 献

江荣昌,姚秉琦.1989.化学除草技术手册.上海:上海科学技术出版社.
苏少泉.1989.除草剂概论.北京:科学出版社.
苏少泉.1993.杂草学.北京:农业出版社.
沙家骏等.1992.国外新农药品种手册.北京:化学工业出版社.
吴汉章,潘以楼编著.1995.除草剂药害图谱.南京:江苏科学技术出版社.
李孙荣主编.1990.杂草及其防治.北京:北京农业大学出版社.
张殿京,程慕如.1987.化学除草应用指南.北京:农村读物出版社.
张殿京主编.1992.农田杂草化学防除大全.上海:上海科学技术文献出版社.
黄建中等.1995.农田杂草抗药性——产生机理、测定技术、综合治理.北京:中国农业出版社.
韩庆莉,沈嘉祥.2004.杂草抗药性的形成、作用机理研究进展.云南农业大学学报,19(5):556-561.

第七章 主要农作物田间杂草防治技术

农田杂草的防治已经形成了以化学除草剂为主体，结合农业、生态、机械、人工以及生物防治的综合防治的技术体系。以下将分别不同作物农田类型进行详细介绍。

第一节 稻田杂草的防治技术

一、稻田杂草的发生与分布

尽管各地区气候、土壤间特性的差异，各地区选用的品种、种植制度有别，但危害水稻的杂草种类差异并不十分明显。根据全国各地多年的调查，稻田常见杂草种类有约100种，其中分布广、危害重的最主要稻田杂草是稗草、鸭舌草、牛毛毡、水莎草、矮慈姑、节节菜、异型莎草、眼子菜、扁秆藨草等；分布较广的常见稻田杂草有萤蔺、千金子、鳢肠、日照飘拂草、水苋菜、田字萍、茨藻、黑藻、陌上菜等。此外，圆叶节节菜、尖瓣花等在南亚热带和热带稻区危害较重；芦苇、扁秆藨草、泽泻、水绵等主要在北方的温带稻区形成危害。

稻田杂草的发生一般是在播、栽、抛后10d（秧田一般5～7d）左右出现第一杂草出苗高峰。此批杂草主要以禾本科的稗草、千金子和莎草科的异型莎草等一年生杂草为主，且发生早、数量大、危害重。播、栽、抛后20d左右出现第二出草高峰。此批杂草主要是莎草科杂草和阔叶类杂草。由于我国种植水稻的范围较广，耕作、栽培制度不完全相同，各地区稻田杂草的发生规律不尽一致。总体说来，从南到北，杂草种类减少，杂草群落结构趋于简化，杂草与水稻同生期缩短。

二、稻田杂草的化学防治技术

稻田杂草的化学防治除因草相、药剂、气候、土壤等条件制宜外，尚需根据稻田杂草的发生规律、栽培品种以及耕作栽培管理的特点，兼顾考虑以下几个方面：①作物品种、发育阶段、栽培方式与药剂类型统一。②杂草的种类、群落的动态与药剂的种类和特性相一致。③环境条件、作物生长与施药种类、施药方法、施药剂量相吻合。④多用混剂、增强选择性、提高防效、扩大杀草谱。⑤正确用药，保护环境。⑥密切注视抗药性杂草种群的形成和发展。力求在杂草发生高峰期用药，可取得理想的杂草防治效果。由于各地稻田杂草群落结构比较相似，使用的除草剂也大致相同，只是因气候、土壤特征、种植方式和地区习惯不同而略有差异。同一种除草剂的使用剂量，随种植的品种、温度、土壤有机质含量及水层管理情况等的不同而有一定的差异。一般来说，北方和高寒地区的用量大于中部和南部稻区，约分别递增1/3左右。同一地区、同等条件下露地栽培比塑料薄膜栽培施药量大；粳稻比籼稻用药量大。

（一）秧田杂草的化学防治

水稻秧田可分为旱育秧田和水育秧田。其主要危害性杂草是稗草，以防治"夹稞稗"为主兼除其他杂草，培育壮秧。在我国早稻秧田通常采用塑料薄膜育秧或温室育秧，与之相配套则形成湿润育秧或旱育秧。薄膜育秧因膜内温度高，杂草的发生和除草剂的使用技术与露地秧田相比有一定的差异。在水育秧田方能保证药效的那些除草剂如禾草特（禾大壮）等应避免在旱育秧田使用，而丁草胺在旱育秧田使用，其安全性比水育秧田好。

我国中部和南部中、晚稻秧田大部分为露地湿润育苗和水育苗秧田。在播种前、后这类秧田田面通常保持浅水层或平沟水，畦面湿润，施用除草剂比较方便，施药方式也很灵活，可用撒施法、喷雾法、滴灌法和甩施法等。由于土壤湿度大，十分有利于杂草接触和吸收除草剂，故药效易发挥，效果也很稳定。不过，对乙氧氟草醚（果尔）、丁草胺、西草净、扑草净等安全性较差的除草剂，应慎用或避免使用，以防水稻幼芽、根部过多地接触药剂（如扑草净等）而产生药害。

1. 旱育秧田 旱育秧田除稗草外，还有旱生或其他湿生型杂草如马唐、牛筋草、鳢肠、藜、异型莎草和碎米莎草等，使用的除草剂及配方主要有（以公顷量计，下同）：

(1) 36%丁（丁草胺）噁（噁草酮）乳油 1 500ml
(2) 26%（莎稗磷＋Hoe 404）可湿性粉剂 1 200～1 500g
(3) 17.2%幼禾保（优克稗＋苄嘧磺隆）可湿性粉剂 3 000g
(4) 60%新马歇特乳油 900～1 500ml

对水 450kg 喷施。配方（1）、（2）的用法是苗床浇足水→落谷→盖土（不露籽）→喷药→盖膜；配方（3）于揭膜后炼苗 2d 用药，均匀喷雾茎叶；配方（4）播后 3d 施药，保持田面湿润勿淹水。

2. 水育秧田

(1) 50%杀草丹油 3 000～3 750ml
(2) 50%杀草丹乳油 2 250ml＋20%敌稗乳油 2 250ml
(3) 96%禾草特（禾大壮）乳油 1 500～2 250ml
(4) 50%哌草丹（优克稗）乳油 2 250～3 300ml
(5) 12%噁草酮乳油 750～1 350ml
(6) 50%二氯喹啉酸（快杀稗）可湿性粉剂 375～450g
(7) 10%氰氟草酯（千金）乳油 750～1 500ml
(8) 10%苄嘧磺隆（农得时）可湿性粉剂 150～300g
(9) 48%苯达松水剂 2 250ml
(10) 20%氯氟吡氧乙酸（使它隆）乳油 600～900ml
(11) 20%2 甲 4 氯水剂 3 000～3 750ml
(12) 10%氟吡磺隆（韩乐盛）可湿性粉剂 200～400g
(13) 2.5%五氟磺草胺（稻杰）油悬浮剂 600～1 200ml

以上为公顷用量。

配方 (1)、(2)、(3)、(4)、(5)、(6)、(7)、(12)、(13) 均可防治稗草等禾本科杂草；(2) 对部分阔叶杂草也有效；(5)、(12)、(13) 对莎草和阔叶杂草均有效；(8)、(9)、(10)、(11) 仅对阔叶杂草与莎草有效。(1)、(3) 对细土 750~1 500kg 撒施；(5) 对水 15kg 甩施，余对水 450~600kg 喷雾。(1)、(2)、(3)、(4)、(5)、(6) 在秧苗一叶一心至三叶期前用药；(9)、(10)、(11) 在秧苗四叶期后用药；(7)、(12)、(13) 适用期更长。(2)、(5)、(9) 用药前洒水，药后 1d 再保水；(1)、(3)、(4)、(8) 保水用药，但水勿淹过秧苗心叶。

（二）移、抛栽稻田杂草的化学防治

1. 移栽稻田杂草的化学防治 移栽稻与杂草生育期差距较大，稻田除草剂在具有生理生化选择性的同时还具有位差选择性，利用这种生育期差距可以取得较好的除草效果。因此，移栽稻田为安全、高效、简便地应用除草剂提供了良好的条件。近年来，将酰胺类配合磺酰脲类除草剂 [苄嘧磺隆、吡嘧磺隆（草克星）、甲磺隆等] 的复配剂开发应用，使移栽稻田的化学除草进入了一次性、广谱和高效或超高效的新阶段。例如，丁（丁草胺）苄、丁吡、异丙（异丙草胺）苄、苯噻（苯噻酰草胺）苄和丙（丙草胺）苄等。特别是常规用于旱作物田的乙草胺、异丙甲草胺（都尔）等在移栽稻田开发应用获得成功，大大降低了成本。如乙苄、乙吡和乙苄甲等广谱、高效、长效复配剂的开发应用。有诸多厂家生产相应的这些品种，有各自的商品名，商品用量大多为 450~750g/hm²，移栽后 3~5d，拌毒土或化肥撒施。它们的研制与开发使移栽稻田化除真正实现一次性施药即可控制水稻全生育期草害的效果，目前，已成为移栽稻田化除的主导品种。

移栽稻田分小苗移栽和大苗移栽。小苗移栽田多属早稻，气温较低、水层较浅，杂草出苗期较长、发生不整齐、数量较大，而水稻不易发稞，秧苗较弱。因此，小苗移栽田，要选用高效、长效、广谱的除草剂，并要注意安全施药。乙氧氟草醚（果尔）、2 甲 4 氯以及三氮苯类等安全性较差的药剂，应尽量避免在小苗移栽田使用。

传统移栽稻田的化除方法是前封后杀，即移栽前（后）土壤封闭处理，以防治稗草、一年生阔叶杂草和莎草科杂草为主。水稻分蘖盛期进行一次茎叶喷雾，以防治一年生和多年生莎草科杂草、眼子菜以及多种阔叶杂草为主。

(1) 50%丁草胺乳油 1 650ml

(2) 12%噁草酮乳油 1 500~2 250ml

(3) 50%丁草胺乳油 1 125ml+12%噁草酮乳油 1 125ml

(4) 24%乙氧氟草醚（果尔）乳油 150~225ml

(5) 50%杀草丹乳油 3 000~3 750ml 或 90%高杀草丹乳油 1 350~1 950ml

(6) 48%苯达松水剂 1 500~2 250ml+20%敌稗乳油 1 500~2 250ml

(7) 20%2 甲 4 氯水剂 2 250~2 625ml+20%敌稗乳油 2 250~2 625ml

(8) 48%麦草畏水剂 300ml+20%敌稗乳油 2 250ml

除配方 (2) 在栽前用药外，其余 (1)、(3)、(4) 和 (5) 可在栽后 2~5d 内对水喷施，保持水层，但不淹稻心。可防治稗、一年生莎草及部分阔叶杂草。(6)、(7) 和 (8) 于水稻分蘖末期，排水用药，防治多年生莎草科杂草如扁秆藨草、水莎草等和部分阔叶杂草。

此外，防除稻田多年生杂草——眼子菜，每公顷用50%扑草净可湿性粉剂450g或50%扑草净可湿性粉剂300～375g加25%敌草隆可湿性粉剂300～375g，对细土750kg，另加拌化肥适量，于水稻栽后22d左右或在眼子菜叶片从茶红转绿时施药。浅水撒药，保水7～10d，可取得较好的防治效果。

2. 抛栽稻田杂草的防治　水稻抛栽类型很多，按秧苗叶龄大小分有大苗抛栽、小苗抛栽；按育秧方式分有塑盘育秧抛栽和肥床育秧抛栽；按抛栽方式分有人工抛栽和机械抛栽等。由于抛栽稻田不适宜人工除草，将主要依赖化学防除。其化除配方有：

(1) 60%丁草胺乳油1 125ml＋10%吡嘧磺隆（草克星）可湿性粉剂150g

(2) 30%丙草胺（扫弗特）乳油1 500g＋10%苄嘧磺隆（农得时）可湿性粉剂150g

(3) 30%丁苄可湿性粉剂1 800g（丁草胺＋苄嘧磺隆）

(4) 36%二氯苄可湿性粉剂525～600g（二氯喹啉酸＋苄嘧磺隆）

(5) 20%2甲4氯水剂1 650ml＋25%苯达松水剂1 500ml

以上为公顷用量。

以上配方除（5）对水450kg喷施外，余可对细润土300kg撒施。在抛秧后大约1周，稻苗扎根活棵时使用。(4) 可迟至10d左右施用。无水层喷药，药后1～2d上水，保持浅水层3～5d。(5) 防治阔叶杂草和莎草科杂草效果好。

(三) 直播稻田杂草的化学防治

直播稻根据水分管理方式的不同，可分为水直播稻和旱直播稻两类。其中旱直播稻又可分为旱播水管稻和旱（陆）稻两种；依耕作方式的不同直播稻又可分为全耕直播稻和少、免耕直播稻。由于耕作栽培方式的不同，直播稻的生态环境差别很大。杂草种类组合、发生消长动态取决于土壤中杂草种子库（种子数量、分布深度、休眠特性等）、土壤水分（层）、温度、水稻与杂草生态竞争能力，以及化除效果与农业措施控草效果等因素。总体说来，由于将稻种直播于大田，水稻与杂草同生期长，杂草发生量大，危害严重。旱播稻田土壤湿润无积水、透气性良好，以旱生和湿生杂草为主；水直播稻田则湿生、沼生、浅水生和水生杂草均有发生；旱播水管稻田前期杂草发生兼有旱稻田和水直播稻田的特点，而建立水层后杂草发生则基本同于水直播稻田。直播稻栽培能否成功也主要取决于化除措施的成功实施。

1. 水直播稻田杂草的化学防治　水直播稻田杂草种类多、密度大、发生期长、危害重。水直播稻田杂草发生主高峰期通常为播后1周至25d左右，长达20d左右。在药剂选用上要力求广谱、高效、长效、安全。

(1) 50%杀草丹乳油1 500～2 250ml

(2) 12%噁草酮乳油1 500ml＋60%丁草胺乳油1 500ml

(3) 96%禾草特（禾大壮）乳油1 500ml＋20%2甲4氯水剂3 000ml

(4) 96%禾草特（禾大壮）乳油1 500ml＋10%苄嘧磺隆（农得时）可湿性粉剂300g

(5) 96%禾草特（禾大壮）乳油1 500ml＋48%苯达松水剂2 100ml

(6) 50%二氯喹啉酸（快杀稗）可湿性粉剂525g＋48%苯达松水剂2 400ml

(7) 30%丙草胺（扫弗特）乳油1 650～2 100ml

(8) 90%高效杀草丹乳油 1 650ml＋10%苄嘧磺隆（农得时）可湿性粉剂 225g

(9) 50%二氯喹啉酸（快杀稗）可湿性粉剂 450g＋10%苄嘧磺隆（农得时）可湿性粉剂 150g

(10) 10%氟吡磺隆（韩乐盛）可湿性粉剂 200～400g

(11) 2.5%五氟磺草胺（稻杰）油悬浮剂 600～1 200ml

(12) 10%氰氟草酯（千金）乳油 750～1 500ml

以上为公顷用量。

配方（4）对土 750kg 撒施，余可对水 450kg 喷施。在稻苗一叶一心至四叶期用药，其中(1)、(3)、(5)、(6)、(8)、(9)、(10)、(11)、(12) 于用后 24h 内建立水层，(2)、(7) 药后 2～4d 建立水层，但不能淹没稻心。(10)、(11)、(12) 可以用于防除大龄稗草；(12) 还可以防除千金子。此外，噁草酮、丁草胺（新马歇特）、优克稗、苄嘧磺隆（农得时）、吡嘧磺隆（草克星）等除草剂，于播前或播后苗前进行土壤表面封闭灭草；幼苗期利用杀草丹、禾草特（禾大壮）、二氯喹啉酸（快杀稗）、苄嘧磺隆（农得时）、吡嘧磺隆（草克星）等进行茎叶处理，杀除第二批杂草和第一批残余杂草。上述除草剂的施用剂量，应根据各地各田块杂草群落特征、土壤特点、施药时的温度及田管水平等而定。还可将一封一杀合二为一，一次性除草，简化施药程序。此后，根据田间草情，选用禾草特（禾大壮）、二氯喹啉酸（快杀稗）、苯达松、麦草畏（百草敌）、敌稗、2甲4氯、氟吡磺隆和五氟磺草胺等进行"补杀"，以防除残余杂草和阔叶杂草。千金子较多的田块，宜补用（12），目前也有用骠马防除的，但是，安全不可靠，并要严格控制用量。若仍有少量残余大草可进行人工拔除，以减轻来年水直播稻田杂草发生量。

2. 旱直播稻田杂草的化学防治 旱稻田杂草种类一般比水稻田多，除了主要的稻田湿生杂草外，还有较多的旱田杂草。通常在旱稻播种后 5～7d，处于土表的杂草种子开始大量萌发，播后 10～15d 进入杂草萌发高峰期。此批杂草长势极其凶猛，若防治不及时，极易酿成草荒。旱稻播种后 20～25d，少量残留在土壤深层的草籽陆续萌发出土，播后 30d 左右，杂草发生量很少，且旱稻群体生长势较强，迟发杂草群体生长势较弱，一般不能构成危害。从上述旱稻田杂草发生规律看出，旱稻生长前期（播后 25d 之内）发生的杂草（约占全生育期杂草总数的 85%～95%）是防除的重点。旱稻生长期正处于高温、多雨季节，气候条件十分有利旱稻生长，但也有利杂草发生。

旱播水管田和旱稻田杂草的防除对策基本上与水播稻田相同，只是在用药品种和方法上应适应旱田的特点。如播后苗前可用噁草酮加丁草胺做土壤处理，但苗后则不宜使用，否则效果较差。在旱田进行化除尤其要注意施药质量，进行土壤封闭时应选用喷雾法。欲提高除草效果必须把地整平整细，喷药时加大喷液量，这样既有利施药均匀，又能较好地克服土壤墒情差影响药效发挥。用背负式喷雾器喷药时，要注意喷药后尽量避免在田间踩踏，以免破坏药层，影响除草效果。

旱直播稻田除草剂及其配方等可参考水直播稻田除草剂配方（1）、（2）、（3）、（4）和（6）等。

（四）麦套稻田杂草的防治

麦田套播稻是在未收割麦田零耕土壤上进行的一种超轻型、简化高效的特殊栽培体系。它不仅省工、节本、操作简便、减少劳动强度、有效地淡化农时，充分开发利用光、温等自然资源，而且能获得较高的产量，因而正日益受到人们的重视。

据调查，麦套稻田，主要杂草与旱直播稻田杂草种类相似。例如稗草、鳢肠、异型莎草等。但杂草的发生比旱直播稻田杂草的发生期早，稻草同生期长，种类更丰富，且草相更复杂，危害更为严重。由于播种后种子裸露，气温高，土壤保湿性能差，加之鼠害严重，使本已瘦弱的稻苗更加难以竞争生长。因此，生产上应立足于早防，加大鼠害防治力度，加强田间管理、重施基肥、促使壮苗早发、健壮生长，尽早实现以苗控草。同时，仍应以化学防治为主，选择广谱、高效、长效的除草剂进行复配，达到一次用药有效控制水稻中、前期杂草危害的目的。

三、稻田杂草的人工防治技术

水稻秧苗期，在化除的基础上，可在起秧前手工拔除残存的稗草等杂草。大田可在水稻分蘖中、后期（封行前）浅水层中行间耘耥中耕，或手扒松土匀浆一次，不仅能疏松土壤，促其发新根，还能有效除去稗草、眼子菜、鸭舌草、牛毛毡等重要杂草，可谓一举多得。水稻生长后期（扬花至灌浆），可人工拔除"漏网"草如稗草等，以避免新一代杂草种子侵染田间，危害下茬作物，或有效减少土壤杂草种子库容量。

四、稻田杂草的农业防治技术

农业防除主要宗旨：合理轮作和耕作，改麦茬稻为油菜茬稻、瓜后稻或豆后稻，草害一般可减少50%左右。

施用经腐熟后的秸秆肥与厩肥。

清理水源，避免杂草繁殖体再度入侵田间地头；育秧田尤其是肥床旱育更应彻底清除田埂、沟渠圩边杂草，培育壮秧，加强田管促早发，实现以苗抑草等。

直播稻田杂草与水稻同生期长（比移栽稻长1月余），受水稻和水层的控制作用弱，生长旺盛，危害严重。因此，直播稻田应加强水旱轮作、生态控草（通过适期播种、催芽播种，提高播种质量，提倡使用含过氧化钙的包衣种子，改善水稻发芽出苗条件，重施基肥，合理密植；湿润立苗，促早生快发壮苗，使其提早封行，以苗控草；早建水层，以水控草等），在生育后期配合人工拔草等，多种措施齐抓共用，将杂草的危害控制在较低的水平上。

五、稻田杂草的其他防治技术

1. 杂草检疫与种子精选 通过对稻种调进、调出的检疫，查出稻种中是否夹带了稗草等杂草的种子，经过筛、风扬、水选等措施，汰除杂草子实，控制杂草的远距离传播与危害。

2. 稻田杂草的生物防治 利用杂草的自然微生物天敌研究、开发生物除草剂，防治稻田杂草。例如，利用稗草叶枯菌（*Helminthosporium monoceras* Drechsler）等使稗叶致病枯黄；用旋孢腔菌属的 *Cochliobolus lunatus* Nelson et Haasis 防治苗期稗草；用罗得曼尼尾孢（*Cerco-*

spora rodmanii Conway）防治稻田凤眼莲等均已获得成功。

利用杂草的昆虫天敌防治稻田杂草也取得了可喜的成绩。例如，用水葫芦象甲（*Neochetina eichhorniae* Warner）防治水葫芦，以及用象甲虫（*Cyrtobagous salviniae* Calder et Sands）防治稻田杂草槐叶萍等。

此外，在水稻抽穗前，人工放鸭、养鱼，任其取食株、行间杂草幼芽，既能增加经济收益，又能控草使水稻增产等。

第二节　麦田杂草的防治技术

一、麦田杂草的发生与分布

麦田杂草群落结构受地区差异、农田生态条件、耕作措施影响明显，大致可分为如下几种类型。以看麦娘（包括日本看麦娘）为优势种，另有主要阔叶杂草如牛繁缕、雀舌草或猪殃殃、大巢菜以及菵草等组成的群落，主要发生在淮河流域一线以南的稻茬麦田，与此类似群落是以硬草为优势种的。以野燕麦和阔叶杂草共为优势种的杂草群落类型：其中阔叶杂草为猪殃殃、黏毛卷耳、波斯婆婆纳等种类为优势种的杂草群落，主要发生在淮河流域以南地区的旱茬麦田；以播娘蒿、猪殃殃等阔叶杂草种类为主的杂草群落，发生在淮河流域以北地区的旱茬麦田。在东北和西北地区另有藨蓄、野芥菜和鼬瓣花等杂草。另纯粹以阔叶杂草为优势种的杂草群落类型，其中包括以波斯婆婆纳、黏毛卷耳、猪殃殃等为优势种的群落，分布于沿江及沿海地区的棉旱茬麦田；以播娘蒿等为优势种的群落，分布于北方旱茬麦田。

麦田杂草的发生期，正值低温、少雨时期，所以，杂草的出苗时间参差不齐。在冬麦区，通常可以大致分为冬前和春季二个出草高峰，不过，出苗量也随气候条件而发生变化。在春麦区，常仅有4月间的一个出草高峰。但有可能在3~4月间有一个春性杂草的出苗高峰，4~5月间有一个夏秋季杂草的出草高峰。

二、麦田杂草的化学防治技术

根据不同杂草群落，应采取适用于防除特定群落的除草剂配方，施用时期也应依据杂草发生高峰的特点适时开展。

（一）稻茬麦田杂草的化学防治

(1) 25％异丙隆可湿性粉剂 3 750~4 500g

(2) 25％绿麦隆可湿性粉剂 3 750~4 500g

(3) 50％苯磺隆·异丙隆可湿性粉剂 1 875~2 250g

(4) 25％绿麦隆可湿性粉剂 1 500~2 250g+60％丁草胺乳油 1 500ml

(5) 25％绿麦隆可湿性粉剂 2 250g+50％杀草丹乳油 2 250ml

(6) 25％绿麦隆可湿性粉剂 3 750~4 500g+48％氟乐灵乳油 1 125~1 500ml

(7) 72% 2,4-滴丁酯乳油 750～975ml＋6.9%骠马乳剂 450～750ml

(8) 48%麦草畏（百草敌）水剂 105～135ml＋25%绿磺隆可湿性粉剂 22.5～37.5g

(9) 20%氯氟吡氧乙酸（使它隆）乳油 600～750ml＋6.9%骠马乳剂 450～750ml

(10) 25%绿麦隆可湿性粉剂 1 500～2 250g＋20% 2甲4氯水剂 1 500～1 875ml

(11) 48%麦草畏（百草敌）水剂 180～225ml＋10%草甘膦水剂 2 250ml

以上为公顷用量。

上述配方均对水 600kg 左右喷施，但配方（5）用于大麦田只可用毒土撒施。配方（1）、（2）、（3）、（4）、（5）在苗后 1～3 期用药，（6）在播后苗前用药亦可在播前用。(3) 施药期可略宽。(7)、(8)、(9)、(10) 在麦苗后 3～4 叶期待杂草基本出齐用药。配方（11）在水稻收割后，小麦播种前一星期用药。用药前后宜保持土壤湿润，可达到较好防效。配方（7）和（9）不可用于大麦田。绿磺隆和甲磺隆曾被广泛应用在稻茬麦田防除杂草，但是，由于它们残留期长，易导致对下茬作物的危害，近年来逐渐在一些地区被禁用。

配方（1）对看麦娘、硬草防效佳，但对猪殃殃、波斯婆婆纳效果差。(2)、(3) 对硬草、茵草、野燕麦、麦家公、麦蓝菜效果差。(8) 对硬草、野燕麦防效差。此外，配方（2）、（3）、（8）不可用于后茬为秋熟旱作或水稻秧苗的田块。绿磺隆的残留期长，应严格控制其使用量和范围。

（二）旱茬麦田的化学防治

1. 以野燕麦和阔叶杂草共为优势种的杂草群落的化除

(1) 64%野燕枯可湿性粉剂 1 200～1 500g＋72% 2,4-滴丁酯乳油 750～975ml

(2) 64%野燕枯可湿性粉剂 1 200～1 500g＋20% 2甲4氯水剂 2 250～3 000ml

(3) 64%野燕枯可湿性粉剂 1 200～1 500g＋48%麦草畏（百草敌）水剂 150～225ml

(4) 6.9%骠马乳剂 450～750ml＋20%氯氟吡氧乙酸（使它隆）乳油 600～750ml

(5) 6.9%骠马乳剂 600～750ml＋75%苯磺隆（阔叶净）干式胶悬剂 1～2g

以上均为公顷用量。

对水 600～750kg 喷施，施用适期为小麦 2～4 叶期，作茎叶处理。配方（4）、（5）不可用于大麦和青稞田。

此外，单独防除野燕麦可选用下列 4 个配方（公顷用量）：

(6) 40%燕麦畏乳油 2 250～3 750ml

(7) 64%野燕枯可湿性粉剂 975～1 950g

(8) 20%新燕灵乳油 3 750～6 000ml

(9) 6.9%骠马乳剂 600～1 350ml

对水 600kg 左右，喷施。配方（7）播前混土或播后苗前用药，亦可于野燕麦 2～3 叶期喷雾。(7)、(8)、(9) 在野燕麦 1～3 叶期，施药。(8)、(9) 可迟至小麦分蘖末期、孕穗拔节前用药。

2. 以阔叶杂草为优势种的杂草群落的化除

(1) 75%苯磺隆（阔叶净）干式胶悬剂 15～45g

(2) 75%噻吩磺隆（阔叶散）干式胶悬剂 22.5～45g

(3) 20％2甲4氯水剂3 000～3 750ml
(4) 48％麦草畏（百草敌）水剂225～300ml
(5) 48％苯达松水剂1 500～3 000ml
(6) 20％氯氟吡氧乙酸（使它隆）乳油600～975ml
(7) 48％麦草畏（百草敌）水剂150～197.5ml＋20％2甲4氯水剂1 975～2 250ml
(8) 48％苯达松水剂1 500～1 975ml＋20％2甲4氯水剂1 500～1 975ml
(9) 20％氯氟吡氧乙酸（使它隆）乳油375～450ml＋20％2甲4氯水剂1 975～2 250ml

以上均为公顷用量。

对水600kg左右，喷雾。于麦苗返青至分蘖末期，施药。配方（1）、（2）对田旋花无效，泽漆防效差，（3）对广布野豌豆防效差。

三、麦田杂草的农业防治技术

麦茬搅垄深松，使杂草种子停留于表土层，使其萌发整齐一致，便于采取防治措施。深耕可使多年生杂草如苣荬菜、刺儿菜、打碗花和问荆等地下根茎切断，翻露于土表，经日晒和霜冻，杀死部分营养繁殖器官。翻入深层土中的根茎，降低了拱土能力，延缓出土或减弱了生长势。

在东北，通过春小麦的早播和密植，促其早发封垄和郁蔽，能有效抑制晚春的稗、马唐和鸭跖草的萌发、出苗及生长发育。

通过作物的轮作，亦能达到控制麦田杂草的目的。在稻麦两熟制地区，实行麦—稻—肥—稻轮作制度，生长的绿肥，可以抑制麦田杂草看麦娘、牛繁缕和猪殃殃等的生长。同时，绿肥收获翻耕较早，可以减少或杜绝杂草子实的形成，减轻翌年麦田杂草的发生。东北地区连年连作小麦，多年生杂草增多，通过实行小麦与玉米或和大豆的轮作，由于玉米和大豆的播期较迟，种植时的耙地，可将已萌发的多年生杂草的幼苗杀死，从而显著减轻这些杂草的危害。

四、麦田杂草的其他防治技术

（一）杂草检疫与种子精选

通过对麦种调入和调出的检疫，可以查出种子中是否夹杂杂草子实，特别是野燕麦、毒麦等，经过检疫处理，并进行播种前的种子筛选或水选等措施，汰除麦种中的杂草子实，可有效控制杂草的远距离传播危害。

清除农田环境的杂草，清洁和过滤灌溉水源，阻止田外杂草种子的输入。坚持堆沤有机肥，杀灭杂草繁殖体后还田，亦是减轻草害的途径。

（二）麦田杂草的生物防治

利用麦田杂草的自然微生物天敌，研制生物除草剂进行生物防除。如利用燕麦叶枯菌

[Drechslera avenacea (Curtis ex Cooke) Shoem] 除了被研究作为防除野燕麦及黑麦草的茎叶处理生物除草剂外，还考虑被用作土壤处理，控制野燕麦等麦田一年生禾本科杂草的种子。胶孢炭疽菌研制用作防治波斯婆婆纳。

第三节 油菜田杂草的防治技术

一、油菜田杂草的发生与分布特点

我国油菜大致可分为冬油菜和春油菜两种栽培类型。冬油菜占总种植面积的90%，主要分布于黄淮和长江流域。发生的主要杂草可根据农田类型的不同大致分为稻茬和旱茬油菜田杂草。在稻茬油菜田，发生的主要杂草有看麦娘、日本看麦娘、棒头草、牛繁缕、雀舌草、稻槎菜、碎米荠等杂草。在旱茬油菜田，发生有猪殃殃、大巢菜、波斯婆婆纳、黏毛卷耳和野燕麦等。

杂草发生高峰主要在冬前，一般于10～11月间。由于此时油菜苗较小，草害常造成瘦苗、弱苗和高脚苗，对油菜生长和产量影响较大。春季虽还有一个小的出草高峰，但此时，油菜已封行，影响较小。油菜田杂草群落的分布与发生规律与麦田相似。但由于作物不同，其防除措施亦不相同。

春油菜仅占总面积的10%，大多分布于西北和东北等地。主要发生的杂草有野燕麦、藜、小藜、薄蒴草、密花香薷、刺儿菜和萹蓄等。杂草发生的高峰期在4月中旬，出草量可占全生育期的一半左右。除了上述冬春型杂草外，还有夏秋型杂草如稗、反枝苋等，在随后的时间里出苗。

二、油菜田杂草的化学防治技术

(1) 86%乙草胺乳油1 500～2 100ml
(2) 48%甲草胺（拉索）乳油2 250～3 000ml
(3) 50%萘丙酰草胺（大惠利）可湿性粉剂1 500～3 000g
(4) 90%高杀草丹乳油1 650～2 100ml
(5) 50%杀草丹乳油2 250ml+25%绿麦隆可湿性粉剂2 250g
(6) 12.5%噁草酮乳油1 500～2 250ml
(7) 24%乙氧氟草醚（果尔）乳油540～900ml

以上均为公顷用量。

配方(1)、(2)、(3)、(4)、(5)可用于油菜直播田。配方(1)、(2)、(3)、(4)于播后苗前用药。配方(3)亦可迟至油菜3～4叶期施用。要求土壤湿润。均对水600kg，喷雾。

移栽油菜田杂草的化除，上述配方均可选用。一般宜在整地后，移栽前用药。

免耕油菜田每公顷可以10%草甘膦水剂2 250～4 500ml+86%乙草胺乳油1 500ml。在直播油菜，于播后苗前用药；而移栽油菜则在移栽前用药。

此外，下列配方可用于茎叶处理，防除油菜田杂草。防除禾本科杂草的配方。

(8) 12.5%稀禾定（拿捕净）机油乳剂 750～1 050ml
(9) 15%精吡氟禾草灵（精稳杀得）乳油 600～900ml
(10) 5%精喹禾灵（精禾草克）乳油 600～750ml
(11) 12.5%吡氟氯草灵（盖草能）乳油 750ml

防除阔叶杂草的配方：

(12) 50%草除灵水悬剂 750～1 050ml
(13) 25%胺苯磺隆可湿性粉剂 75～105g

(12) 对油菜小苗以及白菜型品种安全性不高。(13) 配方亦能抑制看麦娘等禾草，但其对下茬水稻常易导致残留药害。

对水 600～750kg 喷施。于禾草 2～5 叶期使用。

三、油菜田杂草的其他防治技术

通过油麦轮作，在麦田容易选择防治双子叶杂草的除草剂，从而有效控制阔叶杂草的种群数量和子实产量，降低翌年油菜田阔叶杂草的发生基数。

进行合理密植，促其早发，形成郁蔽，发挥油菜群体的竞争优势，压制杂草。据研究，前期适量增施氮肥，亦能增强油菜对杂草的竞争力。

免耕灭茬，再加上灭生性除草剂和土壤处理剂的混用，进行灭杀和封闭，可有效控制杂草危害。同时，亦避免了土壤深层的杂草子实翻出，萌发成苗并造成危害的可能性。深耕亦能将当年杂草子实封存于土壤深处，扼杀可萌杂草的大量发生。

第四节　棉田杂草的防治技术

一、棉田杂草的发生与分布

棉花是重要的经济作物，在我国的种植面积 660 万 hm^2。主要分布在长江流域、黄淮海和西北地区。

在长江流域棉区，棉花苗期正值梅雨季节，杂草生长旺盛，加之阴雨连绵，不能及时除草，杂草为害极严重。主要杂草有马唐、千金子、牛筋草、稗草、鳢肠、铁苋菜、香附子、马齿苋、刺儿菜、碎米莎草、田旋花、青葙、野苋、波斯婆婆纳、反枝苋、双穗雀稗、苘麻、藜和水花生等。杂草发生有 3 个高峰期：第一个高峰期在 5 月中旬，第二个高峰在 6 月中、下旬，第三个高峰期在 7 月下旬至 8 月初。

在黄淮海棉区，主要杂草有马唐、牛筋草、狗尾草、稗草、马齿苋、反枝苋、铁苋菜、龙葵、香附子、田旋花和藜等。在该棉区，杂草有 2 个发生高峰：第一个在 5 月中、下旬，第二个在 7 月份。

在西北棉区，主要杂草有马唐、稗草、狗尾草、田旋花、灰绿藜、苘麻、野西瓜苗和芦苇。

杂草有2个发生高峰：第一个在棉花播种后到5月下旬，第二个在7月上旬至8月上旬。

二、棉田杂草的化学防治技术

化学除草是一种经济、有效、及时的防治措施。不同的棉田常用的除草剂有（为每公顷用药量，下同）：

1. 苗床

（1）土壤处理

①25%噁草酮乳油 1 050～1 350ml

②25%敌草隆可湿性粉剂 1 650～2 400g

③25%绿麦隆可湿性粉剂 1 500g+50%扑草净可湿性粉剂 600g

上述处理在播种覆土后出苗前喷雾，对苗床上的大多数杂草均有效。

（2）茎叶处理

①12.5%稀禾定（拿捕净）机油乳剂 1 050～1 500ml

②15%精吡氟禾草灵（精稳杀得）600～900ml

③5%精喹禾灵（精禾草克）乳油 400～900ml

对水600～750kg作茎叶喷雾。上述各处理只能防除禾本科杂草，对其他杂草无效。在棉花出苗后、杂草2～5叶期喷雾。

2. 露地直播棉田

（1）土壤处理

①50%乙草胺乳油 1 050～1 800ml

②72%异丙甲草胺（都尔）乳油 1 500～1 800ml

③72%异丙草胺乳油 1 110～2 160ml

④25%敌草隆可湿性粉剂 1 800～2 700g

⑤50%伏草隆可湿性粉剂 3 000～4 500g

⑥25%噁草酮乳油 1 350～1 800ml

⑦24%乙氧氟草醚（果尔）乳油 600ml

⑧48%氟乐灵乳油 1 500～2 550ml

⑨33%除草通乳油 3 000～4 500ml

⑩40%莎扑隆可湿性粉剂 5 250～7 500g

①、②、③在棉花播后苗前喷施，主要防除禾本科杂草，对部分阔叶草也有效。为了保证除草效果，在土表干燥时喷施氟乐灵和除草通后须混土。⑧、⑨可防除禾本科和部分阔叶杂草，在播前施用，施药后应立即混土。④、⑤、⑥、⑦在播后苗前施用，对棉田大多数杂草均有效。⑩在播前施用，喷药后混土，主要防除莎草。

（2）茎叶处理　防治禾本科杂草同苗床。在棉花中、后期，也定向喷施草甘膦、百草枯等灭生性除草剂。喷施灭生性除草剂时，防止药滴接触棉株绿色组织。

（3）定向喷雾防治各种杂草

25％氟磺胺草醚（虎威）水剂 1 050～1 500ml 并可与稀禾定（拿捕净）、吡氟氯草灵（盖草能）、吡氟禾草灵（稳杀得）混用

24％乙氧氟草醚（果尔）乳油 600～1 440ml

10％草甘膦水剂 3 750～4 500ml

20％百草枯水剂 1 500～2 250ml

棉苗 20～30cm 高时，作定向喷雾，对水 600～750kg，用扇形喷头，并加防护罩在行间对杂草茎叶喷雾。乙氧氟草醚（果尔）具有土壤封闭作用。氟磺胺草醚（虎威）主要防除阔叶草。

3. 地膜棉田 大多数在露地直播棉田施用的除草剂可在地膜棉田施用，但地膜棉由于地膜的覆盖，土壤墒情好和地温高，有利除草剂活性的发挥，除草剂的使用剂量比在露地低。一般情况下，剂量可减少 1/3 左右。另外，有些活性较高除草剂，如乙氧氟草醚，在露地直播棉田可施用，但在地膜棉田则不安全。茎叶处理可参照直播棉田用药。

4. 移栽棉田 在直播棉田施用的除草剂均可在移栽棉田进行土壤处理，宜在棉苗移植前用药。但乙草胺和绿麦隆也可在棉苗移栽后、杂草出苗前施用。喷施除草剂后再移栽棉花应注意尽量少破坏药层，以免在苗穴中杂草大量发生。茎叶处理可参照直播棉田用药。

三、棉田杂草的其他防治技术

1. 人工防治 在很多棉区，劳力较多，加之结合培土护根和起垄，人工锄草仍然是一种主要的除草措施。人工除草作为主要的防治手段费工、费时，有时候还会因长期阴雨天气，不能及时除草造成草荒。然而，人工除草作为一种辅助的措施还是十分重要的。

2. 农业防治 密植是一种有效的杂草防除措施之一。密植在一定程度上能降低杂草发生量，抑制杂草的生长。培养壮苗，促进棉苗早封行，可提高棉株的竞争力，抑制杂草的生长。大量的研究表明，水旱轮作能有效抑制杂草的发生和简化杂草群落的结构，减少棉田杂草的为害。试验结果表明，冬前深翻能杀灭部分香附子。

3. 物理防治 中耕除草在棉花生产上广泛采用，它能有效杀灭棉花中、后期行间杂草。在棉田也可用专用的机械除草。

第五节 玉米田杂草的防治技术

一、玉米田杂草的发生与分布

玉米是我国的主要粮食作物之一，种植面积 2 000 万 hm^2 左右，分春玉米和夏玉米。主产区在华北和东北。玉米地主要杂草有马唐、牛筋草、稗草、狗尾草、反枝苋、马齿苋、藜、蓼、苘麻、田旋花、苍耳、铁苋菜、苣荬菜、鳢肠等。玉米生长较快，封行早，特别是夏玉米。只有那些比玉米出苗早或几乎和玉米同时出苗的杂草才对玉米造成严重的为害。出苗较晚的杂草对玉米产量影响不大。

二、玉米田杂草的化学防治技术

1. 播前或播后苗前土壤处理

(1) 48%地乐胺乳油 2 700～3 750ml
(2) 43%甲草胺（拉索）乳油 3 000～3 750ml
(3) 72%异丙甲草胺（都尔）乳油 1 500～2 250ml
(4) 50%乙草胺乳油 1 500～2 250ml
(5) 50%西玛津可湿粉剂 3 000～4 500g
(6) 40%莠去津（阿特拉津）悬浮剂 3 000～4 500ml
(7) 50%氰草津悬浮剂 3 000～4 500ml
(8) 乙阿悬乳剂（乙草胺+莠去津）2 250～4 500ml
(9) 都阿悬乳剂（异丙甲草胺+莠去津）900～1 800g
(10) 丁阿悬乳剂（丁草胺+莠去津）900～1 800g

(1)、(2)、(3)、(4)、(5)、(6)、(7) 土壤封闭处理，主要防除一年生的禾本科杂草及部分阔叶杂草。土壤湿润有利药效的发挥。(5)、(6)、(7) 属长残效除草剂，在小麦玉米连作地区，施用量不要超过 80g a.i./667m^2，而且施药期不宜太晚，以免造成下茬小麦药害。在生产中，多以莠去津（阿特拉津）与酰胺类除草剂混用，以便扩大杀草谱，降低残留量。乙阿、都阿、丁阿对玉米地大多数杂草均有效。丁阿对土壤墒情要求较高，所以，不宜用在干燥的春玉米地施用。莠去津（阿特拉津）、西玛津和氰草津还可作茎叶处理剂，在苗后早期使用。夏玉米田用低限量，可免后茬受害。

2. 苗后茎叶处理

(11) 4%烟嘧磺隆（玉农乐）乳油 1 125～1 500ml
(12) 75%噻吩磺隆干悬浮剂 15～30g
(13) 48%苯达松水剂 1 500～3 000ml
(14) 48%麦草畏（百草敌）水剂 375～600ml
(15) 72% 2,4-D丁酯乳油 750～1 125ml
(16) 20% 2甲4氯水剂 3 000～4 500ml
(17) 22.5%伴地农乳油 1 500ml
(18) 20%氯氟吡氧乙酸（使它隆）乳油 600～750ml
(19) 10%草甘膦水剂 3 000～5 250ml
(20) 20%百草枯水剂 1 500～2 250ml

(12)、(13)、(14)、(15)、(16)、(17)、(18) 防治阔叶杂草，在玉米 4～6 叶期，杂草 2～6 叶期施用为佳，施药过早或过迟易产生药害。另外，其中的激素型除草剂还须注意防止雾滴飘移到邻近的棉花等敏感作物上，以免产生药害。(11) 和 (12) 对禾本科杂草和阔叶杂草均有效，在杂草 3～5 叶期施用。(19) 和 (20) 若在玉米生长期施用可进行定向喷雾，需用保护罩，以防止雾滴接触到作物绿色组织；亦可在播前使用，如与上述土壤处理剂配合使用则更佳。

玉米地种植地域广，气候、土壤条件差异较大，使得除草剂的施用剂量差异较大。在土壤有机质含量高的东北地区，土壤处理除草剂的用量比其他地区高，在上述的施用剂量范围内选用上限。对北方的春玉米和夏玉米来说，春玉米播种时，气候干燥、少雨，不利于土壤处理除草剂活性的发挥，而夏玉米苗期多雨，土壤处理效果好。因此，必须根据气候和土壤条件来选用合适的除草剂和使用剂量。

三、玉米田杂草的其他防治技术

在小麦、玉米连作区，用小麦秸秆覆盖玉米地，可降低杂草发生量30%～50%。秸秆覆盖还可保墒，改善土壤理化性质，促进玉米的生长发育，提高玉米与杂草的竞争力。

玉米是宽行条播或穴播，为机械除草提供了便利。在玉米苗期和中期，结合施肥，及时中耕培土，可杀灭行间杂草。

在玉米行间套种其他作物（如大豆、花生等）是一种经济有效除草措施。这种种植方式在生产中广泛采用。

为了预防在免耕夏玉米播种前杂草发生，应加强小麦栽培管理，提高小麦的生物量，防止小麦收获前夏季杂草萌发出苗。这些在小麦收获前萌发的夏季杂草不易防治，对玉米危害大。另外，加强小麦地杂草防治工作，防止葎草、田旋花、打碗花等杂草发生，这些在麦地危害的杂草可继续危害玉米。

第六节　大豆田杂草的防治技术

一、大豆田杂草的发生与分布

我国大豆栽培已有数千年的历史。东北的春大豆区和黄淮海流域苏、鲁、豫、皖夏大豆区面积、产量最大，约占全国大豆面积和总产的80%，长江流域和华南多作大豆区约占15%～20%。分布广、危害重的杂草主要有禾本科的稗草、马唐、狗尾草、大狗尾草、牛筋草等，菊科的鳢肠、苍耳等，及蓼科、藜科、莎草科等的部分杂草。在春大豆区，大豆多数与麦子轮作，其杂草的严重危害面积高达90%以上。在夏大豆区，一年二熟或一年三熟，前茬多为麦子，常与棉花、玉米间作，杂草的危害亦很突出。杂草发生期长、发生量大、种类多。

在东北春大豆区，从4～8月经春、夏、秋三季，杂草的发生随季节性变化表现出明显的季相。

春季发生型杂草，第一批在4月上、中旬萌发。地温（地下5cm土层，下同）在0.5～6℃时，土壤解冻10cm左右，这时多年生和越年生杂草萌芽出土，如荠菜、问荆、大蓟、蒿属杂草等。至4月下旬、5月上旬，地温5～10℃时，一年生杂草如野燕麦、藜、卷茎蓼、柳叶刺蓼、猪毛菜、酸模叶蓼、萹蓄和多年生的苣荬菜等大量发生，且来势猛，杂草基数大，出草集中。

在5月中、下旬至6月中旬，地温稳定在10～16℃时，多数晚春性杂草如稗、狗尾草、菟丝子、鸭跖草、马齿苋、苋菜、苍耳、龙葵和多年生的刺儿菜、芦苇等大量出土。杂草因与作物争肥，争水激烈，危害十分严重，是控制杂草的关键时期。

在6月下旬至7月上旬，地温稳定在16～20℃时，喜温杂草香薷、野苋、马唐、铁苋菜、狼把草、猪毛菜等纷纷出土。同时，由于土层翻动，伏雨来临，可从土壤深层出土的野燕麦、苍耳和鸭跖草等仍在出苗，与作物或其他杂草竞争生长，因而形成农田第二个杂草高峰。

在黄淮海流域苏、鲁、豫、皖夏大豆区杂草发生在6～8月相对集中为一个出草高峰。以夏、秋季杂草为主。一般在播种5～25d后出草数量达90%左右。整个出草期持续40d左右。

二、大豆田杂草的化学防治技术

(1) 48%氟乐灵乳油1 500～2 250ml

(2) 88%灭草猛乳油2 700～3 750ml

(3) 33%除草通乳油3 000～3 750ml

(4) 48%氟乐灵乳油1 200～1 500ml＋70%赛克津可湿性粉剂450g

(5) 48%地乐胺乳油2 250～5 250ml

(6) 48%甲草胺（拉索）乳油3 000～3 750ml

(7) 50%乙草胺乳油750～2 250ml

(8) 48%广灭灵乳油1 200～1 800ml

(9) 12%噁草酮乳油2 250～3 750ml

(10) 24%乙氧氟草醚（果尔）乳油600～1 050ml

(11) 50%异丙隆可湿性粉剂2 250～3 750g

(12) 50%利谷隆可湿性粉剂1 500～2 700g

(13) 72%异丙甲草胺（杜耳）乳油1 500～2 250ml

(14) 70%赛克津可湿性粉剂750～1 500g

每公顷对水600～750kg，(1)、(2)、(3)、(4)、(5)于播前混土处理，施药后立即交叉耙地混土2遍，深度3～5cm，并注意保持土壤湿润，对禾本科杂草防效好。(5)可作茎叶处理，防治菟丝子。余播后苗前土壤处理。沙土或有机质含量低则用下限剂量，黏土或有机质含量高则用上限剂量。(14)残效期较长，在夏大豆区，如用量过大或施药不匀，易对下茬小麦产生药害，且下茬不宜种植谷子、高粱等敏感作物。

(15) 35%吡氟禾草灵（稳杀得）[或15%精吡氟禾草灵（精稳杀得）] 乳油600～1 050ml

(16) 12.5%吡氟氯草灵（盖草能）乳油600～900ml

(17) 10%喹禾灵（禾草克）乳油900～1 500ml，或5%精喹禾灵（精禾草克）乳油600～1 050ml

(18) 12.5%稀禾定（拿捕净）乳油1 050～1 650ml

(19) 25%氟磺胺草醚（虎威）水剂750～1 200ml

(20) 21.4%三氟羧草醚（杂草焚）水剂750～1 500ml

(21) 24%乙羧氟草醚（克阔乐）乳油330～750ml

(22) 48%苯达松水剂1 500～3 000ml

(23) 5%氯嘧磺隆可湿性粉剂 300～450g

每公顷对水 600～750kg，于苗后 2～4 叶期、杂草 2～5 叶期茎叶喷雾处理。

（15）、（16）、（17）、（18）防除禾本科杂草，（19）、（20）、（21）、（22）主要防除阔叶杂草。（15）使用中要防止雾滴飘移，以免造成下风处水稻、玉米、高粱等敏感性作物产生药害。（18）防除狗芽根、芦苇等多年生杂草应适当增加用量，植物油及硫酸铵（喷液量的 0.1%～0.5%）与稀禾定（拿捕净）混用，能提高防除效果。在干旱、水淹、肥料过多、盐碱地、霜冻、低温（日最高气温在 21℃以下），严重的病虫害等不良环境下，豆苗较弱，不宜使用（20），以免产生药害。（21）施药后 2h，大豆光合作用受到抑制，叶下垂，数小时后可恢复正常，如遇阴雨、低温，恢复时间延长，遇雨涝或干旱施药，易形成药害，故应慎用。（23）施药适期为大豆第一张复叶期，亦可在播后苗前作土壤处理。

此外，可用于大豆田的除草剂还有扑草净、西草净、绿麦隆、敌草隆、异丙隆、莎扑隆、敌草胺、燕麦畏等。

三、大豆田杂草的农业防治技术

大豆田宜采用小麦—玉米—大豆轮作，前茬小麦便于防治阔叶杂草，在播种小麦前进行深翻，既可将表层一年生杂草种子翻入土壤深层，又能防治田间多年生杂草，而小麦本身对一年生杂草的控制作用较强。玉米田便于中耕，有利于防治多年生杂草。小麦收获后，深松土层可消灭多年生杂草的地下根茎，又可避免深层草籽转翻到表土层而加重草害。厚垄播种、深松耙茬或浅松耙茬，保持原有土壤结构，有利诱草萌发，集中灭草。轮作对防除菟丝子有明显的效果。

施用有机肥料或覆不含杂草子实的麦秆等可减轻田间杂草的发生和危害。增施基肥、窄行密播，可充分利用作物群体抑草。视天气、墒情、苗情、草情等辅以人工拔大草。大豆收获后深翻可切割、翻埋、干、冻消灭各种杂草等，为减轻下茬草害打下基础。

四、大豆田杂草的其他防治技术

利用大豆田杂草的自然微生物天敌，研制生物除草剂，进行杂草的生物防治，已有许多成功的实践。例如我国研制的鲁保 1 号能有效防治大豆菟丝子、Collego 对豆田杂草弗吉尼亚合萌的防效达 85%以上。

第七节 蔬菜地杂草的防治技术

一、蔬菜地杂草的发生与分布

我国蔬菜生产的特点是蔬菜品种多，如豆类、瓜类、茄果类、叶菜类，各种蔬菜的耐药程度有差异；栽培方法复杂，在不同的温、湿度条件下，杂草的发生和分布特点亦不同。其中主要危害性杂草有禾本科的马唐、牛筋草、狗尾草、狗牙根、画眉草、稗草、看麦娘、早熟禾等，双子叶杂草有繁缕、牛繁缕、波斯婆婆纳、马齿苋、通泉草、猪殃殃、水花生、刺苋、铁苋菜、反枝苋、凹头苋、藜等，以及莎草科的香附子、碎米莎草等。据调查，马齿苋、藜、稗草、凹头苋、牛筋草、狗尾草和香附子等杂草的数量在各类蔬菜地中均占优势。

蔬菜地杂草的发生、分布和危害随土壤、气候、耕作制度、栽培方式等条件不同而异。因地区、品种、播期的不同而有差别。不同的地区，不同的除草习惯或化学除草的历史与作用的不同，杂草的分布和危害也不相同。在多作蔬菜区，提倡合理、安全、高效地使用化学除草技术。蔬菜对除草剂的要求是选择性强，能对多种蔬菜安全；降解迅速，在蔬菜中无残留；广谱兼治多种杂草；在土壤中易分解，持效期及残留期短，对套作、复种的蔬菜无毒害作用。

二、蔬菜地杂草的化学防治技术

蔬菜种类多，轮作倒茬频繁，对除草剂的选择性、残留和残效期要求严格，且间（套）作普遍，对除草剂的限选要求高，对作物和蔬菜的安全性问题突出。

（一）茄果类蔬菜

1. 茄子、番茄、辣椒

(1) 48%氟乐灵乳油 1 500～2 250ml

(2) 48%地乐胺乳油 2 250～4 500ml

(3) 33%除草通乳油 2 250～4 500ml

(4) 72%异丙甲草胺（都尔）乳油 1 500～2 250ml

(5) 60%丁草胺乳油 1 125～2 250ml

(6) 50%乙草胺乳油 1 125～2 250ml

(7) 50%杀草丹乳油 4 500～6 000ml

(8) 24%乙氧氟草醚（果尔）乳油 750～1 500ml

(9) 70%赛克津可湿性粉剂 600～750g

(10) 84%环庚草醚（仙治）乳油 1 500～2 250ml

(11) 50%萘丙酰草胺（大惠利）可湿性粉剂 1 500～3 000g 或敌草胺乳油 3 000～6 000ml

(1)、(2)、(3)、(4)、(5)、(6)、(7)、(8)、(9)、(10) 移栽前，或 (4)、(5)、(6)、(7)、(11) 播后覆土出苗前用药。(1)、(2)、(3) 施药后即浅混土。(3)、(11) 干旱情况下施药应浅混土或灌溉。(11) 对已出苗杂草效果差，用量过高或田间湿度大时易产生药害。每公顷对水450kg 喷施。保持田间土壤湿润有利药效发挥。

2. 马铃薯

(1) 50%利谷隆可湿性粉剂 1 500～2 250g

(2) 25%绿麦隆可湿性粉剂 4 500～6 000g

(3) 50%捕草净可湿性粉剂 1 500～2 250g

(4) 48%广灭灵乳油 1 500～2 250ml

播后苗前喷雾。墒情好，药效好。

(二) 叶菜类

1. 十字花科蔬菜

(1) 33%除草通乳油 2 250～4 500ml

(2) 60%丁草胺 1 500～2 250ml

(3) 50%萘丙酰草胺（大惠利）可湿性粉剂 1 500～3 000g

(4) 24%乙氧氟草醚（果尔）乳油 750～1 500ml

配方（1）、(2)、(3) 播前 5～14d 土壤处理，混土 5～7cm［(1)、(2) 在土壤墒情好时可不混土］，或移栽前处理，混土 3～5cm。(4) 移栽前土壤处理，保持田间土壤湿润有利药效发挥。

2. 伞形花科等蔬菜

胡萝卜

(1) 48%氟乐灵乳油 1 500～2 250ml

(2) 48%地乐胺乳油约 3 000ml

(3) 25%噁草酮乳油 1 125～2 250ml

(4) 50%捕草净可湿性粉剂 1 500g

(5) 50%杀草丹乳油 4 500～6 000ml

(6) 25%利谷隆可湿性粉剂 3 750～6 000g

(7) 20%豆科威水剂 10 500～15 000ml

配方（1）、(2) 播前土壤处理，混土 3～5cm。(3)、(4)、(5)、(6)、(7) 播后苗前土壤处理。

菠菜

(1) 50%杀草丹乳油 2 250ml 左右

(2) 12.5%吡氟氯草灵（盖草能）乳油 600～900ml

(3) 35%吡氟禾草灵（稳杀得）乳油 750～1 200ml

(4) 10%喹禾灵（禾草克）乳油 750～1 200ml

配方（1）播后苗前用药，(4)、(5)、(6) 苗后杂草 3～5 叶期处理，防除禾本科杂草。

(三) 瓜类蔬菜

(1) 80%磺草灵可湿性粉剂 2 250～3 000g

(2) 25%敌草隆可湿性粉剂约 2 250g

配方（1）于杂草 5～8 叶期喷雾对黄瓜安全；(2) 苗前土壤处理。

(四) 韭菜类蔬菜

(1) 33%除草通乳油 1 500～3 000ml

(2) 25%噁草酮乳油 1 500～2 250ml

(3) 82%环庚草醚（仙治）乳油 1 500～2 250ml

(4) 65%杀草敏可湿性粉剂 4 950～6 000g

(5) 48%苯达松水剂 2 250～3 000ml（或与 2 甲 4 氯混用）
(6) 20%氯氟吡氧乙酸（使它隆）乳油 750ml
(7) 22.5%伴地农乳油 1500ml

配方（1）、（2）、（3）、（4）苗前土壤处理或早苗期茎叶处理。（4）、（5）、（6）茎叶喷雾，与吡氟氯草灵（盖草能）混配可提高防效，扩大杀草谱。以上每公顷对水 600～750kg。华北地区春播韭菜地，通常用（1）苗前土壤处理和苗后 40～50d 茎叶喷雾，可有效防治韭菜地杂草。

（五）水生蔬菜

(1) 50%扑草净可湿性粉剂 600～900g
(2) 60%丁草胺乳油 1 125～1 500ml
(3) 12.5%噁草酮乳油 2 250～3 000ml
(4) 10%苄嘧磺隆（农得时）可湿性粉剂 225～375g

于栽藕 7～10d 后，或茭白出苗前 1～2d，气温 25℃以上（水温稳定在 20℃），田间保持 3～5cm 水层，拌土或结合化肥撒施（噁草酮对水 225kg 喷雾或原药甩施），施药后保持水层 5～7d，以后正常管理。

此外，丙草胺（扫弗特）、环庚草醚（艾割）、二氯喹啉酸（快杀稗）以及其他稻田除草剂亦可参照用于水生蔬菜田。

三、蔬菜地杂草的其他防治技术

在单作蔬菜或菜—粮、菜—果、菜—棉间套作蔬菜区，采用耕翻灭茬盖草，或种植前耕耙诱杀，配合人工拔除，必要时轮作加化学除治，可将草害控制住。

施足基肥，早施氮肥，合理密植，早建群体优势，以苗抑草。

深耕灭茬，深埋表层杂草子实，减少土壤耕层有效杂草子实数量。

第八节 果园杂草的防治技术

果园也遭受严重的草害。葡萄受杂草危害后，不能迅速抽出新的枝条，生长严重不良，产量显著下降；果树苗圃受草害后，幼树生长缓慢，苗木品质下降；新果园株间空地较多，杂草发生较重，不仅影响产量，还影响其他作物的生长；成年果园，杂草种类相对稳定，有的杂草丛生，有的多年生杂草猖獗，不仅影响果树的产量和质量，还会妨碍果树的生产管理和收获。此外，果园的杂草还是多种病虫害的中间媒介或寄主。如危害杏和其他核果类果树的萎蔫病，是由一种轮枝孢属真菌所致的病害，这种真菌可在多种杂草的根部寄生。葡萄单轴霉菌可在野老鹳草上越冬，在酸模属和锦葵属杂草上可寄生危害苹果和梨的天泽盲蝽。田旋花是苹果啃皮卷蛾的寄主。危害果树的害虫如黄刺蛾、桃蠹螟、苹果红蜘蛛、桃蚜等均可在多种杂草上寄生。已感染环斑病毒的蒲公英种子可借风力散布到果树上，使果树感病。

一、果园杂草的发生与分布

我国果树种类多、分布广，果树立地环境条件千差万别。杂草的发生特点：①杂草种类多。果园发生的杂草包括一年生、越年生和多年生杂草。我国果园常见杂草约有 40 个科，150 多种，主要以菊科、禾本科、莎草科、藜科、旋花科为主。旱田常见杂草是果园杂草的主要组成部分，同时许多荒地、路旁、沟边、田埂的杂草如白茅、狗牙根、芦苇、䕡草、独行菜、蒺藜、罗布麻（$Apocynum\ venetum$ L.）、牵牛、益母草、曼陀罗、蒿属杂草等亦是果园的常见杂草。②发生期长。果园杂草一年四季均可发生。其中一、二年生杂草主要是春季杂草或夏季杂草。春季杂草在早春萌发，晚春时生长迅速，初夏时开花结籽，以后逐渐枯死。春季阔叶杂草比禾本科杂草发生早，且以阔叶杂草为主，生长比夏季杂草相对缓慢，不易形成草荒。夏季杂草初夏开始发生，盛夏生长旺盛，秋季结实枯死。夏季杂草以禾本科杂草为主，发生比阔叶杂草早，群体密度大，且恰逢高温、多雨季节，杂草生长迅速，易成草荒，危害严重。③多年生杂草多，如白茅、乌蔹莓、水花生、蒿属杂草、打碗花、狗牙根、双穗雀稗、香附子、刺儿菜和芦苇等繁殖能力强，地下繁殖器官不易根绝。④果园杂草的发生有区域性特点。南方果园有许多热带杂草如脉耳草、龙爪茅、含羞草等；北方果园杂草有许多温性和耐旱杂草占优势，如藜、萹蓄、白茅、刺儿菜等。不同的土壤类型，杂草群落的组成有差异。如盐碱土上主要生长耐盐碱的市藜（$Chenopodium\ urbicum$ L.）、地肤、碱蓬等。⑤不同类型果园杂草发生情况不同。如种子萌发的实生苗圃或留植、扦插、嫁接不久的幼苗圃，杂草发生量大，危害重；新开垦的幼年果园往往以白茅、刺儿菜、打碗花、狗牙根、香附子等多年生杂草为主，而且杂草发生量较大；成年果园树冠大，一般以一年生单、双子叶杂草为主，树冠下主要是双子叶杂草，株行间空地多数为单子叶杂草。因此，在制定果园杂草防治时应充分研究和掌握杂草的发生、组成和演变规律。

二、果园杂草的化学防治技术

以一年生杂草为主的果园或苗圃应以土壤封闭处理为主，茎叶处理为辅；以多年生杂草为主的果园或苗圃则以茎叶处理为主，土壤封闭处理为辅；幼苗果园常套种作物，而实生苗圃难以定向喷雾，则要施用选择性较强的除草剂。

(1) 40％莠去津（阿特拉津）胶悬剂 3 750～4 500ml
(2) 50％西玛津可湿性粉剂 2 250～3 000ml
(3) 24％乙氧氟草醚（果尔）乳油 900～2 100ml
(4) 65％圃草定颗粒剂 1 500～3 000g（或与莠去津、敌草隆复配）
(5) 10％草甘膦水剂 11 250～15 000ml 加入少量硫酸铵或尿素、洗衣粉、柴油、三十烷醇等助剂，可显著提高除草效果。
(6) 20％百草枯水剂 3 000～6 000ml（可与乙氧氟草醚等复配）

均以每公顷对水 400～600kg 为准。(1) 桃园禁用；(2) 土壤有机质含量大于 3％，用量可加倍；(3) 作定向喷雾可加大用量，忌接触树冠；(4) 在实生苗圃播后苗前施药，对敏感树种于播前 10~15d 用药。定植果园在杂草大量发生前用药；(5) 在杂草株高 15cm 以上时，定向保护喷雾，勿使树冠接触药剂。南方高温、高湿，防治一年生杂草可用 (5) 配方 3 750ml，普通多年生杂草 7 500ml，顽固性多年生杂草 15 000ml。草甘膦与脲类或酰胺类除草剂混用，可同时灭杀和封闭。此外，甲草胺（拉索）、稀禾定（拿捕净）、吡氟氯草灵（盖草能）、氟乐灵、喹禾灵（禾草克）、利谷隆、茅草枯等除草剂也可用于果树的杂草防治。

成年果树根深株大，化除位差选择性强，对化除有利。不同的果树品种、树龄，对除草剂的敏感性或抗药性不同，具体用药过程中，必须因地制宜，坚持先试验后用药，确保安全用药。

三、果园杂草的其他防治技术

传统观念认为，果园内无杂草、地面干净才是管理水平高的标志，这是不正确的。为要做到地面无草，就必须进行频繁的耕作或使用大量的除草剂，不但会破坏土壤结构，促使水土流失，造成养分损失，增加生产成本，对果树生长结果也不利，而且还会加大土壤中药物残留和积累。此外，有些果园杂草还能保护大量益虫，帮助刚出土的幼芽抵御寒冷、冰雹和烈日的袭击，增加土壤有机质，减少水土流失等。

1. 覆盖治草 覆盖不仅能治草，而且能提高土壤有机质含量，改善土壤物理性质，保护土壤，增强树势，提高果树抗冻能力。例如，我国南方柑橘园割芒萁草覆盖树盘，也有用草皮（木）灰、塘泥、褥草等培土覆盖。山东等地采用秸秆、杂草等覆盖治草。地膜（药膜、深色膜）覆盖不仅抑草效果明显，而且幼树成活率高、萌发早，促进树体发育，早成形、早结果，生产上已广泛应用。

2. 以草抑草 在果树株行间种植草本地被植物，如草莓、大蒜、洋葱、番瓜、三叶草、鸭茅（*Dactylis glomerata* L.）等，任其占领多余空间，抑制其他草本植物（杂草）的生长，待其生长一定量后，割草铺地，培肥地力；或种植豆科绿肥，或豇豆 [*Vigna unguiculata* W. ssp. *sesquipedalis* (L.) Verd.，]、蚕豆（*Vicia faba* L.）、光叶苕子（*Vicia villosa* Roth var. *glabresens* Koch）、紫穗槐（*Amorpha fruticosa* L.）等，占领果园行间或园边零星隙地，能固土、压草、肥地，一举多得。

果园杂草防治应以生态治草为基础，适时适度使用化学药物除草。保留果树林下一定的地被植物，不仅有利成年果树的生长发育，抵御果树病虫草害的侵袭，还能培肥地力，减少土壤侵蚀，保护物种的多样性。

3. 生物防治杂草 成年果园杂草的生物防治，除了采用杂草的自然微生物和昆虫天敌外，还可因地制宜地放养家兔、家禽，或放养生猪等，可有效地控制杂草的生长。在果园中套种其他经济作物如大葱、大蒜、南瓜和冬瓜等。

第九节 草坪杂草防治技术

草坪既有美化人类生活、工作、运动及休闲地环境的作用，又有保持水土、维护大自然生态环境的功能，世界上许多大中城市的园林建设都很重视种植草坪。我国草坪建植绿化起步较晚，研究较少。主要是在荒芜、空白或废弃的土地上建种草坪。由于土壤中积累了大量的杂草繁殖

第七章 主要农作物田间杂草防治技术

体,建植后疏于管理,草坪中杂草混杂或丛生,难以防治,又很不美观。因此,草坪杂草的有效治理是成功建种草坪的关键之一。

草坪草的种类大致可以分为暖季型和冷季型两大类。前者主要包括狗牙根、结缕草、假俭草 [*Eremochloa ophiuroides* (Munro.) Hack.]、钝叶草 (*Stenotaphrum* sp.)、地毯草 (*Axonopus* sp.)、野牛草 [*Buchloe dactyloides* (Nutt.) Engelm.] 等,而后者主要包括黑麦草属、剪股颖属 (*Agrostis* L.)、早熟禾属和羊茅属 (*Festuca* L.) 等。

一、草坪杂草的发生与分布

草坪杂草种类较多。据调查,常见草坪杂草主要有早熟禾、毛马唐、止血马唐、牛筋草、匍匐冰草、狗尾草、画眉草、白茅、雀稗、双穗雀稗、狗尾草、金狗尾、狼尾草、虎尾草 (*Chloris virgata* Sw.)、马鞭草、车前草、繁缕、卷耳、蓄蓄、蓼、齿果酸模、天蓝苜蓿、南苜蓿、三叶草、酢浆草、马齿苋、粟米草 (*Mollugo stricta* L.)、活血丹 [*Glechoma longituba* (Nakai) Kupr.]、天胡荽 (*Hydrocotyle sibthorpioides* Lam.)、刺儿菜、苦苣菜、蒲公英、一年蓬、小飞蓬、野塘蒿、野艾蒿、独行菜、臭荠、猪殃殃、大巢菜、婆婆纳、通泉草、蛇莓、委陵菜、水花生、土荆芥、铁苋菜、地锦、水蜈蚣 (*Kyllinpa brevifolia* Rottb.)、异型莎草和香附子等。一年有两个主要发生高峰,分别于秋冬季和春夏季。秋冬季杂草以阔叶草为主,另有早熟禾、看麦娘等禾本科杂草;春夏季则以马唐、牛筋草以及香附子等莎草为主。

草坪中杂草的种类和分布因地区、气候、建植时期、土壤基质、生长季节、草种(或草皮)来源、管理和保护方式及定植后时间长短而异。一般暖地型草坪中杂草种类丰富,组成复杂,不仅影响草坪的成坪,影响美观,管理疏忽则易造成草荒。北方草坪或耐寒性草坪中杂草种类相对简单。在北方,草坪秋天播种,对防治一年生晚春性杂草比春播的草坪有利。

杂草对草坪的危害不仅与草坪植物争光、争肥、争空间,而且淡化草坪作用,降低草坪的美学价值,影响草坪的社会效益。受害草坪植物表现为个体纤细、脆弱,叶色淡黄,耐旱、耐寒、耐践踏性降低,使草坪易退化甚至死亡。

二、草坪杂草的化学防治技术

(1) 20% 2甲4氯钠盐水剂 750~1 500g

(2) 25%噁草酮乳油 900~3 000ml

(3) 10%绿磺隆可湿粉 120~150g+10%甲磺隆可湿粉 75~90g

(4) 48%氟乐灵乳油 1 500~2 250ml

(5) 48%甲草胺(拉索)乳油 3 000~6 000ml

(6) 50%乙草胺乳油 1 200~3 000ml

(7) 35%精吡氟禾草灵(精稳杀得)乳油 750~1 200ml

(8) 20%稀禾定(拿捕净)乳油 900~1 500ml

(9) 10%喹禾灵(禾草克)乳油 750~1 500ml

(10) 12.5%吡氟氯草灵（盖草能）乳油 600～900ml
(11) 48%苯达松水剂 1 500～3 000ml
(12) 25%啶嘧磺隆（百秀宫）水分散粒剂 180～300g

以上为公顷用量。

每公顷对水 600kg。(1) 用于草坪建植前后茎叶处理，可杀灭已出土的阔叶杂草。气温高，杂草小时用低限量；气温低，杂草大时宜用高限量。对马蹄金或豆科植物草坪禁用。(2) 用于狗牙根及多年生黑麦草草坪进行土壤处理，但不适用于高羊茅和剪股颖草坪。(3) 可用于黑麦草、高羊茅以及狗牙根草坪进行土壤处理。(4)、(5)、(6) 用于豆科植物类草坪，喷药后即拌土、镇压，然后建植草坪，能防治多种禾本科杂草。(7)、(8)、(9)、(10) 茎叶处理可防除阔叶植物草坪（如马蹄金、豆科的三叶草等）中一年生和多年生禾本科杂草。(11) 可防除阔叶类植物草坪中的阔叶杂草。(12) 为新的暖季型草坪除草剂，特别适用于狗牙根等草坪防除禾本科、阔叶草及莎草。

对草坪进行施药时，要选择无雨、风速小的条件下进行，且尽量压低喷头作业，绝对避免药液雾滴接触或飘移到附近的敏感树木和花卉等绿化植物上，以防产生药害。此外，环草隆土壤处理可防除一年生禾本科杂草，对马唐、止血马唐、金狗尾草和稗草有特效，对早熟禾、三叶草或大多数阔叶杂草无效。但环草隆不能用于狗牙根类草坪和大部分剪股颖草坪。西玛津、扑草净、敌草隆、草甘膦和百草枯等用于草坪建植前的已出苗杂草和土壤"封闭"处理，可抑杀多种杂草。土质好、墒情好用低限量，反之则用高限量。

三、草坪杂草的其他防治方法

对草坪大量混杂的一、二年生杂草，在其未开花结实前，实行重刈剪，多次刈剪使杂草养分消耗殆尽，直至死亡。对于明显高大、散生的单株杂草可用人工"挑除"的方法加以防治。在人力充足，温暖、多雨地区，以草皮繁殖建植的草坪，可在建植初期，人工除草 2～3 次。此外，下面 3 个方面也值得重视：

①草种或草皮去杂（草），防止杂草再度侵染或扩散传播。

②对荒地开垦或杂草繁殖体丰富的土壤，在建植草皮或种植草坪前，应耕翻除去杂草繁殖体或中耕诱发土壤中的杂草种子，减少土壤中的杂草种子的库容量，或结合中耕喷施草甘膦，杀抑杂草效果更好。

③因地制宜，选择和搭配建（种）植材料。改整齐划一的单一建植草坪为斑块状或其他格局的单、双子叶植物间、套建（种）植，保证和提高草坪的观赏价值，限制草害的发生与危害，但增加了化学除草的难度。

第十节 其他作物田间杂草的防治技术

一、花生田杂草的防治技术

1. 花生田杂草的发生与分布 花生是重要的油料作物，我国南北方均有种植。据各地调查，花生田杂草有60多种，分属约24科。其中发生量较大、危害较重的主要杂草有马唐、狗尾草、稗草、牛筋草、狗牙根、画眉草、白茅、龙爪茅、虎尾草、青葙、反枝苋、凹头苋、灰绿藜、马齿苋、藜、芥、苍耳、黄花蒿、刺儿菜、香附子、碎米莎草、龙葵、问荆、苘麻等。不同地区、不同耕作栽培条件下，花生田杂草的分布有所不同。春播与夏播相比，夏播花生田杂草密度大于春播花生田。前茬不同，花生田杂草的发生与分布也各异。如玉米茬，马唐、苋、莎草、铁苋菜、狗尾草等较甘薯茬密度大，而牛筋草、马齿苋则比甘薯茬密度小。不同的播种方式对花生田杂草的发生与分布也有一定的影响。起垄播种可减少杂草密度，而平播比垄播杂草密度大。

夏播花生田中，马唐有两个明显的高峰：第一出草高峰在播后10d左右，出草数占总出草量的10%~15%；第二出草高峰在播后30d左右，出草数占总出草量的50%以上，是出草量的主高峰期，到封行期仍陆续发生。狗尾草只有一个出草高峰，即播后5~15d之间，此期出草量占总出草量的40%左右，整个群体出草和马唐基本相似，出草期延续25d左右。在杂草中牛筋草出草时间相对较迟，第一高峰出草量占总出草量的50%以上，是出草的主高峰，第二个高峰较小，在播后35~50d，出草量为总出草量的30%左右。

春播花生田也有两个出草高峰：第一高峰在播后10~15d出草量占总出草量的50%以上，是出草的主高峰；第二高峰较小，在播种后35~50d，出草量占总出草量的30%左右。春花生田出草期长达45d左右。

2. 花生田杂草的化学防治技术 可用于花生田的除草剂种类很多与大豆田除草剂类似。如氟乐灵、灭草猛、咪草烟（普杀特）、灭草喹、利谷隆、敌草隆、扑草净、噁草酮、乙草胺、甲草胺（拉索）、异丙甲草胺（都尔）、吡氟氯草灵（盖草能）和精吡氟禾草灵（精稳杀得）等，具体施用技术可参考大豆田。要注意因地制宜和品种间对除草剂抗性的差异，坚持在试验的基础上推广应用。

3. 花生田杂草的其他防治技术 旱—旱轮作可以避开杂草的出草和危害高峰，水—旱轮作则可杀抑部分杂草。套作（例如麦田条套播花生）则可利用小麦的遮盖，抑制部分杂草的生长。

花生播前耕翻，诱发或深埋杂草种子与营养繁殖体，或在收获后耕翻暴露部分杂草种子与繁殖体，使其在较大变幅的温、湿度范围内受伤死亡。对条（套）播花生田，可在花生生长初期至中期以前中耕灭草一次。用黑膜或薄膜覆盖治草，有条件的农区还可采用有他感作用的植物残体覆盖治草。

二、茶园杂草的防治技术

茶园生产区多分布在山区、丘陵地带，部分分布于平原地带。由于茶树喜温暖、湿润，因此，茶园的环境对杂草发生、生长十分有利。杂草不仅与茶树争夺资源，许多杂草还为茶树病虫害提供栖息场所和越冬场所，杂草对茶叶品质的影响不可忽视，所以，对茶园杂草的有效防治可提高茶叶生产产量和质量。

1. 茶园杂草的发生与分布 据调查，茶园杂草种类有150~200种，分属约50多个科。其中马唐、牛筋草、狗牙根、刺儿菜、蓼科杂草、看麦娘、鳢肠、铁苋菜、马齿苋、鸭跖草、繁缕、一年蓬、龙葵、水花生和白茅等为优势种，尤其以马唐发生量大，分布范围广。不同地区由于茶园生产环境的差异,杂草群落有所不同。山区或近山区的茶园除上述杂草外,还有杠板归、黄毛耳草、鸡矢藤、毛茛、狼尾草、络石,以及海金沙和蕨等蕨类植物。

茶园杂草发生主要有 2 个高峰:第一个出草高峰出现在 4 月下旬至 5 月上旬,其中阔叶杂草早于禾本科杂草;第二个出草高峰在 7 月上旬至 8 月上旬,禾本科杂草出草高峰早于或同于阔叶杂草,这一高峰为全年主出草高峰。

杂草发生高峰的早晚、峰值的大小,峰面宽窄,与温度、降雨、地势等环境条件有关。春季发生型杂草受降雨影响为主,夏季发生型杂草除受湿度影响为主。

2. 茶园杂草的化学防治技术 新茶园一般以多年生杂草为主,在有保护性措施的前提下,可施用灭生性除草剂如草甘膦等杀灭杂草。

(1) 25% 敌草隆可湿性粉剂 3 750g
(2) 65% 圃草定 3 750g + 80% 伏草隆 1 500g(或 25% 敌草隆 2 250g)
(3) 40% 莠去津(阿特拉津)胶悬剂 3 750~7 500ml

每公顷对水 600~750kg,(1) 和 (2) 土表喷雾处理;(3) 杂草幼苗初期定向喷雾处理,可兼除茶园禾本科杂草和阔叶杂草。

对夹杂在茶树中多年生藤蔓性杂草如打碗花、鸡矢藤、乌蔹莓等应采用人工的方法连根拔除,有利茶树的生长和茶叶质量的提高。

三、高粱田杂草的防治技术

1. 高粱地杂草的发生与分布 高粱种植一般分为春播、夏播和与小麦套播 3 类。主要杂草有稗草、马唐、狗尾草、金狗尾草、牛筋草、反枝苋、鳢肠、铁苋菜、蓼、藜、马齿苋、田旋花、刺儿菜、芦苇、狗牙根、苘麻、苍耳、打碗花、双穗雀稗等。

春播田以多年生杂草、越年生杂草和春性杂草为主。如打碗花、田旋花、荠菜、泥胡菜、藜、蓼等;夏播田以一年生禾本科杂草和晚春性杂草为主,如稗草、马唐、狗尾草、反枝苋、铁苋菜、马齿苋、鳢肠、龙葵、碎米莎草等。

高粱苗期受杂草危害最为严重,表现为植株矮小、秆细叶黄,导致中、后期生长不良,抽穗晚,穗小,粒少,粒重降低。青饲高粱表现为鲜重下降、饲用价值降低。

2. 高粱田杂草的化学防治技术

(1) 40% 莠去津(阿特拉津)胶悬剂 3 000~3 750ml
(2) 25% 绿麦隆可湿性粉剂 3 000g
(3) 25% 敌草隆可湿性粉剂 3 000g
(4) 40% 莠去津(阿特拉津)胶悬剂 3 000ml+72% 2,4-滴丁酯乳油 750ml
(5) 20% 2 甲 4 氯水剂 3 750~5 250ml
(6) 72% 2,4-滴丁酯乳油 750~1 125ml

配方 (1)、(2)、(3) 每公顷对水 600~750kg。播后苗前土壤处理,春播高粱田用药量可适当增加。(4)、(5) 和 (6) 在高粱 4~6 叶期,杂草 2~4 叶期,对水 600kg,茎叶喷雾处理。高粱的某些品种对莠去津(阿特拉津)敏感,应根据品种和气候条件决定用药种类和用药量。

四、烟田杂草的防治技术

1. 烟田杂草的发生和分布　烟田杂草和其他农作物田相似，杂草种类繁多。其主要杂草有马唐、狗尾草、千金子、稗、牛筋草、画眉草、看麦娘、牛繁缕、铁苋菜、卷耳、碎米莎草、猪殃殃、马齿苋、龙葵、藜、荠菜、打碗花、香附子、辣子草、小飞蓬、雀舌草、酸模叶蓼、水蓼等。以一年生种子繁殖的杂草最多、危害最重。杂草与烟草争水、肥，直接影响烟叶的产量。当一年生杂草的混杂度为每平方米100~200株时，每667m^2可吸氮60~150kg。如苗期杂草发生严重，极易造成杂草"欺苗"现象，严重影响烟株生长发育。打碗花等不仅能以根吸收夺取地下水分和养分，还可缠绕烟茎，除直接影响中、下部烟叶产量、质量外，还为病虫害的滋生繁衍提供了适宜的条件。因此，必须重视烟草田杂草的防治。

2. 烟田杂草的化学防治技术
（1）50%萘丙酰草胺（大惠利）可湿性粉剂1 500~2 250g
（2）90%双苯酰草胺（草乃敌）可湿性粉剂3 750~5 250g
（3）40%磺草灵水剂6 000~7 500ml
（4）72%异丙甲草胺（都尔）乳油1 500ml
（5）12.5%吡氟氯草灵（盖草能）乳油750ml 或 15%精吡氟禾草灵（精稳杀得）乳油1 125ml

每公顷对水450~750kg。(1) 播种前5~7d畦面喷雾，耕土5cm深，如在烟苗移栽后苗带施药，垄间人工耕耘则药量可减少1/2。可有效防除禾本科杂草和部分阔叶杂草。(2) 和 (4) 播后或移栽前土表处理，结合中耕苗带施药，用量减半防除禾本科杂草，对阔叶杂草防效稍差。在烟麦轮作区，烟田用药时间不宜过晚，用药量不宜过大，以免对后茬小麦产生药害。(3) 对多数阔叶杂草和禾本科杂草有较好的防效。(5) 茎叶处理，防治禾本科杂草。

3. 烟田杂草的其他防治技术　烟苗移植前可进行诱发除草，或在封行前进行一至多次中耕、培土和施肥，达到护苗、培肥和除草的目的。

复 习 思 考 题

1. 简述稻田杂草防治的策略、技术和方法。
2. 稻田常用除草剂有哪些？各除草剂的作用和施用技术是什么？
3. 如何根据麦田杂草发生特点采取相应的化学防治方法？
4. 简述油菜田杂草发生特点及其防除方法。
5. 如何根据棉花的不同栽培方式，实施化除措施？
6. 玉米田杂草防除措施有哪些？
7. 大豆田杂草的发生规律是什么？大豆田杂草防治过程中应注意些什么？
8. 大豆田常用除草剂有哪些？它们的作用特点和施用技术是什么？
9. 常见用于各类蔬菜地杂草防治的除草剂有哪些？施用过程中应分别注意什么？

10. 简述果园杂草的发生规律和防治的技术及方法。
11. 简述花生、茶、高粱、烟草田杂草的发生特点及其防治技术。

参 考 文 献

卢盛林等编著.1987.菜田化学除草.北京:知识出版社.
包建中,古德祥主编.1998.中国生物防治.太原:山西科学技术出版社.
江荣昌,姚秉琦.1989.化学除草技术手册.上海:上海科学技术出版社.
吴竞仑,周恒昌等.1997.轻型栽培稻田杂草综合治理技术.杂草科学,2:6-9.
苏少泉,宋顺祖主编.1996.中国农田杂草化学防治.北京:中国农业出版社.
李孙荣等.1999.巧使除草剂.北京:化学工业出版社.
张殿京,陈仁霖主编.1992.农田杂草化学防除大全.上海:上海科学技术文献出版社.
袁秋文等编著.1995.化学除草实用技术手册.北京:中国农业科技出版社.
唐梁楠,杨秀瑗编著.1995.果园除草技术.北京:金盾出版社.
薛光等.1995.化学除草实用技术手册.北京:中国农业科技出版社.
Aldrich R J. 1984. Weed - Crop Ecology: Principles in Weed Management. North Scituate, Massachusetts: Breton Publishers, a Division of Wadsworth Inc.
Klingman G C, M Ashton. 1982. Weed Science: Principles and Practices. New York, Chichester, Brisbane, Toronto, Singapore: John Wiley & Sons.
Lawrence J King. 1974. Weeds of the World: Biology Control. London and Scranton Pennsylvania: Authorised reprint of the edition published by Leonard Hill Books, a Division Published of International Textbook Company Ltd.

第八章 杂草科学的研究方法

杂草学是一门实践性很强的科学，其理论体系源自广泛而深入的试验研究。本章将重点介绍近百年来，尤其是近年来形成的或可借鉴的杂草科学的研究方法。

第一节 杂草生物学特性的研究方法

杂草生物学是研究杂草的萌发、立苗、生长发育、开花结实、遗传和变异及其传播与危害规律的科学。研究杂草生物学特性将从杂草与作物长期共存的过程中，在特定的自然和人为条件的选择下形成的各种特定的适应性的表现入手。本节将介绍杂草物候学和杂草的物种生物学两个方面的研究方法。

一、杂草物候学研究方法

杂草物候学主要观察描述杂草生活史过程中杂草生长、发育各时期动态规律，特别是与温度、降雨量、光照和农作活动密切相关的生长发育规律。其观察研究结果不仅为杂草的有效防治提供重要的理论依据，同时，也是开展杂草预测预报的生物学基础。在除草剂处理情况下，研究杂草的物候学，亦有一定的意义。

1. 杂草的物候观察记载 杂草物候学观察包括观察与记载杂草生长发育过程中的主要关键时期起始时间、持续过程，以及杂草生长发育与季节、温度、降雨、耕作过程等之间的相互关系。其中，出苗期是最为关键和重要的时期，对杂草的综合治理有着极其重要的参考价值。观察时，应将气候条件作为背景资料，详细进行记载，以便作进一步研究分析其相互间关联的规律。杂草物候的观察与描述一般主要包括以下几个时期：

（1）杂草的萌动期 果皮或种皮膨胀期；胚根或胚芽突破果皮或种皮；子叶或胚轴伸长生长期。杂草防治过程中，可以有选择性的采取多种措施，打破杂草休眠，诱发生长，集中防治，或是迫其再度休眠，为作物安全生长创造条件。

（2）杂草的立苗期 子叶出土期；第一真叶（或不完全叶）展开期；单子叶植物3叶1心期或双子叶植物2～5叶期。此期是杂草生理代谢系统较为脆弱的时期，也是多种杂草对除草剂最为敏感的时期，是化学防治的最佳时期之一。

（3）杂草的营养生长期 出叶速度；分枝或分蘖特性；根状茎、匍匐茎等的发生特点和生长量；根系的生长状况、分布特征。此期是杂草与当季作物竞争生存空间、生活物质、影响作物产量和品质最重要的时期。

（4）杂草的开花期 花（序）芽出现期；初花期；开花盛期（50%以上的杂草，单株50%

以上的花开花）；开花末期。此期前期也是杂草对除草剂敏感时期。不同的杂草防治措施均可能影响杂草的结果率，有的甚至影响杂草的育性。

（5）杂草的结实期　果实成熟期；果实脱落或开裂始期；果实脱落或开裂末期。此期主要决定杂草种子的有效数量、成熟程度、百粒重或千粒重，与杂草的萌发率、发芽势、立苗速度和竞争能力有关。

（6）杂草枯黄期　叶开始变色期；茎叶枯黄期。此期与杂草种子再度大量侵入田间有关。高留茬、秸秆还田须十分谨慎使用。

对所获得的第一手资料，需进行总结、综合、分析和比较，并通过数理统计分析的手段，定量分析和描述其间的相互关系。例如，与气候资料结合的分析比较，揭示气候因素对杂草发生规律的影响；结合历史资料进行对比分析和研究，将阐明杂草发生的一般规律。

2. 在除草剂的影响下杂草物候学的观察与记载　在现代农业生产中，使用化学药剂控制或治理杂草，已是高效农业生产中必不可少的措施之一。然而，除草剂的施用影响和改变着杂草的生物学特性，使之在新的环境中开始了新的选择性进化，因此，研究除草剂作用下，杂草的物候学特征亦有意义。

使用除草剂做土壤处理或茎叶喷雾处理后田间的杂草物候学时期如下（与未处理对照区对比观察）：

（1）杂草的萌动期　包括果皮或种皮破裂、胚根或胚芽露出、胚轴或子叶伸长生长各个时期及其历经的时间等。

（2）杂草的立苗期　记载子叶出土期、第一真叶（或不完全叶）展开期和单子叶植物 3 叶 1 心期或双子叶植物 3～5 叶期；描述子叶色泽、形态、生长速度、真叶出叶速率、幼苗形态、生长叶色及其附属物等特征，统计分析各草情指数等。

（3）营养生长过程历经期　记载出叶速率；描述株高、叶片大小、叶色和长势、长相、节间长度等；分枝和分蘖的数量；根系发达程度；统计根量和杂草鲜、干重，计算杂草死亡率或伤害率等。

（4）杂草的开花期　记载花（序）芽出现期、初花期、盛花期和终花期；统计分析杂草的开花总数、开花率，花茎或花序轴的长度、长势、长相等特征。

（5）杂草的结实期　记载果实成熟期、开裂或脱落始期和末期；统计结实率、计算和描述百粒重（大粒种）或千粒重（小粒种子）等指标。

（6）杂草的枯黄期　记载杂草叶变色期和枯黄期；经除草剂作用后杂草所结子实的生活力和发芽率（力）测定与分析。

二、杂草物种生物学研究方法

杂草由于长期受自然和人为的影响，其遗传多样性相对较为丰富，因而，研究杂草的物种生物学对揭示杂草的演化和发展规律、杂草的生物学特性、除草剂抗性杂草种群的产生，甚至揭示物种的形成均有重要意义。

杂草物种生物学研究的大致方法：确定变异丰富的某杂草种作为研究对象；选择种下具有典

型代表性的杂草种群亦称居群（population）。其选择的主要依据：形态学的差异、地理分布的差异、生境的不同、生态条件的差异、对除草剂耐受性的不同等。

于花果期，采集每一种群的群体标本（方法见第二节），约50份，并作详细记录，如花的颜色、茎叶的色泽等；分别观察、测量每个个体的植株高度、叶片的长宽度、植株及叶片上的毛绒及其他附属物等；花萼、花瓣的有无、形态及数目，雄蕊、雌蕊的数目、形态，子房的室数，胚珠的数目、传粉、受精、结实特性等，力求周详。

另对每个种群采集活体材料或种子，种植于同一的生境条件下，观察记录每个种群所代表的特征变化情况，以便判断区分特征变异是环境饰变或是可遗传变异。

进一步可进行各种群的细胞学观察研究，如染色体数目的记测、染色体组型分析，以及同工酶分析等。

对所获上述特征资料进行编码及数量化，并用聚类分析等多元统计分析方法进行统计分析，最终明确该物种种下各种群的遗传多样性及其演化规律。

第二节　杂草生态学的研究方法

一、杂草种子库的调查研究方法

杂草种子库是杂草从上一个生长季节向下一个生长季节过渡的纽带，是杂草种群得以不断延续的重要环节，是杂草以潜在杂草群落存在的一种方式，是杂草度过恶劣生长环境条件的保证。杂草种子库的规模是决定下一季节杂草发生数量的关键因素。开展杂草种子库的研究，至少可以有如下几方面的意义。

通过检测杂草种子库中的杂草种子数量，可以达到预测预报草害发生情况，为采取有效防除措施提供可靠的信息。耗竭杂草种子库，可以切断杂草延续的环节，打破杂草在农田中的延续性，可以减轻甚至完全消除杂草的危害。最终达到有效管理杂草的目的。

通过对杂草种子库动态的研究，亦可以阐明某些理论问题，如杂草群落结构的本质，杂草群落的稳定性、顶极杂草群落的概念和认识、杂草群落的演替、杂草发生的根源等。

1. 杂草种子库检测的主要方法

（1）诱萌法　采集田间土壤，其所取最小量，通常应在100g以上。经干燥—保湿—风干—搅拌—保湿反复处理，诱使土壤中的杂草种子充分萌发，通过鉴定和计数杂草幼苗，检测出相应的杂草种子数量。处理过程中，有时要借助于低温层积、适宜高温或化学刺激物资的处理，以打破种子休眠。该法可以确切检测出具有活力的杂草种子，从而确知种子库的实际规模，劳动量相对较小。但该法耗时较长，且不能检出尚在休眠的种子。

（2）水洗法　取回的土壤，装于不同规格的筛子中，用水冲洗土壤，除去沙粒和泥浆，分离出杂草种子。Gross and Renner（1989）曾自制了一套水洗杂草种子的装置，有效地从土壤中分离出杂草种子。采用手指按压发检测种子饱满度，推测杂草种子的活力。劳动强度低，能有效统计种子数目和进行杂草种子分类鉴定。

该法耗时较短，但劳动量较大，且对杂草种子活力检测的准确性不高。

(3) 水洗和诱萌结合法　实际上，是将上述两种方法结合起来，用水洗法分离出杂草种子，然后经诱导杂草种子萌发，来检出活杂草种子的数量，并通过幼苗鉴定杂草种类的方法。

(4) K_2CO_3 溶液悬浮离心法　用按 250g K_2CO_3 溶液＋25g Na polymetaphosphate（多聚磷酸钠）和 Na_2CO_3（2∶1）溶液加到 500ml 水中配成的溶液，处理采集的土样。其程序如下：

收集土样→置 5℃下冷藏→风干，粉碎土块→按 75ml K_2CO_3 溶液于 100g 土样的比例混合，盛于离心瓶中→280r/min 振荡 3min→10 000r/min 离心 10min→水淋洗 3 次→除去土粒→35℃下干燥种子和有机残渣→除去有机残渣→鉴定、计数杂草种子。

2. 杂草种子库的研究

(1) 土壤杂草种子库结构的研究　通过调查研究杂草种子库，揭示库中杂草种子的区系成分和组成，杂草种子在土壤中的空间分布规律。如不同土壤深度杂草种子的分布数量和不同种类杂草种子的分布特点。杂草的结实量以及各种环境因素和耕作栽培措施对杂草种子库组成、规模和空间结构的影响等方面。此外，还包括土壤中杂草种子的活力受耕作栽培措施的影响程度以及与其在土壤中埋藏深度间的相互关系的研究等。

(2) 根据杂草种子库的规模预测杂草发生率的研究　通过研究杂草种子埋藏深度与杂草出苗率的相互关系，建立模拟模型。如 Prostko 等（1997）利用 Fermi－Dirac 分布方程模拟圆叶锦葵（*Malva pusilla* Sm.）种子埋藏深度与出苗率间的关系，预测该杂草的发生情况。

利用杂草种子库的规模来预测杂草幼苗密度是种子库研究的一个重要内容，特别是通过检测土壤中活种子的数目，可以良好地预测杂草发生的密度（Zhang 等，1998）。

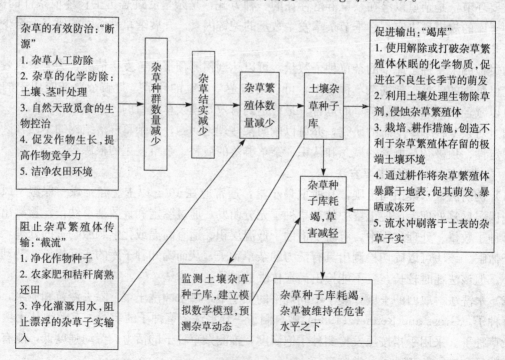

图 8-1　控制种子库的杂草可持续管理

第八章 杂草科学的研究方法

（3）土壤杂草种子库治理的研究 通过检测和控制土壤杂草种子库的规模，达到控制杂草的发生和危害水平，成为现代杂草可持续管理的主体技术途径。Calina 和 Norquay（1997）通过控制苘麻的结实率，减少土壤中该种子数量，而将该草控制在危害水平之下。Mulugeta 和 Stolterberg（1997）通过减少化除，采用综合的农业防除措施，对杂草的管理和杂草种子库的研究都表明，通过综合防除措施可以实现对杂草及其种子库的可持续性管理。

通过"断源"、"截流"和"竭库"为主体的杂草种子库可持续管理的设想，将受到关注，其大致的技术路线可概括如图 8-1。

二、杂草种子萌发的研究方法

通过研究杂草种子的萌发特性，不仅可以揭示杂草许多生物生态学特性，为杂草防除提供依据，而且为杂草的生测和药效评估提供有效材料。

1. 杂草种子的诱导萌发的研究方法 刚采集的种子大多有长短不一的休眠期。即使度过休眠期的种子，亦会因为需要的发芽条件的不同，而需进行研究和测试。

（1）杂草种子的采集和储藏 在杂草种子成熟季节，要适时采集成熟的种子，由于杂草种子成熟不整齐的特征，应尽量避免采集尚未成熟的种子，亦可向有关杂草专门研究机构购买。采集的种子，经自然风干后，储藏在室温或 4℃ 左右的低温下。某些水生杂草的种子，要储藏于水中。

供萌发的种子，成熟后数月至 1 年为最佳。当然，也有许多杂草种子无休眠期或可以存放数年，萌发率不受太大影响，如繁缕和菟丝子等。

（2）杂草种子的诱导萌发 在进行杂草种子发芽试验时，首先应用次氯酸钠或高锰酸钾稀溶液等对杂草种子进行浸泡处理，经无菌水冲洗后备用。将处理过的种子置垫有 1~2 层吸水纸的培养皿中，加无菌水，保持种子湿润，置 25℃ 温度下进行萌发。

如果杂草种子不能正常发芽或发芽率较低，则应该从如下几方面入手，探寻其原因。原生性休眠因素，如萌发抑制物、种皮不透性和胚未熟等，可用第二章第二节中所述方法打破。温度因素的影响：冬春季杂草种子萌发，所需萌发的适温相对较低，故可用低于 25℃ 的温度或变温处理，而夏秋季杂草，则所需温度相对较高，可用高于 25℃ 的温度进行诱导。变温往往有利杂草种子萌发。

许多杂草种子的萌发需光，故以光照培养箱作萌发试验较为适宜。期间所要注意的是光质的效应有时比光强更重要。

2. 杂草种子休眠和萌发生理生态学的研究方法 将采集的杂草种子立即置于尼龙网袋（或其他透气、透水，又可防止土壤中动物侵害的容器中）分别置于不同条件下。如要研究土壤类型对杂草种子休眠和萌发特性及寿命的影响，可分别将装有种子的尼龙袋放置室内和埋于不同类型的土壤中；如要研究不同耕作制度以及水分因子的影响，亦可进行相应的设置，将种子分别埋于旱地土壤和水田土壤中。定期取出种子，做发芽试验，决定其对休眠特性和种子寿命的影响。

该研究的结果，可以揭示杂草种子在不同储存条件下的休眠特性；还可以用于揭示不同生态条件下的杂草群落的发生和分布规律差异的原因。

三、杂草与作物间竞争的研究方法

有多种试验方法用来研究杂草与作物之间竞争的过程及其结果。常用的方法有添加试验法、替代试验法、系统试验法、动态计算机模拟。

1. 添加试验法 添加试验法是将作物和杂草种植在一起，作物的密度保持不变，而杂草的密度随着处理不同而变化。这种试验法模拟大田杂草发生情况，能直接估计杂草发生量对作物生长和产量的影响，在建立杂草为害的作物产量损失模型或经济阈值时常采用这种试验方法（图8-2）。

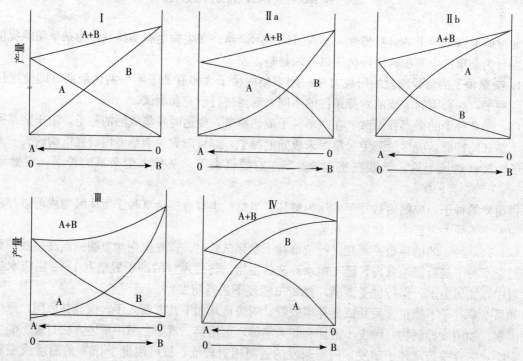

图 8-2 替代试验的不同结果示意图
（纵轴表示作物 A 或杂草 B 的产量；横轴表示作物和杂草的比例）

2. 替代试验法 替代试验法是保持作物和杂草的总密度不变，而作物和杂草的比例在变化。这种试验常用来研究作物和杂草的竞争力大小、相互作用和资源利用类型。在图 8-2 中：类型Ⅰ：作物（A）和杂草（B）间不发生作用，或它们的竞争力相同。类型Ⅱ：作物和杂草的竞争力不同，其中Ⅱa所示是作物的竞争比杂草强，Ⅱb所示是杂草的竞争比作物强。在类型Ⅰ和Ⅱ中，作物和杂草利用的是同一资源；类型Ⅲ：作物和杂草相互颉颃；类型Ⅳ：作物和杂草间有互利作用或它们不是利用同一资源。

3. 系统试验法 系统试验法是在不同的处理中，除了作物和杂草的比例不同外，作物和杂草的总密度也不同。这种试验的结果能区分种内和种间竞争的影响，建立作物和杂草两种密度变化下的作物产量损失模型（图8-3）。

第八章 杂草科学的研究方法

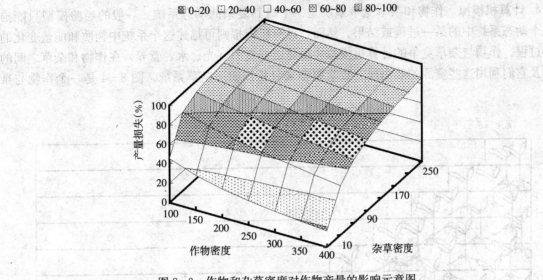

图8-3 作物和杂草密度对作物产量的影响示意图

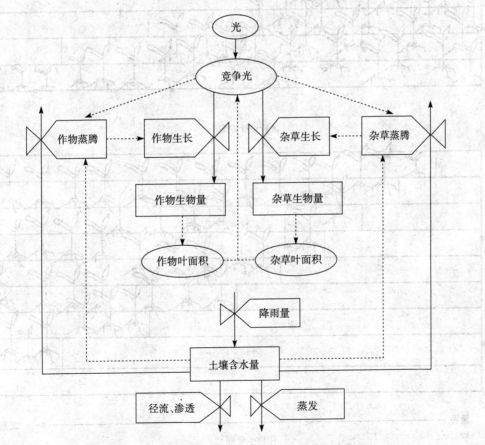

图8-4 作物与杂草竞争光、水的生态—生理模型模式图
(M. J. Kropff and H. H. van Laar, 1993)

4. 计算机模拟 作物和杂草竞争系统是一个极其复杂的动态系统。一般的经验模型只能描述这个动态系统中的某一过程或结果。然而，计算机模拟则可描述这个系统中物质和能量变化的动态过程。作物与杂草竞争的计算机模拟主要是根据资源（光、水、营养）在作物和杂草之间的分配及它们利用这些资源的效力建立数学模型来分析作物—杂草系统。图8-4是一个作物与杂

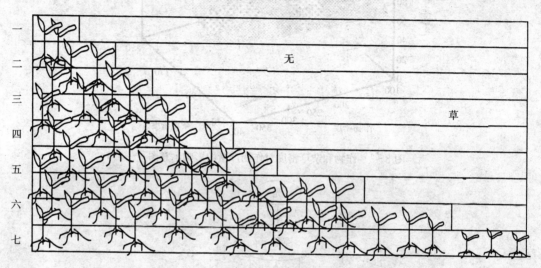

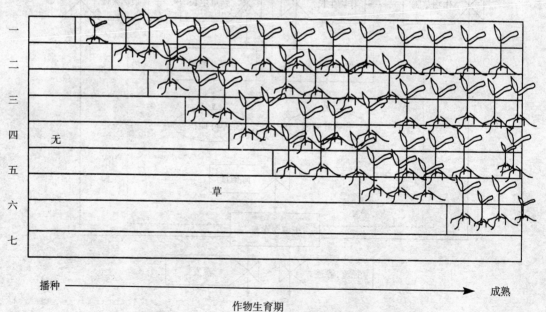

图8-5 杂草竞争临界期试验设计示意图

草竞争光、水的生态—生理模型模式图。

5. 确定杂草竞争临界期的方法 确定杂草竞争临界期有两种试验设计：一种是在作物播种或移植后的不同时期内保持无草（人工拔除杂草），其后让杂草生长；另一种是在作物播种或移植后的不同时间内让杂草生长，其后保持无草（人工拔除或使用除草剂）。其具体试验设计见图8-5。

四、植物化感作用的研究方法

1. 根系分泌物活性的测定 测定根系分泌物活性的方法有多种。如水培法、沙培法、琼脂培养法、滤纸法、梯级装置法等。

水培法、沙培法和琼脂法是将待测植物（供体）和指示植物（受体）放在一个容器中培养，根据受体根或整株受抑制程度来确定供体克生作用的大小。在用水培和沙培时，也可将供体单独培养。用培养供体的营养液或沙子的淋洗液来作生测。

滤纸法是将待测的供体和受体的种子放在湿润的滤纸上，放在保湿容器中培养。一般情况下，供体播种宜比受体早。

梯级装置：在植物化感作用研究中梯级装置（图8-6）广泛地被采用。生长介质为石英砂，

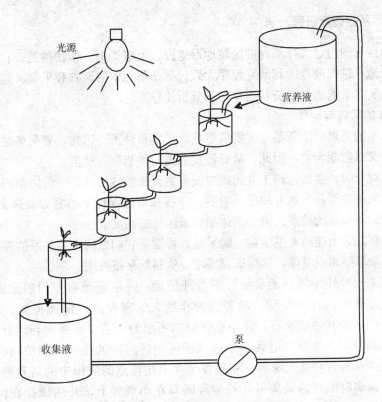

图8-6 梯级装置示意图
(D. T. Bell and D. E. Koeppe, 1972)

通过循环使用的营养液来提供供试植物所需的营养。

2. 植物组织中活性物质的测定 植物组织中具有植物化感作用的活性物质常用水或用极性有机溶剂（如乙醇、甲醇、乙醚、乙酸乙酯等）浸提，用生物测定方法测定浸提液的生物活性。也可将提取液蒸馏浓缩、分离出活性成分再进行生物测定。

3. 挥发性物质活性的测定 测定挥发性活性物质的活性需在一个密闭的系统中进行。将供体和受体植物放在同一容器中，培养生长，植株间不接触。这样只有供体释放的挥发性物质才能接触到受体植物。观察受体植物的生长情况。

五、杂草区系、群落分布和危害的调查研究方法

对杂草区系群落分布和草害发生规律的调查研究，可为除草剂的推广应用、杂草防除措施的制定，杂草的综合防除提供理论指导。

杂草区系、群落分布和草害发生的调查研究是两个层次的研究内容。前者是定性研究，可以揭示一个地区发生的杂草种类、组成特点等基本资料。后者是基于定量研究基础上，它不仅能够阐明杂草的种类组成，而且还能揭示杂草发生的数量、危害程度、分布特点等信息。

（一）杂草区系的调查研究方法

在确定的地区范围内，选择不同的区域地形地段、土壤类型、作物种类、农田类型、耕作栽培特点等的代表地点进行调查。其研究程序大致包括杂草标本的调查和采集、当地相关资料的收集、标本的鉴定、名录的编制、资料的整理和分析比较等。

1. 杂草标本的采集与制作

（1）杂草标本的采集 杂草鉴定主要依靠花、果实和种子。因此，要采集带有花和子实的标本，而杂草防除又以苗期为主，因此，最好还要采集同种杂草的幼苗。

在选择采集对象时，通常选择未受病或虫侵害生长正常的植株。一份完整的杂草标本通常包括根、茎、花和果等各部分。如有块根、块茎、球茎和鳞茎等地下器官亦要采集。植株较大时，可采取部分带叶、花和果的枝条。但必须详细记录植株的高度。

采集寄生杂草时必须连同寄主植物一起采集，特别是它们之间寄生关系的部分，更需采集保存下来。若能将杂草照相或录像，这对识别鉴定、资料保存很有用。

（2）野外记录 野外采集一定要做详细野外记录。一般记录有专门的记录本，记录项目有采集地点、生态环境、农田类型、危害何种作物、危害程度、作物种类、杂草防除情况、采集日期等，要严格按其格式填写。其中重要的如当地的土名（需要向当地群众了解），同时可了解它的危害和用途。另外，记载杂草植株经压制后易变的特征，如植物的花色、杂草植株是否有乳汁、杂草有否特殊气味等。采集发生在上述特点的农田中的所有种类的杂草标本，并做记录。野外采集时填写好采集号，相应号码写在小纸牌上，并用线拴在标本上，其号数与野外记录本上的号码应一一对应。采集号不可重复，野外记录时最好用铅笔而不用圆珠笔（表8-1）。

第八章 杂草科学的研究方法

表 8-1 杂草标本采集记录表

采集号		采集日期	年 月 日
采集人		采集地点	
危害对象		发生量	
生境			
生活型：一年生、二年生、多年生、半灌木、灌木			
生态型：水生、湿生、中生、旱生、多浆类旱生、盐生、沙生、寄生			
生育阶段或物候期			
株高		根	
茎		叶	
花		果	
种子		幼苗	
附记（气味、乳汁、黏毛和味道）			
土名		科名	
学名			

（3）采集所需的工具　标本夹、采集箱或塑料袋，以及枝剪、镐铲、野外记录本、标签、铅笔、绳子和塑料布或油布。

（4）标本压制　野外采集的标本需在当天内，用干吸水纸压制，并每天用干纸替换。换纸时要注意标本的形态，以便及时整形，使其接近自然形态。大的标本可压制成 N 或 V 形，约 3d 后，换纸的间隔期可长些，直至标本干燥为止。该法由于换下的湿纸需烘或晒干，并经常更换，工作量较大。

另亦可用瓦楞纸压制，再置于烘干炉上，干燥。该法工作量较小，但需烘干炉等装置，在野外受限制。

柔软微小的标本最好和坚硬粗大的标本分开压制，以免损坏。对具肉质根或地下茎的多年生杂草可把肥厚的地下部分削去一半，挖去内部肉质，这样就容易摊平、压干。

（5）标本制作、鉴定　标本压干后，用 0.1% 的升汞酒精溶液进行消毒处理，然后贴缝在台纸上。台纸是用 8 开的白版纸制成，标本上台纸后，在台纸的右上角要注出地名或省名。左上角贴野外记录纸。

然后，进行标本的鉴定。鉴定多借助相关鉴定手册或工具书进行。将该草的学名写或打印到定名标签上，并将该定名标签黏贴于样本的右下角，这样便制成一份完整的蜡叶标本。

（6）标本保存　上好台纸的标本均放入特制的标本橱柜内保存。内置樟脑块防虫蛀和霉菌侵蚀。

2. 资料分析和讨论　按科、属、种的分类单元编制杂草名录，根据野外调查记录，对所有杂草进行危害性的分类，确定指定研究区域中危害性大的恶性杂草、区域性恶性杂草，并区分出其他重要性较低的杂草，进一步进行资料分析和讨论等。

（二）杂草群落的调查研究方法

1. 原始数据收集和转化

(1) 样方法　在田间用取样框选取一定数量的样方，统计样方中杂草植株数量，抑或计称杂草的鲜重。样方的大小、形状和数目，可根据最小面积原则及具体情况而定。取样数目越多，代表性越大，但取样的目的即是为了减少调查所花费的劳动和时间。实际上采用的数目是介于很大的理想数目和花费很少时间的极少数目之间的折中数。每小区总的样方面积可用如下方法确定：

首先，用一个小样方（如 $0.25m \times 0.25m$）取样，记下样方内的杂草种类。然后，将样方扩大到 2 倍，即 $0.25 \times 0.5m$ 的样方，另记下扩大的样方内的杂草种类。再将样方扩大到 4 倍、8 倍、16 倍……（图 8-7），分别记下增加的杂草种类，直到杂草的种类不再增加为止。以样方的面积为横坐标，杂草的种类为纵坐标作图，得到杂草种类/样方面积曲线（图 8-8）。杂草种类/样方面积曲线在样方面积较小时，坡度较陡；随着样方面积的增加，坡度逐渐减少；当样方面积增加到一定的时候，曲线变平，最后，杂草的种类不再随着样方面积的增加而增加。最合适的样方面积或最小样方面积即是在曲线由陡变平那一点。

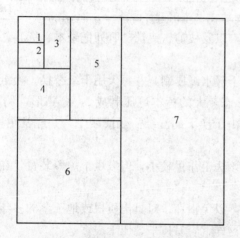

图 8-7　确定最小样方面积的巢式取样

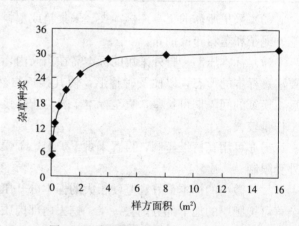

图 8-8　杂草种类/样方面积曲线示意图

根据农田杂草的特点，对于种类组成和地上部生物量等的数量指标，一块 $667m^2$ 左右的田地，5 个 $0.33m^2$ 或 3 个 $1m^2$ 的样方均可达到满意的效果。

(2) 样线法　样线法实际上也是一种面积取样技术。通常先主观选定一块代表地段，并在该地段一侧设一基线，然后沿基线用随机或系统取样选出一些测点，这些点可作为通过该地段样线的起点。样线可使用 20~50m 或更长的卷尺，另亦可用等距记号的绳索或电线等，借助其刻度可以区分为确定频度需要的任何区段，同时，也可记载被样线所截的每株植物的长度。

设好样线之后，先填写样方中所介绍的总表，对群落一般特征和生境条件进行记载，然后开始样线测定和记载。具体做法：从一端开始，登记被样线所截（包括线上线下）植物。共计所得植物的 3 个测定数据：①样线的被截长度 L；②植物垂直于样线 M；③所截个体数目 N。

一般 $667m^2$ 左右的田块，可设计一个样线。数据的整理可首先统计和确定下列各值：每个植物个体数（N）；所截长度的总和（ΣL）；登记有某种植物的区段数（BN）；植物最大宽度倒数的总和（$\Sigma 1/M$），并将这些数据记入表 8-2。据此计算密度、盖度（优势度）、频度及相对密度、相对盖度、相对频度及重要值。

表 8-2 样线法测定简表

样地编号＿＿＿＿＿＿＿＿　　地点＿＿＿＿＿＿＿＿　　样线长度＿＿＿＿＿＿＿＿
区段数目＿＿＿＿＿＿＿＿

植物种名＼项目	N	L	BN	$1/M$	D	RD	C	RC	F	RF	I

密度（D）＝（$\Sigma 1/M$）（m^2/样线总长）

相对密度（RD）＝（一个种的密度/所有种的总密度）×100％

盖度或优势度（C）＝（一个被截长度的总和/样线长度）×100％

相对盖度或相对优势度（RC）＝（一个种被截长度的总和/所有种被截长度的总和）×100％

频度（F）＝（出现该种的区段数/样线区段总数）×100％

相对频度（RF）＝（一个种的加权频度/所有种的总加权频度）×100％

加权频度（I）＝［出现该种的区段数/加权系数（f）］×100％　　$f=\Sigma 1/M/N$

重要值＝相对密度＋相对优势度＋相对频度

（3）目测法　目测法较之其他的取样方法具有劳动强度小、工作效率高的优点，近年来在杂草群落调查研究中被普遍采用。较早报道用目测法调查农田杂草的是在 1982 年 Fround-Williams 和 Chancella 利用七级杂草多度目测法调查研究 England 的农田杂草。在我国，唐洪元（1986）报道了基于杂草相对多度、相对盖度和相对高度综合的五级目测法。该法较其以往的目测法，能更多地反映杂草群落的信息。曾在全国杂草草害调查研究中广泛采用。

从杂草的实际发生特点看，优势性杂草只占少数，大多数杂草多以较低的目测级别出现，增设低级别，有利于反映出这些杂草种间的差异信息，对进行数量分析十分有用。故此，强胜（1989）等报道了根据杂草多度、相对盖度和相对高度的七级目测法，在安徽、江苏和浙江等省的水稻田、夏熟作物田和棉田杂草调查研究中广泛应用，并将其采集的数据配合进行数量统计分析，从而定量描述中国农田杂草群落的发生和分布规律。

根据不同的农田类型、土壤类型、地形地貌和作物种类等因素，选定调查样点。每样点选择生态条件基本一致的田块 10 块，依据目测标准（表 8-3）按杂草种记载其目测级别。调查一般宜确定在作物的花果期进行。

表 8-3 杂草群落优势度七级目测分级标准

(依强胜和李扬汉，1990)

优势度级别（危害度级别）	赋值	相对盖度（%）	多度	相对高度
5	5	>25	多至很多	上层
		>50	很多	中层
		>95	很多	下层
4	4	10~25	较多	上层
		25~50	多	中层
		50~95	很多	下层
3	3	5~10	较少	上层
		10~25	较多	中层
		25~50	多	下层
2	2	2~5	少	上层
		5~10	较少	中层
		10~25	较多	下层
1	1	1~2	很少	上层
		2~5	少	中层
		5~10	较少	下层
T	0.5	<1	偶见	上层
		1~2	很少	中层
		2~5	少	下层
0	0.1	<0.1	1~3 株	上层
		<1	偶见	中层
		<2	很少	下层

数据的初步统计和转化：将 1 个样点中 10 块田地采集的各种杂草的目测杂草优势度级别，按下列公式统计：

$$综合值 = \sum (级别值 \times 该级别出现的田块数) \times 100\% / (5 \times 10)$$

结果每个样点获得 1 列各种杂草的综合值数据。

2. 数据的多元统计分析 通过模糊聚类分析、系统聚类分析或主成分分析等分析方法，对所得数据矩阵进行分析处理。该分析宜通过自编程序或使用统计分析软件（如 SPSS，SAS，或其他软件包）在计算机上进行。

通常统计分析的结果会将调查的样点分成若干不同的样点集群，杂草群落结构相似的那些样点，通常会聚在一起，而这些样点大多具有比较一致的农田生态条件。

经下列公式算出每个聚类群数量特征：

$$综合草害指数 = \sum (级别值 \times 该级别出现田块数) \times 100\% / (5 \times 聚类群包含的总样点数)$$

$$频率 = 该草出现的样点数 / 聚类群包含的总样点数 \times 100\%$$

由此可以比较不同聚类群在杂草群落结构上的差异，分析其相对应的样点生态影响因子。从而揭示一定农田生态条件下发生的杂草群落类型，阐明杂草发生、分布的规律。

第三节　杂草化学防除研究方法

一、除草剂生物测定方法

1. 除草剂生物测定的含义和应用　除草剂生物测定（bioassay）是通过测定除草剂对生物影响程度来确定他的生物活性、毒力或浓度。除草剂生物测定和其他农药的生物测定一样必须在可控的条件下进行，有对照药剂，即标准品或当地常用的药剂以及空白对照。

在新除草剂的筛选过程中离不开生物测定，合成的新化合物是否有除草活性？对哪些杂草有活性？活性多高？对作物的活性又如何？都必须通过生物测定来确定。除草剂的含量或浓度可以通过生物测定来确定。杂草抗药性的鉴定也离不开生物测定。生物测定也可用来评价同一种除草剂不同剂型的好坏，测定一种除草剂在同一杂草不同叶龄期活性大小，比较某种除草剂在不同环境条件下的活性等。另外，生物测定还可用来确定除草剂在土壤中的行为、残留量。

2. 除草剂活性表示方法

（1）抑制中量或抑制中浓度　抑制50%杂草生长的剂量，叫作抑制中量。如用浓度表示则叫做抑制中浓度。抑制中量或抑制中浓度，也叫做有效中量（ED_{50}）或有效中浓度（EC_{50}）。

（2）最高无影响剂量　是指不影响作物生长发育的最低剂量。它是除草剂对作物有影响和没有影响的分界线。在评价除草剂对作物的安全性时，最高无影响剂量是一个最有用的指标。

（3）相对毒力指数　在同时测定几种除草剂毒力时，或由于供试的药剂过多不能同时测定时，在每批测定中，使用相同的标准药剂，均可用相对毒力指数来比较供试除草剂的毒力大小。相对毒力指数计算公式如下：

除草剂 A 的相对毒力指数＝标准药剂的 ED_{50}/除草剂 A 的 ED_{50}

除草剂 B 的相对毒力指数＝标准药剂的 ED_{50}/除草剂 B 的 ED_{50}

3. 剂量—反应曲线　生物个体之间存在着差异，它们对药剂的忍受能力不相同。用某一药剂处理生物群体时，生物个体之间对该药的反应不一样，有少数个体对药剂很敏感，在较低剂量下就起反应，而另外有少数个体耐药性强，需要在较高剂量下才起反应，大多数个体对药剂的反应则居中。生物群体对某一药剂反应的概率（或次数）分布曲线为非正态分布（图8-9）。由于有极少数生物个体对药剂的忍受能力极强，在很高的剂量下仍然不起反应，

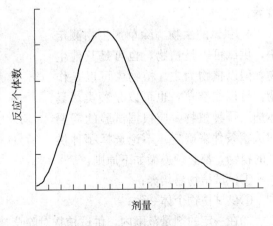

图8-9　剂量—反应的概率分布曲线

在右侧形成拖尾。将剂量转换成对数值，反应的概率（或次数）分布曲线则变成正态分布。如果反应用累积概率来表示，剂量—反应曲线变成如图 8-10 的 S 形曲线。反应累积概率（p）与剂量（x）函数关系式为：

$$p = 1/\sqrt{(2\pi\sigma^2)} \int_{-\infty}^{e} x_i - \overline{(x-\mu)^2/(2\sigma^2)} \cdot dx$$

式中：σ^2 为方差，μ 为平均数。如将反应概率转换成几率值（Y），剂量（x）转换成对数，S 形曲线变成直线：

$$Y = a + b\lg(x)$$

几率值可通过几率值表查，当几率值等于 5 时所对应的剂量为有效中量（ED_{50}），几率值等于 6.28 时所对应的剂量为 ED_{90}，即对 90% 个体有效的剂量。

在除草剂生物测定中，常以数量参数来表示供试植物对除草剂的反应程度，如干重或鲜重、株高等。这些量反应 y 与剂量 x 的关系可用如下四参数的 S 形曲线方程表示：

$$y = C + (D-C)/[1 + (x/x_0)^b]$$

式中，D 是上限，C 是下限，x_0 是有效中剂量，b 是斜率（图 8-11）。

这个方程的优越性在于它的参数具有生物学意义。D 表示无药处理对照的平均反应；C 表示在极高剂量处理时的平均反应；x_{50} 表示有效中剂量，即引起 50% 的个体起反应的剂量。它决定曲线的水平位置；b 表示曲线在有效中剂量附近的斜率，b 值越大，曲线的坡度越陡。在作这种剂量—反应曲线图时，x 轴的剂量应用对数值（几何级数）表示，y 轴则直接用反应量，如鲜重、株高、CO_2 浓度等。

4. 供试的生物 除草剂生物测定中，供试可以是植物，也可是其他生物，但以植物为主。植物中可以是作物，可以是杂草，也可以是藻类。具体选用哪种植物，应根据试验的需要和试验条件来确定。不论选择哪种供试的植物，都必须遵循如下原则：

①供试植物易培养；
②供试植物个体一致；
③在一定的剂量范围内，供试植物对除草剂的反应随着剂量的增加，而有规律的提高；
④在环境条件相同或相似的条件下，对被测定除草剂的反应可重现。

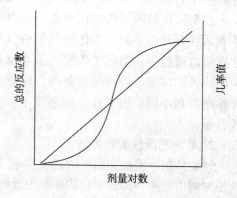

图 8-10 剂量—反应曲线

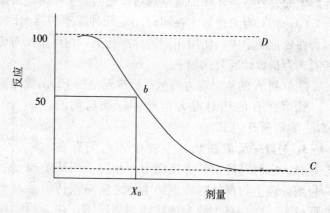

图 8-11 四参数的剂量—反应曲线

在除草剂生物测定中常用的植物有菠菜、莴苣、黄瓜、甜菜、油菜、芥菜、豌豆、萝卜、燕麦、水稻、玉米、高粱、小麦、大麦、黑麦、黑小麦、花生、向日葵、麻类、茄类、棉花、西葫芦、马唐、稗、牛筋草、慈姑、鸭舌草、鸭跖草、千金子、狗尾草、看麦娘、野燕麦、野高粱、莎草属、藨草、苘麻、龙葵、藜、蓼、苋、马齿苋、打碗花、猪殃殃、荠菜、狼把草、豚草、蓟、曼陀罗、苦苣菜、牵牛、遏蓝菜、浮萍、小球藻。

5. 测定方法

(1) 整株水平测定　整株水平测定是用整株植物来测定除草剂的毒力。一般是在温室用盆栽方法培养供试植物，播前，或播后苗前，或苗后喷药。培养的植物根据试验的需要来确定。在新除草剂筛选生物测定时，整株测定是必不可少的一步。在整株测定中，评价的指标可以是出苗率、株高、地上部的重量或地下部重量等，也可根据植物受害的症状进行分级。对那些已知作用机制的除草剂的生物测定，也可根据作用特点，测定特定的生理指标，如 CO_2 的释放量等。

(2) 组织或器官水平测定　在组织或器官水平上的生物测定一般在实验室进行。常用的有种子、叶片。用植物的种子进行生测时有两种方法：一种是待测的药液加入底部铺有滤纸的培养皿或小杯中，然后将种子置于滤纸上，盖上盖子后，放在生长箱中培养；另一种是在培养皿中装满沙子或蛭石，加入药液后再在中间播一排种子，盖好盖子后，斜放在生长箱中培养。待各处理的根或芽之间差异较明显时，测量根、芽长或鲜重。如用玉米根长测定磺酰脲类。

(3) 细胞或细胞器水平测定　细胞或细胞器水平测定一般是针对特定作用机制的除草剂，常用的细胞器有叶绿体和线粒体。在离体叶绿体条件下，用分光光度计或比色计在 420nm 处的吸收率来测定高铁氰化物还原的总量，可测定光合电子传递抑制剂活性。高铁氰化物还原量越大，除草剂活性越低。在离体线粒体条件下，用瓦氏呼吸装置测定氧的吸收和磷氧比，从而确定呼吸作用抑制剂活性。除草剂的活性与氧吸收量和磷氧比成负相关。氧吸收越少，磷氧比越低，除草剂的活性越强。

(4) 酶水平测定　对那些已知作用靶标酶的除草剂，如乙酰乳酸合成酶抑制剂、乙酰辅酶A抑制剂，在生物测定时，可在酶水平进行。通过测定除草剂对这些酶活性抑制的强度来确定它们活性的大小。

二、除草剂田间药效试验方法

除草剂田间试验的目的有多种。经过室内和温室生物测定筛选出具有开发潜力的新除草剂，在商品化之前，还必须进行大量的田间试验，明确其适用作物、杀草谱、有效剂量、使用方法，这类型试验属于开发性田间试验。为了获得国家有关部门登记证，还必须进行登记性试验。为了在不同地区推广，还需在不同地区进行适应性试验。下面以登记性试验为例来介绍田间药效试验的一般原则和方法。

1. 明确试验目的和试验要求　做田间试验时，首先必须明确试验的目的，以便拟定试验方案。如在哪种作物上登记？将来准备在哪些地区推广？了解各国对登记性田间药效试验的要求是什么？

2. 试验处理　一般情况，供试的药剂设低、中、高及中量的倍量4个剂量，设一个对照药剂，另设一个不除草的对照，再设一个人工除草剂的对照。对照药剂应是在同种作物上常用的除草剂，而且防除对象应相似。如供试的药剂是混剂，还应加上混剂组成成分单用的对照。一般设置4个重复。

3. 试验地点 试验地点应具有代表性，包括杂草的种类、作物种植方式、气候条件、土壤类型等。试验地的土壤肥力应均匀，作物不缺苗断垄，长势一致，排灌方便。

4. 小区排列 一般小区按随机区组排列，每个区组内，各处理必须随机排列。为了减少试验误差，区组间土壤肥力和水分、杂草发生量和分布可存在差异，但区组内则应尽量一致。小区间留保护行。小区面积 20~30m²。

5. 施药 田间试验一般用喷雾方法施药，在水田也可以用撒毒土的方法。在喷药前对喷雾器需进行校对，根据流量、喷幅和单位面积的喷液量来确定步速，也可根据流量、喷幅和步速来确定喷液量。其计算公式如下：

$$步速（m/min）=\frac{药液流量（ml/min）\times 10\ 000}{喷液量（ml/hm^2）\times 有效喷幅（m）}$$

$$喷液量（ml/hm^2）=\frac{药液流量（ml/min）\times 10\ 000}{步速（m/min）\times 有效喷幅（m）}$$

最好用带扇形喷头的喷雾器喷药。喷雾时保持喷雾器恒压和步速均匀，不出现重喷和漏喷现象。喷药时间根据除草剂特性来确定。苗前土壤处理的除草剂，必须在杂草出苗前喷药。如果有些杂草已出苗，需将其拔除。

6. 数据的调查和记载

（1）杂草　茎叶处理前，需调查一次小区的杂草基数。施药后的第一次杂草调查根据除草剂的特性来确定。对作用速度较快茎叶处理除草剂，施药后3d即可调查；作用较慢，在施药后7~10d才能调查。对土壤处理除草剂，一般在对照区大部分杂草出苗后进行第一次调查。在第一次调查后2~3周进行第二次调查。在作物封行前进行第三次调查。必要时，可在作物收获前，再调查一次。

杂草调查的项目有株数、重量（鲜重或干重）、目测分级。调查可分三次进行，施药后的第一次调查，可只进行目测调查，第二次调查一般只调查株数，最后一次调查则调查株数并加测鲜重。目测分级法是一种快速、有效的方法，但需要经验。

茎叶处理时，施药时需记载草龄的大小。每次调查时，不同杂草应分别记载，以便数据分析（表8-4）。

表8-4 杂草防效的目测法标准
（引自农药田间药效试验准则 GB/T 17980.40，2000）

1级	无　草
2级	相当于空白对照区的 0%~2.5%
3级	相当于空白对照区的 2.6%~5%
4级	相当于空白对照区的 5.1%~10%
5级	相当于空白对照区的 10.1%~15%
6级	相当于空白对照区的 15.1%~25%
7级	相当于空白对照区的 25.1%~35%
8级	相当于空白对照区的 35.1%~67.5%
9级	相当于空白对照区的 67.6%~100%

(2) 作物　施药时，需记载作物所处的生育期、长势。施药后，定期调查或观察作物的受害程度或症状，及时做好记录。在收获时，分小区测产。

(3) 环境条件　药效是除草剂毒力本身和环境条件综合作用的结果。因此，在进行田间药效试验时，除了调查杂草防效外，还必须准确记载有关的环境条件数据，包括气象资料、土壤参数。

7. 样方　一般情况下，每小区以五点取样，样方面积的确定见本章第二节。一般样方面积大小在 $0.25 \sim 1 m^2$ 之间。

8. 数据的统计分析　除草剂的除草效果（防效）计算公式如下：

$$防效 = \frac{施药前的杂草株数 - 施药后的杂草株数}{施药后的杂草株数} \times 100\%$$

$$防效 = \frac{对照区的杂草株数 - 施药区的杂草株数}{对照区的杂草株数} \times 100\%$$

$$防效 = \frac{对照区的杂草重量 - 施药区的杂草重量}{对照区的杂草重量} \times 100\%$$

药效计算好后，需对其进行方差分析，明确处理间是否有显著性差异。如果有，还需对各处理的平均数进行比较。处理数较少时可用 LSD 法，处理数较多时须用 DMRT 法。田间药效试验的结果只能明确对主要杂草的防除效果，对那些次要杂草的防除效果很难定论。因为次要杂草在对照小区里受主要杂草的抑制，不能正常生长，有的甚至死亡。因此，在对试验结果作结论时，不能只根据调查的数据，盲目地下结论。

三、抗药性杂草的检测鉴定方法

抗药性杂草治理中，首先需要检测和鉴定杂草的抗药性状况。掌握抗药性杂草的检测鉴定技术十分必要。以下简略介绍相关方法。

1. 材料采集和培养　对长期使用过除草剂并怀疑有抗药性杂草生物型的生境中，采集目标杂草疑抗药性杂草的生物型种子，与此同时，也还需要从未使用过该除草剂的生境中采集野生型目标杂草的种子。将种子编号，带回实验室干燥，在 4℃ 下储藏。

经过一定时间杂草种子解除休眠后，即可以进行萌发培养，根据生物测定方法的不同可以在培养皿或盆钵中进行。

2. 主要测定方法　抗药性检测方法很多，摘要介绍最常用的几种。

(1) 整株测定法　将在培养皿或盆钵中培养疑抗药性生物型和野生型杂草，培养皿的基质用琼脂或滤纸。根据药剂使用特点，在出苗前或出苗后，用不同浓度梯度的目标药剂进行处理，通过选择测定不同剂量下杂草的出苗率、死亡率、叶面积、植株高度、根长、叶长、鲜重、干重或目测药害分级等指标，与对照比较，以确定抗药性水平。该方法能够提供杂草交互抗性或多抗性方面的信息，可以为指导轮换用药提供较为可靠的依据。该方法技术简单易行，可同时进行大批量筛选，且重复性较好，因而是抗药性检测的常用方法。但是，此法无法确定抗药性产生的原因和机理等问题。

(2) 器官水平测定方法　根据杂草对除草剂产生的局部反应，抗药性杂草往往会在组织或器官的形态结构上表现出差异性。测定这种差异便可以鉴定抗药性。

①分蘖检测法。选取3叶期（第3叶未充分展开）正生长的分蘖，小心地除去根，把分蘖放在高浓度的药剂溶液中一段时间后，通过比较第3叶坏死程度来评价杂草的抗药性水平。该方法是Letouze A等（1997）和Moss S R等（1999）建立的用以检测禾本科杂草抗药性的方法。

②叶圆片浸渍技术测定法。首先将健康的叶片用打孔器打取相同面积的叶圆片，将叶圆片浸渍在含有一定浓度除草剂的磷酸缓冲溶液的试管中，抽真空，小圆片下沉至试管底部，解除真空，加入少量$NaHCO_3$溶液，照光，对除草剂不敏感或产生抗药性的生物型，光合作用将不被受抑制，组织间产生足够多的O_2，使叶圆片上浮。而敏感生物型的光合作用受抑制，不能产生足够多的O_2，圆片仍将沉在试管底部。此法可鉴定对抑制光合作用的除草剂产生抗性的生物型。

③茎切面再生苗测定法。当杂草生长至3叶1心期，用一定剂量的除草剂茎叶处理一定时间后（视除草剂吸收情况），沿第2叶部位切除上部植株，生长一段时间后，测定再生的茎段长度，检测杂草抗药性。此法可用于禾本科杂草对内吸传导型除草剂的抗性检测鉴定。

（3）组织或细胞水平测定方法　包括花粉粒萌发法和离体叶绿体测定技术方法。

①花粉粒萌发法。待目标杂草开花，剪取将开裂的雄蕊的花药，把花粉振落到0.25%含系列浓度药剂的固体琼脂培养基上。一定条件下培养一段时间后，用显微镜（200倍）观察花粉萌发情况。萌发花粉计数以花粉管长度至少达半个花粉粒长度为准。该法可对田间正在生长的杂草实现快速抗药性检测。

②离体叶绿体测定技术　取待测杂草的叶片，酶解法提取叶绿体。放入含有氧化剂（DCPIC）的希尔反应介质中，叶绿体在光照下放出氧气，并将氧化剂还原，测定其变化，称之为希尔反应测定法。

此外，常用的组织石蜡切片、根尖、茎尖、花粉母细胞的压片，甚至结合电镜技术等观察形态学变化，亦可检测鉴定除草剂抗性生物型。

（4）生理生化测定方法

(1) 叶绿素荧光测定法　清晨采取的幼叶上切取叶圆片，光照条件下悬浮于去离子水20~60min，取出并吸干上面的水，正面朝上放在黑布上，黑暗条件下测定其荧光强度。后将叶圆片面朝下，放入含有表面活性剂和除草剂的溶液中，照光后测定荧光强度。其原理是通过测定叶片中叶绿素荧光强度来鉴定光系统Ⅱ的功能。光合作用抑制剂如取代脲类、三氮苯类或脲嘧啶类等阻断电子由QA到QB的传递，光系统Ⅱ的还原端被中断，捕获的光能不能往下传递，叶绿素a处于激发态，以荧光的方式释放能量，而抗性生物型的类囊体膜上的光系统Ⅱ组分发生了改变，导致电子传递的变化，从而造成叶绿体的光还原反应能力下降。

(2) 光合速率测定法　光合作用抑制剂杂草抗性生物型在处理后其光合速率变化不大，而敏感生物型的则受到严重抑制。因此，通过测定光合速率的诱导变化研究光合作用抑制剂对植物或叶片的影响，可以检测鉴定杂草抗药性。主要方法有红外线CO_2测定法、氧电极测定法、pH比色法、气流测定法、改进的干重测定法和半叶法等。

(3) 呼吸速率测定法　抑制呼吸作用的除草剂如五氯酚钠、二硝酚、二乐酚、碘苯腈、溴苯腈、敌稗、氯苯胺等。测定方法可参照光合速率测定法。

(4) 靶标酶测定法　通过测定ALS（乙酰乳酸合成酶）的活性判断杂草对ALS抑制剂的抗

性，测定 ACCase（乙酰辅酶 A 羧化酶）的活性判断杂草对 ACCase 抑制剂的抗性，叶圆片亚硝酸还原酶活性测定法。抑制光合作用的除草剂能导致植物绿色组织中亚硝酸还原酶的活性下降，亚硝酸浓度增加，同时，还使光系统Ⅱ中的电子载体部位受到抑制。根据组织中亚硝酸还原酶的活性可鉴定抑制光合作用的除草剂抗性生物型。基于这些靶标酶建立起各种特异的鉴定模型，利用比色法、放射性标记法等检测手段评价测试系统的反应。草甘膦直接抑制了植物的 5-烯醇式丙酮基莽草酸-3-磷酸合酶（5-enolpyruvyl-shikimate-3-phosphate synthase，简称 EPSP 合成酶）的活性，导致 EPSPS 脱磷酸化底物莽草酸的大量积累。因此，可以通过检测比较杂草体内莽草酸的含量来检测杂草是否产生抗性。一定浓度梯度的草甘膦处理杂草，分别采集叶片，加液氮研磨至粉末状，再加 4ml 0.25mol/L 盐酸继续研磨至匀浆（盐酸分 2 次加，第一次加 2ml 研磨成匀浆，第二次加 2ml 清洗转移至离心管）。将提取液 10 000r/min 离心 15min。提取莽草酸。取上清液 200μl 加 1％高碘酸 2ml 混合摇匀后，放置室温下反应 3h，之后加入 2ml 氢氧化钠和 1.2ml 0.1mol/L 甘氨酸分次摇匀后，在 380nm 处测量并记录吸光值，换算成相应的莽草酸含量。

（5）分子水平测定方法 对于作用靶标明确、且单一的除草剂如 ALS（乙酰乳酸合成酶）抑制剂、ACCase（乙酰辅酶 A 羧化酶）抑制剂、光系统Ⅱ D1 蛋白抑制剂、草甘膦［5-烯醇丙酮酸莽草酸-3-磷酸合成酶（EPSPS）］和草丁膦［谷氨酰胺合成酶（Glutamine Synthase.GS）］等。可通过克隆相应的编码蛋白的基因，检测其基因的突变情况，明确其抗性。特别是在前述各水平抗药性检测的基础上的深入鉴定中具有重要作用。具体做法是根据相关基因的编码序列设计引物、提取 DNA、PCR 扩增、产物测序等，明确其基因序列，然后，在基因 Bank 进行比对，确定其变化。此外，这方面的方法还有专一性等位基因 PCR 扩增、PCR—单链构象多态性、固相微测序反应、PCR—寡核苷酸探针斑点杂交、Northern 斑点杂交以及 RFLP（限制性片段长度多态性）、AFLP（扩增片段长度多态性）分子标记等。

酶联免疫测定（ELISA）法和 DNA 分析技术。运用 ELISA 法制备与杂草抗药性有关的某些关键酶的单克隆抗体，通过酶的级联放大作用，可以专一、灵敏、微量、简便、快速地检测杂草的抗药性。

此外，近年来为适应高效、快速的检测，在原来的方法基础上，进行技术改进。发展了下列高通量方法。高效活体鉴定法：在多孔板的每个微孔中注入琼脂糖培养基（含某一剂量药剂），将杂草种子放入微孔中，测试板封好放入生化培养箱，在合适的条件下培养 7d，然后对植物的化学损伤和症状进行评价。离体细胞悬浮培养鉴定：检测时，药剂溶于丙酮后注入试管中，再加入对数期的细胞悬液，试管放在 400r/min 摇床上于 25℃黑暗中培养 8d，然后用微电极测培养基的电导率。电导率的减少与细胞生长量的增加成反比，结果以相对于对照组的生长抑制率表示。

复 习 思 考 题

1. 什么叫杂草物候学？杂草生物学？常见的杂草物候学和杂草生物学研究的方法有哪些？
2. 杂草种子库的检测方法有哪些？
3. 可以从哪几个方面开展杂草种子库的研究？
4. 简述杂草种子萌发的生理生态特点的研究方法。

5. 杂草与作物间竞争关系可从哪几个方面研究？
6. 检测植物化感作用化合物的方法有哪些？
7. 如何进行杂草区系的研究？
8. 杂草原始数据的主要收集方法有哪些？
9. 如何表示除草剂的活性？
10. 除草剂药效的生物测定方法是什么？
11. 除草剂田间试验的主要步骤是什么？
12. 简要概括杂草抗药性检测鉴定方法。

参 考 文 献

内蒙古大学生物系.1996.植物生态学实验.北京：高等教育出版社.
由振国.1993.夏大豆田自然单子叶杂草的生态经济防治阈期研究.植物保护，20（2）：179-183.
任继周主编.1985.草原调查与规划.北京：农业出版社.
李孙荣等.1990.杂草及其防治.北京：北京农业大学出版社.
李扬汉.1980.田园杂草和草害——识别、防除与检疫.第2版.南京：江苏科学技术出版社.
吕德滋，白素娥，李香菊，土贵启.1995.升马唐种群生态及田间密度调控指标的研究.植物生态学报，19（1）：55-24.
农业部农药检定所生测室.1993.农药田间药效试验准则（一）.北京：中国标准出版社.
曾士迈主编.1994.植保系统工程导论.北京：北京农业大学出版社.
强胜，李扬汉.1990.安徽沿江圩丘农区夏收作物田杂草群落分布规律的研究.植物生态学与地植物学报，14（3）：212-219.
强胜，喻如俊等.1994.实验室快速评价复配除草剂药效的新方法.南京农业大学学报，17（1）：117-120.
强胜，王启雨等.1994.安徽省霍邱县夏收作物田杂草群落的数量分析的研究.植物资源与环境，3（2）：39-44.
强胜，刘家旺.1996.皖南皖北夏熟作物田杂草植被特点及生态的分析.南京农业大学学报，19（2）：17-21.
强胜，李扬汉.1994.安徽沿江圩丘农区水稻田杂草区系和生态的调查研究.安徽农业科学，22（2）：135-138.
强胜，李扬汉.1996.模糊聚类分析在农田杂草群落分布和危害中的应用技术.杂草科学，96（4）：32-35.
强胜，胡金良.1999.江苏省棉区棉田杂草群落分布和发生规律的数量分析.生态学报，19（6）：810～816.
强胜，李广英.2000.南京市草坪夏季杂草分布特点及防除措施研究，草业学报，9（1）：48-54.
彭学岗，段敏，郇志博.2008.杂草抗药性生物测定方法概述.农药科学与管理，29（6）：42-45.
Anderson W P. 1983. Weed Science: Principles. 2nd. ed. West Publishing Company.
Elliot J G, et al. 1979. Survey of the presence and methods of control wild oat, black grass and couchgrass in cereal crops in the United Kingdom during 1977. J. Agric. Sci., 92: 617-634.
Martinko A E. 1982. Remote sensing and integrated pest management: the case of musk thistle. In: Johannsen and Sanders (ed.). Remote Sensing for Resource Management. Soil Conservation Society of America, 173-178.
Moss S R. 1981. Techniques for the assessment of *Alopecurus myosurides*. Proc. Grass Weeds in Cereals in the United Kingdom Conference, 101-108.
Qiang Sheng. 2005. Multivariate analysis, description, and ecological interpretation of weed vegetation in the sum-

mer crop fields of Anhui Province, China. Journal of Integrative Plant Biology, 47 (9): 1193 - 1210.

Thomas A G. 1977. Weed survey of cultivated land in Saskatchewan. Agriculture Canada, Research Stattion, Regina, Sask., 1 - 94.

Wilson B J. 1981. Techiques for the assessment of *Avena fatua* L. Proc. Grass Weeds in Cereals in the United Kingdom Conference, 93 - 100.

图书在版编目（CIP）数据

杂草学/强胜主编．—2版．—北京：中国农业出版社，
2009.1（2015.10重印）
面向21世纪课程教材．全国高等农林院校"十一五"
规划教材
ISBN 978-7-109-13192-7

Ⅰ.杂… Ⅱ.强… Ⅲ.杂草－高等学校－教材 Ⅳ.S451

中国版本图书馆CIP数据核字（2008）第199628号

中国农业出版社出版
（北京市朝阳区农展馆北路2号）
（邮政编码 100125）
责任编辑　李国忠　杨国栋

北京通州皇家印刷厂印刷　新华书店北京发行所发行
2001年5月第1版　2009年3月第2版
2015年10月第2版北京第5次印刷

开本：820mm×1080mm　1/16　印张：18.25
字数：420千字
定价：31.00元

（凡本版图书出现印刷、装订错误，请向出版社发行部调换）